Lineare Optimierung – eine anwendungsorientierte Einführung in Operations Research

Andreas Koop · Hardy Moock

Lineare Optimierung – eine anwendungsorientierte Einführung in Operations Research

Mit Python-Programmen

3. Auflage

 Springer Spektrum

Andreas Koop
Fachbereich Maschinenbau
Fachhochschule Südwestfalen
Iserlohn, Deutschland

Hardy Moock
Fachbereich Maschinenbau
Fachhochschule Südwestfalen
Iserlohn, Deutschland

ISBN 978-3-662-66386-8   ISBN 978-3-662-66387-5   (eBook)
https://doi.org/10.1007/978-3-662-66387-5

Die Deutsche Nationalbibliothek verzeichnet diese Publikation in der Deutschen Nationalbibliografie;
detaillierte bibliografische Daten sind im Internet über http://dnb.d-nb.de abrufbar.

Planung/Lektorat: Andreas Ruedinger
Springer Spektrum ist ein Imprint der eingetragenen Gesellschaft Springer-Verlag GmbH, DE und ist ein Teil
von Springer Nature.
Die Anschrift der Gesellschaft ist: Heidelberger Platz 3, 14197 Berlin, Germany

Für Michaela, Natalie, Daniel und Amélie.
A. K.

Für Monika.
H. M.

Vorwort zur dritten Auflage

Das anhaltend positive Echo sowohl von Studierenden als auch von Dozenten hat uns nach fünf Jahren motiviert, eine dritte überarbeitete Auflage anzufertigen.

Gegenüber der aktuellen Auflage haben wir folgende Änderungen und Erweiterungen vorgenommen:

- Kleinere Fehler, auf die uns aufmerksame Leser dankenswerterweise hingewiesen haben, wurden korrigiert.
- Die C-Programme wurden durch Python-Programme ersetzt. Diese können von den Webseiten des Springer-Verlages heruntergeladen werden. Wir haben uns für Python entschieden, da diese Programmiersprache von Betriebssystemen weitgehend unabhängig, frei verfügbar und einfach zu erlernen ist. Diese Vorzüge sollen es dem interessierten Leser ermöglichen, eigene Programme zu entwickeln, d. h. mit den im Buch präsentierten Routinen zu arbeiten, sie zu verändern und zu erweitern sowie eine auf die eigenen Bedürfnisse angepasste Benutzeroberfläche zu erstellen.
- Fragen von Studierenden nach Varianten des Simplex-Verfahrens, auf die sie bei Recherchen gestoßen sind, werden in einem neuen Abschnitt beantwortet. Dort werden als Alternativen zum Zweiphasen-Verfahren das Big-M- sowie das Drei-phasen-Verfahren für die Lösung allgemeiner linearer Programme vorgestellt. Des weiteren enthält dieser Abschnitt eine Darstellung der revidierten Simplex-Methode, die es ermöglicht, die Anzahl der Berechnungen sowie den benötigten Speicherplatz beim Primal-Simplex-Verfahren zu reduzieren. Als Vorbereitung hierauf wurde das Grundlagenkapitel um einen Abschnitt über Basiswechsel im $\mathbb{R}^n$ erweitert.
- Eine Neuerung ist die Aufnahme eines Kapitels über die Verbindung von Linearer Programmierung und Spieltheorie. Der Fokus unserer Ausführungen liegt weniger auf praktische Anwendungen als vielmehr auf theoretischen Aspekten, wie dem Beweis eines wichtigen Satzes der Spieltheorie mithilfe des Dualitätssatzes der linearen Optimierung.

Danksagung Wir bedanken uns für die vielen Anregungen und Kommentare, die uns von Studierenden und Dozenten zugegangen sind. Besonderer Dank gebührt Herrn Dr. rer. nat. Andreas Rüdinger für die wie immer sehr gute Betreuung und Unterstützung von der Verlagsseite sowie Herrn Rahul Ravindran für seine Hilfe bei allen technischen Problemen.

September 2022   Andreas Koop
                                                                       Hardy Moock

Vorwort zur zweiten Auflage

Seit Erscheinen der ersten Auflage haben uns viele positive Reaktionen von Dozenten und Studierenden gezeigt, dass sich unser Buch sowohl für den Einsatz in der Lehre als auch zum Selbststudium eignet. Der beabsichtigte Spagat zwischen den detaillierten Erläuterungen der praktischen Anwendungen und der vollständigen und exakten Darstellung der abstrakten, theoretischen Grundlagen scheint uns weitgehend gelungen. Motiviert durch diesen Erfolg reifte in den letzten Jahren die Idee zu einer zweiten Auflage, in der wir die aufgefallenen Fehler der ersten Auflage korrigieren und im Kap. 11 „Verwendung des Excel-Solvers" auf eine aktuellere Excel-Version umstellen könnten. Darüber hinaus wollten wir unsere Erfahrung beim Einsatz des Buches in der Lehre sowie zahlreiche Anmerkungen und Anregungen unserer Leserschaft einfließen lassen.

In dem vorliegenden Buch wird die Behandlung von Sonderfällen bei der Zweiphasen-Methode anhand eines zusätzlichen Beispiels verdeutlicht. Auf den theoretischen Hintergrund bei den Transportproblemen gehen wir an einigen Stellen detaillierter ein. Ein eigenes Kapitel widmeten wir dem Lösen von Zuordnungsproblemen, einer Unterklasse der Transportprobleme. In das Kapitel über die ganzzahlige Programmierung wurde die Darstellung des Branch-and-Bound-Verfahrens neu aufgenommen. Dadurch soll dem Leser ein für den praktischen Einsatz wichtiges Verfahren zum Lösen von Aufgabenstellungen mit Ganzzahligkeitsrestriktionen an die Hand gegeben werden.

In Ergänzung zu diesem Buch stellen wir auf den Webseiten des Springer-Verlages die Excel-Tabellen aus Kap. 11 sowie die Lösung der zweiten Fallstudie mithilfe des Excel-Solvers zur Verfügung, da wir in unseren Lehrveranstaltungen die Erfahrung gemacht haben, dass die Studierenden ein besonderes Interesse an der Lösung von Optimierungsaufgaben mit Excel haben und wir über www.springer.com eine größere Klientel erreichen können.

Den Einstieg in das Gebiet des Operations Research, insbesondere der linearen Optimierung, einer breiten Leserschaft zu ermöglichen, war unsere ursprüngliche Idee und zieht sich wie ein roter Faden auch durch die zweite erweiterte Auflage des Buches, das nicht nur zu Studienzwecken, sondern auch zum Erkennen und Lösen von in der Praxis auftretenden Optimierungsproblemen herangezogen werden kann und damit einen Beitrag zu erheblichen Kostensenkungen und Zeiteinsparungen zu leisten vermag.

Danksagung Bedanken möchten wir uns bei all den Dozenten und Studierenden, die durch Anregungen und Kommentare zur Verbesserung des Buches beigetragen haben. Frau Dipl.-Biol. Barbara Lühker und Herrn Dr. rer. nat. Andreas Rüdinger danken wir für die sehr gute Betreuung und Unterstützung von der Verlagsseite bei der Erstellung dieser 2. Auflage.

September 2017   Andreas Koop
                                                                Hardy Moock

Vorwort

„Mathematik ist voll neuer Ideen, ist wie das Spiel, wie die Kunst ein Bestandteil, ja vielleicht sogar ein besonders sensibler Repräsentant der Kultur und nicht zuletzt ein unersetzliches Hilfsmittel der Naturwissenschaften, der Technik und der Wirtschaft."
Helmut Neunzert (1997)

Die Methoden der Linearen Programmierung sind zum Beispiel ein solches „unersetzliches Hilfsmittel", denn mit ihnen lassen sich zahlreiche Fragestellungen beantworten, bei denen es um spezielle Maximierungs- bzw. Minimierungsaufgaben geht. Spontan denkt man natürlich sofort an betriebswirtschaftliche Themen, wie die Minimierung von Transportkosten oder die Maximierung des Gewinns. Aber auch im technischen Bereich treten lineare Optimierungsprobleme auf, die mit den gleichen Verfahren zu lösen sind. Gerade in Zeiten knapper Ressourcen und verstärkter Wettbewerbssituation könnte die Anwendung der Algorithmen der Linearen Programmierung sowohl in den betriebswirtschaftlichen wie auch in den technischen Abteilungen insbesondere bei mittelständischen Unternehmen noch forciert werden. Dass vonseiten der Industrie starkes Interesse an diesem Thema besteht, erfuhren wir im Verlauf von Projekten, die in Kooperation mit den dortigen Fachkräften durchgeführt wurden. Aber auch Studierende, die Fachkräfte von morgen, besuchten mit großen Interesse unsere Vorlesung „Operations Research", die wir an der Fachhochschule Südwestfalen gehalten haben bzw. immer noch halten. Und so entstand im Laufe der Zeit die Idee, ein Buch zu schreiben, das einer breiten Leserschaft den Einstieg in das Gebiet des Operations Research ermöglicht. Das Ergebnis halten Sie jetzt in Händen. Vielleicht gehören Sie zur Gruppe der Studierenden an Universitäten und Fachhochschulen gleich welcher Fachrichtung, das kann von Betriebswirtschaft und Logistik über Informatik und Ingenieurwissenschaften bis zur Mathematik reichen. Für Sie eignet sich das Buch sowohl als Begleitmaterial zu entsprechenden Lehrveranstaltungen als auch zum Selbststudium. Anhand von zahlreichen Beispielen und Übungsaufgaben können Sie den Stoff vertiefen und sich auf Prüfungen vorbereiten. Ganz gezielt wenden wir uns andererseits auch an Sie, die Führungskraft eines klein- und mittelständischen Unternehmens. Sie sollen in die Lage versetzt werden, in der Praxis auftretende Optimierungsprobleme zu erkennen und zu lösen, was zu erheblichen Kostensenkungen und Zeiteinsparungen führen kann.

Wir versuchen also den Spagat zwischen der detaillierten Erläuterung der praktischen Anwendungen und der vollständigen und exakten Darstellung der abstrakten, theoretischen Grundlagen. Aus diesem Grund setzen wir zum einen nur sehr elementare Kenntnisse aus der Mathematik voraus bzw. erläutern sie in einem einführenden Kapitel. Zum anderen werden für den mathematisch interessierten Leser einige wichtige Aussagen bewiesen bzw. entsprechende Referenzen zum Nachlesen angegeben. Die im Buch enthaltenen Beweise können aber auch übergangen werden, ohne dass das Verständnis der weiteren Ausführungen darunter leidet.

Aufbau und Gliederung Zunächst führen wir den Leser in die typischen Problemstellungen des Operations Research ein und machen ihn mit einer Reihe von Modelltypen der Linearen Programmierung vertraut. Auf leicht verständliche Weise werden anschließend die verschiedenen Lösungsmethoden behandelt. Neben der theoretischen Herleitung gehen wir insbesondere auch auf die numerische Berechnung ein, die mithilfe von Microsoft Excel oder als C-Programm erfolgen kann. Zahlreiche Aufgaben und deren ausführliche Lösung runden das Thema des jeweiligen Kapitels ab. Da sie dem Übungszweck dienen, haben wir solche Anwendungsbeispiele ausgewählt, die zu überschaubaren mathematischen Modellen führen und von Hand gelöst werden können. Doch darauf allein wollten wir uns nicht beschränken. Anhand von zwei Fallstudien aus der Industrie mit betriebswirtschaftlichem bzw. technischem Hintergrund möchten wir dem Leser zeigen, dass auch die Optimierungsprobleme der Praxis, die weitaus komplexer und umfangreicher sind, mithilfe der vorgestellten Modelle und Verfahren bearbeitet werden können.

Danksagung Zu großem Dank sind wir Frau Dipl. Kff. Monika Blatter-Moock verpflichtet für ihre vielen wertvollen Anregungen und Korrekturvorschläge hinsichtlich der Darstellung und Formulierung. Sie hat damit einen wichtigen Beitrag geleistet, das Buch für ein breites Spektrum von Lesern interessant und verständlich zu machen. Wir danken Frau Dipl.-Biol. Barbara Lühker und Herrn Dr. rer. nat. Andreas Rüdinger von Spektrum Akademischer Verlag für ihre professionelle Unterstützung. Sie haben mit ihren kritischen Anmerkungen und sachlichen Anregungen zur Ausgestaltung und zur Profilschärfung des Buches beigetragen. Bedanken möchten wir uns auch bei den engagierten Studierenden, die unsere Veranstaltungen besucht bzw. bei der Durchführung von Projekten mitgewirkt haben, für ihre Fragen und Diskussionsbeiträge, die uns manches Verständnisproblem erst deutlich machten. Zu guter Letzt möchten wir uns noch bei unseren Familien und Freunden bedanken für ihre Geduld und Nachsicht, da wir sie während der Arbeiten an diesem Buch doch sehr vernachlässigt haben.

August 2007   Andreas Koop
                                                                                                      Hardy Moock

Inhaltsverzeichnis

1	**Einführung**..	1
	1.1	Entstehung und Bedeutung des Begriffs Operations Research........	1
	1.2	Der OR-gestützte Planungsprozess	2
	1.3	Anwendungsgebiete des Operations Research	4
	1.4	Beispiele für die Erstellung von Optimierungsmodellen............	4
		1.4.1 Beispiel: Produktionsplanung	5
		1.4.2 Beispiel: Mischproblem..............................	5
		1.4.3 Beispiel: Investitionsplanung.........................	6
		1.4.4 Beispiel: Transportoptimierung	8
		1.4.5 Beispiel: Zuordnungsproblem	9
		1.4.6 Beispiel: Zuschnittproblem	10
		1.4.7 Beispiel: Knapsack-Problem	11
		1.4.8 Beispiel: Regressionsgerade..........................	12
	1.5	Allgemeines Optimierungsmodell..............................	13
2	**Mathematische Grundlagen**....................................	17
	2.1	Bezeichnungen..	17
	2.2	Lineare Gleichungssysteme....................................	18
	2.3	Lösbarkeit linearer Gleichungssysteme..........................	19
	2.4	Der Gauß'sche Algorithmus...................................	23
	2.5	Der Gauß-Jordan-Algorithmus	28
	2.6	Basiswechsel im $\mathbb{R}^n$	32
3	**Lineare Optimierung**	41
	3.1	Das lineare Modell...	41
	3.2	Grafische Lösung des Optimierungsproblems.....................	44
	3.3	Die Normalform eines linearen Optimierungsproblems	47
	3.4	Die Überführung linearer Modelle in Normalform	48
	3.5	Basislösungen	50
	3.6	Geometrische Deutung eines Linearen Programms................	56

	3.7	Das Simplex-Verfahren zur Lösung eines Linearen Programms	62
	3.7.1	Das Simplextableau	63
	3.7.2	Basiswechsel	65
	3.7.3	Das Primal-Simplex-Verfahren	68
	3.7.4	Spezialfälle beim Primal-Simplex-Verfahren	74
	3.7.5	Das Dual-Simplex-Verfahren	80
	3.7.6	Dualität	84
	3.7.7	Das Zweiphasen-Simplex-Verfahren	94
	3.8	Varianten des Simplex-Verfahrens	102
	3.8.1	Die Big-M-Methode	102
	3.8.2	Die Dreiphasen-Methode	106
	3.8.3	Die revidierte Simplex-Methode	108

4   Innere-Punkt-Verfahren ... 121

	4.1	Einleitung	121
	4.2	Die Methode von Dikin	121
	4.2.1	Herleitung des Verfahrens	122
	4.2.2	Skalierung	124
	4.2.3	Der Algorithmus	125
	4.2.4	Ein Beispiel	126
	4.2.5	Finden eines zulässigen inneren Punktes	129

5   Transportprobleme ... 133

	5.1	Das klassische Transportproblem	133
	5.2	Eigenschaften des klassischen Transportproblems	137
	5.3	Eröffnungsverfahren	141
	5.4	Bestimmung der optimalen Lösung	144
	5.5	Erweiterungen	160

6   Zuordnungsprobleme ... 165

| | 6.1 | Einführung | 165 |
| | 6.2 | Lösungsverfahren | 166 |

7   Parametrische lineare Programmierung ... 179

| | 7.1 | Einführung | 179 |
| | 7.2 | Erläuterung der Vorgehensweise anhand von Beispielen | 182 |

8   Ganzzahlige Probleme ... 191

	8.1	Einführung	191
	8.2	Das Cutting-Plane-Verfahren	193
	8.3	Das Branch-and-Bound-Verfahren	202
	8.3.1	Einführung	202
	8.3.2	Darstellung des Verfahrens	206
	8.3.3	Ein Beispiel mit drei Variablen	208

9 Lineare Optimierung in der Spieltheorie 213
  9.1 Einführung in die Entscheidungstheorie 213
  9.2 Zwei-Personen-Nullsummenspiele 216
      9.2.1 Sattelpunkte 217
      9.2.2 Gemischte Strategien 218
      9.2.3 Beispiel 222

10 Fallstudien aus der Praxis 227
  10.1 Optimale Ventilsteuerung in Verbrennungsmotoren 227
  10.2 Berechnung eines optimalen Beschaffungsplans 238

11 Verwendung des Excel-Solvers 243
  11.1 Der Excel-Solver für Lineare Programme 244
  11.2 Der Excel-Solver für Transportprobleme 250
  11.3 Der Excel-Solver für ganzzahlige Probleme 253

12 Python-Programme 259
  12.1 Gauß'scher Algorithmus/Gauß-Jordan-Algorithmus 259
  12.2 Simplex-Algorithmus 263
  12.3 Transportalgorithmus 266

13 Lösungen zu den Übungsaufgaben 275

Literatur 347

Stichwortverzeichnis 349

Symbolverzeichnis

$\mathbb{N}$	Menge der natürlichen Zahlen $\mathbb{N} = \{0, 1, 2, \ldots\}$
$\mathbb{Z}$	Menge der ganzen Zahlen $\mathbb{Z} = \{\ldots, -2, -1, 0, 1, 2, \ldots\}$
$\mathbb{R}$	Körper der reellen Zahlen
$\mathbb{R}^+$	$\mathbb{R}^+ = \{x \in \mathbb{R} \mid x \geq 0\}$
$[\cdot]$	Ganzzahliger Anteil mit $a - 1 < [a] \leq a, a \in \mathbb{R}$
$\subset, \supset, \subseteq, \supseteq$	Teilmengen, Obermengen
$\mathbb{R}^m$	Vektorraum der reellen m-Tupel
$|\cdot|$	Absolutbetrag
$\|\cdot\|$	Euklidische Norm
$\mathbb{R}^{m \times n}$	Vektorraum der rellen $m \times n$-Matrizen
$\mathbf{0}$	Nullvektor/Nullmatrix
$r(\mathbf{A})$	Rang der Matrix $\mathbf{A}$
$\mathbf{A} = (\mathbf{a}_1, \ldots, \mathbf{a}_n)$	Matrix mit den Spaltenvektoren $\mathbf{a}_1, \ldots, \mathbf{a}_n$
$\mathbf{I}$	Einheitsmatrix
$\mathbf{A}^T$	Transponierte Matrix
$\mathbf{A}|\mathbf{b}$	Erweiterte Systemmatrix
$\mathrm{diag}(a_1, \ldots, a_n)$	Diagonalmatrix mit den Diagonalelementen $a_1, \ldots, a_n$
δ_{ij}	Kronecker-Symbol
$\det(\mathbf{A})$	Determinante der Matrix $\mathbf{A}$
$\binom{n}{m}$	Binomialkoeffizienten
$\emptyset$	Leere Menge
$\mathbf{e}$	Vektor mit $\mathbf{e} = (1, 1, \ldots, 1)$
$\wedge, \vee$	Logische Verknüpfungen „und",„oder"
$\forall, \exists$	Allquantor „für alle gilt", Existenzquantor „es gibt ein"
$\max(\cdot, \cdot), \min(\cdot, \cdot)$	Maximum bzw. Minimum zweier reeller Zahlen
$\max\{\ldots\}, \min\{\ldots\}$	Maximum bzw. Minimum einer endlichen Menge reeller Zahlen
$\mathbf{e}_i$	i-ter Standard-Basisvektor des $\mathbb{R}^n$, d. h. $\mathbf{e}_i = (\delta_{ij})_j$

(a, b)	Offenes Intervall der reellen Zahlen x mit $a < x < b$
$[a, b]$	Abgeschlossenes Intervall der reellen Zahlen x mit $a \leq x \leq b$
$(a, b], [a, b)$	Halboffene Intervalle
$\nabla F(\mathbf{x})$	Gradient der Funktion $F : \mathbb{R}^n \to \mathbb{R}$ an der Stelle x
GE/ME/KE	Geldeinheit, Mengeneinheit, Kapazitätseinheit
o. B. d. A	„ohne Beschränkung der Allgemeinheit"

Inhaltsverzeichnis

1.1	Entstehung und Bedeutung des Begriffs Operations Research	1
1.2	Der OR-gestützte Planungsprozess	2
1.3	Anwendungsgebiete des Operations Research	4
1.4	Beispiele für die Erstellung von Optimierungsmodellen	4
1.5	Allgemeines Optimierungsmodell	13

1.1 Entstehung und Bedeutung des Begriffs Operations Research

Der Begriff *Operations Research* (OR) stammt ursprünglich aus dem militärischen Bereich und bezeichnete die Entwicklung spezieller Methoden zur Lösung strategischer Probleme durch interdisziplinäre Arbeitsgruppen, sogenannter *Operational Research-Units,* wie sie insbesondere während des 2. Weltkriegs eingesetzt wurden. Seit Ende des Krieges fanden die verwendeten Verfahren jedoch schwerpunktmäßig Einzug in den Bereich der Wirtschaft, so dass mit dem Begriff heute hauptsächlich mathematische Methoden zur Behandlung betriebswirtschaftlicher und volkswirtschaftlicher Fragestellungen assoziiert werden, wie zum Beispiel die Minimierung von Kosten, die Maximierung des Gewinns, die optimale Ausnutzung von Fertigungskapazitäten oder die Optimierung von Transportwegen.

Die gängige deutsche Übersetzung für den im amerikanischen Sprachgebrauch verwendeten Ausdruck *Operations Research* ist *Unternehmensforschung* (UFO). Wir wollen aber bei Operations Research bleiben.

Für den Begriff Operations Research gibt es bis heute keine allgemein anerkannte Definition, obwohl zahlreiche Versuche unternommen wurden. Es besteht jedoch weitestgehend Konsens darüber, dass es sich um einen interdisziplinären Forschungszweig handelt, der sich mit der Entwicklung und Anwendung mathematischer Methoden zur Entscheidungsvorbe-

© Springer-Verlag GmbH Deutschland, ein Teil von Springer Nature 2023
A. Koop und H. Moock, *Lineare Optimierung – eine anwendungsorientierte Einführung in Operations Research*, https://doi.org/10.1007/978-3-662-66387-5_1

reitung befasst. Insbesondere geht es dabei um die Generierung mathematischer Modelle und deren numerische Lösung.

In der Literatur wird heute unter Operations Research eine unübersichtliche Vielzahl mathematischer Begriffe und Methoden zusammengefasst. Es sind dies u. a. die Gebiete Lineare Optimierung, Nichtlineare Optimierung, Graphentheorie, Monte-Carlo-Simulation und Spieltheorie, um nur einige zu nennen. Ein sehr wichtiger Bereich mit zahlreichen Anwendungsmöglichkeiten ist die *Lineare Optimierung* (im Englischen spricht man von *linear programming*) oder auch *Lineare Planungsrechnung*. Mathematisch gesprochen handelt es sich dabei um Verfahren zur Lösung einer bestimmten Klasse linearer Extremwertprobleme mit Nebenbedingungen. Das zentrale Instrument ist das Mitte des 20. Jahrhunderts von G. B. Dantzig entwickelte *Simplex-Verfahren* mit seinen verschiedenen Varianten. Wir werden uns in diesem Buch im Wesentlichen auf die Darstellung dieses Kernbereichs des Operations Research beschränken.

Eine sehr ausführliche Einführung in die historische Entwicklung des Operations Research mit den verschiedenen Zweigen und Strömungen findet man z. B. in einem Artikel von Dinkelbach in dem Buch von Grochla und Wittmann (1976) oder in dem Buch von Müller-Merbach (1973).

1.2 Der OR-gestützte Planungsprozess

Am Anfang eines Planungsprozesses steht im Allgemeinen das Erkennen eines Problems. Dieses wird zunächst in verbaler Form beschrieben und anschließend analysiert, d. h. restriktiv wirkende Daten (z. B. Kapazitätsbeschränkungen), Aktionsparameter (z. B. Produktmengen), funktionale Zusammenhänge (z. B. Ressourcenverbrauch) und Zielgrößen (z. B. Kosten, Deckungsbeiträge) werden ermittelt und quantifiziert. Danach müssen die Ziele und Handlungsmöglichkeiten festgelegt und formuliert werden. Auf dieser Basis sucht man jetzt nach einer Lösung des Problems. Hat man sie gefunden, wird sie zunächst auf Durchführbarkeit untersucht und bewertet und gegebenenfalls realisiert.

Beim *OR-gestützten Planungsprozess* besteht die Phase der Lösungsfindung typischerweise darin, ausgehend von den für die Planung relevanten Daten sowie einem zu definierenden Ziel ein mathematisches Modell zu entwickeln, das das reale Problem möglichst gut repräsentiert und aus dem Vorschläge für ein optimales Vorgehen abgeleitet werden können. Dieses wird dann mithilfe geeigneter mathematischer Verfahren und Methoden numerisch gelöst. Hierbei fließen Erkenntnisse und Vorgaben aus der mathematischen Theorie ein. Im Wesentlichen vollzieht sich der OR-gestützte Planungsprozess also in den in Abb. 1.1 skizzierten sechs Schritten.

Die mathematische Modellierung eines Problems spielt im Rahmen des OR-gestützten Planungsprozesses eine zentrale Rolle und bereitet oftmals große Schwierigkeiten, da sie sich wegen der Vielzahl unterschiedlicher Anwendungsbereiche kaum systematisch darstellen lässt. Als Richtschnur sollte man sich zunächst immer die folgenden Fragen stellen:

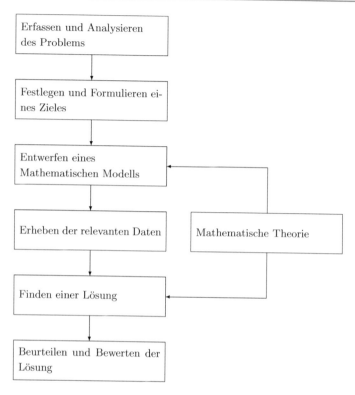

Abb. 1.1 OR-gestützter Planungsprozess

- Welche quantifizierbaren und für das Problem relevanten Informationen habe ich?
- Welche Zusammenhänge bestehen?
- Was sind die Handlungsmöglichkeiten (Variablen)?
- Welche Einschränkungen sind dabei zu beachten (Nebenbedingungen)?
- Was will ich optimieren (Zielfunktion)?
- Sind Vereinfachungen möglich?
- Kann das Modell in eine Standardform gebracht werden?

Dem Leser sei darüber hinaus empfohlen, die Modellierung anhand verschiedener Problemstellungen immer wieder zu üben, denn mit zunehmender Erfahrung fällt sie erwiesenermaßen leichter.

1.3   Anwendungsgebiete des Operations Research

Operations Research beschäftigt sich in erster Linie mit betriebswirtschaftlichen Fragestellungen aus den unterschiedlichsten Anwendungsgebieten. Eine kleine Auswahl hierfür
sind:

- Produktionsplanungsprobleme
- Mischprobleme
- Investitionsplanungsprobleme
- Transportprobleme
- Zuordnungsprobleme
- Zuschnittprobleme
- Knapsack-Probleme

Im Abschn. 1.4 findet der Leser konkrete Beispiele inklusive mathematischer Modellbildung
sowie Hinweise auf die geeigneten mathematischen Lösungsverfahren.

Dass sich OR-Methoden neben dem Einsatz im betriebswirtschaftlichen Bereich auch
zur Lösung von natur- und ingenieurwissenschaftlichen Problemen eignen können, werden
wir anhand einer Fallstudie in Kap. 10 noch zeigen.

Der Zugang zu den OR-Methoden kann auf zwei unterschiedlichen Wegen erfolgen:

- *problemorientiert* d. h., Ausgangspunkt ist ein konkretes Problem aus einem bestimmten
  Anwendungsgebiet, für das ein mathematisches Modell und ein zugehöriges Lösungsverfahren gesucht werden. Diese Vorgehensweise führt u. U. schnell zum Erfolg, hat
  aber den Nachteil, dass bei einer anders gelagerten Problemstellung die Suche erneut
  durchgeführt werden muss.
- *methodenorientiert,* d. h., man lernt zunächst eine Reihe mathematischer Modelltypen
  und zugehöriger Lösungsverfahren kennen und wendet die geeigneten Methoden auf
  konkrete Probleme an. Der Vorteil liegt in der wesentlich breiteren Einsatzmöglichkeit.
  Wir werden dieser Vorgehensweise den Vorzug geben.

1.4   Beispiele für die Erstellung von Optimierungsmodellen

Wir wollen im Folgenden die Modellbildung für einige spezielle Probleme näher beschreiben. Hierbei haben wir uns bewusst für eine kleine Anzahl an Variablen (z. B. Produkte,
Maschinentypen, Muster) und Nebenbedingungen (z. B. Produktionskapazitäten) entschieden, um die mathematische Modellbildung noch übersichtlich zu gestalten, was der Anwend-
barkeit in der weitaus komplexeren Realität keinen Abbruch tut, wie wir noch sehen werden.

1.4.1   Beispiel: Produktionsplanung

Problembeschreibung Ein Unternehmer der Recycling-Branche fertigt aus Altpapier und anderen Komponenten Toilettenpapier, Küchenrollen und Taschentücher. Der Deckungsbeitrag pro Mengeneinheit (ME) Toilettenpapier beträgt 85 €, pro ME Küchenrollen 90 € und pro ME Taschentücher 110 €. Aufgrund der aktuellen Absatzlage liegen die Produktionshöchstmengen pro Jahr bei 20 ME Toilettenpapier, 15 ME Küchenrollen und 12 ME Taschentücher. Für die Herstellung einer ME Toilettenpapier benötigt man 1 ME Altpapier, eine ME Küchenrollen erfordert 0.8 ME Altpapier, eine ME Taschentücher 0.6 ME Altpapier. Das Recycling-Unternehmen kann pro Jahr maximal 20 ME Altpapier einkaufen. Wie sieht das optimale Produktionsprogramm aus, wenn der Hersteller seinen Deckungsbeitrag maximieren möchte?

Mathematische Modellierung

x_1 produzierte Menge Toilettenpapier (ME/Jahr)
x_2 produzierte Menge Küchenrollen (ME/Jahr)
x_3 produzierte Menge Taschentücher (ME/Jahr)

Zu maximieren ist der Deckungsbeitrag

$$D(x_1, x_2, x_3) = 85x_1 + 90x_2 + 110x_3$$

unter den Nebenbedingungen:

$$
\begin{array}{ll}
x_1 + 0.8x_2 + 0.6x_3 \le 20 & \text{(Kapazitätsgrenze für Altpapier)} \\
x_1 \qquad\qquad\qquad\ \le 20 & \text{(Produktionsbeschränkung für Toilettenpapier)} \\
x_2 \qquad\quad\ \le 15 & \text{(Produktionsbeschränkung für Küchenrollen)} \\
x_3 \le 12 & \text{(Produktionsbeschränkung für Taschentücher)} \\
x_1, x_2, x_3 \ge\ \ 0 & \text{(Produktion nur nichtnegativer Mengen)}
\end{array}
$$

Mit einer Methode zur Lösung einer solchen Problemstellung werden wir uns in Abschn. 3.7.3 beschäftigen.

1.4.2   Beispiel: Mischproblem

Problembeschreibung Eine Gärtnerei hat sich auf Kakteen spezialisiert. Für eine Neuzüchtung mischt sie drei Sorten Erde zusammen, deren Gehalt an den Nährstoffen A, B, C in Gramm (g) pro Mengeneinheit (ME) Erde und Sorte ganz unterschiedlich ist (siehe Tabelle).

	E_1	E_2	E_3
Nährstoff A	4	5	8
Nährstoff B	1	1	2
Nährstoff C	5	3	4
Kosten € /ME	4.95	3.50	7.00

Zahlreiche Versuche haben gezeigt, dass der Bedarf an Nährstoff A in einer gegebenen Zeitspanne die Menge von 800 g nicht unterschreiten darf. Für Nährstoff B liegt die Grenze bei 280 g, für Nährstoff C bei 650 g. Für welches Mischungsverhältnis wird sich der Züchter entscheiden, wenn er den Nährstoffbedarf so kostengünstig wie möglich decken muss?

Mathematische Modellierung

x_1 Menge von Erde 1 an der Mischung (in ME)
x_2 Menge von Erde 2 an der Mischung (in ME)
x_3 Menge von Erde 3 an der Mischung (in ME)

Zu minimieren sind die Kosten

$$K(x_1, x_2, x_3) = 4.95x_1 + 3.50x_2 + 7.00x_3$$

unter den Nebenbedingungen:

$$4x_1 + 5x_2 + 8x_3 \geq 800 \quad \text{(Bedarf an Nährstoff A)}$$
$$x_1 + x_2 + 2x_3 \geq 280 \quad \text{(Bedarf an Nährstoff B)}$$
$$5x_1 + 3x_2 + 4x_3 \geq 650 \quad \text{(Bedarf an Nährstoff C)}$$
$$x_1, x_2, x_3 \geq 0 \quad \text{(Mischung nur nichtnegativer Anteile)}$$

Ein Verfahren zur Lösung dieser Problemstellung werden wir in Abschn. 3.7.5 vorstellen.

1.4.3 Beispiel: Investitionsplanung

Problembeschreibung Ein Hersteller von Schrauben will die Fertigungskapazität durch die Investition in neue Maschinen erhöhen. Er hat dabei die Auswahl zwischen vier verschiedenen Maschinentypen T_1, T_2, T_3 und T_4. Der Investitionsbedarf je Maschine beträgt bei T_1 12 GE (Geldeinheiten), bei T_2 20 GE, bei T_3 7 GE und bei T_4 25 GE. Außerdem fallen für die Maschinen jährliche Kosten in Höhe von 3, 7, 4 bzw. 8 GE an. Die Tabelle gibt die Eckdaten der verschiedenen Maschinentypen wieder, wobei neben der durchschnittlichen jährlichen Kapazität auch noch die täglichen Maximalkapazitäten angegeben sind. Es soll die Möglichkeit bestehen, in Ausnahmefällen einen täglichen Spitzenbedarf von 20 ME bewältigen zu können.

	T_1	T_2	T_3	T_4
Jährliche Kapazität (ME)	750	2400	1500	1200
Tägliche Maximalkapazität (ME)	3	8	5	4
Investitionsbedarf (GE)	12	20	7	25
Jährliche Kosten (GE)	3	7	4	8

Die Fertigungskapazität soll um mindestens 12 000 ME pro Jahr erhöht werden. Für das Vorhaben stehen Investitionsmittel in Höhe von 100 GE zur Verfügung. Wie viele Maschinen sind von jedem Typ zu kaufen, damit die jährlichen Kosten möglichst gering sind?

Mathematische Modellierung

x_1 Anzahl der zu beschaffenden Maschinen vom Typ T_1
x_2 Anzahl der zu beschaffenden Maschinen vom Typ T_2
x_3 Anzahl der zu beschaffenden Maschinen vom Typ T_3
x_4 Anzahl der zu beschaffenden Maschinen vom Typ T_4

Zu minimieren sind die jährlichen Kosten

$$K(x_1, x_2, x_3, x_4) = 3x_1 + 7x_2 + 4x_3 + 8x_4$$

unter den Nebenbedingungen:

$$
\begin{aligned}
750x_1 + 2400x_2 + 1500x_3 + 1200x_4 &\geq 12\,000 \quad \text{(jährliche Fertigungskapazität)} \\
3x_1 + 8x_2 + 5x_3 + 4x_4 &\geq 20 \quad \text{(täglicher Spitzenbedarf)} \\
12x_1 + 20x_2 + 7x_3 + 25x_4 &\leq 100 \quad \text{(begrenzte Investitionsmittel)} \\
x_1, x_2, x_3, x_4 &\in \mathbb{N} \quad \text{(nur ganze Maschinen)}
\end{aligned}
$$

Probleme mit ganzzahligen Variablen sind sehr schwer zu lösen, wie wir in Kap. 8 bei der Vorstellung eines dafür geeigneten Verfahrens sehen werden. Um einen ersten Eindruck zu gewinnen, welche Investitionsstrategie sinnvoll ist, kann man die Ganzzahligkeitsbedingung zunächst fallen lassen und einfach $x_i \in \mathbb{R}$ und $x_i \geq 0$ fordern, was die Sache erheblich vereinfacht. Das Problem ist jetzt mit dem in Abschnitt 3.7.7 beschriebenen Verfahren lösbar.

1.4.4 Beispiel: Transportoptimierung

Problembeschreibung In der Notrufzentrale gehen zeitgleich 3 Anrufe ein. Am Einsatzort E_1 werden 2 Notarztwagen benötigt, am Einsatzort E_2 sind es 3 und am Einsatzort E_3 sogar 4. Die Gemeinden G_1 und G_2 verfügen über 4 bzw. 5 Fahrzeuge. Die Zeit, die ein Notarztwagen von seiner Gemeinde bis zum Einsatzort braucht, ist in der folgenden Tabelle dargestellt.

	E_1	E_2	E_3
G_1	5	7	9
G_2	6	3	5

Der Einsatzleiter steht vor der Aufgabe, die vorhandenen Fahrzeuge so auf die Einsatzorte zu verteilen, dass die gesamte Fahrzeit minimiert wird.

Mathematische Modellierung

x_{11} Anzahl Notarztwagen von G_1 nach E_1

x_{12} Anzahl Notarztwagen von G_1 nach E_2

x_{13} Anzahl Notarztwagen von G_1 nach E_3

x_{21} Anzahl Notarztwagen von G_2 nach E_1

x_{22} Anzahl Notarztwagen von G_2 nach E_2

x_{23} Anzahl Notarztwagen von G_2 nach E_3

Zu minimieren ist die gesamte Fahrzeit

$$F(x_{11}, x_{12}, x_{13}, x_{21}, x_{22}, x_{23}) = 5x_{11} + 7x_{12} + 9x_{13} + 6x_{21} + 3x_{22} + 5x_{23}$$

unter den Nebenbedingungen:

$$x_{11} + x_{21} = 2 \quad \text{(Bedarf am Einsatzort } E_1\text{)}$$
$$x_{12} + x_{22} = 3 \quad \text{(Bedarf am Einsatzort } E_2\text{)}$$
$$x_{13} + x_{23} = 4 \quad \text{(Bedarf am Einsatzort } E_3\text{)}$$
$$x_{11} + x_{12} + x_{13} = 4 \quad \text{(Kapazität der Gemeinde } G_1\text{)}$$
$$x_{21} + x_{22} + x_{23} = 5 \quad \text{(Kapazitüt der Gemeinde } G_2\text{)}$$
$$x_{11}, x_{12}, x_{13}, x_{21}, x_{22}, x_{23} \geq 0 \quad \text{(nur nichtnegative Zuteilung)}$$

In diesem Fall kommt noch die Ganzzahligkeit hinzu, d.h.: $x_{ij} \in \mathbb{N}$ für $i = 1, 2$ und $j = 1, 2, 3$. Für das Problem der Transportoptimierung, auch das *klassische Transportproblem* genannt, werden wir in Kap. 5 ein spezielles Verfahren kennenlernen.

1.4.5 Beispiel: Zuordnungsproblem

Problembeschreibung Der Leiter eines Restaurants der gehobenen Klasse macht die Einsatzplanung für seine 3 neuen Servicekräfte (S_1, S_2, S_3). Der Tätigkeitsbereich lässt sich unterteilen nach den Kriterien „Getränke" (T_1), „Speisen" (T_2) und „Non-Food" (Beratung, Bestellung) (T_3). Jede Servicekraft muss eingesetzt werden, und jeder Aufgabenbereich muss betreut werden. Aufgrund der Vorkenntnisse der 3 Personen bewertet der Leiter die Einarbeitungszeit wie folgt:

	S_1	S_2	S_3
T_1	7	10	5
T_2	9	8	7
T_3	13	12	11

Wie sieht der optimale Arbeitsplan aus, wenn die Einarbeitungszeit insgesamt so gering wie möglich sein soll?

Mathematische Modellierung

$$x_{11} = \begin{cases} 1 & \text{falls Servicekraft } S_1 \text{ der Tätigkeit } T_1 \text{ zugeordnet wird} \\ 0 & \text{sonst} \end{cases}$$

$x_{12}, x_{13}, x_{21}, x_{22}, x_{23}, x_{31}, x_{32}, x_{33}$ analog.

Zu minimieren ist die Einarbeitungszeit

$$E = 7x_{11} + 9x_{12} + 13x_{13} + 10x_{21} + 8x_{22} + 12x_{23} + 5x_{31} + 7x_{32} + 11x_{33}$$

unter den Nebenbedingungen:

$$\left. \begin{array}{l} x_{11} + x_{12} + x_{13} = 1 \\ x_{21} + x_{22} + x_{23} = 1 \\ x_{31} + x_{32} + x_{33} = 1 \end{array} \right\} \text{ jede Servicekraft kann nur eine Tätigkeit ausüben}$$

$$\left. \begin{array}{l} x_{11} + x_{21} + x_{31} = 1 \\ x_{12} + x_{22} + x_{32} = 1 \\ x_{13} + x_{23} + x_{33} = 1 \end{array} \right\} \text{ jede Tütigkeit muss ausgeführt werden}$$

$$x_{11}, x_{12}, x_{13}, x_{21}, x_{22}, x_{23}, x_{31}, x_{32}, x_{33} \in \{0, 1\}$$

Zuordnungsprobleme sind spezielle Transportprobleme. Für sie wurden besondere Verfahren entwickelt, z. B. die sogenannte *Ungarische Methode,* auf die wir in Kap. 6 näher eingehen. Näheres dazu findet man u. a. in dem Buch von Gohout (2004).

1.4.6 Beispiel: Zuschnittproblem

Wir betrachten hier nur das *eindimensionale* Zuschnittproblem, der mehrdimensionale Fall ist wesentlich komplizierter.

Problembeschreibung Eine Dreherei erhält von ihrem Materiallieferanten Edelstahl stets in Form von 3 m langen Stangen. Diese müssen für die verschiedenen Aufträge zunächst in Stücke der Länge $L_1 = 1$ m, $L_2 = 2$ m, $L_3 = 1.5$ m und $L_4 = 0.9$ m zersägt werden, von denen 10, 45, 21 und 42 Mengeneinheiten benötigt werden. Wie kann man den Bedarf an unterschiedlich langen Stangen decken und gleichzeitig dafür sorgen, dass der Verschnitt (und damit der gesamte Materialeinsatz) möglichst gering ist? Das Vormaterial sei unbegrenzt verfügbar.

Mathematische Modellierung Bevor wir mit der eigentlichen Modellierung beginnen, untersuchen wir, wie viele Möglichkeiten es gibt, eine Stange von 3 m *sinnvoll* in die benötigten Längen zu zersägen.

i	$L_1 = 1.0$	$L_2 = 2.0$	$L_3 = 1.5$	$L_4 = 0.9$	c_i
1	3	0	0	0	0.0
2	1	1	0	0	0.0
3	0	0	2	0	0.0
4	0	1	0	1	0.1
5	2	0	0	1	0.1
6	1	0	0	2	0.2
7	0	0	0	3	0.3
8	1	0	1	0	0.5
9	0	0	1	1	0.6
n_j	10	45	21	42	

Diese sinnvollen Schnittkombinationen bezeichnet man auch als Muster. Die offensichtlich unsinnigen Kombinationen, wie z. B. einmal 1.5 m und 1.5 m Verschnitt, werden dabei nicht berücksichtigt. Der Wert c_i gibt für jede der 9 Kombinationen jeweils den Verschnitt an, der Wert n_j den Bedarf an Stangen der Länge L_j.

$x_1 = $ Anzahl der 3 m langen Stangen, die nach Muster 1 zersägt werden

$x_2, x_3, \ldots, x_9$ analog

Minimiere den Gesamtverschnitt

$$V(x_1, \ldots, x_9) = 0x_1 + 0x_2 + 0x_3 + 0.1x_4 + 0.1x_5 + 0.2x_6 + 0.3x_7 + 0.5x_8 + 0.6x_9$$

unter den Nebenbedingungen:

$$
\begin{array}{rcl}
3x_1 + x_2 \quad\quad + 2x_5 + x_6 \quad\quad + x_8 \quad\quad & \geq & 10 \\
x_2 \quad + \; x_4 \quad\quad\quad\quad\quad\quad\quad\quad & \geq & 45 \\
2x_3 \quad\quad\quad\quad\quad + x_8 + \; x_9 & \geq & 21 \\
x_4 + \; x_5 + 2x_6 + 3x_7 \quad + \; x_9 & \geq & 42 \\
x_1, \ldots, x_9 & \in & \mathbb{N}
\end{array}
$$

Wir haben in diesem Modell lediglich den Verschnitt betrachtet. Denkbar wäre es auch, dass man in den Wert c_i zusätzlich die Kosten für die Bearbeitung mit einrechnet, die z. B. von der Anzahl der benötigten Schnitte abhängen. Ein weiteres ausführliches Beispiel findet man in dem Buch von Müller-Merbach (1973). Verfahren zur Berechnung der optimalen Lösung eines solchen Problems werden in Kap. 8 erörtert.

1.4.7 Beispiel: Knapsack-Problem

Problembeschreibung Ein Vertriebsingenieur fliegt anlässlich eines Messebesuchs nach München. Um Zeit beim Ein- und Auschecken zu sparen, plant er, nur mit Handgepäck zu reisen. Das Höchstgewicht beträgt 5 kg. Folgende Gegenstände möchte er gerne einpacken: Buch, Laptop, Kamera, Präsentationsmappe, Werbegeschenke und ein Hemd inklusive Krawatte zum Wechseln. Gewicht und Nutzen der einzelnen Teile sind in einer Tabelle gegenübergestellt:

	Gewicht in kg	Nutzen
Buch	0.5	4
Laptop	2	10
Kamera	1.5	5
Präsentationsmappe	1.5	8
Werbegeschenke	0.5	7
Hemd/Krawatte	1	2

Da er den Nutzen maximieren möchte, überlegt er, welche Gegenstände er mitnehmen kann, ohne das Höchstgewicht zu überschreiten.

Mathematische Modellierung

$$x_1 = \begin{cases} 1 & \text{falls Buch mitgenommen wird} \\ 0 & \text{falls nicht} \end{cases}$$

$$x_2 = \begin{cases} 1 & \text{falls Laptop mitgenommen wird} \\ 0 & \text{falls nicht} \end{cases}$$

analog für x_3 (Kamera), x_4 (Präsentationsmappe),

x_5(Werbegeschenke) und x_6 (Hemd/Krawatte)

Zu maximieren ist der Nutzen

$$N(x_1, x_2, x_3, x_4, x_5, x_6) = 4x_1 + 10x_2 + 5x_3 + 8x_4 + 7x_5 + 2x_6$$

unter den Nebenbedingungen:

$$0.5x_1 + 2x_2 + 1.5x_3 + 1.5x_4 + 0.5x_5 + x_6 \leq 5 \quad \text{(Höchstgewicht Handgepäck)}$$

$$x_1, x_2, x_3, x_4, x_5, x_6 \in \{0, 1\}$$

Durch die Binärbedingung ist diese Art von Problemstellung nur sehr schwer lösbar. Systematisches Ausprobieren aller möglichen Belegungen der Variablen x_j (das bedeutet 2^n Fälle bei n Gegenständen) ist für etwas größere n nicht mehr praktikabel. In Kap. 8 lernen wir eine Methode kennen, mit der wir dieses mathematische Modell im Prinzip lösen können. Es gibt jedoch für Knapsack-Probleme eine Reihe spezieller Lösungsalgorithmen, die wesentlich geeigneter sind.

1.4.8 Beispiel: Regressionsgerade

Als letztes Beispiel betrachten wir noch eine etwas anders gelagerte, sprich abstraktere Problemstellung. Es geht darum, die Bestimmung einer Regressionsgeraden als lineares Optimierungsproblem zu formulieren.

Problembeschreibung Gegeben seien n Punkte (x_i, y_i), $i = 1, \ldots, n$. Gesucht ist eine Gerade der Gestalt

$$y = ax + b,$$

welche die gegebenen Punkte möglichst gut approximiert. üblicherweise wird die durch $a, b \in \mathbb{R}$ gegebene Regressionsgerade derart bestimmt, dass

$$z = \sum_{i=1}^{n} |y_i - (ax_i + b)|^2$$

minimal wird (vgl. z. B. Schwarz 1988). Dieser Ansatz, die sogenannte *Methode der kleinsten Quadrate*, führt zu einem linearen Ausgleichsproblem, dessen Lösung

$$a = \frac{n \sum x_i y_i - \sum x_i \sum y_i}{n \sum x_i^2 - (\sum x_i)^2},$$

$$b = \frac{\sum x_i^2 \sum y_i - \sum x_i \sum x_i y_i}{n \sum x_i^2 - (\sum x_i)^2}$$

in nahezu jeder Formelsammlung zu finden ist. Wir verwenden für dieses Beispiel jedoch einen anderen, sehr viel schwierigeren Ansatz und versuchen stattdessen, den Ausdruck

$$z = \max_{1 \leq i \leq n} |y_i - (ax_i + b)|$$

zu minimieren.

Mathematische Modellierung Um dieses Problem in derselben Form wie die vorangegangenen Probleme zu schreiben, führen wir z als zusätzliche Variable ein. Wir suchen also $a, b, z \in \mathbb{R}$, so dass

$$z \rightarrow \text{Min!}$$

und für alle i die Nebenbedingungen

$$-z + ax_i + b \leq y_i,$$
$$z + ax_i + b \geq y_i$$

erfüllt sind. Außerdem muss

$$z \geq 0$$

gelten. Für die Variablen a und b ist keine Vorzeichenbeschränkung gegeben. Ein Verfahren zur Lösung dieser Problemstellung findet man in Abschn. 3.7.7.

1.5 Allgemeines Optimierungsmodell

Im Abschn. 1.4 haben wir für Problemstellungen aus unterschiedlichen Bereichen mathematische Modelle entwickelt, die alle ein ähnliches Aussehen hatten. Da ihnen offensichtlich eine besondere Bedeutung zukommt, geben wir die allgemeine Form dieser Modelle noch einmal an.

Maximiere (oder minimiere)

$$z = F(x_1, \ldots, x_n)$$

unter den Nebenbedingungen:

$$g_i(x_1, \ldots, x_n) \left.\begin{cases} \geq \\ = \\ \leq \end{cases}\right\} b_i \quad \text{für } i = 1, \ldots, m$$

Dabei sind

n	Anzahl der Variablen
m	Anzahl der Nebenbedingungen
x_j	die Variablen mit $x_j \in \mathbb{R}$, $x_j \in \mathbb{Z}$ oder $x_j \in \{0, 1\}$
$F(x_1, \ldots, x_n)$	eine Zielfunktion
$g_i(x_1, \ldots, x_n)$	die Funktionen der Nebenbedingungen
b_i	die rechten Seiten der Nebenbedingungen
$x_j \in \mathbb{R}$	kontinuierliche Variablen
$x_j \in \mathbb{Z}$	ganzzahlige Variablen
$x_j \in \{0, 1\}$	binäre Variablen

Oftmals wird die Nichtnegativitätsbedingung $x_j \geq 0$, die eine besondere Rolle spielt, nicht zu den m Nebenbedingungen hinzugezählt, sondern gesondert betrachtet und der Definitionsbereich der betroffenen Variablen entsprechend geändert. Man schreibt dann z. B. einfach $x_j \in \mathbb{R}^+$ oder $x_j \in \mathbb{N}$.

Wie wir bereits erwähnt haben, wollen wir ausschließlich *Lineare Optimierungsprobleme* betrachten. Dies bedeutet, dass die Funktionen F und g_j linear sein sollen, also folgende Gestalt haben:

$$F(x_1, \ldots, x_n) = c_1 x_1 + c_2 x_2 + \ldots + c_n x_n,$$
$$g_i(x_1, \ldots, x_n) = a_{i1} x_1 + a_{i2} x_2 + \ldots + a_{in} x_n.$$

Dabei sind die c_i und a_{ij} gegebene reelle Zahlen. Bei der Zielfunktion kann auch noch ein absolutes Glied $d \in \mathbb{R}$ in der Form

$$F(x_1, \ldots, x_n) = c_1 x_1 + c_2 x_2 + \ldots + c_n x_n + d$$

auftreten, dies spielt für die Lösung des Problems jedoch keine Rolle. Wie wir gesehen haben, lassen sich zahlreiche praktische Probleme als Lineare Optimierungsprobleme formulieren.

Aufgaben

Aufgabe 1.1 (Modellierung)

Eine Firma fertigt 3 verschiedene Produkte A, B und C. Es stehen 4 Maschinen M_1, M_2, M_3 und M_4 zur Verfügung. Zur Fertigung der Produkte werden (pro Stück) unterschiedliche Bearbeitungszeiten (in Minuten) auf den einzelnen Maschinen benötigt, die in der folgenden Tabelle aufgeführt sind.

	M_1	M_2	M_3	M_4
A	2	0	3	5
B	1	1	2	4
C	5	6	1	0

Die Gesamtlaufzeit der Maschinen beträgt jeweils 8 Stunden pro Tag. Der Erlös beim Verkauf von Produkt A beträgt 2 €, bei Produkt B sind es 3 € und bei C 5 €.

Geben Sie ein mathematisches Modell zur Berechnung der optimalen Produktionsmengen und des maximalen Erlöses an. Gehen Sie dabei davon aus, dass es für die Produkte keine Absatzprobleme gibt, d. h., alle gefertigten Produkte können auch verkauft werden.

Aufgabe 1.2 (Modellierung)

Ein Röster will eine Kaffee-Spezialmischung herstellen. Er verwendet dazu zwei Sorten. Um den besonderen Geschmack zu garantieren, muss ein Sack der Spezialmischung genau 4 kg von Sorte A und mindestens 1 kg von Sorte B enthalten. Von Sorte A sollen mindestens 55 kg, von beiden Sorten zusammen mindestens 120 kg gekauft werden. Ein kg von Sorte A kostet 3 €, ein kg von Sorte B kostet 6 €. Die gekaufte Menge an Kaffee soll vollständig verbraucht werden. Die Mischung soll möglichst kostengünstig hergestellt werden. Wie lautet das mathematische Modell zu diesem Problem?

Aufgabe 1.3 (Modellierung)

Verallgemeinern Sie das Beispiel 1.4.1 und entwickeln Sie ein mathematisches Modell für ein allgemeines Produktionsplanungssystem folgender Art:

Gegeben seien die Preise p_j, die Kosten k_j und damit die Deckungsbeiträge $d_j = p_j - k_j$ von Produkten ($j = 1, \dots, n$) sowie die technischen Produktionskoeffizienten a_{ij}, die den Verbrauch an Kapazität der Maschine i für die Herstellung einer Einheit von Produkt j angeben. Maschine i ($i = 1, \dots, m$) möge die Kapazität von b_i Kapazitätseinheiten (KE) besitzen. Gesucht sei das Produktionsprogramm mit dem maximalen Deckungsbeitrag.

Mathematische Grundlagen

2

Inhaltsverzeichnis

2.1   Bezeichnungen 17
2.2   Lineare Gleichungssysteme 18
2.3   Lösbarkeit linearer Gleichungssysteme............................. 19
2.4   Der Gauß'sche Algorithmus 23
2.5   Der Gauß-Jordan-Algorithmus 28
2.6   Basiswechsel im $\mathbb{R}^n$ 32

In diesem Kapitel behandeln wir einige wichtige mathematische Grundlagen, insbesondere Algorithmen zur Lösung linearer Gleichungssysteme, auf denen diverse Rechenverfahren des Operations Research basieren.

2.1   Bezeichnungen

Die meisten mathematischen Begriffe, die wir in diesem Buch benötigen, stammen aus dem Bereich der *Linearen Algebra*. Sie finden sich in allen Lehrbüchern zur Mathematik, wie sie typischerweise für Anfängervorlesungen eingesetzt werden. Exemplarisch nennen wir nur die an Fachhochschulen weitverbreiteten Werke von Arens et.al. (2018) oder Scherfner und Volland (2012). An Universitäten wird häufig das Buch von Fischer (2005) verwendet.

Lediglich für das Beispiel aus dem technischen Bereich (Abschn. 10.1) werden noch zusätzlich ein paar Grundkenntnisse aus der *Analysis* vorausgesetzt.

Den Raum der Vektoren mit n reellen Komponenten bezeichnet man mit $\mathbb{R}^n$. In manchen Büchern wird dieser Vektorraum auch *der reelle Standardraum der Dimension n* genannt. In ihm gelten die bekannten Rechenregeln für Vektoren und Skalare. Wir wollen alle Vektoren als Spaltenvektoren betrachten und kennzeichnen sie mit fetten Kleinbuchstaben, also z. B.

© Springer-Verlag GmbH Deutschland, ein Teil von Springer Nature 2023
A. Koop und H. Moock, *Lineare Optimierung – eine anwendungsorientierte Einführung in Operations Research*, https://doi.org/10.1007/978-3-662-66387-5_2

$$\mathbf{x} = \begin{bmatrix} x_1 \\ x_2 \\ \vdots \\ x_n \end{bmatrix} = (x_j) \in \mathbb{R}^n.$$

Zur Abkürzung schreiben wir im fließenden Text Vektoren des $\mathbb{R}^n$ jedoch manchmal auch als n-Tupel in der Form $\mathbf{x} = (x_1, \dots, x_n)$. Der Nullvektor wird mit $\mathbf{0}$ bezeichnet.

Den Raum der reellen Matrizen mit m Zeilen und n Spalten nennen wir $\mathbb{R}^{m \times n}$. Zur Darstellung seiner Elemente, den $m \times n$-Matrizen, benutzen wir fette Großbuchstaben wie z. B.

$$\mathbf{A} = \begin{bmatrix} a_{11} & a_{12} & \cdots & a_{1n} \\ a_{21} & a_{22} & \cdots & a_{2n} \\ \vdots & \vdots & & \vdots \\ a_{m1} & a_{m2} & \cdots & a_{mn} \end{bmatrix} = (a_{ij}) \in \mathbb{R}^{m \times n}.$$

Da die Nullmatrix ebenfalls als $\mathbf{0}$ geschrieben wird, ist sie rein optisch nicht von dem Nullvektor zu unterscheiden. Aus dem jeweiligen Zusammenhang ist jedoch immer klar zu erkennen, ob es sich um eine Matrix oder einen Vektor handelt.

Zu einer Matrix $\mathbf{A} = (a_{ij}) \in \mathbb{R}^{m \times n}$ definiert man die *transponierte* Matrix durch $\mathbf{A}^T = (a'_{ji}) \in \mathbb{R}^{n \times m}$, wobei $a'_{ji} = a_{ij}$ für $j = 1, \dots, n$ und $i = 1, \dots, m$. Die transponierte Matrix entsteht also durch Vertauschen von Zeilen und Spalten.

Ein Vektor $\mathbf{x} \in \mathbb{R}^n$ ist in unserer Notation also eine $n; \times 1$-Matrix. Durch Transponieren geht ein Spaltenvektor in einen Zeilenvektor über. Das Skalarprodukt zweier Vektoren $\mathbf{x}, \mathbf{y} \in \mathbb{R}^n$ können wir dann auch schreiben als $\mathbf{x}^T \mathbf{y}$.

2.2 Lineare Gleichungssysteme

Ein lineares Gleichungssystem mit m Gleichungen und n Unbekannten hat die allgemeine Gestalt

$$\begin{aligned} a_{11}\, x_1 + a_{12}\, x_2 + \dots + a_{1n}\, x_n &= b_1, \\ a_{21}\, x_1 + a_{22}\, x_2 + \dots + a_{2n}\, x_n &= b_2, \\ &\vdots \\ a_{m1}x_1 + a_{m2}x_2 + \dots + a_{mn}x_n &= b_m. \end{aligned} \tag{2.1}$$

Es sind $a_{ij}, b_i \in \mathbb{R}$ die *Koeffizienten* des Systems und $x_j \in \mathbb{R}$ die *Unbekannten*, wobei $i = 1, \dots, m$ bzw. $j = 1, \dots, n$. Das System (2.1) kann verkürzt auch wie folgt

$$\sum_{j=1}^{n} a_{ij}x_j = b_i, \quad \text{für } i = 1, \dots, m$$

dargestellt werden. Definieren wir zudem die *Systemmatrix* $\mathbf{A} \in \mathbb{R}^{m \times n}$ und die Vektoren $\mathbf{x} \in \mathbb{R}^n$, $\mathbf{b} \in \mathbb{R}^m$ durch

$$
\mathbf{A} = \begin{bmatrix} a_{11} & a_{12} & \cdots & a_{1n} \\ a_{21} & a_{22} & \cdots & a_{2n} \\ \vdots & \vdots & & \vdots \\ a_{m1} & a_{m2} & \cdots & a_{mn} \end{bmatrix}, \quad \mathbf{x} = \begin{bmatrix} x_1 \\ x_2 \\ \vdots \\ x_n \end{bmatrix}, \quad \mathbf{b} = \begin{bmatrix} b_1 \\ b_2 \\ \vdots \\ b_m \end{bmatrix},
$$

so lässt sich (2.1) in die einfache Form

$$
\mathbf{A}\mathbf{x} = \mathbf{b} \tag{2.2}
$$

überführen.

Beispiel 2.1
Das Gleichungssystem

$$
3x_1 + 2x_2 + x_3 = 5
$$
$$
4x_1 - 5x_2 + x_3 = 2
$$

sieht in der Matrixschreibweise folgendermaßen aus:

$$
\begin{bmatrix} 3 & 2 & 1 \\ 4 & -5 & 1 \end{bmatrix} \cdot \begin{bmatrix} x_1 \\ x_2 \\ x_3 \end{bmatrix} = \begin{bmatrix} 5 \\ 2 \end{bmatrix}. \qquad \blacksquare
$$

2.3   Lösbarkeit linearer Gleichungssysteme

Um die Lösbarkeit linearer Gleichungssysteme genauer zu untersuchen, ist der Begriff der *linearen Unabhängigkeit* von besonderer Bedeutung. Dazu führen wir zunächst den Begriff der *Linearkombination* ein.

Definition 2.1
Ein Vektor $\mathbf{v} \in \mathbb{R}^m$ mit

$$
\mathbf{v} = \sum_{i=1}^{k} \alpha_i \mathbf{u}_i,
$$

wobei $\alpha_i \in \mathbb{R}$, nennt man *Linearkombination* der Vektoren $\mathbf{u}_1, \mathbf{u}_2, \ldots, \mathbf{u}_k \in \mathbb{R}^m$.   ◆

Die Frage, ob *alle* Vektoren $\mathbf{u}_1, \mathbf{u}_2, \ldots, \mathbf{u}_k$ zur Darstellung von $\mathbf{v}$ benötigt werden oder ob eventuell einer überflüssig ist, führt auf den Begriff der linearen Unabhängigkeit.

Definition 2.2
Die k Vektoren $\mathbf{u}_1, \mathbf{u}_2, \ldots, \mathbf{u}_k \in \mathbb{R}^m$ heißen *linear unabhängig*, wenn aus

$$\alpha_1 \mathbf{u}_1 + \alpha_2 \mathbf{u}_2 + \ldots + \alpha_k \mathbf{u}_k = \sum_{i=1}^{k} \alpha_i \mathbf{u}_i = \mathbf{0}$$

stets $\alpha_1 = \alpha_2 = \ldots = \alpha_k = 0$ folgt. Andernfalls heißen sie *linear abhängig*.   ◆

Nach Definition 2.2 sind Vektoren also genau dann linear unabhängig, wenn der Nullvektor sich nur auf triviale Weise aus ihnen linear kombinieren lässt. Sind die Vektoren linear abhängig, so kann mindestens einer der Vektoren als Linearkombination der restlichen Vektoren dargestellt werden.

Beispiel 2.2
Die drei Standard-Einheitsvektoren

$$\mathbf{e}_1 = \begin{bmatrix} 1 \\ 0 \\ 0 \end{bmatrix}, \quad \mathbf{e}_2 = \begin{bmatrix} 0 \\ 1 \\ 0 \end{bmatrix}, \quad \mathbf{e}_3 = \begin{bmatrix} 0 \\ 0 \\ 1 \end{bmatrix}$$

des $\mathbb{R}^3$ sind offensichtlich linear unabhängig, denn aus

$$\alpha_1 \begin{bmatrix} 1 \\ 0 \\ 0 \end{bmatrix} + \alpha_2 \begin{bmatrix} 0 \\ 1 \\ 0 \end{bmatrix} + \alpha_3 \begin{bmatrix} 0 \\ 0 \\ 1 \end{bmatrix} = \begin{bmatrix} \alpha_1 \\ \alpha_2 \\ \alpha_3 \end{bmatrix} = \begin{bmatrix} 0 \\ 0 \\ 0 \end{bmatrix}$$

folgt sofort $\alpha_1 = \alpha_2 = \alpha_3 = 0$.
Die drei Vektoren

$$\mathbf{v}_1 = \begin{bmatrix} 1 \\ 0 \\ 1 \end{bmatrix}, \quad \mathbf{v}_2 = \begin{bmatrix} -1 \\ 1 \\ 0 \end{bmatrix}, \quad \mathbf{v}_3 = \begin{bmatrix} 0 \\ -1 \\ -1 \end{bmatrix}$$

sind linear abhängig, denn

$$\alpha_1 \begin{bmatrix} 1 \\ 0 \\ 1 \end{bmatrix} + \alpha_2 \begin{bmatrix} -1 \\ 1 \\ 0 \end{bmatrix} + \alpha_3 \begin{bmatrix} 0 \\ -1 \\ -1 \end{bmatrix} = \begin{bmatrix} 0 \\ 0 \\ 0 \end{bmatrix}$$

hat neben der trivialen Lösung $\alpha_1 = \alpha_2 = \alpha_3 = 0$ noch die Lösung $\alpha_1 = \alpha_2 = \alpha_3 = 1$. Insbesondere gilt $\mathbf{v}_1 = -\mathbf{v}_2 - \mathbf{v}_3$.   ■

Satz 2.1

Die Vektoren $\mathbf{u}_1, \mathbf{u}_2, \ldots, \mathbf{u}_k \in \mathbb{R}^m$ *seien linear abhängig. Dann gibt es ein* $p \in \{1, \ldots, k\}$, *so dass*

$$\mathbf{u}_p = \sum_{\substack{j=1 \\ j \neq p}}^{k} \beta_j \mathbf{u}_j. \tag{2.3}$$

Beweis Da die Vektoren linear abhängig sind, gibt es $\alpha_j \in \mathbb{R}$, die nicht alle verschwinden, so dass $\alpha_1 \mathbf{u}_1 + \ldots + \alpha_k \mathbf{u}_k = \mathbf{0}$. Wähle p so, dass $\alpha_p \neq 0$, dann gilt (2.3) mit

$$\beta_j = -\frac{\alpha_j}{\alpha_p}. \qquad \qquad \square$$

Im $\mathbb{R}^n$ gibt es maximal n linear unabhängige Vektoren, d. h., $n + 1$ Vektoren aus diesem Raum sind stets linear abhängig. Jeder Vektor aus $\mathbb{R}^n$ lässt sich eindeutig als Linearkombination von n linear unabhängigen Vektoren darstellen. Daher nennt man eine Menge von n linear unabhängigen Vektoren eine *Basis* von $\mathbb{R}^n$ und sagt, der Raum $\mathbb{R}^n$ habe die *Dimension* n. Die drei Standard-Einheitsvektoren aus Beispiel 2.2 bilden also eine Basis des $\mathbb{R}^3$.

Manchmal ist es von Vorteil, den Spalten einer Matrix $\mathbf{A} \in \mathbb{R}^{m \times n}$ eigene Bezeichnungen zu geben. Der Vektor

$$\mathbf{a}_j = \begin{bmatrix} a_{1j} \\ a_{2j} \\ \vdots \\ a_{mj} \end{bmatrix} \in \mathbb{R}^m$$

heißt j-ter Spaltenvektor von $\mathbf{A}$ für $j = 1, \ldots, n$. Mit dem j-ten Einheitsvektor $\mathbf{e}_j$ gilt

$$\mathbf{a}_j = \mathbf{A}\mathbf{e}_j.$$

Die Matrix, die aus den Spaltenvektoren $\mathbf{a}_j$ besteht, kann dann kurz auf die folgende Weise geschrieben werden:

$$\mathbf{A} = (\mathbf{a}_1, \ldots, \mathbf{a}_n).$$

Definition 2.3

Unter dem *Rang* $r(\mathbf{A})$ einer Matrix $\mathbf{A} \in \mathbb{R}^{m \times n}$ versteht man die maximale Anzahl der linear unabhängigen Spaltenvektoren von $\mathbf{A}$. ◆

Für die Definition des Rangs einer Matrix könnte man ebensogut die maximale Anzahl der linear unabhängigen Zeilen (also der Spaltenvektoren von $\mathbf{A}^T$) nehmen, dies führt zu dem gleichen Ergebnis. Wir fassen einige Eigenschaften des Rangs einer Matrix in einem Satz zusammen.

Satz 2.2

Sei $\mathbf{A} \in \mathbb{R}^{m \times n}$ eine Matrix. Dann gilt:

a) $r(\mathbf{A}) = 0 \Longleftrightarrow \mathbf{A} = \mathbf{0}$
b) $r(\mathbf{A}) = r(\mathbf{A}^T)$
c) $r(\mathbf{A}) \leq \min(m, n)$

Die Definition 2.3 liefert zunächst keine naheliegende Möglichkeit, den Rang einer Matrix tatsächlich auszurechnen. Später werden wir mit dem *Gauß'schen Algorithmus* ein Instrument kennenlernen, um den Rang einer Matrix zu bestimmen. Wir können jedoch schon jetzt die Lösbarkeit des Systems (2.2) genau charakterisieren. Dazu definieren wir zunächst die um den Spaltenvektor $\mathbf{b}$ erweiterte Systemmatrix $\mathbf{A}|\mathbf{b}$ durch

$$\mathbf{A}|\mathbf{b} = \begin{bmatrix} a_{11} & a_{12} & \cdots & a_{1n} & b_1 \\ a_{21} & a_{22} & \cdots & a_{2n} & b_2 \\ \vdots & \vdots & & \vdots & \vdots \\ a_{m1} & a_{m2} & \cdots & a_{mn} & b_m \end{bmatrix} \in \mathbb{R}^{m \times (n+1)}.$$

Satz 2.3

Sei $\mathbf{A} \in \mathbb{R}^{m \times n}$, $\mathbf{b} \in \mathbb{R}^m$. Dann ist das Gleichungssystem $\mathbf{A}\mathbf{x} = \mathbf{b}$ genau dann lösbar, wenn $r(\mathbf{A}) = r(\mathbf{A}|\mathbf{b})$. Gilt zusätzlich $r(\mathbf{A}) = n$, so gibt es genau eine Lösung $\mathbf{x} \in \mathbb{R}^n$. Im Falle $r(\mathbf{A}) < n$ gibt es unendlich viele Lösungen mit $n - r(\mathbf{A})$ freien Parametern.

Ist die Zahl der Gleichungen kleiner als die Zahl der Unbekannten ($m < n$), so kann die Bedingung $r(\mathbf{A}) = n$ nicht erfüllt sein. In diesem Fall gibt es also keine eindeutige Lösung. Existiert keine Lösung, so nennt man das System *überbestimmt*, gibt es hingegen unendlich viele Lösungen, so heißt es *unterbestimmt*. Ist $\mathbf{b} = \mathbf{0}$, so spricht man von einem *homogenen Gleichungssystem*. Ein homogenes lineares Gleichungssystem ist offensichtlich immer lösbar. Hat das homogene System nur die triviale Lösung $\mathbf{x} = \mathbf{0}$, so bedeutet dies, dass die Spaltenvektoren von $\mathbf{A}$ linear unabhängig sind.

Beispiel 2.3

Für die folgenden Gleichungssysteme $\mathbf{A}\mathbf{x} = \mathbf{b}$ kann man aufgrund der Angaben des Rangs der Matrix $\mathbf{A}$ sowie der erweiterten Systemmatrix $\mathbf{A}|\mathbf{b}$ Aussagen bzgl. der Lösbarkeit treffen.

a) $\quad \mathbf{A} = \begin{bmatrix} 3 & 0 & 1 \\ 6 & 2 & 1 \\ -3 & -2 & 1 \end{bmatrix}, \quad \mathbf{b} = \begin{bmatrix} 1 \\ 3 \\ -1 \end{bmatrix}, \quad r(\mathbf{A}) = 3, \quad r(\mathbf{A}|\mathbf{b}) = 3$

lösbar, da $r(\mathbf{A}) = r(\mathbf{A}|\mathbf{b})$, und eindeutige Lösung, da $r(\mathbf{A}) = 3 = n$

b) $\mathbf{A} = \begin{bmatrix} -2 & 1 & 1 \\ -2 & 2 & 3 \\ -6 & 2 & 1 \end{bmatrix}$, $\quad \mathbf{b} = \begin{bmatrix} 0 \\ 4 \\ -4 \end{bmatrix}$, $\quad r(\mathbf{A}) = 2, \quad r(\mathbf{A}|\mathbf{b}) = 2$

lösbar, da $r(\mathbf{A}) = r(\mathbf{A}|\mathbf{b})$, und unendlich viele Lösungen, da $r(\mathbf{A}) = 2 < n$

c) $\mathbf{A} = \begin{bmatrix} -1 & 4 & 2 \\ -2 & 8 & 4 \\ 3 & -12 & -6 \end{bmatrix}$, $\quad \mathbf{b} = \begin{bmatrix} 3 \\ 6 \\ -9 \end{bmatrix}$, $\quad r(\mathbf{A}) = 1, \quad r(\mathbf{A}|\mathbf{b}) = 1$

lösbar, da $r(\mathbf{A}) = r(\mathbf{A}|\mathbf{b})$, und unendlich viele Lösungen, da $r(\mathbf{A}) = 1 < n$

d) $\mathbf{A} = \begin{bmatrix} 2 & 1 & 0 \\ 2 & -2 & 1 \\ -2 & -10 & 3 \end{bmatrix}$, $\quad \mathbf{b} = \begin{bmatrix} 0 \\ 1 \\ 2 \end{bmatrix}$, $\quad r(\mathbf{A}) = 2, \quad r(\mathbf{A}|\mathbf{b}) = 3$

unlösbar, da $r(\mathbf{A}) \neq r(\mathbf{A}|\mathbf{b})$

Die Gleichungen b) und c) haben unendlich viele Lösungen, bei b) gibt es einen freien Parameter, man spricht von einer einparametrischen Lösungsschar, und bei c) sind es zwei freie Parameter, demzufolge liegt eine zweiparametrische Lösungsschar vor. ∎

Im Operations Research haben wir es überwiegend mit unterbestimmten Systemen zu tun. Die überbestimmten Systeme treten typischerweise bei der Ausgleichsrechnung auf (vgl. Schwarz (1988)). Der in der Numerischen Mathematik häufigste Fall ist jedoch der Fall der quadratischen, regulären Matrix ($r(\mathbf{A}) = m = n$).

2.4   Der Gauß'sche Algorithmus

In diesem Abschnitt stellen wir den *Gauß'schen Algorithmus* vor. Mit ihm kann man die Lösungsmenge des Gleichungssystems (2.2) bestimmen und gleichzeitig den Rang $r(\mathbf{A})$ der Systemmatrix ermitteln. Das Verfahren bildet die Grundlage für die später zu besprechenden Optimierungsmethoden. Zur übersichtlichen Darstellung schreiben wir das System $\mathbf{A}|\mathbf{b}$ in der Form

$$
\begin{array}{cccc|c}
x_1 & x_2 & \cdots & x_n & \\
\hline
a_{11} & a_{12} & \cdots & a_{1n} & b_1 \\
a_{21} & a_{22} & \cdots & a_{2n} & b_2 \\
\vdots & \vdots & & \vdots & \vdots \\
a_{m1} & a_{m2} & \cdots & a_{mn} & b_m
\end{array}
\tag{2.4}
$$

Die Idee ist nun, das Schema (2.4) (man spricht auch von einem *Tableau*) so umzuformen, dass sich die Lösung möglichst leicht bestimmen lässt. Erlaubt sind dabei die folgenden elementaren Operationen, welche die Lösungsmenge des Systems und den Rang der Systemmatrix nicht verändern:

1. Vertauschen zweier Zeilen oder Spalten
2. Multiplikation einer Zeile mit einer von null verschiedenen Zahl
3. Addition des Vielfachen einer Zeile zu einer anderen

Beim Vertauschen zweier Spalten ist darauf zu achten, dass sich dadurch auch die Reihenfolge der Unbekannten verändert, aus diesem Grund haben wir in dem Schema (2.4) die Variablen über jeder Spalte notiert. Ziel ist es, ein System $\mathbf{A}^*|\mathbf{b}^*$ in der Form

$$
\begin{array}{cccccc|c}
x_{q_1} & x_{q_2} & \cdots & x_{q_r} & x_{q_{r+1}} & \cdots & x_{q_n} \\
\hline
a_{11}^* & a_{12}^* & \cdots & a_{1r}^* & a_{1,r+1}^* & \cdots & a_{1n}^* & b_1^* \\
0 & a_{22}^* & \cdots & a_{2r}^* & a_{2,r+1}^* & \cdots & a_{2n}^* & b_2^* \\
\vdots & \vdots & \ddots & \vdots & \vdots & & \vdots & \vdots \\
0 & 0 & \cdots & a_{rr}^* & a_{r,r+1}^* & \cdots & a_{rn}^* & b_r^* \\
0 & 0 & \cdots & 0 & 0 & \cdots & 0 & b_{r+1}^* \\
0 & 0 & \cdots & 0 & 0 & \cdots & 0 & b_{r+2}^* \\
\vdots & \vdots & & \vdots & \vdots & & \vdots & \vdots \\
0 & 0 & \cdots & 0 & 0 & \cdots & 0 & b_m^*
\end{array}
\tag{2.5}
$$

zu erzeugen, dabei ist $q_1, \ldots, q_n$ eine Permutation der Indizes $1, \ldots, n$. Man nennt die Form des Systems (2.5) auch *Trapezgestalt*. Für das System $\mathbf{A}^*|\mathbf{b}^*$ gelte $a_{ij}^* = 0$ für $i > r$ und für $i > j$. Die Diagonalelemente $a_{11}^*, \ldots, a_{rr}^*$ seien alle von null verschieden. Offensichtlich gilt $r(\mathbf{A}^*) = r$, also ist das System (2.5) nach Satz 2.3 genau dann lösbar, wenn $r(\mathbf{A}^*|\mathbf{b}^*) = r$. Dies ist wiederum genau dann der Fall, wenn $b_{r+1}^* = \ldots = b_m^* = 0$ gilt. Die Lösungen des Systems können leicht durch *Rückwärtseinsetzen* bestimmt werden, wobei die Variablen $x_{q_{r+1}}, \ldots, x_{q_n}$ frei wählbar sind. Für die restlichen Variablen gilt

$$
x_{q_i} = \frac{1}{a_{ii}^*} \left(b_i^* - \sum_{j=i+1}^{n} a_{ij}^* x_{q_j} \right), \quad i = r, \ldots, 1.
\tag{2.6}
$$

Im Fall $r = n = m$ gibt es keine frei wählbaren Parameter, die Lösung ist dann eindeutig bestimmt. Für ein auf Trapezgestalt transformiertes Gleichungssystem kann man den Rang sowohl von der Systemmatrix $\mathbf{A}$ als auch von der erweiterten Matrix $\mathbf{A}|\mathbf{b}$ sofort angeben. Der Rang ist jeweils gleich der Anzahl der vom Nullvektor verschiedenen Zeilen.

Beispiel 2.4

Für das folgende in Trapezgestalt vorliegende Gleichungssystem

$$
\begin{array}{ccc|c}
x_1 & x_2 & x_3 & \\
\hline
-1 & 2 & 0 & -1 \\
0 & 7 & 1 & -4 \\
0 & 0 & 7 & -11
\end{array}
$$

gilt: $r(\mathbf{A}) = 3$ und $r(\mathbf{A}|\mathbf{b}) = 3$. Es ist damit eindeutig lösbar.

Für das System

x_1	x_2	x_3	
-1	2	0	-1
0	7	1	-4
0	0	0	3

gilt dagegen: $r(\mathbf{A}) = 2$ und $r(\mathbf{A}|\mathbf{b}) = 3$. Es ist somit unlösbar. ∎

Wir werden im Folgenden ein Verfahren zum Erzeugen der Trapezgestalt, den *Gauß'schen Algorithmus*, genau beschreiben.

Algorithmus 2.1 (Gauß'scher Algorithmus)
Gegeben seien die Systemmatrix $\mathbf{A} = (a_{ij}) = (a_{ij}^{(1)}) \in \mathbb{R}^{m \times n}$ *und die rechte Seite* $\mathbf{b} = (b_i) = (b_i^{(1)}) \in \mathbb{R}^m$.

1. *$k = 1$*
2. *Wähle ein Pivotelement („Drehpunkt"), d. h. ein $a_{ij}^{(k)} \neq 0$, $i \in \{k, \ldots, m\}$, $j \in \{k, \ldots, n\}$. Sollte dies nicht möglich sein (weil entweder $k > \min(m, n)$ oder alle betreffenden $a_{ij}^{(k)}$ verschwinden), so brich das Verfahren ab. Der Rang der Matrix ist dann gleich $r = k - 1$.*
3. *Tausche die Zeilen und Spalten der Matrix so, dass das Pivotelement nun gleich $a_{kk}^{(k)}$ ist, d. h., tausche die i-te mit der k-ten Zeile und die j-te mit der k-ten Spalte.*
4. *Für $i = k + 1, \ldots, m$ setze*

$$a_{ij}^{(k+1)} = a_{ij}^{(k)} - \frac{a_{ik}^{(k)}}{a_{kk}^{(k)}} a_{kj}^{(k)}, \quad j = k, \ldots, n,$$

$$b_i^{(k+1)} = b_i^{(k)} - \frac{a_{ik}^{(k)}}{a_{kk}^{(k)}} b_k^{(k)}.$$

5. *Setze $k \leftarrow k + 1$ und gehe zu Schritt 2.*

Das System in der Form (2.5) ist nun nach Abbruch des Algorithmus für $i = 1, \ldots, m$ und $j = 1, \ldots, n$ gegeben durch

$$a_{ij}^* = \begin{cases} a_{ij}^{(i)} & \text{für } i \leq r \\ a_{ij}^{(r+1)} & \text{sonst} \end{cases} \qquad b_i^* = \begin{cases} b_i^{(i)} & \text{für } i \leq r \\ b_i^{(r+1)} & \text{sonst} \end{cases} \qquad (2.7)$$

In Schritt 2 des Algorithmus 2.1 kann das Pivotelement im Prinzip beliebig gewählt werden. Ist $a_{kk}^{(k)} \neq 0$, so sind keine Zeilen- oder Spaltenvertauschungen notwendig. Um das Fortpflanzen von Rundungsfehlern einzuschränken, bieten sich jedoch gewisse

Abb. 2.1 Illustration zu
Algorithmus 2.1

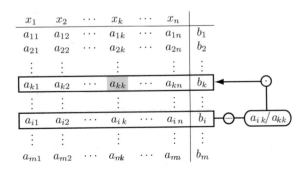

Pivotstrategien an, wie sie z. B. in Schwarz (1988) beschrieben werden. Das Tauschen der Zeilen und Spalten sollte bei der Implementierung nicht durch Umkopieren der Matrixkomponenten geschehen, sondern vielmehr durch die Verwendung von Indexfeldern.

Abb. 2.1 verdeutlicht den Schritt 4 in Algorithmus 2.1, das Pivotelement ist grau unterlegt. Für die Handrechnung ist es hilfreich, den Quotienten $a_{ik}^{(k)}/a_{kk}^{(k)}$ neben der i-ten Zeile zu notieren.

Ein Python-Programm für den Gauß'schen Algorithmus befindet sich in Abschn. 12.1, Listing 12.1.

Beispiel 2.5
Wir wollen das Gleichungssystem $\mathbf{A}\mathbf{x} = \mathbf{b}$ mit

$$\mathbf{A} = \begin{bmatrix} -1 & 2 & 0 \\ -2 & 7 & 1 \\ 3 & 9 & 7 \end{bmatrix}, \quad \mathbf{b} = \begin{bmatrix} -1 \\ -4 \\ -11 \end{bmatrix}$$

lösen, es handelt sich also um ein Beispiel mit $n = m = 3$. Wir erhalten das folgende Ausgangssystem mit den Koeffizienten $a_{ij}^{(1)} = a_{ij}$.

x_1	x_2	x_3	
$a_{11}^{(1)}$	$a_{12}^{(1)}$	$a_{13}^{(1)}$	$b_1^{(1)}$
$a_{21}^{(1)}$	$a_{22}^{(1)}$	$a_{23}^{(1)}$	$b_2^{(1)}$
$a_{31}^{(1)}$	$a_{32}^{(1)}$	$a_{33}^{(1)}$	$b_3^{(1)}$

x_1	x_2	x_3		
-1	2	0	-1	
-2	7	1	-4	2
3	9	7	-11	-3

Zur Verdeutlichung geben wir links jeweils das Tableau mit den Namen der Koeffizienten an. Es ist zunächst $k = 1$. Wegen $a_{11}^{(1)} \neq 0$ können wir diesen Koeffizienten als Pivotelement wählen. Um die Handrechnung zu erleichtern, unterstreichen wir das Pivotelement und notieren neben der i-ten Zeile ($i = 2, 3$) jeweils den Quotienten

$$\frac{a_{ik}^{(k)}}{a_{kk}^{(k)}}.$$

Nach Durchführung von Schritt 4 des Algorithmus 2.1 ergibt sich das nächste System.

x_1	x_2	x_3	
$a_{11}^{(1)}$	$a_{12}^{(1)}$	$a_{13}^{(1)}$	$b_1^{(1)}$
0	$a_{22}^{(2)}$	$a_{23}^{(2)}$	$b_2^{(2)}$
0	$a_{32}^{(2)}$	$a_{33}^{(2)}$	$b_3^{(2)}$

x_1	x_2	x_3	
-1	2	0	-1
0	$\underline{3}$	1	-2
0	15	7	-14

5

Es ist nun $k = 2$, und wir wählen als Pivotelement $a_{22}^{(2)}$. Wir erhalten schließlich das folgende System, welches bereits die Trapezgestalt besitzt.

x_1	x_2	x_3	
$a_{11}^{(1)}$	$a_{12}^{(1)}$	$a_{13}^{(1)}$	$b_1^{(1)}$
0	$a_{22}^{(2)}$	$a_{23}^{(2)}$	$b_2^{(2)}$
0	0	$a_{33}^{(3)}$	$b_3^{(3)}$

x_1	x_2	x_3	
-1	2	0	-1
0	3	1	-2
0	0	2	-4

Wir können nun ablesen, dass $r(\mathbf{A}) = r(\mathbf{A}|\mathbf{b}) = 3$ ist, das Gleichungssystem ist also eindeutig lösbar. Rückwärtseinsetzen gemäß (2.6) liefert nacheinander

$$x_3 = -4/2 = -2,$$
$$x_2 = (-2 - 1 \cdot x_3)/3 = 0,$$
$$x_1 = (-1 - 2 \cdot x_2 - 0 \cdot x_3)/(-1) = 1.$$

Die Lösung unseres Systems ist demzufolge

$$\mathbf{x} = \begin{bmatrix} 1 \\ 0 \\ -2 \end{bmatrix}.$$

∎

Werden während des Gauß'schen Algorithmus keine Zeilen- oder Spaltenvertauschungen vorgenommen, wird also stets a_{kk} als Pivotelemet gewählt, so spricht man auch von einer *Diagonalstrategie*. Die Diagonalstrategie ist nicht immer durchführbar, wie wir in Beispiel 2.6 weiter unten sehen werden. Wenn keine Spaltenvertauschungen vorgenommen werden, kann man die Kopfzeile der Tableaus mit den Namen der Variablen auch weglassen.

Bemerkung 2.1 (LR-Zerlegung)
Kann Algorithmus 2.1 für eine quadratische Matrix mit der Diagonalstrategie, also ohne Vertauschungen, durchgeführt werden, so liefert er gleichzeitig eine Zerlegung der Systemmatrix $\mathbf{A}$ in das Produkt einer Linksdreiecksmatrix $\mathbf{L}$ und einer Rechtsdreiecksmatrix $\mathbf{R}$, die sogenannte LR-Zerlegung. Dazu setzen wir für $i, k = 1, \ldots, n$

$$l_{ik} = \begin{cases} a_{ik}^{(k)}/a_{kk}^{(k)} & \text{für } i > k \\ 1 & \text{für } i = k \\ 0 & \text{für } i < k \end{cases}$$

und erhalten mit diesem $\mathbf{L} = (l_{ij})$ *und dem* $\mathbf{R} = (a^*_{ij})$ *aus (2.7) die Zerlegung*

$$\mathbf{A} = \mathbf{LR}.$$

Für Beispiel 2.5 ist

$$\mathbf{L} = \begin{bmatrix} 1 & 0 & 0 \\ 2 & 1 & 0 \\ -3 & 5 & 1 \end{bmatrix}, \quad \mathbf{R} = \begin{bmatrix} -1 & 2 & 0 \\ 0 & 3 & 1 \\ 0 & 0 & 2 \end{bmatrix}.$$

Die Determinante der Matrix $\mathbf{A}$ *kann man wegen* $\det(\mathbf{A}) = \det(\mathbf{L})\det(\mathbf{R})$ *und* $\det(\mathbf{L}) = 1$ *nun auch leicht als das Produkt der Diagonalelemente von* $\mathbf{R}$ *berechnen. Für das Beispiel ist also*

$$\det(\mathbf{A}) = -1 \cdot 3 \cdot 2 = -6.$$

Im allgemeinen Fall, wenn also Zeilen bzw. Spaltenvertauschungen durchgeführt wurden, kann man immer noch eine Zerlegung

$$\mathbf{PA} = \mathbf{LR}$$

mit einer Permutationsmatrix $\mathbf{P}$ *berechnen, Näheres dazu findet man z. B. in Schwarz (1988). Es ist* $\det(\mathbf{P}) = \pm 1$.

2.5 Der Gauß-Jordan-Algorithmus

Um die Lösungen des Systems noch leichter ablesen zu können, bietet es sich an, das Schema (2.5) noch weiter zu vereinfachen. Werden zusätzlich alle Matrixkomponenten a^*_{ij} für $i = 1, \ldots, r$ und $j = i+1, \ldots, r$ eliminiert und anschließend die Zeilen $1, \ldots, r$ durch die Diagonalelemente $a^*_{11}, \ldots, a^*_{rr}$ geteilt, so erhalten wir ein Schema der Form

x_{q_1}	x_{q_2}	$\cdots$	x_{q_r}	$x_{q_{r+1}}$	$\cdots$	x_{q_n}	
1	0	$\cdots$	0	$a^*_{1,r+1}$	$\cdots$	a^*_{1n}	b^*_1
0	1	$\cdots$	0	$a^*_{2,r+1}$	$\cdots$	a^*_{2n}	b^*_2
$\vdots$	$\vdots$	$\ddots$	$\vdots$	$\vdots$		$\vdots$	$\vdots$
0	0	$\cdots$	1	$a^*_{r,r+1}$	$\cdots$	a^*_{rn}	b^*_r
0	0	$\cdots$	0	0	$\cdots$	0	b^*_{r+1}
0	0	$\cdots$	0	0	$\cdots$	0	b^*_{r+2}
$\vdots$	$\vdots$		$\vdots$	$\vdots$		$\vdots$	$\vdots$
0	0	$\cdots$	0	0	$\cdots$	0	b^*_m

$$(2.8)$$

mit möglicherweise neuen Werten für a^*_{ij} und b^*_i. Man sagt, das System liege in *Zeilennormalform* vor. Es ist genau dann lösbar, wenn $b^*_{r+1} = \ldots = b^*_m = 0$ gilt. Das Rückwärtseinsetzen gestaltet sich jetzt noch einfacher. Die Werte für $x_{q_{r+1}}, \ldots, x_{q_n}$ sind wieder frei wählbar, für die restlichen Variablen gilt

$$x_{q_i} = b_i^* - \sum_{j=r+1}^{n} a_{ij}^* x_{q_j}, \quad i = 1, \ldots, r. \tag{2.9}$$

Während man bei der Matrix in Trapezgestalt (2.5) die Variablen in der Reihenfolge $x_{q_r}, \ldots, x_{q_1}$ berechnen musste, spielt bei der Matrix in der Form (2.8) die Reihenfolge keine Rolle mehr. Wählt man $x_{q_{r+1}} = \ldots = x_{q_n} = 0$, so gilt also einfach $x_{q_i} = b_i^*$ für $i = 1, \ldots, n$. Für $m = n = r(\mathbf{A})$ ist zudem (sofern im Verlaufe des Algorithmus keine Spaltenvertauschungen vorgenommen wurden) $\mathbf{b}^* = \mathbf{A}^{-1}\mathbf{b}$ mit der inversen Matrix $\mathbf{A}^{-1}$. Wir beschreiben jetzt den Gauß-Jordan-Algorithmus, wobei wir, um die Darstellung zu verkürzen, bereits von einer Matrix in der Trapezgestalt

$$\begin{array}{cccccc|c}
x_{q_1} & x_{q_2} & \cdots & x_{q_r} & x_{q_{r+1}} & \cdots & x_{q_n} \\
\hline
a_{11} & a_{12} & \cdots & a_{1r} & a_{1,r+1} & \cdots & a_{1n} & b_1 \\
0 & a_{22} & \cdots & a_{2r} & a_{2,r+1} & \cdots & a_{2n} & b_2 \\
\vdots & \vdots & \ddots & \vdots & \vdots & & \vdots & \vdots \\
0 & 0 & \cdots & a_{rr} & a_{r,r+1} & \cdots & a_{rn} & b_r \\
0 & 0 & \cdots & 0 & 0 & \cdots & 0 & b_{r+1} \\
0 & 0 & \cdots & 0 & 0 & \cdots & 0 & b_{r+2} \\
\vdots & \vdots & & \vdots & \vdots & & \vdots & \vdots \\
0 & 0 & \cdots & 0 & 0 & \cdots & 0 & b_m
\end{array} \tag{2.10}$$

ausgehen. Da in dem System (2.10) die Diagonalelemente $a_{11}, \ldots, a_{rr}$ alle von null verschieden sind, benötigt man beim Gauß-Jordan-Algorithmus keine Zeilen- oder Spaltenvertauschungen mehr.

Algorithmus 2.2 (Gauß-Jordan-Algorithmus)
Gegeben seien die Systemmatrix $\mathbf{A} = (a_{ij}) = (a_{ij}^{(r)}) \in \mathbb{R}^{m \times n}$ *und die rechte Seite* $\mathbf{b} = (b_i) = (b_i^{(r)}) \in \mathbb{R}^m$, *die wir mithilfe des Gauß'schen Algorithmus 2.1 in die Trapezgestalt (2.10) gebracht haben. Es sei* $r(\mathbf{A}) = r$.

1. *Für* $k = r, \ldots, 2$ *und* $i = k - 1, \ldots, 1$ *setze*

$$a_{ij}^{(k-1)} = a_{ij}^{(k)} - \frac{a_{ik}^{(k)}}{a_{kk}^{(k)}} a_{kj}^{(k)}, \quad j = k, \ldots, n,$$

$$b_i^{(k-1)} = b_i^{(k)} - \frac{a_{ik}^{(k)}}{a_{kk}^{(k)}} b_k^{(k)}.$$

Das Pivotelement ist jeweils $a_{kk}^{(k)} \neq 0$.

2. *Für i = 1, . . . , r setze*

$$a_{ij}^* = \frac{a_{ij}^{(i)}}{a_{ii}^{(i)}}, \quad j = i, \dots, n,$$

$$b_i^* = \frac{b_i^{(i)}}{a_{ii}^{(i)}}.$$

Für i > r ist $a_{ij}^* = a_{ij}^{(r)} = 0$ und $b_i^* = b_i^{(r)}$.

Nach Schritt 2 gilt $a_{11}^* = \dots = a_{rr}^* = 1$.

Die Vorgehensweise bei diesem Verfahren entspricht der beim Gauß'schen Algorithmus, nur dass man jetzt die Elemente *oberhalb* des Pivotelements eliminiert, man denkt sich die Matrix quasi „auf den Kopf gestellt". Führt man den Gauß-Jordan-Algorithmus für ein System von der Gestalt $\mathbf{A}|\mathbf{I}$ mit einer regulären Matrix $\mathbf{A} \in \mathbb{R}^{n \times n}$ und der Einheitsmatrix $\mathbf{I} = (\delta_{ij}) \in \mathbb{R}^{n \times n}$ durch (also simultan für die n Einheitsvektoren als rechte Seiten) und werden im Verlauf des Algorithmus *keine* Spaltenvertauschungen vorgenommen, so bricht das Verfahren mit dem System $\mathbf{I}|\mathbf{A}^{-1}$ ab. Der Gauß-Jordan-Algorithmus bietet also die Möglichkeit, die Inverse einer regulären Matrix zu berechnen. Ein Python-Programm befindet sich in Abschn. 12.1, Listing 12.2.

Später werden wir zur Lösung von Optimierungsproblemen das sogenannte *Simplex-Verfahren* kennenlernen. Die bei diesem Verfahren auftretenden Matrizen haben typischerweise die Gestalt (2.8), wobei dann stets $m < n$ sein wird.

Beispiel 2.6

Zum Schluss verdeutlichen wir noch den Gauß-Jordan-Algorithmus anhand eines Beispiels. Das System

x_1	x_2	x_3	x_4	x_5	
0	2	−4	4	−8	0
1	2	−3	3	−5	−8
−1	−2	4	−3	7	6

soll mithilfe des Gauß'schen Algorithmus 2.1 bzw. des Gauß-Jordan-Algorithmus 2.2 auf die Gestalt (2.8) gebracht werden. Es ist $a_{11} = 0$, also muss zunächst eine Zeilen- oder Spaltenvertauschung vorgenommen werden. Wir tauschen daher die ersten beiden Spalten. Bei der folgenden Rechnung haben wir jeweils die Pivotelemente markiert.

x_2	x_1	x_3	x_4	x_5	
$\underline{2}$	0	−4	4	−8	0
2	1	−3	3	−5	−8
−2	−1	4	−3	7	6

x_2	x_1	x_3	x_4	x_5	
2	0	−4	4	−8	0
0	$\underline{1}$	1	−1	3	−8
0	−1	0	1	−1	6

x_2	x_1	x_3	x_4	x_5	
2	0	−4	4	−8	0
0	1	1	−1	3	−8
0	0	1	0	2	−2

Algorithmus 2.1 ist nun beendet, und wir fahren fort mit Algorithmus 2.2.

x_2	x_1	x_3	x_4	x_5	
2	0	−4	4	−8	0
0	1	1	−1	3	−8
0	0	$\underline{1}$	0	2	−2

x_2	x_1	x_3	x_4	x_5	
2	0	0	4	0	−8
0	1	0	−1	1	−6
0	0	1	0	2	−2

Wir teilen die erste Zeile noch durch das Diagonalelement 2 und erhalten schließlich das folgende System in der Gestalt (2.8).

x_2	x_1	x_3	x_4	x_5	
1	0	0	2	0	−4
0	1	0	−1	1	−6
0	0	1	0	2	−2

Die Lösung lässt sich nun leicht ablesen. SeLegen wir dietzt man z. B. $x_4 = x_5 = 0$, so erhält man $x_1 = -6$, $x_2 = -4$ und $x_3 = -2$. Die Matrix hat den maximalen Rang 3.   ■

Der Leser möge die gleiche Rechnung für die Gleichungssysteme aus Beispiel 2.3 durchführen.

2.6   Basiswechsel im $\mathbb{R}^n$

Im Abschn. 2.3 haben wir den Begriff Basis für eine Menge von n linear unabhängigen Vektoren des $\mathbb{R}^n$ eingeführt. Des weiteren haben wir gesehen, dass sich jeder Vektor des $\mathbb{R}^n$ als Linearkombination dieser Vektoren darstellen lässt.

Sei $B = \{\mathbf{b}_1, \mathbf{b}_2, \ldots, \mathbf{b}_n\} \subset \mathbb{R}^n$ eine Basis des $\mathbb{R}^n$. Dann kann jeder Vektor $\mathbf{v} \in \mathbb{R}^n$ geschrieben werden in der Form:

$$\mathbf{v} = \sum_{i=1}^{n} \lambda_i \mathbf{b}_i,$$

mit eindeutig bestimmten $\lambda_i \in \mathbb{R}$. Die λ_i bezeichnet man als die Koordinaten des Vektors $\mathbf{v}$ bzgl. der Basis B.

Für eine Basis B mit den Basisvektoren

$$\mathbf{b}_i = \begin{bmatrix} b_{1i} \\ b_{2i} \\ \vdots \\ b_{ni} \end{bmatrix} \quad i = 1, \ldots, n$$

lassen sich die λ_i durch Lösen des Gleichungssystems

$$\begin{bmatrix} b_{11} & b_{12} & \cdots & b_{1n} \\ b_{21} & b_{22} & \cdots & b_{2n} \\ \vdots & \vdots & & \vdots \\ b_{n1} & b_{n2} & \cdots & b_{nn} \end{bmatrix} \begin{bmatrix} \lambda_1 \\ \lambda_2 \\ \vdots \\ \lambda_n \end{bmatrix} = \begin{bmatrix} v_1 \\ v_2 \\ \vdots \\ v_n \end{bmatrix}$$

bestimmen.

Somit kann die Darstellung bzgl. einer Basis B beschrieben werden durch eine lineare Abbildung

$$T_B : \mathbb{R}^n \longrightarrow \mathbb{R}^n \quad \text{mit} \quad \mathbf{v} = \begin{bmatrix} v_1 \\ v_2 \\ \vdots \\ v_n \end{bmatrix} \longmapsto \mathbf{v}_B = \begin{bmatrix} \lambda_1 \\ \lambda_2 \\ \vdots \\ \lambda_n \end{bmatrix} = \mathbf{T}_B \cdot \mathbf{v}, \qquad (2.11)$$

die jedem Vektor aus dem $\mathbb{R}^n$ seine Koordinatendarstellung bzgl. der Basis B zuordnet. Dabei gilt für die darstellende Matrix

$$\mathbf{T}_B = \begin{bmatrix} b_{11} & b_{12} & \cdots & b_{1n} \\ b_{21} & b_{22} & \cdots & b_{2n} \\ \vdots & \vdots & & \vdots \\ b_{n1} & b_{n2} & \cdots & b_{nn} \end{bmatrix}^{-1} . \qquad (2.12)$$

Beispiel 2.7

Die drei Vektoren

$$\mathbf{b}_1 = \begin{bmatrix} 2 \\ -1 \\ 1 \end{bmatrix}, \quad \mathbf{b}_2 = \begin{bmatrix} 1 \\ 2 \\ -1 \end{bmatrix}, \quad \mathbf{b}_3 = \begin{bmatrix} 1 \\ -1 \\ 1 \end{bmatrix}$$

sind linear unabhängig und bilden somit eine Basis $B = \{\mathbf{b}_1, \mathbf{b}_2, \mathbf{b}_3\}$ des $\mathbb{R}^3$. Die zugehörige darstellende Matrix hat folgende Gestalt:

$$\mathbf{T}_B = \begin{bmatrix} 2 & 1 & 1 \\ -1 & 2 & -1 \\ 1 & -1 & 1 \end{bmatrix}^{-1} = \begin{bmatrix} 1 & -2 & -3 \\ 0 & 1 & 1 \\ -1 & 3 & 5 \end{bmatrix}.$$

Der Vektor $\mathbf{v} = \begin{bmatrix} 1 \\ 2 \\ 3 \end{bmatrix}$ besitzt bzgl. der Basis B die Darstellung:

$$\mathbf{v}_B = \begin{bmatrix} 1 & -2 & -3 \\ 0 & 1 & 1 \\ -1 & 3 & 5 \end{bmatrix} \begin{bmatrix} 1 \\ 2 \\ 3 \end{bmatrix} = \begin{bmatrix} -12 \\ 5 \\ 20 \end{bmatrix}. \qquad \blacksquare$$

Legen wir die aus den Standardeinheitsvektoren $\mathbf{e}_1, \mathbf{e}_2, \ldots, \mathbf{e}_n \in \mathbb{R}^n$ erzeugte Basis zugrunde, wird es besonders einfach. Dann entspricht die beschreibende lineare Abbildung der Identität auf dem $\mathbb{R}^n$ und ist durch die Einheitsmatrix gegeben.

Bei dem wichtigsten Rechenverfahren zum Lösen von linearen Programmen spielt der Wechsel zwischen verschiedenen Basen des $\mathbb{R}^n$ eine entscheidende Rolle. Daher wollen wir uns diesen Vorgang im Folgenden genauer anschauen.

Gegeben seien die beiden Basen $B = \{\mathbf{b}_1, \mathbf{b}_2, \ldots, \mathbf{b}_n\}$ und $C = \{\mathbf{c}_1, \mathbf{c}_2, \ldots, \mathbf{c}_n\}$ des $\mathbb{R}^n$. Für einen Vektor $\mathbf{v} \in \mathbb{R}^n$ erhält man mit Hilfe der linearen Abbildungen T_B und T_C, die durch die darstellenden Matrizen $\mathbf{T}_B$ und $\mathbf{T}_C$ beschrieben werden,

$$\mathbf{v}_B = \mathbf{T}_B \cdot \mathbf{v} = \begin{bmatrix} b_{11} & b_{12} & \cdots & b_{1n} \\ b_{21} & b_{22} & \cdots & b_{2n} \\ \vdots & \vdots & & \vdots \\ b_{n1} & b_{n2} & \cdots & b_{nn} \end{bmatrix}^{-1} \begin{bmatrix} v_1 \\ v_2 \\ \vdots \\ v_n \end{bmatrix} = \begin{bmatrix} \lambda_1 \\ \lambda_2 \\ \vdots \\ \lambda_n \end{bmatrix}$$

bzw.

$$\mathbf{v}_C = \mathbf{T}_C \cdot \mathbf{v} = \begin{bmatrix} c_{11} & c_{12} & \cdots & c_{1n} \\ c_{21} & c_{22} & \cdots & c_{2n} \\ \vdots & \vdots & & \vdots \\ c_{n1} & c_{n2} & \cdots & c_{nn} \end{bmatrix}^{-1} \begin{bmatrix} v_1 \\ v_2 \\ \vdots \\ v_n \end{bmatrix} = \begin{bmatrix} \mu_1 \\ \mu_2 \\ \vdots \\ \mu_n \end{bmatrix},$$

Abb. 2.2 Basiswechsel

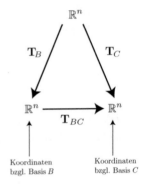

die Koordinatenvektoren bzgl. der beiden Basen. Wir wollen nun eine Abbildungsvorschrift herleiten, die es uns ermöglicht, von der Basis B zur Basis C zu wechseln. Dabei handelt es sich erneut um eine lineare Abbildung T_{BC}, die durch eine Matrix $\mathbf{T}_{BC}$ beschrieben wird. Aus dem Diagramm in Abb. 2.2 geht hervor, dass die gesuchte Abbildung der Komposition der Umkehrabbildung T_B^{-1} und der Abbildung T_C entspricht, die durch die Transformationsmatrix

$$\mathbf{T}_{BC} = \mathbf{T}_C \mathbf{T}_B^{-1} \tag{2.13}$$

beschrieben wird.

Beispiel 2.8

Gegeben seien die beiden Basen

$$B = \left\{ \begin{bmatrix} 2 \\ -1 \\ 1 \end{bmatrix}, \begin{bmatrix} 1 \\ 2 \\ -1 \end{bmatrix}, \begin{bmatrix} 1 \\ -1 \\ 1 \end{bmatrix} \right\} \quad \text{und} \quad C = \left\{ \begin{bmatrix} 1 \\ -1 \\ 2 \end{bmatrix}, \begin{bmatrix} 2 \\ 1 \\ -1 \end{bmatrix}, \begin{bmatrix} 2 \\ -1 \\ 2 \end{bmatrix} \right\}$$

mit den zugehörigen darstellenden Matrizen

$$\mathbf{T}_B = \begin{bmatrix} 1 & -2 & -3 \\ 0 & 1 & 1 \\ -1 & 3 & 5 \end{bmatrix} \quad \text{und} \quad \mathbf{T}_C = \begin{bmatrix} -1 & 6 & 4 \\ 0 & 2 & 1 \\ 1 & -5 & -3 \end{bmatrix}.$$

Der Vektor $\mathbf{v} = \begin{bmatrix} 1 \\ 2 \\ 3 \end{bmatrix}$ besitzt somit bzgl. der beiden Basen die Darstellung:

$$\mathbf{v}_B = \begin{bmatrix} -12 \\ 5 \\ 20 \end{bmatrix} \quad \text{und} \quad \mathbf{v}_C = \begin{bmatrix} 23 \\ 7 \\ -18 \end{bmatrix}.$$

Die Transformationsmatrix für den Basiswechsel sieht dann folgendermaßen aus:

$$
\mathbf{T}_{BC} = \mathbf{T}_C \mathbf{T}_B^{-1} = \begin{bmatrix} -1 & 6 & 4 \\ 0 & 2 & 1 \\ 1 & -5 & -3 \end{bmatrix} \begin{bmatrix} 2 & 1 & 1 \\ -1 & 2 & -1 \\ 1 & -1 & 1 \end{bmatrix} = \begin{bmatrix} -4 & 7 & -3 \\ -1 & 3 & -1 \\ 4 & -6 & 3 \end{bmatrix}.
$$

Wir überprüfen dies anhand der beiden Koordinatenvektoren $\mathbf{v}_B$ und $\mathbf{v}_C$:

$$
\begin{bmatrix} -4 & 7 & -3 \\ -1 & 3 & -1 \\ 4 & -6 & 3 \end{bmatrix} \begin{bmatrix} -12 \\ 5 \\ 20 \end{bmatrix} = \begin{bmatrix} 23 \\ 7 \\ -18 \end{bmatrix}.
$$

■

Unterscheiden sich die beiden Basen nur in einem Vektor, so lässt sich die Transformationsmatrix sehr leicht bestimmen. Um dies zu verdeutlichen, betrachten wir die zwei Basen $B = \{\mathbf{b}_1, \mathbf{b}_2, \dots, \mathbf{b}_n\}$ und $C = \{\mathbf{b}_1, \mathbf{b}_2, \dots, \mathbf{b}_{n-1}, \mathbf{c}\}$ des $\mathbb{R}^n$. C enthält statt $\mathbf{b}_n$ den Vektor $\mathbf{c}$, ansonsten stimmen die beiden Basen überein. Jeder Vektor $\mathbf{v} \in \mathbb{R}^n$ kann als Linearkombination der Basisvektoren aus C in der Form

$$
\mathbf{v} = \sum_{i=1}^{n-1} \mu_i \mathbf{b}_i + \mu_n \mathbf{c} \quad \text{bzw. in Koordinatendarstellung} \quad \mathbf{v}_C = \begin{bmatrix} \mu_1 \\ \mu_2 \\ \vdots \\ \mu_n \end{bmatrix}
$$

geschrieben werden. $\mathbf{c}$ kann wiederum als Linearkombination der Vektoren aus B dargestellt werden. Es gilt:

$$
\mathbf{c} = \sum_{i=1}^{n} \alpha_i \mathbf{b}_i \quad \text{bzw. in Koordinatendarstellung} \quad \mathbf{c}_B = \begin{bmatrix} \alpha_1 \\ \alpha_2 \\ \vdots \\ \alpha_n \end{bmatrix}.
$$

Als Koordinatenvektor für $\mathbf{v}$ bezüglich B ergibt sich:

$$
\mathbf{v}_B = \begin{bmatrix} 1 & \cdots & 0 & \alpha_1 \\ \vdots & \ddots & \vdots & \vdots \\ 0 & \cdots & 1 & \alpha_{n-1} \\ 0 & \cdots & 0 & \alpha_n \end{bmatrix} \begin{bmatrix} \mu_1 \\ \vdots \\ \mu_{n-1} \\ \mu_n \end{bmatrix} = \begin{bmatrix} \lambda_1 \\ \vdots \\ \lambda_{n-1} \\ \lambda_n \end{bmatrix}
$$

und somit erhält man für den Basiswechsel von B nach C die folgende Transformationsmatrix:

$$
\mathbf{T}_{BC} = \begin{bmatrix} 1 \cdots 0 & \alpha_1 \\ \vdots \ddots \vdots & \vdots \\ 0 \cdots 1 & \alpha_{n-1} \\ 0 \cdots 0 & \alpha_n \end{bmatrix}^{-1} = \begin{bmatrix} 1 \cdots 0 & -\frac{\alpha_1}{\alpha_n} \\ \vdots \ddots \vdots & \vdots \\ 0 \cdots 1 & -\frac{\alpha_{n-1}}{\alpha_n} \\ 0 \cdots 0 & \frac{1}{\alpha_n} \end{bmatrix} \tag{2.14}
$$

Allgemein gilt: Wird der k-te Vektor $\mathbf{b}_k$ der Basis B ersetzt, so hat die zugehörige Transformationsmatrix folgende Gestalt:

$$
\mathbf{T}_{BC} = \begin{bmatrix} 1 \cdots 0 & -\frac{\alpha_1}{\alpha_k} & 0 \cdots 0 \\ \vdots \ddots \vdots & \vdots & \vdots \ddots \vdots \\ 0 \cdots 1 & -\frac{\alpha_{k-1}}{\alpha_k} & 0 \cdots 0 \\ 0 \cdots 0 & \frac{1}{\alpha_k} & 0 \cdots 0 \\ 0 \cdots 0 & -\frac{\alpha_{k+1}}{\alpha_k} & 1 \cdots 0 \\ \vdots \ddots \vdots & \vdots & \vdots \ddots \vdots \\ 0 \cdots 0 & -\frac{\alpha_n}{\alpha_k} & 0 \cdots 1 \end{bmatrix} \tag{2.15}
$$

Für die Berechnung der Transformationsmatrix müssen lediglich die Koordinaten des neuen Vektors bzgl. der alten Basis mittels

$$
\mathbf{c}_B = \mathbf{T}_B \cdot \mathbf{c}
$$

ermittelt werden. Die darstellende Matrix für die neue Basis lässt sich wegen

$$
\mathbf{T}_C = \mathbf{T}_{BC} \cdot \mathbf{T}_B \tag{2.16}
$$

sehr schnell berechnen.

Beispiel 2.9

Gegeben seien die beiden Basen

$$
B = \left\{ \begin{bmatrix} 2 \\ -1 \\ 1 \end{bmatrix}, \begin{bmatrix} 1 \\ 2 \\ -1 \end{bmatrix}, \begin{bmatrix} 1 \\ -1 \\ 1 \end{bmatrix} \right\} \quad \text{und} \quad C = \left\{ \begin{bmatrix} 2 \\ -1 \\ 2 \end{bmatrix}, \begin{bmatrix} 1 \\ 2 \\ -1 \end{bmatrix}, \begin{bmatrix} -1 \\ 1 \\ -2 \end{bmatrix} \right\}
$$

die sich nur im letzten Vektor unterscheiden.

Wie wir bereits in Beispiel 2.8 gesehen haben, gehört zur Basis B die darstellende Matrix

$$
\mathbf{T}_B = \begin{bmatrix} 1 & -2 & -3 \\ 0 & 1 & 1 \\ -1 & 3 & 5 \end{bmatrix}.
$$

Demzufolge besitzt der letzte Vektor von C bzgl. B die Koordinatendarstellung

$$\begin{bmatrix} 1 & -2 & -3 \\ 0 & 1 & 1 \\ -1 & 3 & 5 \end{bmatrix} \begin{bmatrix} -1 \\ 1 \\ -2 \end{bmatrix} = \begin{bmatrix} 3 \\ -1 \\ -6 \end{bmatrix}$$

und wir erhalten für den Basiswechsel von B nach C die Transformationsmatrix

$$\mathbf{T}_{BC} = \begin{bmatrix} 1 & 0 & 3 \\ 0 & 1 & -1 \\ 0 & 0 & -6 \end{bmatrix}^{-1} = \begin{bmatrix} 1 & 0 & 1/2 \\ 0 & 1 & -1/6 \\ 0 & 0 & -1/6 \end{bmatrix}$$

sowie die darstellende Matrix für die Basis C

$$\mathbf{T}_C = \begin{bmatrix} 1 & 0 & 1/2 \\ 0 & 1 & -1/6 \\ 0 & 0 & -1/6 \end{bmatrix} \begin{bmatrix} 1 & -2 & -3 \\ 0 & 1 & 1 \\ -1 & 3 & 5 \end{bmatrix} = \begin{bmatrix} 1/2 & -1/2 & -1/2 \\ 1/6 & 1/2 & 1/6 \\ 1/6 & -1/2 & -5/6 \end{bmatrix}. \qquad \blacksquare$$

Aufgaben

Aufgabe 2.1 (Gleichungssysteme)

Zeigen Sie, dass das homogene *lineare System*

$$\mathbf{Au} = \begin{bmatrix} -2 & 1 & 1 \\ 1 & -2 & 1 \\ 1 & 1 & -2 \end{bmatrix} \begin{bmatrix} u_1 \\ u_2 \\ u_3 \end{bmatrix} = \begin{bmatrix} 0 \\ 0 \\ 0 \end{bmatrix}$$

nicht triviale *Lösungen besitzt. Wie lauten die Lösungen?*

Aufgabe 2.2 (Gleichungssysteme)

Lösen Sie die folgenden nicht quadratischen linearen Gleichungssysteme.

$$\begin{aligned} a) \quad 2x_1 - 3x_2 &= 11 \\ 5x_1 - x_2 &= 8 \\ x_1 - 5x_2 &= 16 \end{aligned}$$

$$\begin{aligned} b) \quad x_1 + x_2 + 2x_3 &= 1 \\ -3x_1 + 2x_2 \qquad + x_4 &= 5 \\ 8x_1 - 2x_2 - 2x_3 + 2x_4 &= 0 \end{aligned}$$

Aufgabe 2.3 (Gleichungssysteme)

Zeigen Sie, dass das lineare System

$$
\begin{aligned}
x_1 + x_2 - x_3 &= 2 \\
-2x_1 \quad\quad + x_3 &= -2 \\
5x_1 - x_2 + 2x_3 &= 4 \\
2x_1 + 6x_2 - 3x_3 &= 5
\end{aligned}
$$

nicht lösbar ist.

Aufgabe 2.4 (Gleichungssystem mit Parameter)

Für welche reellen Werte des Parameters λ besitzt das folgende homogene lineare Gleichungssystem nicht triviale Lösungen?

$$
\begin{bmatrix} -\lambda & 1 \\ 1 & -\lambda \end{bmatrix} \begin{bmatrix} x \\ y \end{bmatrix} = \begin{bmatrix} 0 \\ 0 \end{bmatrix}
$$

Aufgabe 2.5 (Gauß-Jordan-Algorithmus)

Invertieren Sie die Matrix

$$
\mathbf{A} = \begin{bmatrix} 1 & -1 & -1 & 1 \\ 1 & -2 & -3 & 1 \\ -2 & 6 & 9 & 0 \\ 4 & -3 & -2 & 5 \end{bmatrix}.
$$

Aufgabe 2.6 (Gleichungssystem mit Parameter)

Für $z \in \mathbb{R}$ seien

$$
\mathbf{A} = \begin{bmatrix} 1 & 1 & -3 \\ 0 & -1 & -1 \\ -1 & -1 & z+2 \end{bmatrix}, \quad \mathbf{c} = \begin{bmatrix} z-3 \\ -1 \\ 2 \end{bmatrix}
$$

gegeben. Bestimmen Sie alle Lösungen des Gleichungssystems $\mathbf{Ax} = \mathbf{c}$. Für welche Werte von z gibt es keine Lösung, genau eine Lösung oder unendlich viele Lösungen?

Aufgabe 2.7 (Basiswechsel)

Gegeben sei die folgende Basis des $\mathbb{R}^4$

$$
B = \left\{ \begin{bmatrix} 1 \\ 1 \\ 0 \\ -1 \end{bmatrix}, \begin{bmatrix} -1 \\ 0 \\ 1 \\ 1 \end{bmatrix}, \begin{bmatrix} 1 \\ 0 \\ 1 \\ -1 \end{bmatrix}, \begin{bmatrix} -1 \\ 1 \\ 0 \\ -1 \end{bmatrix} \right\}.
$$

a) *Bestimmen Sie für B die darstellende Matrix und berechnen Sie die Koordinaten des Vektors*

$$\mathbf{v} = \begin{bmatrix} 1 \\ 2 \\ 3 \\ 5 \end{bmatrix}.$$

b) *Der letzte Vektor von B werde ersetzt durch*

$$\mathbf{c} = \begin{bmatrix} 3 \\ 1 \\ 0 \\ -1 \end{bmatrix}.$$

Ermitteln Sie die Transformationsmatrix zwischen B und der neu entstandenen Basis.

Lineare Optimierung

3

Inhaltsverzeichnis

3.1 Das lineare Modell.. 41
3.2 Grafische Lösung des Optimierungsproblems 44
3.3 Die Normalform eines linearen Optimierungsproblems 47
3.4 Die Überführung linearer Modelle in Normalform 48
3.5 Basislösungen 50
3.6 Geometrische Deutung eines Linearen Programms 56
3.7 Das Simplex-Verfahren zur Lösung eines Linearen Programms..... 62
3.8 Varianten des Simplex-Verfahrens 102

Die Methoden der linearen Optimierung (oder auch „linearen Planungsrechnung") bilden das wohl wichtigste Instrument des Operations Research. Im englischen Sprachraum spricht man vom „linear programming".

3.1 Das lineare Modell

Wir definieren zunächst, was wir unter einem linearen Optimierungsproblem verstehen wollen. Wenn nichts anderes angegeben ist, seien im Folgenden die Werte aller Variablen reelle Zahlen.

Definition 3.1 (Lineares Optimierungsproblem)
Unter einem *linearen Optimierungsproblem* bzw. einem *Linearen Programm (LP)* versteht man die Aufgabe, eine *lineare Zielfunktion* der Gestalt

$$z = F(x_1, \ldots, x_n) = \sum_{j=1}^{n} c_j x_j + d$$

© Springer-Verlag GmbH Deutschland, ein Teil von Springer Nature 2023
A. Koop und H. Moock, *Lineare Optimierung – eine anwendungsorientierte Einführung in Operations Research*, https://doi.org/10.1007/978-3-662-66387-5_3

zu maximieren oder zu minimieren unter den *linearen Nebenbedingungen* (Restriktionen)

$$\sum_{j=1}^{n} a_{ij}x_j \leq b_i \quad oder \quad \sum_{j=1}^{n} a_{ij}x_j = b_i \quad oder \quad \sum_{j=1}^{n} a_{ij}x_j \geq b_i$$

für $i = 1, \ldots, m$ und unter den *Nichtnegativitätsbedingungen*

$$x_j \geq 0$$

für einige oder alle $j = 1, \ldots, n$.   ♦

Die Nebenbedingungen sind dabei so zu verstehen, dass für jedes $i = 1, \ldots, m$ die Ungleichung entweder mit „≤", mit „=" oder mit „≥" gelte. Der Summand d in der Zielfunktion F spielt bei der Minimierung bzw. Maximierung keine Rolle und kann daher später bei der Formulierung der Lösungsverfahren auch weggelassen werden. Wesentlich bei diesem Modell ist, dass alle auftretenden Beziehungen *linear* sind.

Beispiel 3.1 (Produktionsplanungsproblem)

In einem Betrieb seien drei Maschinen vorhanden, die für die Fertigstellung von zwei verschiedenen Produkten benötigt werden. Jedes der beiden Produkte benötigt auf den Maschinen jeweils unterschiedliche Bearbeitungszeiten (in Minuten) gemäß der folgenden Tabelle:

	Maschine 1	Maschine 2	Maschine 3
Produkt A	40	24	0
Produkt B	24	48	60

Die tägliche Maschinenlaufzeit beträgt 8 h bzw. 480 min. Der Ertrag pro Einheit bei Produkt A beträgt 10 € und bei Produkt B 40 €. Welche Anzahl ist täglich von den beiden Produkten zu fertigen, damit der Ertrag maximal wird?   ∎

Wir wollen uns das Problem aus Beispiel 3.1 veranschaulichen, wozu wir es zunächst als lineares Optimierungsproblem gemäß Definition 3.1 beschreiben.

Mathematische Modellierung Wir vereinbaren die folgenden Variablen:

x_1 produzierte Menge von Produkt A
x_2 produzierte Menge von Produkt B

Zu maximieren ist der Ertrag

$$z = F(x_1, x_2) = 10x_1 + 40x_2$$

unter den Nebenbedingungen

$$40x_1 + 24x_2 \leq 480, \quad \text{(I)}$$
$$24x_1 + 48x_2 \leq 480, \quad \text{(II)}$$
$$60x_2 \leq 480, \quad \text{(III)}$$
$$x_1, x_2 \geq \quad 0.$$

Die Nebenbedingungen, die wir fortan mit (I), (II) und (III) bezeichnen, sind dabei durch die beschränkte Laufzeit der Maschinen von täglich acht Stunden, also 480 min, bestimmt. Jede Kombination von Werten (x_1, x_2), die alle Nebenbedingungen und die Nichtnegativitätsbedingungen erfüllt, heißt *zulässige Lösung* des Optimierungsproblems. Die Menge aller zulässigen Lösungen heißt *zulässiger Bereich*. Gesucht ist eine *optimale Lösung*, d. h. eine Lösung aus dem zulässigen Bereich, für die die Zielfunktion maximal ist.

Um uns die Situation zu verdeutlichen, stellen wir zunächst einige heuristische Vorüberlegungen zur Problemlösung an.

- Mit $x_1 = 0$ und $x_2 = 0$ erhält man eine zulässige Lösung, die aber sicher nicht optimal ist, da in diesem Fall der Ertrag z gleich null ist.
- Unter der Annahme, dass ausschließlich Produkt A gefertigt wird, d. h. $x_2 = 0$ ist, ergeben sich aus den Nebenbedingungen für x_1 die folgenden Einschränkungen:

$$40x_1 \leq 480 \qquad\qquad x_1 \leq 12$$
$$\implies$$
$$24x_1 \leq 480 \qquad\qquad x_1 \leq 20$$

Es können also maximal $x_1 = 12$ Stück von Produkt A an einem Tag gefertigt werden, was zu einem Ertrag von $z = 120$ führt.

- Nehmen wir nun an, dass ausschließlich Produkt B gefertigt wird, d. h., wir setzen $x_1 = 0$, so erhalten wir:

$$24x_2 \leq 480 \qquad\qquad x_2 \leq 20$$
$$48x_2 \leq 480 \quad\implies\quad x_2 \leq 10$$
$$60x_2 \leq 480 \qquad\qquad x_2 \leq 8$$

In diesem Fall ist die maximal zu produzierende Stückzahl von Produkt B $x_2 = 8$, als Ertrag erzielt man $z = 320$.

Stellt man nur eine Sorte von Produkten her, so wird jeweils nur eine der Maschinen voll ausgelastet, und bei den anderen ergeben sich Stillstandzeiten. Dies legt die Vermutung nahe, dass bei einer kombinierten Fertigung von Produkt A und Produkt B der Maschinenpark besser ausgelastet und der Ertrag noch vergrößert werden kann.

Im folgenden Abschn. 3.2 werden wir mithilfe einer Grafik die optimale Lösung des Produktionsplanungsproblems mit zwei Variablen ermitteln.

3.2   Grafische Lösung des Optimierungsproblems

Da in dem Problem 3.1 nur zwei Variablen auftreten, kann es grafisch gelöst werden. Hierzu werden die Nebenbedingungen zunächst durch Auflösen nach der Variablen x_2 umgestellt. Für die erste Nebenbedingung (I) ergibt dies

$$40x_1 + 24x_2 \leq 480 \Longleftrightarrow x_2 \leq -\frac{5}{3}x_1 + 20.$$

Das bedeutet, dass (x_1, x_2) genau dann die Restriktion erfüllt, wenn x_2 in der Halbebene unterhalb oder auf der Geraden

$$x_2 = -\frac{5}{3}x_1 + 20$$

liegt. Diese Gerade zeichnen wir nun in ein passendes (x_1, x_2)-Koordinatensystem ein (vgl. Abb. 3.1). Zu diesem Zweck bestimmen wir zwei beliebige Punkte auf der Geraden, am besten die Schnittpunkte der Geraden mit der x_1-Achse und der x_2-Achse. Dies sind für unser Beispiel die Punkte $(12, 0)$ und $(0, 20)$, die wir dann miteinander verbinden. Die analoge Vorgehensweise führt bei den anderen Restriktionen (II) und (III) zu

$$24x_1 + 48x_2 \leq 480 \Longleftrightarrow x_2 \leq -\frac{1}{2}x_1 + 10$$

bzw.

$$60x_2 \leq 480 \Longleftrightarrow x_2 \leq 8.$$

Der zulässige Bereich ergibt sich als Durchschnitt aller durch die Restriktionen inklusive der Nichtnegativitätsbedingungen definierter Halbebenen (vgl. Abb. 3.1).

Die Zielfunktion lässt sich analog umformen in

$$z = 10x_1 + 40x_2 \Longleftrightarrow x_2 = -\frac{1}{4}x_1 + \frac{1}{40}z.$$

Sie hat also für alle Punkte (x_1, x_2), die auf einer Geraden mit der Steigung $-1/4$ liegen, den gleichen Wert. Es ist z. B.

$$z = 0 \quad \text{für} \quad x_2 = -\frac{1}{4}x_1,$$

$$z = 80 \quad \text{für} \quad x_2 = -\frac{1}{4}x_1 + 2,$$

$$z = 360 \quad \text{für} \quad x_2 = -\frac{1}{4}x_1 + 9.$$

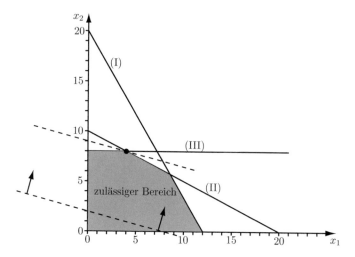

Abb. 3.1 Grafische Darstellung des Optimierungsproblems

Man erhält demzufolge die optimale Lösung, indem man eine Gerade mit der Steigung $-1/4$ so weit parallel nach oben verschiebt, bis diese den zulässigen Bereich nur noch am Rande berührt. Eine Gerade mit der Steigung $-1/4$ ist in Abb. 3.1 als gestrichelte Linie dargestellt. Als optimale Lösung ergibt sich so der Punkt $(x_1, x_2) = (4, 8)$ mit dem dazugehörigen Zielfunktionswert $z = 360$. Für das Problem 3.1 ist es also optimal, pro Tag 4 Stück von Produkt A und 8 Stück von Produkt B zu produzieren. Die Maschinenkapazität wird damit gewinnmaximierend ausgenutzt. Die Nebenbedingungen (II) und (III) sind *aktiv*, d. h., sie werden mit Gleichheit erfüllt. Der optimale Punkt $(4, 8)$ liegt also auf den Geraden, welche die Halbebenen zu den Nebenbedingungen definieren. Lediglich die erste Maschine ist nicht voll ausgelastet, sie steht pro Tag 128 min still, d. h., der Punkt $(4, 8)$ liegt für diese Nebenbedingung echt unterhalb der dazugehörigen Geraden.

Bemerkung 3.1

Im Allgemeinen wird man als Lösung des linearen Optimierungsproblems keine ganzzahligen Werte erhalten. Man mache sich dies klar, indem man in Problem 3.1 *den Ertrag für Produkt A ebenfalls auf* 40 € *setzt und die Lösung grafisch ermittelt.*

Im obigen Beispiel ist der zulässige Bereich beschränkt, und ein Eckpunkt des Bereichs liefert uns eine eindeutige Lösung. Es ist klar, dass dies nicht immer der Fall sein wird. Alle möglichen Situationen, die bei Problemen mit zwei Variablen auftreten können, sind in Abb. 3.2 zusammengefasst. In a) und b) ist der zulässige Bereich beschränkt, in c), d) und e) ist er unbeschränkt. Der Zulässigkeitsbereich in f) ist leer. Dies tritt auf, wenn sich Nebenbedingungen (in dem Bild dargestellt durch die beiden Mengen M_1 und M_2) gegenseitig ausschließen. In a) und c) gibt es eine eindeutige Lösung, in b) und d) gibt es unendlich viele

Lösungen. In den Situationen e) und f) existiert keine Lösung. Bei e) kann die Zielfunktion im zulässigen Bereich beliebig wachsen, sie ist also nach oben unbeschränkt.

Die verschiedenen Möglichkeiten lassen sich analog auf höherdimensionale Problemstellungen übertragen. Auch hier gibt es im Falle der Lösbarkeit entweder eine eindeutige Lösung oder eine Schar von unendlich vielen Lösungen, die alle denselben optimalen Zielfunktionswert liefern.

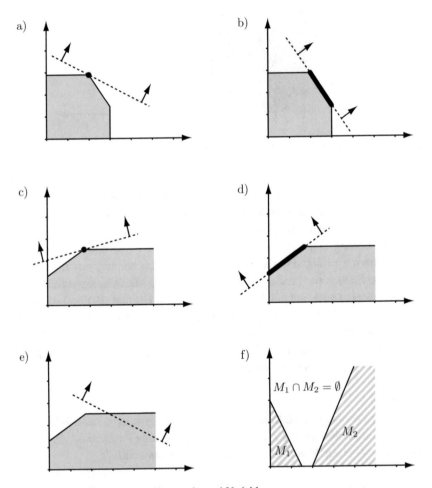

Abb. 3.2 Lineare Optimierungsprobleme mit zwei Variablen

3.3   Die Normalform eines linearen Optimierungsproblems

Um den Lösungsalgorithmus zu formulieren, wollen wir zunächst alle linearen Programme auf eine einheitliche Gestalt bringen. Man nennt diese Gestalt die *Normalform* des Programms.

Definition 3.2 (Normalform eines LP)
Unter der Normalform eines linearen Programms versteht man die folgende Problemstellung:

Maximiere

$$F(x_1, \ldots, x_n) = \sum_{j=1}^{n} c_j x_j$$

unter den Nebenbedingungen (Restriktionen)

$$\sum_{j=1}^{n} a_{ij} x_j = b_i \qquad \text{für} \quad i = 1, \ldots, m,$$

$$x_j \geq 0 \qquad \text{für} \quad j = 1, \ldots, n. \qquad \blacklozenge$$

Ein LP in Normalform ist also immer ein Maximumproblem. Zudem gibt es (abgesehen von den Nichtnegativitätsbedingungen) nur noch *Gleichheitsrestriktionen*. Die Nichtnegativitätsbedingung gilt für *alle* Variablen. In Abschn. 3.4 beschäftigen wir uns mit der Frage, wie man verschiedene lineare Modelle auf die einheitliche Gestalt aus Definition 3.2 bringt.

Mit einem Vektor $\mathbf{c} \in \mathbb{R}^n$ können wir die Zielfunktion auch in der Form $F(\mathbf{x}) = \mathbf{c}^T \mathbf{x}$ schreiben. Die Nebenbedingungen lauten in Matrixschreibweise $\mathbf{A}\mathbf{x} = \mathbf{b}$ mit einer Matrix $\mathbf{A} \in \mathbb{R}^{m \times n}$. Die Nichtnegativitätsbedingung schreiben wir kurz $\mathbf{x} \geq \mathbf{0}$, wobei Ungleichungen mit Vektoren stets komponentenweise zu verstehen sind. Mit

$$\mathbf{A} = \begin{bmatrix} a_{11} & \cdots & a_{1n} \\ \vdots & & \vdots \\ a_{m1} & \cdots & a_{mn} \end{bmatrix}, \quad \mathbf{b} = \begin{bmatrix} b_1 \\ \vdots \\ b_m \end{bmatrix}, \quad \mathbf{c} = \begin{bmatrix} c_1 \\ \vdots \\ c_n \end{bmatrix}$$

können wir das LP also kompakt in der Form

$$\begin{aligned} &\mathbf{x} \in \mathbb{R}^n \\ &F(\mathbf{x}) = \mathbf{c}^T \mathbf{x} \to \text{Max!} \\ &\text{u. d. N.} \quad \mathbf{A}\mathbf{x} = \mathbf{b}, \quad \mathbf{x} \geq \mathbf{0} \end{aligned} \qquad (3.1)$$

darstellen („u. d. N." = „unter den Nebenbedingungen").

3.4   Die Überführung linearer Modelle in Normalform

In diesem Abschnitt werden wir zeigen, dass jedes lineare Optimierungsproblem (vgl. Definition 3.1) auf die Normalform gemäß Definition 3.2 gebracht werden kann.

Zunächst lässt sich jedes Problem als Maximumproblem darstellen. Ein Minimumproblem wird zu einem Maximumproblem, indem man den negativen Wert der Zielfunktion maximiert. Der Ausdruck

$$f(\mathbf{x}) = \mathbf{c}^T \mathbf{x} \to \text{Min!}$$

geht also über in

$$F(\mathbf{x}) = -f(\mathbf{x}) = -\mathbf{c}^T \mathbf{x} \to \text{Max!}$$

Durch Einführung zusätzlicher Variablen, der sogenannten *Schlupfvariablen,* werden Restriktionen in Ungleichungsform auf Gleichungsform gebracht. So wird z. B. aus der Ungleichung

$$\sum_{j=1}^{n} a_{ij} x_j \leq b_i$$

durch Addition einer Variablen $y_i \geq 0$ die Gleichung

$$\sum_{j=1}^{n} a_{ij} x_j + y_i = b_i.$$

Die Dimension des ursprünglichen Problems vergrößert sich, d. h., die Anzahl der Unbekannten erhöht sich um eins. Entsprechend wird aus

$$\sum_{j=1}^{n} a_{ij} x_j \geq b_i$$

die Gleichung

$$\sum_{j=1}^{n} a_{ij} x_j - y_i = b_i.$$

Die Schlupfvariablen erfüllen ebenfalls die Nichtnegativitätsbedingung. Zur Unterscheidung von den Schlupfvariablen nennt man die ursprünglichen Variablen des Problems auch *Strukturvariablen.* Wir haben die Schlupfvariablen hier, um die Darstellung zu vereinfachen, mit y_i bezeichnet. Später werden wir jedoch sämtliche Variablen (Strukturvariablen *und* Schlupfvariablen) in *einem* Vektor $\mathbf{x} = (x_1, \ldots, x_n)$ zusammenfassen. Dann wird der zu einer Schlupfvariable x_j gehörende Koeffizient c_j der Zielfunktion gleich null gesetzt.

Beispiel 3.2

Wir betrachten erneut das Produktionsplanungsproblem aus Beispiel 3.1. Nach Einführung der Schlupfvariablen x_3, x_4 und x_5 lautet das dazugehörige LP in Normalform gemäß Definition 3.2 nun wie folgt:

Maximiere den Ertrag

$$z = F(x_1, x_2, x_3, x_4, x_5) = 10x_1 + 40x_2 + 0x_3 + 0x_4 + 0x_5$$

unter den Nebenbedingungen

$$40x_1 + 24x_2 + x_3 \qquad\qquad = 480,$$
$$24x_1 + 48x_2 + \qquad x_4 \qquad = 480,$$
$$60x_2 + \qquad\qquad x_5 = 480,$$
$$x_1, x_2, x_3, x_4, x_5 \geq \quad 0.$$

An der Zielfunktion musste hier nichts geändert werden, da das ursprüngliche Problem bereits eine Maximierung der Zielfunktion vorsieht. In der Matrixdarstellung (3.1) haben wir

$$\mathbf{A} = \begin{bmatrix} 40 & 24 & 1 & 0 & 0 \\ 24 & 48 & 0 & 1 & 0 \\ 0 & 60 & 0 & 0 & 1 \end{bmatrix}, \quad \mathbf{b} = \begin{bmatrix} 480 \\ 480 \\ 480 \end{bmatrix}$$

und

$$\mathbf{c} = \begin{bmatrix} 10 \\ 40 \\ 0 \\ 0 \\ 0 \end{bmatrix}.$$

∎

In Beispiel 3.2 geben die Schlupfvariablen x_3, x_4 und x_5 gerade die Zeit pro Tag (in Minuten) wieder, in der die Maschinen 1, 2 bzw. 3 *nicht* genutzt werden. Man nennt die Schlupfvariablen daher im Zusammenhang mit Maschinenlaufzeiten auch *Leerlaufvariablen*. Wäre z. B. $x_1 = x_2 = 0$, so bedeutete dies $x_3 = x_4 = x_5 = 480$. In diesem Fall würden alle Maschinen stillstehen, es würde nichts produziert.

Die Struktur der Matrix $\mathbf{A}$ im obigen Beispiel entspricht übrigens (bis auf Spaltenvertauschungen) der Form (2.8), die man nach dem Gauß-Jordan-Algorithmus erhält. Dies wird später, beim Simplex-Verfahren, von Bedeutung sein.

Die Normalform gemäß Definition 3.2 sieht vor, dass *alle* Variablen eine Nichtnegativitätsbedingung erfüllen sollen. Tauchen in einem Problem Variablen auf, für die dies nicht gefordert wird (man spricht dann auch von *freien Variablen* oder *nicht vorzeichenbeschränkten Variablen*), so müssen wir die Problemstellung umformulieren. Wir stellen dafür im Folgenden kurz zwei Methoden vor. Zur Vereinfachung der Darstellung nehmen wir an, dass bei einem Problem x_1 eine freie Variable sei und für $x_2, \ldots, x_n$ die Vorzeichenbeschränkungen $x_j \geq 0$ gelten.

Methode 1 Setze $x_1 = x_1' - x_1''$ mit $x_1' \geq 0$ und $x_1'' \geq 0$. Die freie Variable wird also durch zwei vorzeichenbeschränkte Variablen ersetzt, das Problem erhöht sich um eine Dimension.

Methode 2 Löse zunächst eine Gleichung

$$\sum_{j=1}^{n} a_{ij} x_j = b_i$$

mit $a_{i1} \neq 0$ nach x_1 auf. Eine solche Gleichung lässt sich stets finden, sonst wäre die Variable x_1 für das Problem völlig bedeutungslos. Das Ergebnis

$$x_1 = \frac{b_i}{a_{i1}} - \sum_{j=2}^{n} \frac{a_{ij}}{a_{i1}} x_j$$

wird dann in allen anderen Gleichungen für x_1 eingesetzt. Das Problem reduziert sich dadurch (auf Kosten einiger Rechenarbeit) um eine Variable.

In der Praxis wird bei Problemen mit vielen Unbekannten meist die erste Methode verwendet. Auch wir werden ihr im folgenden Text bei Problemen mit freien Variablen den Vorzug geben. Diese Methode eignet sich zudem besser für die Automatisierung mithilfe eines Computers.

Bemerkung 3.2
Restriktionen vom Typ $d_k \leq x_k \leq e_k$ können durch Verschiebung $x_k' = x_k - d_k$ umgewandelt werden in $x_k' \geq 0$ und $x_k' \leq e_k - d_k$.

Mit den obigen Ausführungen sind wir nun in der Lage, jedes LP in die Normalform gemäß Definition 3.2 zu bringen. Diese einheitliche Form wird uns die Beschreibung der Lösungsverfahren erheblich vereinfachen.

3.5   Basislösungen

Wir betrachten von nun an stets ein LP in Normalform (3.1). Um die Lösung des LPs systematisch zu beschreiben, ist der Begriff der *Basislösung*, den wir in diesem Abschnitt erläutern wollen, von zentraler Bedeutung. Bereits in Abschn. 3.1 tauchten die Begriffe *zulässige Lösung* und *optimale Lösung* auf. Wir wollen diese Begriffe nun noch einmal für das LP in Normalform exakt definieren.

Definition 3.3

Für ein lineares Optimierungsproblem in Normalform heißt ein Punkt $\mathbf{x} \in \mathbb{R}^n$ *zulässig* genau dann, wenn $\mathbf{x} \geq \mathbf{0}$ und $\mathbf{Ax} = \mathbf{b}$. Der Punkt heißt *optimal* genau dann, wenn $\mathbf{x}$ zulässig ist und kein zulässiges $\mathbf{y} \in \mathbb{R}^n$ mit $\mathbf{c}^T\mathbf{x} < \mathbf{c}^T\mathbf{y}$ existiert. ◆

Wir wollen im Folgenden voraussetzen, dass für den Rang der Matrix $\mathbf{A} \in \mathbb{R}^{m \times n}$ gilt $r(\mathbf{A}) = m < n$. Diese zusätzliche Bedingung an die Matrix $\mathbf{A}$ ist aus mehreren Gründen sinnvoll. Die Bedingung $m < n$ bedeutet zunächst, dass die Anzahl der Gleichungsrestriktionen m kleiner als die Anzahl der Unbekannten n ist. Dies ist sicherlich eine vernünftige Annahme, denn wäre z. B. $r(\mathbf{A}) = m = n$, so wäre $\mathbf{x}$ bereits eindeutig durch die Gleichung $\mathbf{Ax} = \mathbf{b}$ festgelegt (vgl. Satz 2.3). Es wäre kein Freiheitsgrad mehr vorhanden, um zusätzlich noch die Nichtnegativitätsbedingung $\mathbf{x} \geq \mathbf{0}$ zu erfüllen. Wäre $r(\mathbf{A}) < m$, so wären die Nebenbedingungen entweder redundant ($r(\mathbf{A}) = r(\mathbf{A}|\mathbf{b}) < m$) oder sogar widersprüchlich ($r(\mathbf{A}) < r(\mathbf{A}|\mathbf{b})$). Wir werden ab sofort also nur noch Probleme der Gestalt

$$
\begin{aligned}
&\mathbf{x} \in \mathbb{R}^n \\
&z = F(\mathbf{x}) = \mathbf{c}^T\mathbf{x} \to \text{Max!} \\
&\text{u. d. N. } \mathbf{Ax} = \mathbf{b}, \quad \mathbf{x} \geq \mathbf{0} \\
&\mathbf{A} \in \mathbb{R}^{m \times n}, \quad \mathbf{b} \in \mathbb{R}^m, \quad \mathbf{c} \in \mathbb{R}^n \\
&r(\mathbf{A}) = m < n
\end{aligned}
\tag{3.2}
$$

betrachten.

Satz 3.1

Gegeben sei ein LP in der Form (3.2). Dann gibt es stets ein $\mathbf{x} \in \mathbb{R}^n$, so dass $\mathbf{Ax} = \mathbf{b}$ gilt. Die Nebenbedingungen können also (bis auf die Nichtnegativitätsbedingungen $\mathbf{x} \geq \mathbf{0}$) stets erfüllt werden.

Beweis Wenn $r(\mathbf{A}) = m$ gilt, so können wir m linear unabhängige Spalten der Matrix $\mathbf{A}$ auswählen. Diese Spalten bezeichnen wir mit $\mathbf{a}_{j_1}, \ldots, \mathbf{a}_{j_m}$. Wir schreiben nun $\mathbf{Ax} = \mathbf{b}$ in der Form

$$
\sum_{k=1}^{m} x_{j_k}\mathbf{a}_{j_k} + \sum_{k=m+1}^{n} x_{j_k}\mathbf{a}_{j_k} = \mathbf{b}.
\tag{3.3}
$$

Setzen wir $x_{j_k} = 0$ für $k > m$, so sind die restlichen x_{j_k} für $k \leq m$ durch (3.3) eindeutig bestimmt, denn die Restmatrix $\mathbf{A}' = (\mathbf{a}_{j_1}, \ldots, \mathbf{a}_{j_m})$ hat den maximalen Rang m. Wir haben also eine Lösung $\mathbf{x} = (x_{j_k})_{k=1,\ldots,n} \in \mathbb{R}^n$ gefunden. □

Man kann den obigen Beweis auch führen, indem man die Matrix $\mathbf{A}$ mit dem Gauß-Jordan-Algorithmus auf die Form (2.8) bringt. Dann folgt die obige Aussage, indem man die frei wählbaren Variablen auf null setzt. Der Leser mache sich dies klar.

Der Satz 3.1 veranlasst uns zu der folgenden Definition des Begriffs *Basislösung*.

Definition 3.4 (Basislösung)

Gegeben sei ein LP in der Form (3.2). Eine Lösung $\mathbf{x}$ der Gleichung $\mathbf{Ax} = \mathbf{b}$ heißt *Basis-lösung* des Problems, wenn $n - m$ Variablen $x_{j_{m+1}}, \ldots, x_{j_n}$ gleich null sind und die zu den restlichen m Variablen $x_{j_1}, \ldots, x_{j_m}$ gehörenden Spaltenvektoren $\mathbf{a}_{j_1}, \ldots, \mathbf{a}_{j_m}$ der Matrix $\mathbf{A}$ linear unabhängig sind.

Eine Basislösung, die alle Nichtnegativitätsbedingungen erfüllt, heißt *zulässige Basislö-sung*.

Die zu einer Basislösung $\mathbf{x}$ gehörenden m linear unabhängigen Spaltenvektoren $\mathbf{a}_{j_1}, \ldots,$ $\mathbf{a}_{j_m}$ heißen *Basisvektoren* und die $x_{j_1}, \ldots, x_{j_m}$ *Basisvariablen* (BV). Alle übrigen Spaltenvektoren bezeichnet man als *Nichtbasisvektoren* und entsprechend die dazugehörigen Variablen als *Nichtbasisvariablen* (NBV).

Eine Basislösung, bei der mindestens eine Basisvariable verschwindet, heißt *degeneriert* oder *entartet*.   ◆

Bemerkung 3.3

Bei einer nicht degenerierten zulässigen Basislösung kann man sofort anhand der positiven Komponenten der Lösung die Basis bzw. die Basisvektoren erkennen. Auf den Entartungsfall werden wir später noch einmal zurückkommen.

Es sei bemerkt, dass eine Basislösung des Problems nicht zulässig zu sein braucht, da sie durchaus auch negative Komponenten aufweisen kann. Umgekehrt braucht ein gemäß Definition 3.3 zulässiger Punkt $\mathbf{x}$ keine zulässige Basislösung zu sein, der Leser verdeutliche sich dies anhand eines Beispiels. Es gilt jedoch der folgende Satz, den man als den *Fundamentalsatz der linearen Optimierung* bezeichnet. Auf einen Beweis dieses Satzes wollen wir verzichten (nachzulesen in Luenberger 2004).

Satz 3.2 (Fundamentalsatz der Linearen Optimierung)

Existiert für ein lineares Programm in der Form (3.2) eine zulässige Lösung, so gibt es auch eine zulässige Basislösung. Existiert eine optimale Lösung, so gibt es auch eine optimale zulässige Basislösung.

Mit Satz 3.2 reduziert sich ein LP auf die Aufgabe, das Zielfunktional über der Menge der zulässigen Basislösungen, von denen es nur endlich viele gibt, zu optimieren. Dies legt eine einfache Vorgehensweise zur Lösung des LPs nahe, die darin besteht, *alle* zulässigen Basislösungen zu bestimmen und die dazugehörigen Zielfunktionswerte zu vergleichen. Die

praktische Durchführung scheitert jedoch i. A. am zu hohen Rechenaufwand. Es ist leicht
einzusehen, dass es maximal

$$\binom{n}{m} = \frac{n!}{m!(n-m)!}$$

mögliche Basislösungen gibt, da man für jede Basislösung aus allen Variablen jeweils m
Basisvariablen auswählen muss. Für $n = 30$ und $m = 10$, was in der Praxis ein eher kleines
Problem darstellt, hätte man bereits

$$\binom{30}{10} = 30\,045\,015$$

Gleichungssysteme zu überprüfen und ggf. zu lösen. Die einzelnen Schritte, um alle Basislösungen zu untersuchen, sind in Algorithmus 3.1 zusammengefasst. Dieser hat keine praktische Bedeutung und dient lediglich zur Illustration. Für das Lösen linearer Optimierungsprobleme wird der Simplex-Algorithmus verwendet, den wir in Abschn. 3.7.3 behandeln
werden. Dazu ist aber noch eine Reihe von Vorüberlegungen erforderlich.

Algorithmus 3.1 (Suche einer optimalen Lösung)
*Die m-elementigen Teilmengen der n-elementigen Menge $\{1, \ldots, n\}$ bezeichnen wir mit
$B_1, \ldots, B_N$, wobei*

$$N = \binom{n}{m}.$$

Diese Mengen können systematisch nacheinander erzeugt werden.

1. *Setze $k = 1$ und $z = -\infty$.*
2. *Bilde die Matrix $\mathbf{A}_{B_k} = (\mathbf{a}_j)_{j \in B_k} \in \mathbb{R}^{m \times m}$ und den Variablenvektor $\mathbf{x}_{B_k} = (x_j)_{j \in B_k} \in \mathbb{R}^m$.*
3. *Ist $r(\mathbf{A}_{B_k}) = m$, so bestimme die eindeutige Lösung des Gleichungssystems*

$$\mathbf{A}_{B_k} \mathbf{x}_{B_k} = \mathbf{b} \iff \sum_{j \in B_k} x_j \mathbf{a}_j = \mathbf{b}$$

   *und setze $x_j = 0$ für $j \notin B_k$. Mit dieser Definition ist $\mathbf{x} = (x_j)_{j=1,\ldots,n}$ eine
   Basislösung. Falls $\mathbf{x} \geq \mathbf{0}$, also falls die gefundene Basislösung zulässig ist, so setze
   $z \leftarrow \max(z, \mathbf{c}^T \mathbf{x})$.*
4. *Setze $k \leftarrow k + 1$. Falls $k \leq N$, gehe zu Schritt 2.*

Nach Abbruch des Algorithmus ist z der maximale Zielfunktionswert.

Beispiel 3.3

Wir betrachten einige Schritte des oben beschriebenen Algorithmus 3.1 für das Beispiel 3.2 etwas genauer. Ist z. B. $B_1 = \{1, 2, 3\}$, so ist

$$\mathbf{A}_{B_1} = \begin{bmatrix} 40 & 24 & 1 \\ 24 & 48 & 0 \\ 0 & 60 & 0 \end{bmatrix}, \quad \mathbf{x}_{B_1} = \begin{bmatrix} x_1 \\ x_2 \\ x_3 \end{bmatrix}.$$

Es folgt daraus, dass

$$\mathbf{A}_{B_1}\mathbf{x}_{B_1} = \mathbf{b} \iff \begin{bmatrix} 40 & 24 & 1 \\ 24 & 48 & 0 \\ 0 & 60 & 0 \end{bmatrix} \begin{bmatrix} x_1 \\ x_2 \\ x_3 \end{bmatrix} = \begin{bmatrix} 480 \\ 480 \\ 480 \end{bmatrix}.$$

Wir können daraus sofort $x_2 = 8$ ablesen und erhalten ferner $x_1 = (480 - 48 \cdot 8)/24 = 4$ und schließlich $x_3 = 480 - 24 \cdot 8 - 40 \cdot 4 = 128$. Wir haben damit eine zulässige Basislösung mit $z = 360$ berechnet.

Für $B_2 = \{1, 2, 4\}$ ist

$$\mathbf{A}_{B_2} = \begin{bmatrix} 40 & 24 & 0 \\ 24 & 48 & 1 \\ 0 & 60 & 0 \end{bmatrix}, \quad \mathbf{x}_{B_1} = \begin{bmatrix} x_1 \\ x_2 \\ x_4 \end{bmatrix}$$

und es ist

$$\mathbf{A}_{B_2}\mathbf{x}_{B_2} = \mathbf{b} \iff \begin{bmatrix} 40 & 24 & 0 \\ 24 & 48 & 1 \\ 0 & 60 & 0 \end{bmatrix} \begin{bmatrix} x_1 \\ x_2 \\ x_4 \end{bmatrix} = \begin{bmatrix} 480 \\ 480 \\ 480 \end{bmatrix}.$$

Wir berechnen $x_2 = 8$, $x_1 = (480 - 24 \cdot 8)/40 = 36/5$ und $x_4 = 480 - 24 \cdot 36/5 - 48 \cdot 8 = -384/5$. Wegen $x_4 < 0$ ist dies *keine* zulässige Basislösung. ∎

Zur Illustration wollen wir einmal alle Basislösungen des Produktionsplanungsproblems aus Beispiel 3.1 bzw. 3.2 bestimmen und die Zielfunktionswerte vergleichen. Das Ergebnis ist in Tab. 3.1 wiedergegeben. Alle zulässigen Basislösungen sind mit einem Stern gekennzeichnet. Wie wir schon aus Abschn. 3.2 wissen, ist $\mathbf{x} = (4, 8, 128, 0, 0)$ die optimale Basislösung des Problems. Vergleicht man die Tab. 3.1 mit Abb. 3.1 aus Abschn. 3.2, so stellt man fest, dass die Basislösungen gerade den Schnittpunkten der Geraden für die einzelnen Nebenbedingungen entsprechen, wie in Abb. 3.3 dargestellt. Man beachte, dass für $k = 4$ der Rang von $\mathbf{A}_{B_4}$ gleich zwei ist und daher keine Basislösung vorliegt. Die zulässigen Basislösungen sind die Eckpunkte des Zulässigkeitsbereichs. Für Probleme mit mehr als zwei Strukturvariablen ist die Situation natürlich wesentlich komplexer. Bei drei Strukturvariablen sind die Nebenbedingungen nicht durch Geraden, sondern durch Ebenen beschrieben.

Tab. 3.1 Sämtliche Basislösungen für Beispiel 3.2

k	B_k	$r(\mathbf{A}_{B_k})$	Basislösung	$\mathbf{c}^T\mathbf{x}$	
1	$\{1, 2, 3\}$	3	$\mathbf{x} = (4, 8, 128, 0, 0)$	360	*
2	$\{1, 2, 4\}$	3	$\mathbf{x} = (36/5, 8, 0, -384/5, 0)$	–	
3	$\{1, 2, 5\}$	3	$\mathbf{x} = (60/7, 40/7, 0, 0, 960/7)$	2200/7	*
4	$\{1, 3, 4\}$	2	–	–	
5	$\{1, 3, 5\}$	3	$\mathbf{x} = (20, 0, -320, 0, 480)$	–	
6	$\{1, 4, 5\}$	3	$\mathbf{x} = (12, 0, 0, 192, 480)$	120	*
7	$\{2, 3, 4\}$	3	$\mathbf{x} = (0, 8, 288, 96, 0)$	320	*
8	$\{2, 3, 5\}$	3	$\mathbf{x} = (0, 10, 240, 0, -120)$	–	
9	$\{2, 4, 5\}$	3	$\mathbf{x} = (0, 20, 0, -480, -720)$	–	
10	$\{3, 4, 5\}$	3	$\mathbf{x} = (0, 0, 480, 480, 480)$	0	*

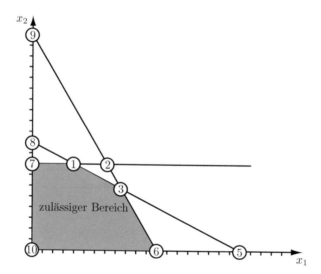

Abb. 3.3 Grafische Darstellung der Basislösungen zum Beispiel 3.2

Die Basisvariablen sind dann die Schnittpunkte von jeweils drei solcher Ebenen. Für höhere Dimensionen lässt sich dies entsprechend verallgemeinern. Im folgenden Abschnitt wollen wir einige geometrische Eigenschaften des Zulässigkeitsbereichs zusammenstellen.

3.6   Geometrische Deutung eines Linearen Programms

Im Abschn. 3.2 haben wir ein Beispielproblem mit zwei Strukturvariablen grafisch gelöst. Wir konnten dabei feststellen, dass der zulässige Bereich durch ein Polygon beschrieben wird, dessen Eckpunkte, wie wir im vorigen Abschnitt gesehen haben, gerade durch die zulässigen Basislösungen gegeben sind. Diese geometrische Interpretation der algebraischen Gleichungen bzw. Ungleichungen wollen wir im Folgenden näher untersuchen und insbesondere auf beliebige Dimensionen ausdehnen. Zunächst führen wir hierzu einige Begriffe aus der Theorie der konvexen Mengen ein.

Definition 3.5
Eine Menge $M \subset \mathbb{R}^n$ heißt *konvex,* wenn mit je zwei Punkten $\mathbf{x} \in M$ und $\mathbf{y} \in M$ für jede reelle Zahl λ mit $0 \leq \lambda \leq 1$ auch der Punkt $\mathbf{z} = (1 - \lambda)\mathbf{x} + \lambda\mathbf{y}$ zu M gehört. Ist $M \subset \mathbb{R}^n$ konvex, so heißt der Punkt $\mathbf{z} \in M$ *extremer Punkt* (oder auch *Eckpunkt*) von M, wenn es keine zwei verschiedenen Punkte $\mathbf{x}, \mathbf{y} \in M$ gibt, so dass gilt: $\mathbf{z} = (1 - \lambda)\mathbf{x} + \lambda\mathbf{y}$ für eine reelle Zahl λ mit $0 < \lambda < 1$.   ◆

Nach Definition 3.5 ist $M \subset \mathbb{R}^n$ genau dann konvex, wenn die Verbindungsstrecke zweier beliebiger Punkte aus M wieder komplett in M liegt. Die extremen Punkte von M sind gerade die „Eckpunkte" von M. Abb. 3.4 zeigt eine konvexe und eine nicht konvexe Untermenge des $\mathbb{R}^2$. Eine beliebige, nicht notwendigerweise konvexe Menge $M \subset \mathbb{R}^n$ kann durch Hinzufügen von Punkten zu einer konvexen Menge ergänzt werden. Als konvexe Hülle $\bar{M}$ bezeichnet man die kleinstmögliche konvexe Menge, die M enthält (siehe Abb. 3.5). Darüber hinaus folgt aus der Definition, wie man sich leicht überlegen kann, dass der Durchschnitt einer beliebigen Anzahl konvexer Mengen wieder konvex ist.

Bemerkung 3.4
Die leere Menge $M = \emptyset$ ist offenbar konvex.

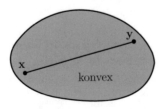 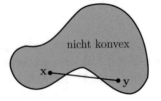

Abb. 3.4 Konvexe und nicht konvexe Menge

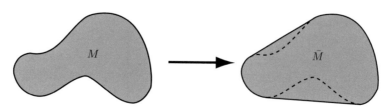

Abb. 3.5 Konvexe Hülle

Definition 3.6

Für k Punkte $\mathbf{u}_1, \ldots, \mathbf{u}_k \in \mathbb{R}^n$ nennt man $\mathbf{v} = \alpha_1 \mathbf{u}_1 + \ldots + \alpha_k \mathbf{u}_k$ mit $\alpha_i \geq 0$ für $i = 1, \ldots, k$ und $\alpha_1 + \ldots + \alpha_k = 1$ *konvexe Linearkombination* oder *Konvexkombination* der Punkte $\mathbf{u}_1, \mathbf{u}_2, \ldots, \mathbf{u}_k \in \mathbb{R}^n$. ◆

Offensichtlich entspricht die Menge aller Konvexkombinationen der konvexen Hülle der Punkte $\mathbf{u}_1, \ldots, \mathbf{u}_k \in \mathbb{R}^n$.

Beispiel 3.4

Gegeben seien die drei Punkte $(1, 0), (0, 1), (1, 1) \in \mathbb{R}^2$. Dann besteht die Menge aller konvexen Linearkombinationen und demzufolge die konvexe Hülle aus dem Dreieck mit den Eckpunkten $(1, 0), (0, 1)$ und $(1, 1)$ (siehe Abb. 3.6). Bei den Eckpunkten handelt es sich um extreme Punkte gemäß Definition 3.5. ∎

Definition 3.7

Seien $\mathbf{a} \in \mathbb{R}^n, c \in \mathbb{R}$ beliebig gegeben. Dann nennt man die Menge $H = \{\mathbf{x} \in \mathbb{R}^n : \mathbf{a}^T \mathbf{x} = c\}$ *Hyperebene*. Mit $H^+ = \{\mathbf{x} \in \mathbb{R}^n : \mathbf{a}^T \mathbf{x} \geq c\}$ bezeichnet man den zu H gehörenden *positiven Halbraum* und mit $H^- = \{\mathbf{x} \in \mathbb{R}^n : \mathbf{a}^T \mathbf{x} \leq c\}$ den *negativen Halbraum*. Offenbar gilt $H = H^+ \cap H^-$. ◆

Abb. 3.6 Menge von
Konvexkombinationen

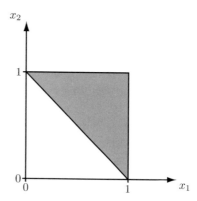

Abb. 3.7 Aufteilung des $\mathbb{R}^2$ in Halbebenen

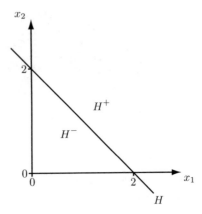

Im $\mathbb{R}^2$ sind die Hyperebenen Geraden, im $\mathbb{R}^3$ sind es Ebenen. Offensichtlich sind Hyperebenen und Halbräume konvexe Mengen, der Leser möge sich davon überzeugen. Nach Definition 3.7 ist die Menge der hinsichtlich einer Gleichheitsnebenbedingung eines LPs zulässigen Punkte also eine Hyperebene bzw. hinsichtlich einer Ungleichheitsnebenbedingung ein Halbraum. Die Nichtnegativitätsbedingungen beschreiben für jede Variable jeweils einen Halbraum.

Beispiel 3.5
Die Menge $H = \{\mathbf{x} \in \mathbb{R}^2 : x_1 + x_2 = 2\}$ entspricht der Geraden durch die Punkte $(2, 0)$ und $(1, 1)$, und $H^+ = \{\mathbf{x} \in \mathbb{R}^2 : x_1 + x_2 \geq 2\}$ sowie $H^- = \{\mathbf{x} \in \mathbb{R}^2 : x_1 + x_2 \leq 2\}$ sind die Halbebenen, in die die $x_1 x_2$-Ebene durch die Gerade $x_1 + x_2 = 2$ aufgeteilt wird (siehe Abb. 3.7). ∎

Definition 3.8
Eine Menge $P \subset \mathbb{R}^n$ heißt *konvexes Polytop*, wenn P sich als Durchschnitt endlich vieler Halbräume darstellen lässt. Ein beschränktes Polytop bezeichnet man als *konvexes Polyeder.* ◆

Bemerkung 3.5
Ein konvexes Polyeder kann auch als die konvexe Hülle, d. h. die Menge aller Konvexkombinationen, einer endlichen Anzahl von Punkten $\mathbf{u}_1, \mathbf{u}_2, \ldots, \mathbf{u}_k \in \mathbb{R}^n$ beschrieben werden.

Ein konvexes Polyeder im $\mathbb{R}^2$ haben wir bei der grafischen Lösung des Produktionsplanungsproblems in Abschn. 3.2 erhalten. Hierbei traten als Restriktionen „$\leq$"-Beziehungen, also Halbebenen im $\mathbb{R}^2$ auf. Bringen wir das zugehöige LP durch Einführung von drei Schlupfvariablen auf Normalform, so ergibt sich der Zulässigkeitsbereich jetzt als Durchschnitt von Hyperebenen im $\mathbb{R}^5$. Da man eine Hyperebene $H = \{\mathbf{x} \in \mathbb{R}^n : \mathbf{a}^T \mathbf{x} = c\}$ als

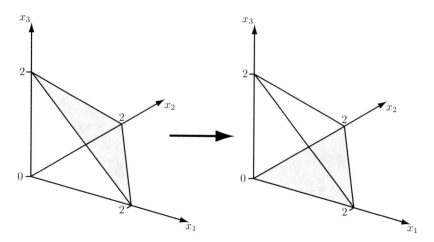

Abb. 3.8 Projektion auf den Unterraum der Strukturvariablen

Durchschnitt der zwei Halbräume $H^+ = \{\mathbf{x} \in \mathbb{R}^n : \mathbf{a}^T\mathbf{x} \geq c\}$ und $H^- = \{\mathbf{x} \in \mathbb{R}^n : \mathbf{a}^T\mathbf{x} \leq c\}$ schreiben kann, ist der Zulässigkeitsbereich für das LP in Normalform ebenfalls ein konvexes Polyeder, nun aber als Teilmenge des $\mathbb{R}^5$.

Bemerkung 3.6

Der bei der grafischen Lösung der zweidimensionalen Probleme in Abschn. 3.2 skizzierte Zulässigkeitsbereich ist die Projektion *des Zulässigkeitsbereichs des zugehörigen LPs in Normalform auf den jeweiligen Unterraum der Strukturvariablen. Betrachtet man z. B. ein Problem mit zwei Strukturvariablen* x_1 *und* x_2 *und der Menge der zulässigen Lösungen*

$$M = \{(x_1, x_2) \in \mathbb{R}^2 : x_1 + x_2 \leq 2 \wedge x_1, x_2 \geq 0\} \subset \mathbb{R}^2,$$

so erhält man nach Einführung einer Schlupfvariablen x_3, *um aus der „$\leq$"-Ungleichung eine Gleichung zu machen, den folgenden Zulässigkeitsbereich für das LP in Normalform:*

$$K = \{(x_1, x_2, x_3) \in \mathbb{R}^3 : x_1 + x_2 + x_3 = 2 \wedge x_1, x_2, x_3 \geq 0\} \subset \mathbb{R}^3.$$

Abb. 3.8 zeigt diesen Übergang.

Beispiel 3.6

Gegeben sei ein Problem mit zwei Strukturvariablen x_1, x_2 und den Nebenbedingungen

$$x_1 + x_2 \leq 2,$$
$$x_2 \leq 1.$$

Man erhält nach Einführung zweier Schlupfvariablen x_3 und x_4 die Darstellung (3.2) mit

$$\mathbf{A} = \begin{bmatrix} 1 & 1 & 1 & 0 \\ 0 & 1 & 0 & 1 \end{bmatrix}, \quad \mathbf{b} = \begin{bmatrix} 2 \\ 1 \end{bmatrix}.$$

Es ist also

$$K = \{\mathbf{x} = (1 + \mu - \lambda, 1 - \mu, \lambda, \mu) \, : \, 0 \le \mu \le 1 \wedge 0 \le \lambda \le 1 + \mu\} \subset \mathbb{R}^4.$$

Der Zulässigkeitsbereich ist die Menge

$$M = \{(x_1, x_2) \, : \, \mathbf{x} = (x_1, x_2, x_3, x_4) \in K\} \subset \mathbb{R}^2.$$

Die Überprüfung dieses Beispiels überlassen wir dem Leser. ∎

Satz 3.3 (Charakterisierung zulässiger Basislösungen)
Die Menge der zulässigen Lösungen $K = \{\mathbf{x} \in \mathbb{R}^n \, : \, \mathbf{A}\mathbf{x} = \mathbf{b}$ und $\mathbf{x} \ge \mathbf{0}\}$ eines LPs in der Normalform (3.2) ist ein konvexes Polytop. Es ist $\mathbf{x}$ genau dann eine zulässige Basislösung von $\mathbf{A}\mathbf{x} = \mathbf{b}$, wenn $\mathbf{x}$ ein extremer Punkt von K ist.

Für den mathematisch interessierten Leser wird im Folgenden der Satz bewiesen. Den Beweis findet man auch in Luenberger (2004, S. 21).

Beweis Wir zeigen zunächst, dass K ein konvexes Polytop ist. Definiere dazu für $j = 1, \ldots, m$ die Halbebenen

$$H_j^+ = \{\mathbf{x} \in \mathbb{R}^n \, : \, \mathbf{e}_j^T \mathbf{A}\mathbf{x} \ge b_j\},$$
$$H_j^- = \{\mathbf{x} \in \mathbb{R}^n \, : \, \mathbf{e}_j^T \mathbf{A}\mathbf{x} \le b_j\},$$

dabei ist $\mathbf{e}_j$ der j-te Einheitsvektor und somit $\mathbf{e}_j^T \mathbf{A}$ die j-te Zeile von $\mathbf{A}$. Setzt man zusätzlich

$$H_i^N = \{\mathbf{x} \in \mathbb{R}^n \, : \, \mathbf{e}_i^T \mathbf{x} \ge 0\}$$

für $i = 1, \ldots, n$, so gilt offensichtlich

$$K = \bigcap_{j=1}^m H_j^+ \cap \bigcap_{j=1}^m H_j^- \cap \bigcap_{i=1}^n H_i^N.$$

Also ist K als Schnittmenge endlich vieler Halbräume ein konvexes Polytop.

Der weitaus schwierigere Teil des Beweises besteht darin, die Äquivalenz zwischen zulässiger Basislösung und Eckpunkt von K zu zeigen. Wir beweisen die beiden Richtungen getrennt. Sei zunächst $\mathbf{x}$ eine zulässige Basislösung von $\mathbf{A}\mathbf{x} = \mathbf{b}$. Dann gilt (eventuell nach geeigneter Umnummerierung) für m linear unabhängige Spaltenvektoren $\mathbf{a}_1, \ldots, \mathbf{a}_m$ von $\mathbf{A}$

die Identität

$$x_1\mathbf{a}_1 + \ldots + x_m\mathbf{a}_m = \mathbf{b}.$$

Nehmen wir nun an, dass $\mathbf{x}$ *nicht* extremer Punkt von K wäre. Dann gäbe es also $\mathbf{y}, \mathbf{z} \in K$ mit $\mathbf{y} \neq \mathbf{z}$ und ein $0 < \lambda < 1$, so dass

$$\mathbf{x} = (1 - \lambda)\mathbf{y} + \lambda\mathbf{z}.$$

Wegen $\mathbf{y}, \mathbf{z} \geq \mathbf{0}$ gilt dann offensichtlich $y_{m+1} = \ldots = y_n = 0$ und $z_{m+1} = \ldots = z_n = 0$, also

$$\sum_{i=1}^{m} y_i\mathbf{a}_i = \sum_{i=1}^{m} z_i\mathbf{a}_i = \mathbf{b}.$$

Da $\mathbf{a}_1, \ldots, \mathbf{a}_m$ linear unabhängig sind, würde daraus $\mathbf{y} = \mathbf{z}$ folgen, was unserer Annahme widerspricht. Somit ist $\mathbf{x}$ ein extremer Punkt von K.

Sei nun umgekehrt $\mathbf{x} = (x_1, x_2, \ldots, x_n)$ extremer Punkt von K. Wir können o. B. d. A. annehmen, dass $x_i \neq 0$ für $i = 1, \ldots, k$ und $x_i = 0$ für $i > k$ gilt. Den trivialen Fall $\mathbf{x} = \mathbf{0}$ wollen wir ausschließen. Ist nämlich $\mathbf{0} \in K$, so ist $\mathbf{b} = \mathbf{0}$, was zur Folge hat, dass $\mathbf{x} = \mathbf{0}$ immer sowohl extremer Punkt als auch zulässige Basislösung ist. Wir haben also

$$\sum_{i=1}^{k} x_i\mathbf{a}_i = \mathbf{b}.$$

Wegen $\mathbf{x} \in K$ gilt außerdem $x_i > 0$ für $i = 1, \ldots, k$. Daher ist $\mathbf{x}$ genau dann eine zulässige Basislösung, wenn die Vektoren $\mathbf{a}_1, \ldots, \mathbf{a}_k$ linear unabhängig sind, was wir erneut durch einen Widerspruchsbeweis zeigen. Wären $\mathbf{a}_1, \ldots, \mathbf{a}_k$ linear abhängig, so gäbe es eine nicht triviale Linearkombination, die den Nullvektor ergibt, also

$$y_1\mathbf{a}_1 + \ldots + y_k\mathbf{a}_k = \mathbf{0}.$$

Wir betrachten nun den Vektor $\mathbf{y} = (y_1, \ldots, y_k, 0, \ldots, 0) \in \mathbb{R}^n$. Wegen $x_i > 0$ für $i \leq k$ gilt

$$\mathbf{x} + \varepsilon\mathbf{y} \geq \mathbf{0} \quad \wedge \quad \mathbf{x} - \varepsilon\mathbf{y} \geq \mathbf{0}$$

für hinreichend kleines $\varepsilon > 0$. Damit sind die Vektoren $\mathbf{x} \pm \varepsilon\mathbf{y}$ zulässig, und es folgt

$$\mathbf{x} = \frac{1}{2}(\mathbf{x} + \varepsilon\mathbf{y}) + \frac{1}{2}(\mathbf{x} - \varepsilon\mathbf{y}),$$

was bedeuten würde, dass $\mathbf{x}$ *kein* extremer Punkt wäre. Aus diesem Widerspruch schließen wir, dass die Vektoren $\mathbf{a}_1, \ldots, \mathbf{a}_k$ linear unabhängig sind und damit $\mathbf{x}$ eine zulässige Basislösung ist. $\qquad\square$

Aus dem Fundamentalsatz der Linearen Optimierung (Satz 3.2) folgt der folgende Satz.

Satz 3.4

Eine lineare Funktion $\mathbf{c}^T\mathbf{x}$ nimmt ihr Maximum über einem beschränkten Zulässigkeitsbereich $K = \{\mathbf{x} \in \mathbb{R}^n : \mathbf{A}\mathbf{x} = \mathbf{b}$ und $\mathbf{x} \geq \mathbf{0}\}$, also einem konvexen Polyeder, in einem extremen Punkt (Eckpunkt) von K an. Ist K unbeschränkt und existiert das Maximum von $\mathbf{c}^T\mathbf{x}$, so wird es ebenfalls in einem Eckpunkt angenommen.

Bemerkung 3.7

Aus den gewonnenen Erkenntnissen können wir nun die folgenden Schlüsse ziehen:

- *Ist $K = \{\mathbf{x} \in \mathbb{R}^n : \mathbf{A}\mathbf{x} = \mathbf{b}$ und $\mathbf{x} \geq \mathbf{0}\}$ ungleich der leeren Menge, dann besitzt K mindestens einen extremen Punkt.*
- *Existiert für ein LP eine optimale Lösung, dann wird der optimale Zielfunktionswert in einem extremen Punkt von K angenommen.*
- *Da ein LP höchstens endlich viele Basislösungen hat, besitzt K höchstens endlich viele extreme Punkte.*

3.7   Das Simplex-Verfahren zur Lösung eines Linearen Programms

In diesem Abschnitt führen wir das wohl wichtigste Verfahren des Operations Research ein, das sogenannte *Simplex-Verfahren*. Das Verfahren geht auf den amerikanischen Mathematiker George Bernard Dantzig (* 1914 in Portland, Oregon, USA, † 2005 in Stanford, California, USA) zurück und taucht in der Literatur in verschiedenen Varianten auf. Der Name des Verfahrens spielt auf die geometrische Gestalt des Zulässigkeitsbereichs an.

Gemäß Satz 3.2 und 3.4 reicht es, die Lösung des Optimierungsproblems unter den Eckpunkten des Zulässigkeitsbereichs zu suchen. Die Idee des Verfahrens ist es, ausgehend von einem Startpunkt eine Folge von Eckpunkten mit wachsenden Zielfunktionswerten zu erzeugen. Der Übergang von einer Ecke zur nächsten soll dabei in *sparsamer Weise* erfolgen, d. h., aufeinanderfolgende Ecken sollen *benachbart* sein. Man versucht, die Folge der Eckpunkte so zu erzeugen, dass nach endlich vielen Schritten eine optimale Lösung des Optimierungsproblems gefunden ist.

Aufgrund der Korrespondenz zwischen Basislösungen und Ecken des Zulässigkeitsbereichs bedeutet dies, dass wir eine Folge von zulässigen Basislösungen $(\mathbf{x}^r)$ für das Modell (3.2) generieren, bei der beim Übergang von $\mathbf{x}^r$ zu $\mathbf{x}^{r+1}$ jeweils eine Nichtbasisvariable neu in die Basis kommt und eine bisherige Basisvariable diese verlässt. Außerdem soll der Zielfunktionswert wachsen, d. h. $\mathbf{c}^T\mathbf{x}^{r+1} \geq \mathbf{c}^T\mathbf{x}^r$ sein.

Der Unterschied zu dem (für praktische Belange nutzlosen) Verfahren 3.1 besteht also darin, dass wir jetzt nicht mehr *alle* Basislösungen bestimmen wollen, sondern nur noch eine gezielt berechnete Folge von zulässigen Basislösungen.

3.7.1 Das Simplextableau

Zur Veranschaulichung des Verfahrens sowie zur Handrechnung dient ein *Simplextableau*. Hierunter versteht man folgende Schreibweise des zu einer Ecke bzw. zulässigen Basislösung gehörenden linearen Gleichungssystems aus dem Modell (3.2).

BV	x_1	x_2	$\cdots$	x_n	z	$\mathbf{b}$
x_{j_1}	a_{11}	a_{12}	$\cdots$	a_{1n}	0	b_1
x_{j_2}	a_{21}	a_{22}	$\cdots$	a_{2n}	0	b_2
$\vdots$	$\vdots$	$\vdots$		$\vdots$	$\vdots$	$\vdots$
x_{j_m}	a_{m1}	a_{m2}	$\cdots$	a_{mn}	0	b_m
z	$-c_1$	$-c_2$	$\cdots$	$-c_n$	1	Z.-Wert

Die in der linken Spalte aufgeführten Variablen $x_{j_1}, \ldots, x_{j_m}$ sind dabei die *Basisvariablen*. Das Tableau ist genau so zu lesen wie die Schemata aus Abschn. 2.4 bzw. 2.5. Die ersten m Zeilen des Tableaus geben gerade das Gleichungssystem $\mathbf{Ax} = \mathbf{b}$ wieder. Die letzte Zeile ist die sogenannte *Ergebniszeile*. Sie entsteht dadurch, dass man, um zu einer praktischeren Tableauform zu kommen, die Zielfunktion als weitere Gleichung unter die Nebenbedingungen schreibt und z als zusätzliche Variable betrachtet. Dies entspricht der folgenden zu (3.2) äquivalenten Formulierung des linearen Optimierungsproblems

$$
\begin{aligned}
z &\to \text{Max!}\\
\text{u. d. N.} \quad \mathbf{Ax} &= \mathbf{b}\\
-\mathbf{c}^T\mathbf{x} + z &= 0\\
\mathbf{x} &\geq \mathbf{0}
\end{aligned}
\tag{3.4}
$$

Man nennt $\mathbf{b}$ auch den *Begrenzungsvektor*.

Das Simplextableau liegt in *kanonischer Form* vor, wenn es $m + 1$ verschiedene Einheitsvektoren enthält, die eine Basis bilden. Man erhält dann (ggf. nach Spaltenvertauschungen) ein Tableau der folgenden Form:

BV	x_{j_1}	$\cdots$	$x_{j_{n-m}}$	$x_{j_{n-m+1}}$	$\cdots$	x_{j_n}	z	$\mathbf{b}$
$x_{j_{n-m+1}}$	a_{1,j_1}	$\cdots$	$a_{1,j_{n-m}}$	1	$\cdots$	0	0	b_1
$\vdots$	$\vdots$		$\vdots$	$\vdots$	$\ddots$	$\vdots$	$\vdots$	$\vdots$
x_{j_n}	a_{m,j_1}	$\cdots$	$a_{m,j_{n-m}}$	0	$\cdots$	1	0	b_m
z	$-c_{j_1}$	$\cdots$	$-c_{j_{n-m}}$	0	$\cdots$	0	1	Z.-Wert

Hier wurden die Spalten so vertauscht, dass die Basisvariablen im Tableau ganz rechts stehen. Da man die Variable z stets als Basisvariable auffasst, lässt man den ihr zugeordneten Einheitsvektor im Allgemeinen weg. Nimmt man zusätzlich an, dass die Basisvariablen gerade $x_{n-m+1}, \ldots, x_n$ sind (wir werden sehen, dass dies bei einer Reihe von Problemen am Anfang der Fall ist), so erhalten wir schließlich das folgende einfache Tableau:

BV	x_1	$\cdots$	x_{n-m}	x_{n-m+1}	$\cdots$	x_n	$\mathbf{b}$
x_{n-m+1}	$a_{1,1}$	$\cdots$	$a_{1,n-m}$	1	$\cdots$	0	b_1
$\vdots$	$\vdots$		$\vdots$	$\vdots$	$\ddots$	$\vdots$	$\vdots$
x_n	$a_{m,1}$	$\cdots$	$a_{m,n-m}$	0	$\cdots$	1	b_m
z	$-c_1$	$\cdots$	$-c_{n-m}$	0	$\cdots$	0	Z.-Wert

Dies entspricht (bis auf Spaltenvertauschungen) der Form (2.8), die man nach der Durchführung des Gauß-Jordan-Algorithmus erhält, wobei hier zu beachten ist, dass die Matrix $\mathbf{A}$ den maximalen Rang m hat. Bei den obigen Tableaus haben wir die Variablen immer so sortiert, dass links die Nichtbasisvariablen und rechts die Basisvariablen stehen. Bei späteren Handrechnungen erweist sich dies als unpraktisch, wir werden dann die Reihenfolge der Variablen nicht ändern.

Bemerkung 3.8

Liegt ein Simplextableau in kanonischer Form vor, so lässt sich die dazugehörige Basislösung leicht ablesen. Man setzt zunächst alle Nichtbasisvariablen gleich null, also

$$x_{j_1} = x_{j_2} = \ldots = x_{j_{n-m}} = 0.$$

Die Basisvariablen nehmen den Wert des in der entsprechenden Zeile stehenden Begrenzungskoeffizienten b_i an. Also

$$x_{j_{n-m+1}} = b_1,$$
$$x_{j_{n-m+2}} = b_2,$$
$$\vdots$$
$$x_{j_n} = b_m.$$

Aus Bemerkung 3.8 ist auch abzulesen, dass bei einem Simplextableau in kanonischer Form die dazugehörige Basislösung aufgrund der Nichtnegativitätsbedingungen genau dann zulässig ist, wenn für alle Koeffizienten des Begrenzungsvektors $b_i \geq 0$ gilt. Man sagt auch, das Simplextableau sei *primal zulässig*.

Wir werden es im Folgenden ausschließlich mit Tableaus in kanonischer Form zu tun haben. Ziel wird es sein, ausgehend von einem gegebenen Tableau ein neues Tableau zu generieren, so dass die dazugehörende Basislösung einen größeren Zielfunktionswert aufweist. Man kann nur dann damit rechnen, dass eine Basislösung verbessert werden kann, wenn eine Nichtbasisvariable einen negativen Koeffizienten in der Ergebniszeile aufweist, d. h., wenn es ein $k \in \{1, \ldots, n - m\}$ gibt mit $-c_{j_k} < 0$. Für ein Tableau in kanonischer Form lautet die letzte Gleichung von (3.4) nämlich

$$-c_{j_1} x_{j_1} - c_{j_2} x_{j_2} - \ldots - c_{j_{n-m}} x_{j_{n-m}} + z = \text{aktueller Zielfunktionswert,}$$

wobei zu beachten ist, dass die zu Basisvariablen gehörenden Koeffizienten c_{j_k} gleich null sind. Ist $-c_{j_k} < 0$ für ein k, so kann der Zielfunktionswert vergrößert werden, indem man die Variable x_{j_k} mit in die Basis aufnimmt. Dies ist die zentrale Idee des Simplex-Verfahrens.

3.7.2   Basiswechsel

Wir beschreiben nun, wie der Übergang von einem Tableau zum nächsten durchgeführt wird. Da bei dieser Rechnung eine Basisvariable gegen eine Nichtbasisvariable getauscht wird, bezeichnet man diesen Übergang auch als *Basiswechsel*. Wir gehen aus von dem r-ten Simplextableau

BV	x_1	x_2	$\cdots$	x_n	z	$\mathbf{b}$
$x_{k_1^r}$	a_{11}^r	a_{12}^r	$\cdots$	a_{1n}^r	0	b_1^r
$x_{k_2^r}$	a_{21}^r	a_{22}^r	$\cdots$	a_{2n}^r	0	b_2^r
$\vdots$	$\vdots$	$\vdots$		$\vdots$	$\vdots$	$\vdots$
$x_{k_m^r}$	a_{m1}^r	a_{m2}^r	$\cdots$	a_{mn}^r	0	b_m^r
z	$-c_1^r$	$-c_2^r$	$\cdots$	$-c_n^r$	1	Z.-Wert

in kanonischer Form. Ähnlich wie in Abschn. 2.4 bzw. 2.5 beginnt jeder Schritt mit der Wahl eines Pivotelements $a_{ij}^r \neq 0$. Man bezeichnet dann die i-te Zeile als *Pivotzeile* und die j-te Spalte als *Pivotspalte*. Wir berechnen nun das $(r + 1)$-te Tableau so, dass die Variable $x_{k_i^r}$ die Basis verlässt und dafür x_j neu in die Basis aufgenommen wird (im Falle $k_i^r = j$ verändert sich das Tableau also nicht). Außerdem soll das $(r + 1)$-te Tableau wieder die kanonische Form haben.

Algorithmus 3.2 (Basiswechsel)
Das r-te Tableau liege in kanonischer Form vor. Wähle ein Pivotelement $a_{ij}^r \neq 0$ und berechne das $(r + 1)$-te Tableau wie folgt:

1. *Teile die Elemente der Pivotzeile durch das Pivotelement. D. h. berechne für $k = 1, \ldots, n$*

$$a_{ik}^{r+1} = \frac{a_{ik}^r}{a_{ij}^r}, \quad b_i^{r+1} = \frac{b_i^r}{a_{ij}^r}.$$

2. *Für alle übrigen Nebenbedingungszeilen $l = 1, \ldots, m$ $(l \neq i)$ führe für $k = 1, \ldots, n$*
   die Rechnung

$$a_{lk}^{r+1} = a_{lk}^r - \frac{a_{lj}^r}{a_{ij}^r} a_{ik}^r, \quad b_l^{r+1} = b_l^r - \frac{a_{lj}^r}{a_{ij}^r} b_i^r$$

durch.

3. *Für die Elemente $k = 1, \ldots, n$ der Ergebniszeile rechne*

$$-c_k^{r+1} = -c_k^r - \frac{-c_j^r}{a_{ij}^r} a_{ik}^r.$$

4. *Für den aktuellen Zielfunktionswert setze*

$$z^{r+1} = z^r - \frac{-c_j^r}{a_{ij}^r} b_i^r.$$

5. *Setze $k_i^{r+1} = j$, d. h., die Variable x_j wird Basisvariable.*

Das $(r + 1)$-te Tableau hat dann wieder die kanonische Gestalt.

Bei der Handrechnung empfiehlt es sich, wie beim Gauß'schen Algorithmus, den Quotienten

$$\frac{a_{lj}^r}{a_{ij}^r}$$

am Rand des Tableaus hinter der l-ten Zeile und

$$\frac{-c_j^r}{a_{ij}^r}$$

hinter der Ergebniszeile zu notieren. Dies erleichtert die Rechnung erheblich. Im Prinzip stimmt die Rechentechnik in Algorithmus 3.2 mit derjenigen beim Gauß'schen Algorithmus überein. Es werden sämtliche Elemente ober- und unterhalb des Pivotelements eliminiert und das Pivotelement auf 1 normiert. Die Pivotspalte wird also zum Einheitsvektor, während ein anderer Einheitsvektor aus dem Tableau verschwindet.

Beispiel 3.7
Wir betrachten erneut das Problem aus Beispiel 3.1 bzw. 3.2. Zu maximieren ist

$$z = F(x_1, x_2) = 10x_1 + 40x_2$$

unter den Nebenbedingungen

$$40x_1 + 24x_2 + x_3 \qquad\qquad = 480,$$
$$24x_1 + 48x_2 + \qquad x_4 \qquad = 480,$$
$$60x_2 + \qquad\qquad x_5 = 480,$$
$$x_1, x_2, x_3, x_4, x_5 \geq \quad 0.$$

Für dieses Problem lässt sich eine zulässige Basislösung leicht finden, es ist dies $\mathbf{x} = (0, 0, 480, 480, 480)$. Das dazugehörige Simplextableau sieht folgendermaßen aus:

BV	x_1	x_2	x_3	x_4	x_5	z	$\mathbf{b}$
x_3	40	24	1	0	0	0	480
x_4	24	48	0	1	0	0	480
x_5	0	60	0	0	1	0	480
z	-10	-40	0	0	0	1	0

Der Zielfunktionswert für diese Basislösung ist $z = 0$. Wegen der negativen Koeffizienten in der Ergebniszeile kann der Zielfunktionswert durch einen Basiswechsel noch verbessert werden. Wir wählen das Pivotelement $a_{32} = 60$ und erhalten nach der Rechnung gemäß Algorithmus 3.2 das folgende Tableau:

BV	x_1	x_2	x_3	x_4	x_5	z	$\mathbf{b}$
x_3	40	0	1	0	$-2/5$	0	288
x_4	24	0	0	1	$-4/5$	0	96
x_2	0	1	0	0	$1/60$	0	8
z	-10	0	0	0	$2/3$	1	320

Der Zielfunktionswert ist von $z = 0$ auf $z = 320$ angestiegen.   ∎

Mit der beschriebenen Technik des Basiswechsels wird der Übergang zwischen benachbarten Basislösungen durchgeführt. Allerdings wird dadurch i. A. keine zulässige Basislösung geliefert und auch keine Vergrößerung des Zielfunktionswertes garantiert. Um dies sicherzustellen, ist die Wahl des *richtigen* Pivotelements von zentraler Bedeutung. Wir werden uns im folgenden Abschnitt damit befassen. Für unser Produktionsplanungsproblem war eine zulässige Basislösung leicht zu finden, für die wir dann ein Ausgangstableau in kanonischer Form aufstellen konnten. Dies liegt an der speziellen Struktur des Problems, es handelt sich nämlich um ein sogenanntes *spezielles Maximumproblem*. Im Allgemeinen ist dies nicht so einfach, wir werden auf diese Problematik später noch ausführlich eingehen.

3.7.3 Das Primal-Simplex-Verfahren

Im vorigen Abschnitt haben wir beschrieben, wie für ein gegebenes Tableau ein Basiswechsel durchgeführt wird. Um nach dem Basiswechsel erneut eine zulässige Basislösung zu erhalten, ist die Wahl des richtigen Pivotelements entscheidend. Außerdem sollte sichergestellt werden, dass sich durch den Basiswechsel der Zielfunktionswert nicht verkleinert. Wir legen in diesem Abschnitt das sogenannte *spezielle Maximumproblem*

$$z = \sum_{j=1}^{n} c_j x_j \rightarrow \text{Max!}$$

$$\text{u. d. N.}\ \sum_{j=1}^{n} a_{ij} x_j \leq b_i \tag{3.5}$$

$$x_j \geq 0$$

$$\text{mit}\ \ b_i \geq 0\ \ \forall i$$

mit einem nichtnegativen Begrenzungsvektor **b** zugrunde. Für dieses spezielle Problem lässt sich durch Einführung von Schlupfvariablen direkt ein Simplextableau in kanonischer Form bilden, welches zudem primal zulässig ist. In diesem Tableau sind alle Schlupfvariablen Basisvariablen (BV) und die Strukturvariablen Nichtbasisvariablen (NBV). Dies entspricht gerade der Basislösung, bei der alle Strukturvariablen null sind. Ausgehend von dieser Basislösung erfolgt nun das Pivotieren unter der Zielsetzung, systematisch und so schnell wie möglich zu einer optimalen Basislösung zu gelangen, ohne dabei den Zulässigkeitsbereich zu verlassen.

Es liege nun das r-te Simplextableau in kanonischer Form vor. Es sei N^r_{NB} die Indexmenge der Nichtbasisvariablen und entsprechend N^r_B die Indexmenge der Basisvariablen. Es ist $N^r_{NB} \cup N^r_B = \{1, \dots, n\}$. Wir bestimmen zunächst die Pivotspalte j so, dass

$$-c^r_j = \min\{-c^r_k\ :\ -c^r_k < 0 \wedge k \in N^r_{NB}\}. \tag{3.6}$$

Verstößt man gegen diese Vorschrift, indem man nicht die Spalte mit dem kleinsten Zielfunktionskoeffizienten wählt, so funktioniert das Verfahren immer noch. Man muss dann eventuell mehr Ecken bzw. mehr Tableaus bis zum Erreichen der optimalen Ecke in Kauf nehmen. Als Nächstes wählt man die Pivotzeile i so, dass

$$\frac{b^r_i}{a^r_{ij}} = \min \left\{ \frac{b^r_l}{a^r_{lj}}\ :\ a^r_{lj} > 0, \quad l = 1, \dots, m \right\}. \tag{3.7}$$

Mit $a_{ij} > 0$ als Pivotelement wird dann der Basiswechsel durchgeführt. Mit dieser Wahl gilt der folgende Satz.

Satz 3.5

*Das r-te Tableau sei primal zulässig. Wählt man Pivotspalte und Pivotzeile gemäß (3.6)
bzw. (3.7) und führt einen Basiswechsel gemäß Algorithmus 3.2 durch, so ist das $(r + 1)$-te
Tableau wieder primal zulässig, und der Zielfunktionswert z^{r+1} ist mindestens genauso groß
wie z^r.*

Beweis Wir müssen zeigen, dass $b_l^{r+1} \geq 0$ für alle $l = 1, \ldots, m$ gilt. Es ist nach Algorithmus 3.2

$$b_l^{r+1} = b_l^r - \frac{b_i^r a_{lj}^r}{a_{ij}^r}.$$

Ist $a_{lj}^r < 0$, so gilt offensichtlich $b_l^{r+1} \geq b_l^r \geq 0$. Wir müssen also nur den kritischen Fall
$a_{lj}^r \geq 0$ betrachten, für den jedoch nach (3.7)

$$\frac{b_l^r}{a_{lj}^r} \geq \frac{b_i^r}{a_{ij}^r}$$

gilt. Es ist also

$$b_l^{r+1} = b_l^r - \frac{b_i^r a_{lj}^r}{a_{ij}^r} \geq b_l^r - \frac{b_l^r a_{lj}^r}{a_{lj}^r} = 0.$$

In jedem Fall ist $b^{r+1} \geq 0$ und somit das $(r+1)$-te Tableau primal zulässig. Wegen $-c_j^r \leq 0$,
$b_i^r \geq 0$ und $a_{ij}^r > 0$ ist zudem

$$z^{r+1} = z^r - \frac{-c_j^r b_i^r}{a_{ij}^r} \geq z^r.$$

Der Zielfunktionswert wird daher durch den Basiswechsel wachsen oder unverändert bleiben.   □

Damit ist das Verfahren für das spezielle Maximumproblem im Prinzip vollständig erklärt.
Es kann durchaus sein, dass die r-te Basislösung *degeneriert* („entartet") ist und $b_i^r = 0$
gilt. In diesem Fall bleibt der Zielfunktionswert unverändert und man „tritt einmal auf der
Stelle", wir werden später Beispiele für diesen Fall rechnen.

Bemerkung 3.9

*Gibt es im r-ten Schritt ein $j \in N_{NB}^r$ mit $-c_j^r < 0$ aber $a_{kj}^r \leq 0$ für alle $k = 1, \ldots, m$,
findet man also in der gewählten Pivotspalte kein positives Pivotelement, so existiert keine
maximale Lösung.*

Eine optimale Lösung ist erreicht, wenn das Tableau primal zulässig ist und $-c_k^r \geq 0$ gilt
für alle $k = 1, \ldots, n$. Man sagt dann auch, das *Simplexkriterium* sei erfüllt. Gibt es Indizes

$$k \in N_{NB}^r \quad \text{mit} \quad -c_k^r = 0,$$

so existieren unendlich viele Lösungen. Zusammenfassend erhalten wir den folgenden Algorithmus.

Algorithmus 3.3 (Primal-Simplex-Verfahren)
Das r-te Tableau sei primal zulässig. Ausgehend von diesem Tableau soll eine optimale Basislösung des LPs gefunden werden.

1. *Gilt $-c_k^r \geq 0$ für alle $k = 1, \ldots, n$, so ist die zugehörige Basislösung optimal. FERTIG.*
2. *Andernfalls führe einen Primal-Simplex-Schritt durch.*

    a) *Bestimme die Pivotspalte j durch die Bedingung*

    $$-c_j^r = \min\{-c_k^r \ : \ -c_k^r < 0 \land k \in N_{NB}^r\}.$$

    b) *Bestimme die Pivotzeile i durch die Bedingung*

    $$\frac{b_i^r}{a_{ij}^r} = \min\left\{ \frac{b_l^r}{a_{lj}^r} \ : \ a_{lj}^r > 0, \quad l = 1, \ldots, m \right\}.$$

3. *Ist $a_{kj}^r \leq 0$ für $k = 1, \ldots, m$, so existiert keine optimale Lösung. FERTIG.*
4. *Andernfalls führe einen Basiswechsel mit dem Pivotelement a_{ij}^r durch und berechne das $(r+1)$-te Simplextableau. Starte erneut bei Schritt 1.*

Konvergenz kann für Algorithmus 3.3 leider nicht bewiesen werden. In seltenen Fällen ist es möglich, dass man mit dem Verfahren „im Kreis läuft" (man spricht dann auch von „Zyklen") und daher keine optimale Lösung erreicht. Um dies zu verhindern, wurden spezielle Algorithmen entwickelt, die wir hier nicht besprechen wollen.

Bemerkung 3.10
Den Schritt 2 in Algorithmus 3.3, d. h. den Basiswechsel im Primal-Simplex-Verfahren, bezeichnet man auch als primalen Austauschschritt.

Beispiel 3.8
Wir kommen nochmals zurück auf das Produktionsplanungsproblem aus Beispiel 3.1, das wir nun vollständig lösen können. Das Primal-Simplex-Verfahren bricht bereits nach zwei Iterationen mit der optimalen Lösung $x_1 = 4$ und $x_2 = 8$ ab. Der optimale Zielfunktionswert beträgt $z = 360$. Die gewählten Pivotelemente wurden jeweils in den Tableaus markiert.

Tableau 1:

BV	x_1	x_2	x_3	x_4	x_5	z	b
x_3	40	24	1	0	0	0	480
x_4	24	48	0	1	0	0	480
x_5	0	$\underline{60}$	0	0	1	0	480
z	-10	-40	0	0	0	1	0

Tableau 2:

BV	x_1	x_2	x_3	x_4	x_5	z	b
x_3	40	0	1	0	$-2/5$	0	288
x_4	$\underline{24}$	0	0	1	$-4/5$	0	96
x_2	0	1	0	0	$1/60$	0	8
z	-10	0	0	0	$2/3$	1	320

Tableau 3:

BV	x_1	x_2	x_3	x_4	x_5	z	b
x_3	0	0	1	$-5/3$	$14/15$	0	128
x_1	1	0	0	$1/24$	$-1/30$	0	4
x_2	0	1	0	0	$1/60$	0	8
z	0	0	0	$5/12$	$1/3$	1	360

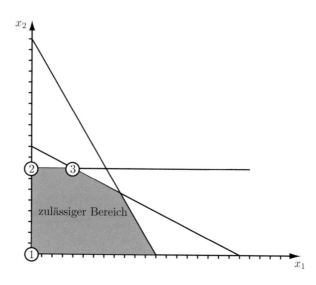

Abb. 3.9 Lösungsschritte zum Beispiel 3.8

Abb. 3.9 zeigt den Verlauf des Lösungsalgorithmus. Beginnend bei der Ecke $(0, 0)$ läuft man über die Ecke $(0, 8)$ bis zur Lösung $(4, 8)$. Der Leser möge diese Rechnung nachvollziehen.   ∎

Bemerkung 3.11

Um ein tieferes Verständnis für das Primal-Simplex-Verfahren zu gewinnen, wollen wir uns den Übergang von einem zum anderen Tableau noch genauer anschauen und die Pivotwahl sowie den Basiswechsel ökonomisch interpretieren. Hierzu untersuchen wir die den Tableaus entsprechenden Gleichungssysteme. Tableau 1 stellt das Gleichungssystem

$$
\begin{aligned}
40x_1 + 24x_2 + x_3 \qquad\qquad\qquad &= 480, \\
24x_1 + 48x_2 \qquad + x_4 \qquad\quad &= 480, \\
60x_2 \qquad\qquad + x_5 \quad &= 480, \\
-10x_1 - 40x_2 \qquad\qquad\qquad + z &= \quad 0
\end{aligned}
\tag{3.8}
$$

dar, welches die Lösung

$$
x_1 = 0, \quad x_2 = 0, \quad x_3 = 480, \quad x_4 = 480, \quad x_5 = 480, \quad z = 0
$$

besitzt. Wir isolieren die Basisvariablen, indem wir sie mithilfe der Nichtbasisvariablen ausdrücken. Dies führt zu

$$
\begin{aligned}
x_3 &= 480 - 40x_1 - 24x_2, \\
x_4 &= 480 - 24x_1 - 48x_2, \\
x_5 &= 480 \qquad\qquad - 60x_2, \\
z &= \qquad 10x_1 + 40x_2.
\end{aligned}
\tag{3.9}
$$

Die 4. Gleichung aus (3.9) besagt, dass z um 10 € wächst, wenn x_1 um 1 Einheit erhöht wird und um 40 €, wenn x_2 um 1 Einheit erhöht wird. Daraus folgt, dass x_2 neue Basisvariable wird, da dies die größte Verbesserung des Zielfunktionswertes verspricht. Dabei kann x_2 maximal 8 werden, ohne dass eine andere Variable negativ wird. Mit $x_2 = 8$ erhält man nämlich für die anderen Variablen

$$
x_1 = 0, \quad x_3 = 288, \quad x_4 = 96, \quad x_5 = 0, \quad z = 320.
$$

Dies bedeutet, dass x_5 für x_2 die Basis verlässt. Durch Einsetzen von $x_2 = 8 - x_5/60$ (Auflösen der 3. Gleichung nach x_2) erhält man das neue Gleichungssystem

$$40x_1 \quad + x_3 \quad - \frac{2}{5}x_5 \quad = 288,$$

$$24x_1 \quad + x_4 - \frac{4}{5}x_5 \quad = \ 96,$$

$$x_2 \quad + \frac{1}{60}x_5 \quad = \ 8,$$

$$-10x_1 \quad + \frac{2}{3}x_5 + z = 320.$$

(3.10)

Dies ist äquivalent zum 2. Tableau. Erneut werden die Basisvariablen isoliert, was zu

$$x_3 = 288 - 40x_1 + \frac{2}{5}x_5,$$

$$x_4 = \ 96 - 24x_1 + \frac{4}{5}x_5,$$

$$x_2 = \ \ 8 \qquad - \frac{1}{60}x_5,$$

$$z = 320 + 10x_1 - \frac{2}{3}x_5.$$

(3.11)

führt. Aus der 4. Gleichung von (3.11) geht hervor, dass z um 10 € wächst, wenn x_1 um 1 Einheit erhöht wird. Dagegen verringert sich z um 2/3 €, wenn x_5 um 1 Einheit größer wird. Damit ist x_1 neue Basisvariable, die maximal den Wert 4 annehmen kann, ohne dass eine andere Variable kleiner 0 wird. Für $x_1 = 4$ gilt nämlich

$$x_2 = 8, \quad x_3 = 128, \quad x_4 = 0, \quad x_5 = 0, \quad z = 360.$$

Die Basisvariable x_4 verlässt also für x_1 die Basis. Einsetzen von $x_1 = 4 - x_4/24 + x_5/30$ (Auflösen der 2. Gleichung) führt dann zu

$$x_3 - \frac{5}{3}x_4 + \frac{14}{15}x_5 \quad = 128,$$

$$x_1 \quad + \frac{1}{24}x_4 - \frac{1}{30}x_5 \quad = \ 4,$$

$$x_2 \quad + \frac{1}{60}x_5 \quad = \ 8,$$

$$\frac{5}{12}x_4 + \frac{1}{3}x_5 + z = 360.$$

(3.12)

Dieses Gleichungssystem entspricht dem 3. Tableau. Erneutes Isolieren der Basisvariablen führt zu

$$x_3 = 128 + \frac{5}{3}x_4 - \frac{14}{15}x_5,$$

$$x_1 = \phantom{128 + {}} 4 - \frac{1}{24}x_4 + \frac{1}{30}x_5,$$

$$x_2 = \phantom{128 + {}} 8 \phantom{- \frac{1}{24}x_4} - \frac{1}{60}x_5,$$

$$z = 360 - \frac{5}{12}x_4 - \frac{1}{3}x_5.$$

(3.13)

Wir haben jetzt die optimale Lösung erreicht, denn erhöht man x_4 oder x_5, so verringert sich der Zielfunktionswert z. Damit ist die Lösung des Problems gegeben durch

$$x_1 = 4, \quad x_2 = 8, \quad x_3 = 128, \quad x_4 = 0, \quad x_5 = 0, \quad z = 360.$$

Wie bereits besprochen, bedeuten die Werte für die Schlupfvariablen x_4 und x_5, dass die Maschinen 2 und 3 voll ausgelastet sind. Man spricht von Engpässen oder Engpasskapazitäten. Die Maschine 1 dagegen steht 128 min pro Tag still. Wegen der letzten Gleichung von (3.13) würde sich der Gewinn um $5/12$ bzw. $1/3$ € reduzieren, falls die Maschinenzeiten von Maschine 2 und 3 jeweils um 1 min verringert würden. Das heißt, dass die Koeffizienten $5/12$ und $1/3$ gerade den entgangenen Gewinn pro fehlender Maschinenminute angeben. Umgekehrt kann man auch sagen, dass durch eine Kapazitätserhöhung pro Minute ein zusätzlicher Gewinn von $5/12$ bzw. $1/3$ € erzielt werden könnte. Diese Koeffizienten, die den entgangenen Gewinn aufgrund der Kapazitätsbeschränkungen darstellen, nennt man auch Opportunitätskosten oder Schattenpreise.

Im Allgemeinen repräsentieren die Schattenpreise bzw. Opportunitätskosten den Wert einer Mengeneinheit eines Produktionsfaktors bei optimaler Planung, oder anders gesagt, den Preis, den ein Unternehmen dafür zahlen würde. In unserem Fall ist das der Preis für eine Arbeitsminute auf einer bestimmten Maschine.

3.7.4   Spezialfälle beim Primal-Simplex-Verfahren

Im Zuge der grafischen Lösung von linearen Optimierungsproblemen haben wir bereits die Möglichkeit einer Mehrfachlösung sowie einer unbeschränkten Zielfunktion kennengelernt (siehe Abb. 3.2). Bei der Beschreibung des Primal-Simplex-Verfahrens sind wir schon kurz auf Degeneration bzw. Entartung einer Basisvariablen eingegangen. In diesem Abschnitt wollen wir anhand von Beispielen aufzeigen, wie diese Spezialfälle sich auf das Simplex-Verfahren auswirken. Insbesondere wollen wir erläutern, wie man anhand des Simplextableaus erkennen kann, dass einer dieser Sonderfälle vorliegt.

Beispiel 3.9 (Degeneration/Entartung)
Wir betrachten das folgende dreidimensionale Optimierungsproblem:

$$z = x_1 + 4x_2 + 2x_3 \rightarrow \text{Max!}$$

$$\begin{aligned}
\text{u. d. N.} \quad x_1 & & & \leq 1 \\
& & x_3 & \leq 1 \\
-2x_1 + x_2 & & & \leq 1 \\
2x_1 + x_2 & & & \leq 3 \\
& x_2 + 2x_3 & & \leq 3 \\
& x_2 - 2x_3 & & \leq 1 \\
& x_1, x_2, x_3 & & \geq 0.
\end{aligned}$$

Dieses Beispiel findet man in ähnlicher Form in dem Buch von Schwarz (1988). Abb. 3.10 zeigt den Zulässigkeitsbereich des Problems. Bei diesem Beispiel tritt *Degeneration* auf, d. h., eine Komponente des Begrenzungsvektors verschwindet im Verlauf der Rechnung. Dies hat zur Folge, dass man bei dem folgenden Schritt des Simplex-Verfahrens auf derselben Ecke des Zulässigkeitsbereichs, auf der man sich gerade befindet, stehenbleibt. Man könnte also sagen, dass man gewissermaßen „auf der Stelle tritt". Wir stellen das Simplextableau auf und führen die Rechnung durch.

BV	x_1	x_2	x_3	x_4	x_5	x_6	x_7	x_8	x_9	b
x_4	1	0	0	1	0	0	0	0	0	1
x_5	0	0	1	0	1	0	0	0	0	1
x_6	-2	$\underline{1}$	0	0	0	1	0	0	0	1
x_7	2	1	0	0	0	0	1	0	0	3
x_8	0	1	2	0	0	0	0	1	0	3
x_9	0	1	-2	0	0	0	0	0	1	1
z	-1	-4	-2	0	0	0	0	0	0	0

BV	x_1	x_2	x_3	x_4	x_5	x_6	x_7	x_8	x_9	b
x_4	1	0	0	1	0	0	0	0	0	1
x_5	0	0	1	0	1	0	0	0	0	1
x_2	-2	1	0	0	0	1	0	0	0	1
x_7	4	0	0	0	0	-1	1	0	0	2
x_8	2	0	2	0	0	-1	0	1	0	2
x_9	$\underline{2}$	0	-2	0	0	-1	0	0	1	0
z	-9	0	-2	0	0	4	0	0	0	4

BV	x_1	x_2	x_3	x_4	x_5	x_6	x_7	x_8	x_9	b
x_4	0	0	1	1	0	1/2	0	0	-1/2	1
x_5	0	0	1	0	1	0	0	0	0	1
x_2	0	1	-2	0	0	0	0	0	1	1
x_7	0	0	$\underline{4}$	0	0	1	1	0	-2	2
x_8	0	0	4	0	0	0	0	1	-1	2
x_1	1	0	-1	0	0	-1/2	0	0	1/2	0
z	0	0	-11	0	0	-1/2	0	0	9/2	4

BV	x_1	x_2	x_3	x_4	x_5	x_6	x_7	x_8	x_9	b
x_4	0	0	0	1	0	1/4	-1/4	0	0	1/2
x_5	0	0	0	0	1	-1/4	-1/4	0	1/2	1/2
x_2	0	1	0	0	0	1/2	1/2	0	0	2
x_3	0	0	1	0	0	1/4	1/4	0	-1/2	1/2
x_8	0	0	0	0	0	-1	-1	1	$\underline{1}$	0
x_1	1	0	0	0	0	-1/4	1/4	0	0	1/2
z	0	0	0	0	0	9/4	11/4	0	-1	19/2

BV	x_1	x_2	x_3	x_4	x_5	x_6	x_7	x_8	x_9	b
x_4	0	0	0	1	0	1/4	-1/4	0	0	1/2
x_5	0	0	0	0	1	1/4	1/4	-1/2	0	1/2
x_2	0	1	0	0	0	1/2	1/2	0	0	2
x_3	0	0	1	0	0	-1/4	-1/4	1/2	0	1/2
x_9	0	0	0	0	0	-1	-1	1	1	0
x_1	1	0	0	0	0	-1/4	1/4	0	0	1/2
z	0	0	0	0	0	5/4	7/4	1	0	19/2

Im Verlauf der Rechnung war mehrfach eine der Basisvariablen gleich 0. Dies hatte zur Folge, dass wir uns gemäß

$$A \longrightarrow B \longrightarrow B \longrightarrow C \longrightarrow C$$

entlang der Eckpunkte des Zulässigkeitsbereichs bewegt haben (siehe Abb. 3.10). Degeneration oder Entartung kann dazu führen, dass das Primal-Simplex-Verfahren in einen Zyklus gerät und immer wieder dieselben Tableaus generiert, d. h., die Berechnung bricht nicht nach endlich vielen Schritten ab. Um Zyklen zu vermeiden, gibt es spezielle Verfahren. In der Praxis behilft man sich aber in der Regel damit, dass man einfach die Anzahl von Iterationen begrenzt. Die Möglichkeit der Degeneration ist jedoch nur von theoretischer Bedeutung, da sie in praktischen Anwendungen so gut wie nicht auftritt. ∎

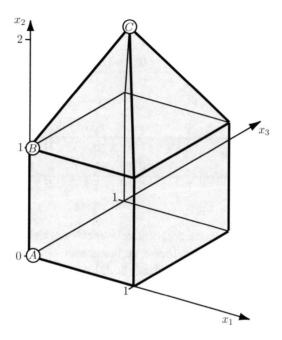

Abb. 3.10 Grafische Darstellung des Zulässigkeitsbereichs zu Beispiel 3.9

Beispiel 3.10 (Unbeschränkter Zulässigkeitsbereich)
Wir wenden das Primal-Simplex-Verfahren auf das folgende lineare Optimierungsproblem an:

$$z = x_1 + 2x_2 \rightarrow \text{Max!}$$
$$\text{u. d. N.} \quad -x_1 + 2x_2 \leq 10,$$
$$x_2 \leq 8,$$
$$x_1, x_2 \geq 0.$$

Dies führt zu:

BV	x_1	x_2	x_3	x_4	$\mathbf{b}$
x_3	-1	$\underline{2}$	1	0	10
x_4	0	1	0	1	8
z	-1	-2	0	0	0

BV	x_1	x_2	x_3	x_4	b
x_2	$-1/2$	1	$1/2$	0	5
x_4	$\underline{1/2}$	0	$-1/2$	1	3
z	-2	0	1	0	10

BV	x_1	x_2	x_3	x_4	b
x_2	0	1	0	1	8
x_1	1	0	-1	2	6
z	0	0	-1	4	22

Im 3. Tableau sind alle Koeffizienten der Nichtbasisvariablen x_3 kleiner oder gleich 0. Daher ist es nicht mehr möglich, ein Pivotelement zu bestimmen, obwohl der zu x_3 gehörende Zielfunktionskoeffizient negativ ist und damit noch keine optimale Lösung vorliegt. Der Grund hierfür ist, dass der Zulässigkeitsbereich unbeschränkt ist und die Zielfunktion daher unbegrenzt wachsen kann. Denn für $x_2 = 8$ und $x_4 = 0$ kann x_3 beliebig groß werden, da durch Wahl eines entsprechenden Wertes für x_1 die beiden Gleichungen

$$x_2 + x_4 = 8$$
$$x_1 - x_3 = 6$$

trotzdem erfüllt sind. Gleichzeitig kann der Zielfunktionswert $z = x_3 - 4x_4 + 22$ unbegrenzt wachsen.

Allgemein gilt:

1. Sind in einem Tableau alle Koeffizienten einer Nichtbasisvariablen kleiner oder gleich 0, so ist der Zulässigkeitsbereich unbeschränkt.
2. Ist zusätzlich der entsprechende Zielfunktionskoeffizient kleiner 0, so kann die Zielfunktion beliebig groß werden, es existiert keine optimale Lösung. ∎

Beispiel 3.11 (Mehrdeutigkeit)
Von dem linearen Optimierungsproblem

$$z = x_1 + 2x_2 \rightarrow \text{Max!}$$
$$\text{u. d. N.}\quad 4x_1 + 2x_2 \leq 48,$$
$$x_1 + 2x_2 \leq 20,$$
$$3x_2 \leq 24,$$
$$x_1, x_2 \geq 0$$

soll die optimale Lösung berechnet werden.

Das Primal-Simplex-Verfahren liefert folgendes Ergebnis:

BV	x_1	x_2	x_3	x_4	x_5	b
x_3	4	2	1	0	0	48
x_4	1	2	0	1	0	20
x_5	0	3	0	0	1	24
z	-1	-2	0	0	0	0

BV	x_1	x_2	x_3	x_4	x_5	b
x_3	4	0	1	0	$-2/3$	32
x_4	1	0	0	1	$-2/3$	4
x_2	0	1	0	0	$1/3$	8
z	-1	0	0	0	$2/3$	16

BV	x_1	x_2	x_3	x_4	x_5	b
x_3	0	0	1	-4	2	16
x_1	1	0	0	1	$-2/3$	4
x_2	0	1	0	0	$1/3$	8
z	0	0	0	1	0	20

Die optimale Lösung lautet also: $(x_1, x_2) = (4, 8)$ mit dem Zielfunktionswert $z = 20$. Da der Zielfunktionskoeffizient zur Nichtbasisvariablen x_5 gleich 0 ist, können wir noch einen weiteren Basiswechsel vornehmen. Dabei ändert sich der Wert der Zielfunktion nicht, wir erhalten jedoch eine weitere optimale Lösung. Mit dem im letzten Tableau schon gekennzeichneten Pivotelement führen wir jetzt noch einen zusätzlichen Simplexschritt durch und erhalten:

BV	x_1	x_2	x_3	x_4	x_5	b
x_5	0	0	$1/2$	-2	1	8
x_1	1	0	$1/3$	$-1/3$	0	$28/3$
x_2	0	1	$-1/6$	$2/3$	0	$16/3$
z	0	0	0	1	0	20

Als neue Lösung ergibt sich: $(\tilde{x}_1, \tilde{x}_2) = (28/3, 16/3)$ sowie weiterhin $z = 20$. Damit ist auch jede Konvexkombination

$$\lambda \begin{bmatrix} x_1 \\ x_2 \end{bmatrix} + (1 - \lambda) \begin{bmatrix} \tilde{x}_1 \\ \tilde{x}_2 \end{bmatrix} = \lambda \begin{bmatrix} 4 \\ 8 \end{bmatrix} + (1 - \lambda) \begin{bmatrix} 28/3 \\ 16/3 \end{bmatrix} \quad , \lambda \in [0, 1]$$

dieser beiden Lösungen optimal, wie man leicht nachrechnen kann. Allgemein gilt: Wenn in einem Tableau mit einer optimalen Basislösung Zielfunktionskoeffizienten für eine Nichtbasisvariable gleich 0 sind, so ist die Lösung nicht eindeutig. Durch weitere Austauschschritte können die anderen optimalen Basislösungen ermittelt werden. Die Gesamtheit aller Lösungen ergibt sich dann als Konvexkombination aller optimalen Basislösungen. ∎

3.7.5   Das Dual-Simplex-Verfahren

Bisher haben wir uns auf die Behandlung des speziellen Maximumproblems („≤"-Ungleichungen mit nichtnegativem Begrenzungsvektor) beschränkt, bei dem der Nullpunkt stets eine zulässige Basislösung ist. Im Folgenden betrachten wir nun das *spezielle Minimumproblem*

$$Z = \sum_{j=1}^{n} c_j x_j \to \text{Min!}$$

$$\text{u. d. N.} \quad \sum_{j=1}^{n} d_{ij} x_j \geq b_i \tag{3.14}$$

$$x_j \geq 0$$

$$\text{mit} \quad c_j \geq 0 \quad \forall j$$

mit nichtnegativen Zielfunktionskoeffizienten. Durch Multiplikation der Zielfunktion mit (-1) und Umwandlung der „≥"-Ungleichungen in „≤"-Ungleichungen können wir (3.14) in das Maximumproblem

$$z = -Z = \sum_{j=1}^{n} -c_j x_j \to \text{Max!}$$

$$\text{u. d. N.} \quad \sum_{j=1}^{n} a_{ij} x_j \leq -b_i, \quad a_{ij} = -d_{ij}$$

$$x_j \geq 0$$

$$\text{mit} \quad c_j \geq 0 \quad \forall j$$

überführen. Das zugehörige Simplextableau hat nach Einführung von Schlupfvariablen die folgende Gestalt:

BV	x_1	$\cdots$	x_n	x_{n+1}	$\cdots$	x_{n+m}	z	$\mathbf{b}$
x_{n+1}	a_{11}	$\cdots$	a_{1n}	1	$\cdots$	0	0	$-b_1$
$\vdots$	$\vdots$		$\vdots$	$\vdots$	$\ddots$	$\vdots$	$\vdots$	$\vdots$
x_{n+m}	a_{m1}	$\cdots$	a_{mn}	0	$\cdots$	1	0	$-b_m$
z	c_1	$\cdots$	c_n	0	$\cdots$	0	1	Z.-Wert

Aus der Nichtnegativität der Zielfunktionskoeffizienten folgt, dass ein optimales Simplextableau vorliegt. Die zugehörige Basislösung (der Nullpunkt) gehört jedoch i. A. aufgrund negativer Komponenten des Begrenzungsvektors nicht zum Zulässigkeitsbereich, ist also nicht primal zulässig. In diesem Fall sagt man, die Basislösung ist *dual zulässig*. Das Kriterium für die Dualzulässigkeit ist folglich: $c_j \geq 0$ für $j = 1, \ldots, n$.

Die Idee der *Dualsimplexmethode* besteht darin, durch Pivotieren unter Wahrung der vorhandenen Dualzulässigkeit, d. h., die Zielfunktionskoeffizienten werden nicht negativ, in Richtung Primalzulässigkeit vorzudringen. Sind schließlich alle Koeffizienten des Begrenzungsvektors positiv, so hat man eine Ecke des Zulässigkeitsbereichs erreicht, und die zugehörige Basislösung ist gleichzeitig optimal.

Im Gegensatz zum Primal-Simplex-Verfahren wird zunächst die Pivotzeile und erst danach die Pivotspalte bestimmt. Als Erstes wählen wir die Pivotzeile i so, dass

$$-b_i^r = \min\{-b_k^r : -b_k^r < 0, \quad k = 1, \ldots, m\}. \tag{3.15}$$

Davon ausgehend legen wir mittels

$$-\frac{c_j^r}{a_{ij}^r} = \min\left\{-\frac{c_l^r}{a_{il}^r} : a_{il}^r < 0, \quad l \in N_{NB}^r\right\} \tag{3.16}$$

die Pivotspalte fest. Das gewählte Pivotelement ist also stets negativ. Analog zum Primal-Simplex-Verfahren garantiert die Formel zur Bestimmung der Pivotspalte, dass beim Basiswechsel die neue Basislösung wieder dual zulässig ist.

Satz 3.6

Das r-te Tableau sei dual zulässig. Wählt man Pivotspalte und Pivotzeile gemäß (3.15) bzw. (3.16) und führt einen Basiswechsel gemäß Algorithmus 3.2 durch, so ist das $(r + 1)$-te Tableau wieder dual zulässig und für die Zielfunktionswerte gilt $z^{r+1} \leq z^r$.

Beweis Der Beweis verläuft analog zu dem Beweis von Satz 3.5. Es ist für $k = 1, \ldots, n$

$$c_k^{r+1} = c_k^r - \frac{c_j^r}{a_{ij}^r} a_{ik}^r.$$

Ist $a_{ik}^r \geq 0$, so gilt offensichtlich $c_k^{r+1} \geq c_k^r \geq 0$. Kritisch ist lediglich der Fall $a_{ik}^r < 0$, für den nach (3.16)

$$-\frac{c_j^r}{a_{ij}^r} \leq -\frac{c_k^r}{a_{ik}^r}$$

gilt. Es folgt daraus

$$c_k^{r+1} = c_k^r - \frac{c_j^r}{a_{ij}^r} a_{ik}^r \geq c_k^r - \frac{c_k^r}{a_{ik}^r} a_{ik}^r = c_k^r - c_k^r = 0.$$

Also ist das $(r+1)$-te Tableau dual zulässig. Wegen

$$z^{r+1} = z^r - \frac{c_j^r}{a_{ij}^r}(-b_i^r) \leq z^r,$$

werden die Zielfunktionswerte außerdem immer kleiner.   □

Wir fassen nun die einzelnen Schritte für das Dual-Simplex-Verfahren zusammen.

Algorithmus 3.4 (Dual-Simplex-Verfahren)
Das r-te Simplextableau sei dual zulässig. Ausgehend von diesem Tableau soll eine optimale Basislösung des LPs gefunden werden.

1. *Gilt $-b_k^r \geq 0$ für alle $k = 1, \ldots, n$, ist also das Tableau primalzulässig, so ist die zugehörige Basislösung optimal. FERTIG.*
2. *Andernfalls führe einen Dual-Simplex-Schritt durch.*
   a) *Bestimme die Pivotzeile i durch die Bedingung*

   $$-b_i^r = \min\{-b_k^r : -b_k^r < 0, \quad k = 1, \ldots, m\}.$$

   b) *Bestimme die Pivotspalte j durch die Bedingung*

   $$-\frac{c_j^r}{a_{ij}^r} = \min\left\{-\frac{c_l^r}{a_{il}^r} : a_{il}^r < 0, \quad l \in N_{NB}^r\right\}.$$

3. *Ist $a_{ik}^r \geq 0$ für $k = 1, \ldots, n$, so ist der Zulässigkeitsbereich leer, und es existiert keine optimale Lösung. FERTIG.*
4. *Andernfalls führe einen Basiswechsel mit dem Pivotelement a_{ij}^r durch und berechne das $(r+1)$-te Simplextableau. Starte erneut bei Schritt 1.*

Ein Tableau ist immer genau dann optimal, wenn es primal *und* dual zulässig ist.

Bemerkung 3.12

Den Basiswechsel im Dual-Simplex-Verfahren (Schritt 2 in Algorithmus 3.4) bezeichnet man auch als dualen Austauschschritt.

Wir schließen diesen Abschnitt mit einem Beispiel.

Beispiel 3.12

Zu Lösen ist das folgende spezielle Minimumproblem. Zu minimieren ist

$$Z = F(x_1, x_2) = x_1 + x_2$$

unter den Nebenbedingungen

$$\begin{aligned} x_1 - 2x_2 &\geq 1, \\ x_1 + 2x_2 &\geq 4, \\ x_1 + x_2 &\geq -2, \\ x_1, x_2 &\geq 0. \end{aligned}$$

Das vorliegende Problem wird zuerst in ein Maximumproblem mit „≤"-Nebenbedingungen umgewandelt. Zu maximieren ist demnach

$$z = -Z = -x_1 - x_2$$

unter den Nebenbedingungen

$$\begin{aligned} -x_1 + 2x_2 &\leq -1, \\ -x_1 - 2x_2 &\leq -4, \\ -x_1 - x_2 &\leq 2, \\ x_1, x_2 &\geq 0. \end{aligned}$$

Der Algorithmus 3.4 liefert die folgenden Tableaus, bei denen wir jeweils das Pivotelement gekennzeichnet haben.

Tableau 1:

BV	x_1	x_2	x_3	x_4	x_5	z	b
x_3	-1	2	1	0	0	0	-1
x_4	-1	-2	0	1	0	0	-4
x_5	-1	-1	0	0	1	0	2
z	1	1	0	0	0	1	0

Tableau 2:

BV	x_1	x_2	x_3	x_4	x_5	z	$\mathbf{b}$
x_3	$-\underline{2}$	0	1	1	0	0	-5
x_2	$1/2$	1	0	$-1/2$	0	0	2
x_5	$-1/2$	0	0	$-1/2$	1	0	4
z	$1/2$	0	0	$1/2$	0	1	-2

Tableau 3:

BV	x_1	x_2	x_3	x_4	x_5	z	$\mathbf{b}$
x_1	1	0	$-1/2$	$-1/2$	0	0	$5/2$
x_2	0	1	$1/4$	$-1/4$	0	0	$3/4$
x_5	0	0	$-1/4$	$-3/4$	1	0	$21/4$
z	0	0	$1/4$	$3/4$	0	1	$-13/4$

Die Lösung ist also

$$x_1 = \frac{5}{2}, \quad x_2 = \frac{3}{4}$$

mit dem minimalen Zielfunktionswert

$$Z = -z = \frac{13}{4}.$$

Abb. 3.11 veranschaulicht den zulässigen Bereich und den Verlauf des Lösungsalgorithmus. Es sei bemerkt, dass in diesem Beispiel der zulässige Bereich unbeschränkt ist. Die dritte Nebenbedingung spielt für das Problem keine wesentliche Rolle, da sie für alle $x_1, x_2 \geq 0$ erfüllt ist. ∎

3.7.6 Dualität

Zu jedem Optimierungsproblem existiert ein korrespondierendes duales Optimierungsproblem. Beide basieren auf den gleichen Koeffizienten für die Zielfunktion und die Nebenbedingungen (Matrix $\mathbf{A}$ und Begrenzungsvektor $\mathbf{b}$).

Das duale lineare Programm zu einem Maximumproblem

$$z = \mathbf{c}^T \mathbf{x} \rightarrow \text{Max!}$$
$$\text{u. d. N.} \quad \mathbf{A}\mathbf{x} \leq \mathbf{b} \tag{3.17}$$
$$\mathbf{x} \geq \mathbf{0}$$

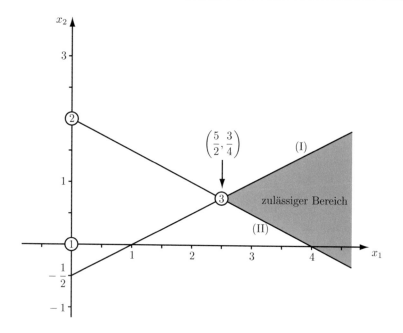

Abb. 3.11 Lösungsschritte zum Beispiel 3.12

ist

$$Z = \mathbf{b}^T \lambda \to \text{Min!}$$
$$\text{u. d. N.} \quad \mathbf{A}^T \lambda \geq \mathbf{c} \tag{3.18}$$
$$\lambda \geq \mathbf{0}.$$

Das Paar (3.17) und (3.18) nennt man die *symmetrische* Form der Dualität (vgl. Luenberger 2004), (3.17) wird als primales Problem bezeichnet.

Beim Erstellen des dualen Programms werden folgende Schritte ausgeführt:

- Bilden einer zu minimierenden Zielfunktion mit den Komponenten des Begrenzungsvektors (rechte Seite) des primalen Programms als Zielfunktionskoeffizienten
- Transponieren der Koeffizientenmatrix
- Generieren von „$\geq$"-Nebenbedingungen mit $\mathbf{A}^T$ und den Zielfunktionskoeffizienten des primalen Programms als rechte Seite.

Das duale Programm hat so viele Variablen, wie das primale Programm Nebenbedingungen hat, und so viele Nebenbedingungen wie das primale Programm Variablen.

Beispiel 3.13

Zu dem Produktionsplanungsproblem aus Beispiel 3.1

$$z = 10x_1 + 40x_2 \to \text{Max!}$$

unter den Nebenbedingungen

$$40x_1 + 24x_2 \le 480,$$
$$24x_1 + 48x_2 \le 480,$$
$$60x_2 \le 480,$$
$$x_1, x_2 \ge \quad 0.$$

lautet das duale Programm

$$Z = 480\lambda_1 + 480\lambda_2 + 480\lambda_3 \to \text{Min!}$$

unter den Nebenbedingungen

$$40\lambda_1 + 24\lambda_2 \qquad \ge 10,$$
$$24\lambda_1 + 48\lambda_2 + 60\lambda_3 \ge 40,$$
$$\lambda_1, \lambda_2, \lambda_3 \ge \quad 0.$$

Das spezielle Maximumproblem geht also in ein spezielles Minimumproblem über.   ∎

Zu jedem beliebigen linearen Problem kann ein duales lineares Problem generiert werden. Hierzu betrachten wir ein lineares Programm in Standardform.

$$z = \mathbf{c}^T \mathbf{x} \to \text{Max!}$$
$$\text{u. d. N.} \quad \mathbf{A}\mathbf{x} = \mathbf{b} \tag{3.19}$$
$$\mathbf{x} \ge \mathbf{0}.$$

Dies können wir in der äquivalenten Form

$$z = \mathbf{c}^T \mathbf{x} \to \text{Max!}$$
$$\text{u. d. N.} \quad \mathbf{A}\mathbf{x} \le \mathbf{b}$$
$$- \mathbf{A}\mathbf{x} \le -\mathbf{b}$$
$$\mathbf{x} \ge \mathbf{0}$$

schreiben. Das zugehörige duale lineare Programm ist dann

$$Z = \mathbf{b}^T \mu - \mathbf{b}^T \nu \to \text{Min!}$$
$$\text{u. d. N.} \quad \mathbf{A}^T \mu - \mathbf{A}^T \nu \ge \mathbf{c}$$
$$\mu, \nu \ge \mathbf{0}.$$

Mit $\lambda = \mu - \nu$ erhält man das folgende duale Programm:

$$Z = \mathbf{b}^T \lambda \to \text{Min!}$$
$$\text{u. d. N.} \quad \mathbf{A}^T \lambda \geq \mathbf{c} \tag{3.20}$$
$$\lambda \in \mathbb{R}^m,$$

wobei λ als Differenz zweier vorzeichenbeschränkter Variablen unbeschränkt ist. Dieses Paar bezeichnet man als die *asymmetrische* Form der Dualität. Bildet man zu einem dualen Programm wiederum das duale, so erhält man das ursprüngliche primale Programm zurück. Um das duale Programm zu einem beliebigen linearen Optimierungsproblem zu erstellen, führt man es zunächst in die Standardform über und bildet anschließend das dazugehörige duale Programm.

Beispiel 3.14

Das Produktionsplanungsproblem aus Beispiel 3.1 in Standardform sieht folgendermaßen aus:

$$z = F(x_1, x_2, x_3, x_4, x_5) = 10x_1 + 40x_2 + 0x_3 + 0x_4 + 0x_5 \to \text{Max!}$$

unter den Nebenbedingungen

$$
\begin{aligned}
40x_1 + 24x_2 + x_3 \qquad\qquad &= 480, \\
24x_1 + 48x_2 + \quad x_4 \qquad &= 480, \\
60x_2 + \qquad\quad x_5 &= 480, \\
x_1, x_2, x_3, x_4, x_5 &\geq \;\; 0.
\end{aligned}
\tag{3.21}
$$

Das zugehörige duale Problem lautet:

$$Z = 480\lambda_1 + 480\lambda_2 + 480\lambda_3 \to \text{Min!}$$

unter den Nebenbedingungen

$$
\begin{aligned}
40\lambda_1 + 24\lambda_2 \qquad\quad &\geq 10, \\
24\lambda_1 + 48\lambda_2 + 60\lambda_3 &\geq 40, \\
\lambda_1 \qquad\qquad &\geq \;\; 0, \\
\lambda_2 \qquad\quad &\geq \;\; 0, \\
\lambda_3 &\geq \;\; 0.
\end{aligned}
\tag{3.22}
$$

■

Bemerkung 3.13

In der Literatur findet man oftmals auch das folgende Paar dualer Probleme, wie z. B. in Luenberger (2004) sowie Dantzig und Thapa (1997) und Dantzig und Thapa (2003):

Primal

$z = \mathbf{c}^T \mathbf{x} \to \text{Min}!$

u. d. N. $\mathbf{A}\mathbf{x} = \mathbf{b}$

$\mathbf{x} \geq \mathbf{0}$

Dual

$Z = \mathbf{b}^T \lambda \to \text{Max}!$

u. d. N. $\mathbf{A}^T \lambda \leq \mathbf{c}$

$\lambda \in \mathbb{R}^m.$

Da sich alle linearen Programme aber auf Standardform bringen bzw. ineinander überführen lassen, spielt das für die Untersuchung der Dualität keine Rolle.

Bevor wir uns weiter mit der Theorie der Dualität beschäftigen, wollen wir versuchen, uns die Bedeutung des dualen Problems zu veranschaulichen. Die Zielfunktion eines linearen Programms wird in der Regel durch die Nebenbedingungen beschränkt. Ohne diese könnte der Zielfunktionswert beliebig groß werden. Dies kann man nutzen, um obere Schranken für die Zielfunktion zu gewinnen. Dazu bildet man Linearkombinationen der Nebenbedingungsgleichungen, d.h., man multipliziert jede Zeile von $\mathbf{A}\mathbf{x} = \mathbf{b}$ mit einem Faktor λ_i und summiert sie anschließend alle auf. Dabei ist darauf zu achten, dass die entstehenden Koeffizienten vor den x_i größer oder gleich den Koeffizienten vor den Variablen in der Zielfunktion sind, d.h., es muss gelten: $\mathbf{A}^T \lambda \geq \mathbf{c}$. Die Summe $\sum_{i=1}^m \lambda_i b_i$ liefert dann die gesuchte obere Schranke. Um eine kleinste obere Schranke zu erhalten, müssen die Variablen λ_i so gewählt werden, dass $\sum_{i=1}^m \lambda_i b_i$ minimal wird. Das auf diese Weise entstehende Optimierungsproblem ist gerade das duale Problem. Wir machen uns dies an unserem Produktionsplanungsproblem klar. Multiplizieren wir in (3.21) die drei Restriktionen mit λ_1, λ_2 und λ_3 und addieren anschließend die drei Gleichungen, so führt dies zu:

$$(40\lambda_1 + 24\lambda_2)x_1 + (24\lambda_1 + 48\lambda_2 + 60\lambda_3)x_2 + \lambda_1 x_3 + \lambda_2 x_4 + \lambda_3 x_5 = 480\lambda_1 + 480\lambda_2 + 480\lambda_3$$

Wählen wir beispielsweise $\lambda_1 = 0$, $\lambda_2 = 5/12$ und $\lambda_3 = 1/3$, so gilt:

$$
\begin{aligned}
40\lambda_1 + 24\lambda_2 \quad\quad\quad &= 10, \\
24\lambda_1 + 48\lambda_2 + 60\lambda_3 &= 40, \\
\lambda_1 \quad\quad\quad\quad &= 0, \\
\lambda_2 \quad\quad &> 0, \\
\lambda_3 &> 0.
\end{aligned}
$$

Damit ergibt sich als obere Schranke für den Zielfunktionswert:

$$z = 480\lambda_1 + 480\lambda_2 + 480\lambda_3 = 360.$$

In Abschn. 3.2 haben wir bereits ermittelt, dass dies der maximale Wert ist. Es handelt sich somit um die kleinstmögliche obere Schranke. Dies deutet auf eine enge Beziehung zwischen primalen und dualen Problemen hin, die wir im Folgenden näher untersuchen wollen. Wie wir sehen werden, umfasst die Lösung eines linearen Programms immer auch die Lösung des dazu dualen Problems. Die Betrachtung sowohl von der primalen als auch von der dualen Seite kann interessante ökonomische Einblicke ermöglichen.

Satz 3.7

Wenn **x** *und* λ *zulässige Lösungen von (3.19) bzw. (3.20) sind, dann gilt:*

$$\mathbf{c}^T \mathbf{x} \leq \mathbf{b}^T \lambda.$$

Beweis   Wegen $\mathbf{x} \geq \mathbf{0}$ und $\mathbf{A}^T \lambda \geq \mathbf{c}$ ist

$$\mathbf{c}^T \mathbf{x} \leq \lambda^T \mathbf{A} \mathbf{x} = \lambda^T \mathbf{b} = \mathbf{b}^T \lambda. \qquad \square$$

Die Zielfunktionswerte des primalen Problems sind also immer kleiner oder gleich den Zielfunktionswerten des dualen Problems. Dies bedeutet aber, dass aus

$$\mathbf{c}^T \mathbf{x} = \mathbf{b}^T \lambda$$

für zulässige Lösungen **x** und λ folgt, dass sie optimal sind für das jeweilige Problem. Die Gleichheit der Zielfunktionswerte von primalem und dualem Problem ist somit ein hinreichendes Kriterium für eine optimale Lösung. Das folgende Theorem liefert eine Aussage hinsichtlich der Existenz eines Optimums.

Satz 3.8 (Dualitätstheorem der linearen Optimierung)

Besitzen das Primalproblem (3.17) bzw. (3.19) und das Dualproblem (3.18) bzw. (3.20) zulässige Lösungen, so haben beide auch optimal zulässige Lösungen und es gilt:

$$z_{\max} = \mathbf{c}^T \mathbf{x} = \mathbf{b}^T \lambda = Z_{\min}.$$

Ist die Zielfunktion für das Primalproblem nicht nach oben beschränkt ($z \to \infty$), so existiert keine zulässige Lösung für das Dualproblem. Ist die Zielfunktion für das Dualproblem nicht nach unten beschränkt ($Z \to -\infty$), so besitzt das Primalproblem keine zulässige Lösung.

Der an der mathematischen Theorie interessierte Leser findet Beweise für das Dualitätstheorem in Luenberger (2004), Dantzig und Thapa (2003) sowie Neumann (1975).

Zwischen den optimalen Lösungen des primalen und des dualen Problems besteht eine enge Beziehung, wie der folgende Satz zeigt.

Satz 3.9

Zulässige Lösungen **x** *und* λ *des primalen und des dualen Problems in (3.19) und (3.20) (asymmetrische Form) sind optimal genau dann, wenn gilt:*

$$x_i > 0 \quad \Rightarrow \quad \mathbf{a}_i^T \lambda = \sum_{j=1}^{m} a_{ji} \lambda_j = c_i.$$

Beweis Da $\mathbf{x}$ und λ zulässige Lösungen sind, gilt: $\mathbf{b}^T = \mathbf{x}^T \mathbf{A}^T$ und $\mathbf{A}^T \lambda \geq \mathbf{c}$. Daraus ergibt sich wegen $\mathbf{x} \geq \mathbf{0}$ die Ungleichung

$$\mathbf{x}^T \mathbf{A}^T \lambda - \mathbf{x}^T \mathbf{c} \geq 0.$$

Die Bedingung $x_i > 0 \Rightarrow \mathbf{a}_i^T \lambda = c_i$, aus der die Umkehrung $\mathbf{a}_i^T \lambda > c_i \Rightarrow x_i = 0$ folgt, ist dann aber äquivalent zu

$$\mathbf{b}^T \lambda - \mathbf{x}^T \mathbf{c} = \mathbf{x}^T \mathbf{A}^T \lambda - \mathbf{x}^T \mathbf{c} = \mathbf{x}^T (\mathbf{A}^T \lambda - \mathbf{c}) = 0.$$

Dies bedeutet aber, dass $\mathbf{x}$ und λ optimal sind.   □

Legt man die symmetrische Darstellung der Dualität zugrunde, so erhält man auch eine symmetrische Form des obigen Dualitätssatzes. Hierzu schreiben wir die Nebenbedingungen des primalen und des dualen Problems aus (3.17) und (3.18) mithilfe von Schlupfvariablen als Gleichheitsrestriktionen

$$
\begin{array}{lll}
z = \mathbf{c}^T \mathbf{x} \rightarrow \text{Max!} & & Z = \mathbf{b}^T \lambda \rightarrow \text{Min!} \\
\text{u. d. N.}\ \ \mathbf{Ax} + \mathbf{Ix}_s = \mathbf{b} \quad \text{und} & & \text{u. d. N.}\ \ \mathbf{A}^T \lambda - \mathbf{I}\lambda_s = \mathbf{c} \qquad (3.23) \\
\mathbf{x}, \mathbf{x}_s \geq \mathbf{0} & & \lambda, \lambda_s \geq \mathbf{0}
\end{array}
$$

mit den Strukturvariablen $\mathbf{x} = (x_1, x_2, \ldots, x_n)$ und $\lambda = (\lambda_1, \lambda_2, \ldots, \lambda_m)$ und den Schlupfvariablen $\mathbf{x}_s = (x_{n+1}, x_{n+2}, \ldots, x_{n+m})$ und $\lambda_s = (\lambda_{m+1}, \lambda_{m+2}, \ldots, \lambda_{m+n})$. Multiplizieren wir die Nebenbedingungen des primalen Problems mit λ und die des dualen Problems mit $\mathbf{x}$, so erhalten wir

$$
\begin{aligned}
(\mathbf{Ax} + \mathbf{Ix}_s)^T \lambda &= \mathbf{b}^T \lambda \\
(\mathbf{A}^T \lambda - \mathbf{I}\lambda_s)^T \mathbf{x} &= \mathbf{c}^T \mathbf{x}.
\end{aligned}
$$

Mit Satz 3.7 folgt dann:

$$(\mathbf{x}^T \mathbf{A}^T + \mathbf{x}_s^T)\lambda - (\lambda^T \mathbf{A} - \lambda_s^T)\mathbf{x}^T \geq 0.$$

Nach dem Dualitätssatz 3.8 sind $\mathbf{x}, \mathbf{x}_s, \lambda$ und λ_s optimale Lösungen der beiden dualen Programme genau dann, wenn gilt:

$$(\mathbf{x}^T \mathbf{A}^T + \mathbf{x}_s^T)\lambda - (\lambda^T \mathbf{A} - \lambda_s^T)\mathbf{x}^T = 0$$

bzw.

$$\mathbf{x}_s^T \lambda + \lambda_s^T \mathbf{x} = 0.$$

Aufgrund der Positivitätsbedingungen für die Variablen $\mathbf{x}, \mathbf{x}_s, \lambda$ und λ_s gilt dann der sogenannte Satz vom komplementären Schlupf.

Satz 3.10 (Komplementärer Schlupf)

Gegeben sei ein Paar dualer Probleme in der symmetrischen Form (3.17) und (3.18), bestehend aus einem primalen Problem mit n Variablen und m Nebenbedingungen und dementsprechend einem dualen Problem mit m Variablen und n Restriktionen. Durch Einführen von m Schlupfvariablen $\mathbf{x}_s = (x_{n+1}, x_{n+2}, \ldots, x_{n+m})$ bzw. n Schlupfvariablen $\lambda_s = (\lambda_{m+1}, \lambda_{m+2}, \ldots, \lambda_{m+n})$ gehen die linearen Programme über in die Form (3.23) mit Gleichheitsbedingungen. Zulässige Lösungen $\mathbf{x}$ und λ sind genau dann optimal, wenn gilt:

$$x_i \lambda_{m+i} = 0 \quad \textit{für} \quad i = 1, \ldots, n \quad \textit{und} \quad \lambda_j x_{n+j} = 0 \quad \textit{für} \quad j = 1, \ldots, m.$$

Die Strukturvariablen des primalen Problems korrespondieren also mit den Schlupfvariablen des dualen Problems und umgekehrt. Ist für die optimale Lösung des primalen Programms $x_i > 0$, so ist das entsprechende $\lambda_{m+i} = 0$. Dasselbe gilt für das duale Programm.

Die Aussagen des obigen Satzes 3.10 sowie eine ökonomische Interpretation der Dualität und insbesondere des komplementären Schlupfs wollen wir anhand unseres Produktionsplanungssystems aus Beispiel 3.1 erörtern. In Abschn. 3.7.3 haben wir dieses Problem bereits mit dem Primal-Simplex-Verfahren gelöst und das folgende optimale Tableau erhalten:

BV	x_1	x_2	x_3	x_4	x_5	z	$\mathbf{b}$
x_3	0	0	1	$-5/3$	$14/15$	0	128
x_1	1	0	0	$1/24$	$-1/30$	0	4
x_2	0	1	0	0	$1/60$	0	8
z	0	0	0	$5/12$	$1/3$	1	360

Daraus lassen sich die Werte für die optimale Lösung ablesen:

- Strukturvariablen: $x_1 = 4$, $x_2 = 8$
- Schlupfvariablen: $x_3 = 128$, $x_4 = 0$, $x_5 = 0$
- Zielfunktionswert: $z = 360$.

Wir berechnen nun die optimale Lösung des zugehörigen dualen Programms (siehe (3.22) aus Beispiel 3.14) mithilfe des Dual-Simplex-Verfahrens.

$$Z = 480\lambda_1 + 480\lambda_2 + 480\lambda_3 \rightarrow \text{Min!}$$

unter den Nebenbedingungen

$$
\begin{aligned}
40\lambda_1 + 24\lambda_2 \quad\quad &\geq 10, \\
24\lambda_1 + 48\lambda_2 + 60\lambda_3 &\geq 40, \\
\lambda_1 \quad\quad\quad\quad &\geq 0, \\
\lambda_2 \quad\quad &\geq 0, \\
\lambda_3 &\geq 0.
\end{aligned}
\quad\quad (3.24)
$$

In den folgenden Tableaus sind die einzelnen Lösungsschritte festgehalten, die Pivotelemente wurden jeweils gekennzeichnet.

Tableau 1:

BV	λ_1	λ_2	λ_3	λ_4	λ_5	$-Z$	c
λ_4	-40	-24	0	1	0	0	-10
λ_5	-24	-48	$\underline{-60}$	0	1	0	-40
$-Z$	480	480	480	0	0	1	0

Tableau 2:

BV	λ_1	λ_2	λ_3	λ_4	λ_5	$-Z$	c
λ_4	-40	$\underline{-24}$	0	1	0	0	-10
λ_3	$2/5$	$4/5$	1	0	$-1/60$	0	$2/3$
$-Z$	288	96	0	0	8	1	-320

Tableau 3:

BV	λ_1	λ_2	λ_3	λ_4	λ_5	$-Z$	c
λ_2	$5/3$	1	0	$-1/24$	0	0	$5/12$
λ_3	$-14/15$	0	1	$-1/30$	$-1/60$	0	$1/3$
$-Z$	128	0	0	4	8	1	-360

Damit ergibt sich als optimale Lösung:

- Strukturvariablen: $\lambda_1 = 0, \lambda_2 = 5/12, \lambda_3 = 1/3$
- Schlupfvariablen: $\lambda_4 = 0, \lambda_5 = 0$
- Zielfunktionswert: $Z = 360$.

Ein Vergleich der Lösungen von primalem und dualem Problem zeigt, dass die Aussagen des Satzes vom komplementären Schlupf 3.10 erfüllt sind. Die zu den Strukturvariablen des primalen Problems mit Werten echt größer 0 korrespondierenden Schlupfvariablen des dualen Problems sind gleich 0. Umgekehrt sind die zu den positiven Strukturvariablen des dualen Problems gehörenden Schlupfvariablen des primalen Problems gleich 0.

   Stellt man die Tableaus bei der Berechnung der optimalen Lösungen von primalem und dualem Problem einander gegenüber, so wird die enge Beziehung zwischen den beiden Problemen deutlich. Die Lösung des primalen Problems umfasst gleichzeitig auch die des dualen Problems und umgekehrt. Im optimalen Tableau des primalen Programms sind nämlich auch die Werte der Variablen für die optimale Lösung des dualen Programms enthalten. So entsprechen die Werte der Strukturvariablen des dualen Problems den zu den Schlupfvariablen und die Werte der Schlupfvariablen den zu den Strukturvariablen gehörenden Koeffizienten in der Zielfunktionszeile des primalen Problems.

| | primales Programm | | | | | | |
| | Strukturvariablen | | Schlupfvariablen | | | | |
BV	x_1	x_2	x_3	x_4	x_5	z	$\mathbf{b}$
x_3	0	0	1	$-5/3$	$14/15$	0	128
x_1	1	0	0	$1/24$	$-1/30$	0	4
x_2	0	1	0	0	$1/60$	0	8
z	0	0	0	$5/12$	$1/3$	1	360
	Wert der Schlupfvariablen		Wert der Strukturvariablen				
			duales Programm				

Beim optimalen Tableau des dualen Programms verhält es sich analog.

| | duales Programm | | | | | | |
| | Strukturvariablen | | | Schlupfvariablen | | | |
BV	λ_1	λ_2	λ_3	λ_4	λ_5	$-Z$	$\mathbf{c}$
λ_2	$5/3$	1	0	$-1/24$	0	0	$5/12$
λ_3	$-14/15$	0	1	$-1/30$	$-1/60$	0	$1/3$
$-Z$	128	0	0	4	8	1	-360
	Wert der Schlupfvariablen			Wert der Strukturvariablen			
			primales Programm				

Die Werte der optimalen Lösung des dualen Problems stimmen also mit den Opportunitätskosten bzw. den Schattenpreisen des primalen Problems überein (vgl. Abschn. 3.7). Das duale Optimierungsproblem lässt sich auf die folgende Art und Weise ökonomisch interpretieren. Die Variablen λ_i entsprechen Bewertungsfaktoren bzw. Preisen für die Maschinenzeiten, die so festzulegen sind, dass

1. der Gesamtwert aller Maschinenzeiten möglichst klein ist: $\mathbf{b}^T\lambda \to \text{Min!}$,

2. die Kosten für die Erzeugung der einzelnen Produkte mindestens gleich den mit diesen Produkten erzielten Gewinnen sind: $\mathbf{A}^T \lambda - \mathbf{I} \lambda_s = \mathbf{c}$,

3. die Bewertungen für die Maschinenzeiten nicht negativ sind: $\lambda_i \geq 0$.

Bei optimaler Planung stimmen dann Gesamtgewinn der Produktion und Gesamtkosten für die Maschinenzeiten überein, die Zielfunktionswerte von primalem und dualem Problem sind gleich.

Beim Primal-Simplex-Verfahren startet man mit einer primal, aber nicht dual zulässigen Lösung und berechnet in den Zwischentableaus weitere nicht dual zulässige Lösungen. Beim Dual-Simplex-Verfahren ist es genau umgekehrt. Die Lösungen in den Zwischentableaus beider Verfahren erfüllen aber die Bedingungen des Satzes über den komplementären Schlupf.

3.7.7 Das Zweiphasen-Simplex-Verfahren

Bisher haben wir nur Verfahren für spezielle Klassen von linearen Optimierungsproblemen kennengelernt. Wir wollen nun eine Methode herleiten, mit der sich ein allgemeines lineares Problem mit n Variablen und m Nebenbedingungen der Form

$$z = F(x_1, \ldots, x_n) = \sum_{j=1}^n c_j x_j \rightarrow \text{Opt!}$$

unter den Nebenbedingungen

$$g_i(x_1, \ldots, x_n) \left. \begin{cases} \geq \\ = \\ \leq \end{cases} \right\} b_i \quad \text{für } i = 1, \ldots, m$$

und den Nichtnegativitätsbedingungen

$$x_j \geq 0 \quad \text{für einige oder alle } j = 1, \ldots, n$$

lösen lässt.

Da das Primal-Simplex-Verfahren (Algorithmus 3.3) verwendet werden soll, müssen die folgenden Punkte erfüllt sein:

- eine zu maximierende Zielfunktion,
- nur Gleichheitsnebenbedingungen,
- Nichtnegativitätsbedingungen für alle Variablen,
- ein nichtnegativer Begrenzungsvektor,
- ein primal zulässiges Ausgangstableau in kanonischer Form, d. h. mit m Einheitsvektoren, die eine Basis bilden.

Aus diesen Voraussetzungen folgt, dass der Nullpunkt zulässige Basislösung ist, die als Ausgangspunkt für weitere Verfahrensschritte dient. Bei dem obigen allgemeinen Optimierungsproblem ist das in der Regel nicht der Fall. Um das Primal-Simplex-Verfahren anwenden zu können, müssen wir daher das allgemeine LP in eine entsprechende Form transformieren.

Zunächst führen wir die folgenden Umformungen durch, um ein Maximumproblem mit nichtnegativem Begrenzungsvektor und nur vorzeichenbeschränkten Variablen zu erhalten.

1. Falls eine zu minimierende Zielfunktion vorliegt, multipliziere sie mit (-1).
2. Multipliziere alle Gleichungen und Ungleichungen mit $b_i < 0$ ($i = 1, \ldots, m$) mit (-1).
3. Ersetze jede nicht vorzeichenbeschränkte Variable x_j durch zwei vorzeichenbeschränkte Variablen $x_j' \geq 0$ und $x_j'' \geq 0$, so dass $x_j = x_j' - x_j''$ (vgl. Abschn. 3.4).

Das Optimierungsproblem hat damit die folgende Form mit n Variablen, m_1 „$\leq$"-, m_2 „$\geq$"- und m_3 „$=$"-Restriktionen, also insgesamt $m = m_1 + m_2 + m_3$ Nebenbedingungen angenommen:

$$z = F(x_1, \ldots, x_n) = \sum_{j=1}^{n} c_j x_j \rightarrow \text{Max!}$$

unter den Nebenbedingungen

$$\sum_{j=1}^{n} a_{ij} x_j \leq b_i \quad \text{für } i = 1, \ldots, m_1,$$

$$\sum_{j=1}^{n} a_{ij} x_j \geq b_i \quad \text{für } i = m_1 + 1, \ldots, m_1 + m_2,$$

$$\sum_{j=1}^{n} a_{ij} x_j = b_i \quad \text{für } i = m_1 + m_2 + 1, \ldots, m_1 + m_2 + m_3$$

und den Nichtnegativitätsbedingungen

$$x_j \geq 0 \quad \text{für } j = 1, \ldots, n.$$

Zudem gilt: $b_j \geq 0$ für $j = 1, \ldots, m$.

Mithilfe der nächsten Schritte bringen wir unser LP auf Normalform gemäß Definition 3.2, d. h., es kommen nur noch Gleichungen vor.

4. Addiere eine nichtnegative Schlupfvariable zu jeder „$\leq$"-Restriktion, um sie in eine Gleichung umzuwandeln.

$$\sum_{j=1}^{n} a_{ij} x_j + x_{n+i} = b_i \quad \text{für } i = 1, \ldots, m_1$$

5. Subtrahiere eine nichtnegative Schlupfvariable von jeder „$\geq$"-Restriktion, um sie in eine Gleichung umzuwandeln.

$$\sum_{j=1}^{n} a_{ij}x_j - x_{n+i} = b_i \quad \text{für } i = m_1 + 1, \ldots, m_1 + m_2$$

Jetzt liegt unser LP zwar in Normalform vor, aber das zugehörige Simplextableau hat noch keine kanonische Form, da die ursprünglichen „$\geq$"- und „$=$"-Nebenbedingungen noch keinen Einheitsvektor beisteuern. Um dies zu erreichen, führen wir in dem nächsten Schritt sogenannte künstliche Variablen ein.

6. Addiere zu jeder ursprünglichen „$\geq$"- oder „$=$"-Nebenbedingung eine künstliche Variable.
   Für $i = m_1 + 1, \ldots, m_1 + m_2$ und $k = i - m_1$ erhält man

$$\sum_{j=1}^{n} a_{ij}x_j - x_{n+i} + y_k = b_i$$

und für $i = m_1 + m_2 + 1, \ldots, m_1 + m_2 + m_3$ und $k = i - (m_1 + m_2)$

$$\sum_{j=1}^{n} a_{ij}x_j + y_k = b_i.$$

Unserem umgeformten LP entspricht jetzt zwar ein zugehöriges Simplextableau in kanonischer Form, mit der zulässigen Basislösung $x_{n+i} = b_i$ für $i = 1, \ldots, m_1$ und $y_k = b_k$ für $k = 1, \ldots, m_2 + m_3$. Es stimmt aber nur dann mit dem Ausgangsproblem überein, wenn alle künstlichen Variablen y_k gleich 0 sind, was im Allgemeinen nicht der Fall ist. Um diesen Fehler zu beheben, stellen wir in einem weiteren Schritt eine zweite Zielfunktion auf.

7. Bilde mit der Summe aller künstlichen Variablen eine zusätzliche Zielfunktion, die zu minimieren ist.

$$Y = \sum_{k=1}^{m_2+m_3} y_k \rightarrow \text{Min!}$$

Führt die Minimierung von Y zu einem optimalen Zielfunktionswert $Y = 0$, so konnte der Fehler ausgeglichen werden, und wir haben eine zulässige Basislösung für das ursprüngliche Problem gefunden. Andernfalls besitzt das LP keine Lösung. Damit wir das Primal-Simplex-Verfahren hierzu benutzen können, benötigen wir noch zwei Schritte.

8. Multipliziere die 2. Zielfunktion mit (-1), um eine zu maximierende Zielfunktion zu erhalten.

$$y = -Y = \sum_{k=1}^{m_2+m_3} -y_k \to \text{Max!}$$

9. Löse alle Gleichungen mit künstlichen Variablen nach diesen auf

$$y_k = b_i - \left(\sum_{j=1}^{n} a_{ij} x_j - x_{n+i} \right)$$

bzw.

$$y_k = b_i - \sum_{j=1}^{n} a_{ij} x_j$$

und ersetze sie in der zweiten Zielfunktion durch die gewonnenen Ausdrücke.

Schritt 9 dient dazu, dass die Zielfunktionskoeffizienten der Basisvariablen y_k in der zweiten Zielfunktion gleich null sind, d. h., dass auch nach Einbeziehung der zweiten Zielfunktion ein Tableau in kanonischer Form vorliegt. Nach Durchführung dieser Schritte liegt ein primal zulässiges Simplextableau in kanonischer Form vor, aus dem sich mit dem folgenden Verfahren eine optimale Lösung berechnen lässt.

Algorithmus 3.5 (Zweiphasenmethode)
Bearbeite das aufgestellte Tableau in den folgenden zwei Phasen:

1. *(Eröffnungsverfahren) Man maximiere die Zielfunktion $y = -Y$ mittels des Primal-Simplex-Verfahrens, wobei die ursprüngliche Zielfunktion z stets mit zu transformieren ist.*
   - *Ist das Optimum $y < 0$, so existiert keine zulässige Lösung des LPs. FERTIG.*
   - *Ist hingegen $y = 0$, so streiche man die Zeile der zweiten Zielfunktion sowie die Spalten der künstlichen Variablen, die Nichtbasisvariablen sind, und beginne mit Phase 2.*

2. *(Optimierungsverfahren) Man maximiere mithilfe des Primal-Simplex-Verfahrens die erste Zielfunktion, d. h., man bestimme eine optimale Basislösung des linearen Programms.*

Die erste Phase bedeutet, dass man sich schrittweise einer Ecke des Zulässigkeitsbereichs des ursprünglichen Problems nähert. In der zweiten Phase versucht man dann, ausgehend von dieser Ecke die optimale Lösung des LPs zu finden. Wir verdeutlichen dies anhand des folgenden Beispiels.

Beispiel 3.15
Wir betrachten das folgende LP mit verschiedenen Typen von Nebenbedingungen. Zu minimieren ist

$$Z = -x_1 - 2x_2$$

unter den Nebenbedingungen

$$
\begin{aligned}
x_1 + x_2 &\leq 8, & \text{(I)} \\
2x_1 + x_2 &\geq 2, & \text{(II)} \\
x_1 - x_2 &= -3, & \text{(III)} \\
x_1, x_2 &\geq 0. &
\end{aligned}
$$
■

Wir führen zunächst die Transformationsschritte durch.

In Schritt 1 wird die Zielfunktion mit (-1) multipliziert. Dies führt zu der neuen zu maximierenden Zielfunktion

$$z = -Z = x_1 + 2x_2.$$

In Schritt 2 multiplizieren wir die Gleichung (III) mit (-1) und erhalten als neue Gleichung

$$-x_1 + x_2 = 3.$$

Schritt 3 kann entfallen, da für alle Variablen eine Nichtnegativitätsbedingung gilt.

In den Schritten 4 und 5 werden Schlupfvariablen verwendet, um die Nebenbedingungen (I) und (II) in Gleichungen umzuwandeln.

$$
\begin{aligned}
x_1 + x_2 + x_3 &= 8 & \text{(I)} \\
2x_1 + x_2 - x_4 &= 2 & \text{(II)}
\end{aligned}
$$

In Schritt 6 werden künstliche Variablen in (II) und (III) eingeführt.

$$
\begin{aligned}
2x_1 + x_2 - x_4 + y_1 &= 2 & \text{(II)} \\
-x_1 + x_2 \qquad + y_2 &= 3 & \text{(III)}
\end{aligned}
$$

In Schritt 7 wird eine zweite zu minimierende Zielfunktion generiert.

$$Y = y_1 + y_2$$

In Schritt 8 wird die zweite Zielfunktion in eine zu maximierende Zielfunktion umgeformt.

$$y = -Y = -y_1 - y_2$$

In Schritte 9 werden die Gleichungen (II) und (III) nach y_1 und y_2 aufgelöst

$$
\begin{aligned}
y_1 &= 2 - 2x_1 - x_2 + x_4 \\
y_2 &= 3 + x_1 - x_2
\end{aligned}
$$

und diese Ausdrücke für y_1 und y_2 in der 2. Zielfunktion eingesetzt

$$y = -5 + x_1 + 2x_2 - x_4.$$

Wir stellen nun das zugehörige Tableau in kanonischer Form mit den zwei Zielfunktionen sowie den Basisvariablen x_3, y_1 und y_2 auf und beginnen mit Phase 1 von Algorithmus 3.5. Die Pivotelemente sind wieder markiert.

Phase 1:

BV	x_1	x_2	x_3	x_4	y_1	y_2	b
x_3	1	1	1	0	0	0	8
y_1	2	1	0	−1	1	0	2
y_2	−1	1	0	0	0	1	3
z	−1	−2	0	0	0	0	0
y	−1	−2	0	1	0	0	−5

BV	x_1	x_2	x_3	x_4	y_1	y_2	b
x_3	−1	0	1	1	−1	0	6
x_2	2	1	0	−1	1	0	2
y_2	−3	0	0	1	−1	1	1
z	3	0	0	−2	2	0	4
y	3	0	0	−1	2	0	−1

BV	x_1	x_2	x_3	x_4	y_1	y_2	b
x_3	2	0	1	0	0	−1	5
x_2	−1	1	0	0	0	1	3
x_4	−3	0	0	1	−1	1	1
z	−3	0	0	0	0	2	6
y	0	0	0	0	1	1	0

Das Tableau ist optimal bezüglich der zweiten Zielfunktion, d.h., wir haben eine erste zulässige Ecke gefunden, die jedoch bezüglich der ersten Zielfunktion noch nicht optimal ist. Wir stellen daher das reduzierte Tableau auf, indem wir die Zeile mit der 2. Zielfunktion und die Spalten für die künstlichen Variablen streichen.

BV	x_1	x_2	x_3	x_4	b
x_3	2	0	1	0	5
x_2	−1	1	0	0	3
x_4	−3	0	0	1	1
z	−3	0	0	0	6

Abb. 3.12 Lösungsschritte
zum Beispiel 3.15

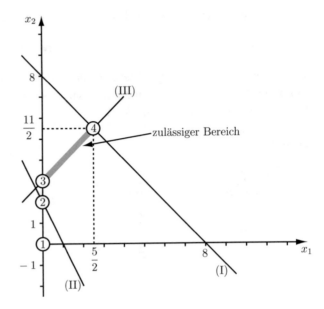

Jetzt starten wir Phase 2 des Algorithmus.

BV	x_1	x_2	x_3	x_4	b
x_1	1	0	1/2	0	5/2
x_2	0	1	1/2	0	11/2
x_4	0	0	3/2	1	17/2
z	0	0	3/2	0	27/2

Als optimale Lösung erhalten wir

$$\mathbf{x} = \left(\frac{5}{2}, \frac{11}{2}\right) \quad \text{mit dem Zielfunktionswert} \quad Z = -\frac{27}{2}.$$

Abb. 3.12 zeigt die verschiedenen Schritte des Optimierungsverfahrens.

Beispiel 3.16 (Leerer Zulässigkeitsbereich)
Ist der Zulässigkeitsbereich des Optimierungsproblems leer, so können wir dies im Verlauf
des Simplex-Verfahrens feststellen. Wir betrachen dazu das folgende Beispiel.

$$z = x_1 + x_2 \rightarrow \text{Max!}$$
$$\text{u. d. N.} \quad x_1 - x_2 \geq 2,$$
$$x_1 - x_2 \leq 1, \tag{3.25}$$
$$x_1, x_2 \geq 0.$$

Abb. 3.13 Grafische
Darstellung des
Optimierungsproblems 3.25

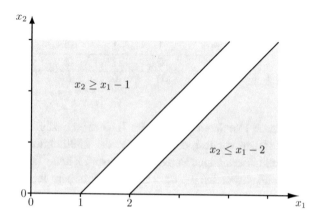

Anhand einer Skizze macht man sich leicht klar, dass der Zulässigkeitsbereich leer ist
(Abb. 3.13). Wir verwenden nun das Zweiphasen-Simplex-Verfahren aus Abschn. 3.7.7 und
erhalten zunächst, nachdem wir die neun Schritte durchlaufen haben, ein Problem in der
Form

$$z = x_1 + x_2 \rightarrow \text{Max!}$$
$$\text{u. d. N.} \quad x_1 - x_2 - x_3 \quad\quad + y_1 = 2,$$
$$x_1 - x_2 \quad\quad + x_4 \quad\quad = 1,$$
$$x_1, \dots, x_4, y_1 \geq 0$$

mit der zusätzlichen Zielfunktion

$$y = -y_1 = x_1 - x_2 - x_3 - 2.$$

Wir stellen nun das dazugehörige Tableau in kanonischer Form mit den zwei Zielfunktionen
auf und beginnen mit Phase 1 des Algorithmus. Das Pivotelement ist wieder markiert.

Phase 1:

BV	x_1	x_2	x_3	x_4	y_1	$\mathbf{b}$
y_1	1	-1	-1	0	1	2
x_4	1	-1	0	1	0	1
z	-1	-1	0	0	0	0
y	-1	1	1	0	0	-2

BV	x_1	x_2	x_3	x_4	y_1	b
y_1	0	0	-1	-1	1	1
x_1	1	-1	0	1	0	1
z	0	-2	0	1	0	1
y	0	0	1	1	0	-1

Die Phase 1 ist damit beendet, das Tableau ist bezüglich der Zielfunktion y optimal. Allerdings stellen wir fest, dass der Wert der Zielfunktion nicht 0 geworden ist, wir konnten also keinen zulässigen Punkt für das ursprüngliche Tableau finden. Dies bedeutet, dass der Zulässigkeitsbereich des ursprünglichen Problems leer ist. ∎

3.8 Varianten des Simplex-Verfahrens

In diesem Abschnitt werden zwei Modifikationen der Zweiphasen-Methode, die Big-M- und die Dreiphasen-Methode sowie eine Sonderform des Primal-Simplex-Verfahrens, das revidierte Simplex-Verfahren, präsentiert.

3.8.1 Die Big-M-Methode

Wie das Zweiphasen-Verfahren eignet sich die Big-M-Methode zum Lösen allgemeiner linearer Optimierungsprobleme, bei denen alle Arten von linearen Nebenbedingungen auftreten können. Der Unterschied besteht darin, dass keine zweite Zielfunktion benötigt wird. Analog zur Vorgehensweise beim Zweiphasen-Verfahren wird das allgemeine LP

$$z = F(x_1, \ldots, x_n) = \sum_{j=1}^{n} c_j x_j \rightarrow \text{Max!}$$

unter den Nebenbedingungen

$$\sum_{j=1}^{n} a_{ij} x_j \leq b_i \quad \text{für } i = 1, \ldots, m_1,$$

$$\sum_{j=1}^{n} a_{ij} x_j \geq b_i \quad \text{für } i = m_1 + 1, \ldots, m_1 + m_2,$$

$$\sum_{j=1}^{n} a_{ij} x_j = b_i \quad \text{für } i = m_1 + m_2 + 1, \ldots, m_1 + m_2 + m_3$$

und den Nichtnegativitätsbedingungen

$$x_j \geq 0 \quad \text{für } j = 1, \ldots, n \quad \text{sowie} \quad b_i \geq 0 \quad \text{für } i = 1, \ldots, m = m_1 + m_2 + m_3$$

durch Einführen von Schlupf- und künstlichen Variablen auf Normalform transferiert, d. h.

$$z = F(x_1, \ldots, x_n) = \sum_{j=1}^{n} c_j x_j \to \text{Max!}$$

unter den Nebenbedingungen

$$\sum_{j=1}^{n} a_{ij} x_j + x_{n+i} \qquad = b_i \quad \text{für } i = 1, \ldots, m_1,$$

$$\sum_{j=1}^{n} a_{ij} x_j - x_{n+i} + y_p = b_i \quad \text{für } i = m_1 + 1, \ldots, m_1 + m_2 \text{ und } p = i - m_1,$$

$$\sum_{j=1}^{n} a_{ij} x_j \qquad + y_p = b_i \quad \text{für } i = m_1 + m_2 + 1, \ldots, m \text{ und } p = i - m_1$$

und den Nichtnegativitätsbedingungen

$$x_j \geq 0 \quad \text{für } j = 1, \ldots, n + m_1 + m_2; \quad y_p \geq 0 \quad \text{für } p = 1, \ldots, m_2 + m_3 \quad \text{und}$$
$$b_i \geq 0 \quad \text{für } i = 1, \ldots, m = m_1 + m_2 + m_3$$

Als Nächstes subtrahieren wir von der Zielfunktion einen Term $M \left(\sum_{p=1}^{m_2+m_3} y_p \right)$ mit einer im Vergleich zu den sonstigen Zielfunktionskoeffizienten großen Konstanten M und erhalten:

$$z = F(x_1, \ldots, x_n) = \sum_{j=1}^{n} c_j x_j - M \sum_{p=1}^{m_2+m_3} y_p \to \text{Max!}$$

Dieser zusätzliche Ausdruck dient als Strafterm für künstliche Variablen $y_p \neq 0$. Jetzt stellen wir die Gleichungen mit den künstlichen Variablen nach diesen um

$$y_p = b_i - \sum_{j=1}^{n} a_{ij} x_j - x_{n+i} \quad \text{für } i = m_1 + 1, \ldots, m_1 + m_2 \text{ und } p = i - m_1,$$

$$y_p = b_i - \sum_{j=1}^{n} a_{ij} x_j \qquad \text{für } i = m_1 + m_2 + 1, \ldots, m \text{ und } p = i - m_1$$

und ersetzen die y_p in der Zielfunktion durch die so gewonnenen Ausdrücke. Danach wenden wir das Primal-Simplex-Verfahren an. Bei genügend groß gewähltem M werden als erstes die künstlichen Variablen aus der Basis entfernt, vorausgesetzt der Zulässigkeitsbereich ist nicht leer. Haben alle y_p die Basis verlassen, ist der Strafterm gleich 0 und wir haben eine zulässige Lösung gefunden. Die Spalten unter den künstlichen Variablen werden nicht weiter benötigt und können gestrichen werden. Ausgehend von der gefundenen zulässigen Basislösung kann nun die optimale Lösung bestimmt werden. Wir demonstrieren die Vorgehensweise anhand eines Beispiels.

Beispiel 3.17
Wir betrachten das folgende LP mit verschiedenen Typen von Nebenbedingungen.

$$z = x_1 + 2x_2 \rightarrow \text{Max!}$$

unter den Nebenbedingungen

$$
\begin{aligned}
x_1 + x_2 &\le 8, &\text{(I)}\\
2x_1 + x_2 &\ge 2, &\text{(II)}\\
-x_1 + x_2 &= 1, &\text{(III)}\\
x_1, x_2 &\ge 0.
\end{aligned}
$$

Als erstes bringen wir das LP auf Normalform.

$$z = x_1 + 2x_2 \rightarrow \text{Max!}$$

unter den Nebenbedingungen

$$
\begin{aligned}
x_1 + x_2 + x_3 &= 8, &\text{(I)}\\
2x_1 + x_2 - x_4 + y_1 &= 2, &\text{(II)}\\
-x_1 + x_2 + y_2 &= 1, &\text{(III)}\\
x_1, x_2, x_3, x_4, y_1, y_2 &\ge 0.
\end{aligned}
$$

Mit $M = 10$ wird ein Strafterm in die Zielfunktion eingefügt.

$$z = x_1 + 2x_2 - 10y_1 - 10y_2 \rightarrow \text{Max!}$$

Auflösen der Gleichungen (II) und (III) nach y_1 und y_2

$$
\begin{aligned}
y_1 &= -2x_1 - x_2 + x_4 + 2\\
y_2 &= x_1 - x_2 + 1
\end{aligned}
$$

und anschließendes Einsetzen der Ausdrücke in die Zielfunktion ergibt

$$z = 11x_1 + 22x_2 - 10x_4 - 30 \rightarrow \text{Max!}$$

Wir stellen nun das Ausgangstableau auf und führen das Verfahren durch.

BV	x_1	x_2	x_3	x_4	y_1	y_2	b
x_3	1	1	1	0	0	0	8
y_1	2	1	0	-1	1	0	2
y_2	-1	$\underline{1}$	0	0	0	1	1
z	-11	-22	0	10	0	0	-30

BV	x_1	x_2	x_3	x_4	y_1	y_2	b
x_3	2	0	1	0	0	-1	7
y_1	$\underline{3}$	0	0	-1	1	-1	1
x_2	-1	1	0	0	0	1	1
z	-33	0	0	10	0	22	-8

BV	x_1	x_2	x_3	x_4	y_1	y_2	b
x_3	0	0	1	2/3	$-2/3$	$-1/3$	19/3
x_1	1	0	0	$-1/3$	1/3	$-1/3$	1/3
x_2	0	1	0	$-1/3$	1/3	2/3	4/3
z	0	0	0	-1	11	11	3

y_1 und y_2 gehören nicht mehr der Basis an und besitzen als Nichtbasisvariablen den Wert 0. Damit haben wir eine Ecke des Zulässigkeitsbereichs erreicht und können nach Streichen der Spalten für die künstlichen Variablen mit dem Primal-Simplex-Verfahren fortfahren.

BV	x_1	x_2	x_3	x_4	b
x_3	0	0	1	$\underline{2/3}$	19/3
x_1	1	0	0	$-1/3$	1/3
x_2	0	1	0	$-1/3$	4/3
z	0	0	0	-1	3

BV	x_1	x_2	x_3	x_4	b
x_4	0	0	3/2	1	19/2
x_1	1	0	1/2	0	7/2
x_2	0	1	1/2	0	9/2
z	0	0	3/2	0	25/2

■

3.8.2 Die Dreiphasen-Methode

Wie die Zweiphasen-Methode und das Big-M-Verfahren eignet sich die Dreiphasen-Methode ebenfalls zum Lösen allgemeiner LPs der Form:

$$z = F(x_1, \ldots, x_n) = \sum_{j=1}^{n} c_j x_j \to \text{Max}!$$

unter den Nebenbedingungen

$$\sum_{j=1}^{n} a_{ij} x_j \leq b_i \quad \text{für } i = 1, \ldots, m_1,$$

$$\sum_{j=1}^{n} a_{ij} x_j \geq b_i \quad \text{für } i = m_1 + 1, \ldots, m_1 + m_2,$$

$$\sum_{j=1}^{n} a_{ij} x_j = b_i \quad \text{für } i = m_1 + m_2 + 1, \ldots, m_1 + m_2 + m_3,$$

$$x_j \geq 0 \quad \text{für } j = 1, \ldots, n,$$

wobei auf die Voraussetzung, dass die Komponenten b_i des Begrenzungsvektors nichtnegativ sind, verzichtet werden kann. Aufgrund des Wegfallens dieser Forderung lassen sich durch Multiplikation mit (-1) alle „$\geq$"- in „$\leq$"-Restriktionen umwandeln. Da für „$\geq$"-Bedingungen beim Überführen auf Normalform jeweils eine negative Schlupfvariable sowie eine künstliche Variable eingeführt werden muss, werden jetzt nur für die Gleichungen künstliche Variablen benötigt. Das zu lösende LP besitzt dann die folgende Normalform:

$$z = F(x_1, \ldots, x_n) = \sum_{j=1}^{n} c_j x_j \to \text{Max}!$$

unter den Nebenbedingungen

$$\sum_{j=1}^{n} a_{ij} x_j + x_{n+i} = b_i \quad \text{für } i = 1, \ldots, m_1 + m_2,$$

$$\sum_{j=1}^{n} a_{ij} x_j + y_p = b_i \quad \text{für } i = m_1 + m_2 + 1, \ldots, m \text{ und } p = i - m_1 - m_2.$$

Da der Begrenzungsvektor negative Komponenten aufweisen kann, ist das zugehörige Simplextableau in der Regel weder dual noch primal zulässig. Im Unterschied zur Zweiphasen-Methode wird nun ohne Einsatz einer zweiten Zielfunktion in zwei separaten Phasen eine zulässige Basislösung bestimmt.

In *Phase 1* werden als Erstes alle künstlichen Variablen aus der Basis eliminiert und die zugehörigen Spalten gestrichen. Die auf diese Weise erhaltene Lösung kann aber noch negative Werte enthalten und somit nicht zulässig sein.

Um eine nichtnegative und somit zulässige Basislösung zu berechnen, wird in *Phase 2* das Dual-Simplexverfahren benutzt, ohne das Optimalitätskriterium $c_j \geq 0$ für alle j zu berücksichtigen. Am Ende dieser Phase liegt entweder eine primal zulässige, also nichtnegative Basislösung vor oder der Zulässigkeitsbereich erweist sich als leer.

Ist die gefundene Basislösung noch nicht optimal, so wird analog zur Zweiphasen-Methode in *Phase 3* das Primal-Simplex-Verfahren durchgeführt.

Eine detaillierte Beschreibung dieses Verfahrens findet man in Neumann (1975). Wir wollen die Vorgehensweise nun an einem Beispiel verdeutlichen.

Beispiel 3.18
Statt mit dem Big-M-Verfahren soll jetzt das Optimierungsproblem aus Beispiel 3.17 mit der Dreiphasen-Methode gelöst werden. Indem wir die „$\geq$"-Restriktionen mit (-1) multiplizieren und wie gewohnt Schlupf- und künstliche Variablen einführen, erhalten wir das LP in Normalform.

$$z = x_1 + 2x_2 \rightarrow \text{Max!}$$

unter den Nebenbedingungen

$$
\begin{array}{rrrrrl}
x_1 + x_2 + x_3 & & = & 8, & \text{(I)} \\
-2x_1 - x_2 & + x_4 & = & -2, & \text{(II)} \\
-x_1 + x_2 & + y_1 = & 1, & \text{(III)}
\end{array}
$$
$$x_1, x_2, x_3, x_4, y_1 \geq 0.$$

Man beachte, die rechte Seite der zweiten Gleichung ist negativ. Wir stellen nun das Ausgangstableau auf und führen *Phase 1* durch.

BV	x_1	x_2	x_3	x_4	y_1	b
x_3	1	1	1	0	0	8
x_4	−2	−1	0	1	0	−2
y_1	−1	1	0	0	1	1
z	−1	−2	0	0	0	0

BV	x_1	x_2	x_3	x_4	y_1	b
x_3	2	0	1	0	−1	7
x_4	−3	0	0	1	1	−1
x_2	−1	1	0	0	1	1
z	−3	0	0	0	2	2

y_1 wurde aus der Basis entfernt und die zugehörige Spalte kann gestrichen werden. Aufgrund des negativen Wertes im Begrenzungsvektor ist das neue Tableau nicht primal zulässig. Daher starten wir in *Phase 2* mit dem Dual-Simplex-Verfahren und erhalten:

BV	x_1	x_2	x_3	x_4	b
x_3	0	0	1	2/3	19/3
x_1	1	0	0	−1/3	1/3
x_2	0	1	0	−1/3	4/3
z	0	0	0	−1	3

Jetzt liegt eine primal zulässige Lösung vor, die aber noch nicht optimal ist. In *Phase 3* bestimmen wir mit Hilfe des Primal-Simplex-Verfahrens die gesuchte optimale Lösung.

BV	x_1	x_2	x_3	x_4	b
x_4	0	0	3/2	1	19/2
x_1	1	0	1/2	0	7/2
x_2	0	1	1/2	0	9/2
z	0	0	3/2	0	25/2

3.8.3   Die revidierte Simplex-Methode

Vielfältige Erfahrungen beim Anwenden des Simplex-Verfahrens in den unterschiedlichsten Gebieten zeigen, dass bei n Variablen und m Restriktionen im Mittel zwischen m und $3m/2$ Basiswechsel benötigt werden, um die optimale Lösung zu bestimmen (siehe Luenberger 2004, S. 59). Ist m viel kleiner als n, d. h. viele Variablen bei wenigen Nebenbedingungen, so sind für das Durchführen des Optimierverfahrens relativ wenige Spalten des Simplextableaus relevant. Alle anderen Spalten spielen auf dem Weg zur optimalen Lösung keine Rolle, müssen demnach nicht notwendigerweise umgeformt werden. Das revidierte Simplex-Verfahren ermöglicht, auf nicht notwendige Berechnungen zu verzichten. Um die Methode des revidierten Simplex-Verfahrens vorzustellen, greifen wir, wie das üblich ist, auf die Matrixrepräsentation eines linearen Programms zurück. Gegeben sei ein LP in Standardform

$$z = \mathbf{c}^T \mathbf{x} \to \text{Max!}$$
$$\text{u. d. N.} \quad \mathbf{Ax} = \mathbf{b}$$
$$\mathbf{x} \geq \mathbf{0}$$
$$\mathbf{b} \geq \mathbf{0}$$

Wie wir in Abschn. 3.5 gesehen haben, erlaubt uns das Einführen von Basisvariablen eine zulässige Lösung anzugeben. Wir spalten jetzt den Variablenvektor $\mathbf{x}$, die Koeffizientenmatrix $\mathbf{A}$ sowie den Vektor mit den Zielfunktionskoeffizienten $\mathbf{c}^T$ in zwei Teile auf. Ein Teil ist den Basisvariablen und der andere Teil den Nichtbasisvariablen zugeordnet

$$\mathbf{x} = \begin{bmatrix} \mathbf{x}_N \\ \mathbf{x}_B \end{bmatrix} \quad \mathbf{A} = [\mathbf{N}, \mathbf{B}] \quad \mathbf{c}^T = \begin{bmatrix} \mathbf{c}_N^T, \mathbf{c}_B^T \end{bmatrix}.$$

Dabei bedeutet B Basis und N Nichtbasis. Mit diesen Bezeichnungen nimmt unser LP folgende Gestalt an

$$z = \mathbf{c}_N^T \mathbf{x}_N + \mathbf{c}_B^T \mathbf{x}_B \to \text{Max!}$$
$$\text{u. d. N.} \quad \mathbf{N}\mathbf{x}_N + \mathbf{B}\mathbf{x}_B = \mathbf{b}$$
$$\mathbf{x}_N \geq \mathbf{0}, \quad \mathbf{x}_B \geq \mathbf{0}.$$

Sind alle Nichtbasisvariablen $\mathbf{x}_N = \mathbf{0}$, liegt mit $\begin{bmatrix} \mathbf{0} \\ \mathbf{x}_B \end{bmatrix}$ eine zulässige Basislösung vor, für die gilt:

$$\mathbf{x}_B = \mathbf{B}^{-1}\mathbf{b}.$$

Ist $\mathbf{x}_N \neq \mathbf{0}$, dann folgt:

$$\mathbf{x}_B = \mathbf{B}^{-1}\mathbf{b} - \mathbf{B}^{-1}\mathbf{N}\mathbf{x}_N.$$

Ersetzt man in der Zielfunktion $\mathbf{x}_B$ durch diesen Ausdruck, erhält man:

$$\begin{aligned} z &= \mathbf{c}_N^T \mathbf{x}_N + \mathbf{c}_B^T \left(\mathbf{B}^{-1}\mathbf{b} - \mathbf{B}^{-1}\mathbf{N}\mathbf{x}_N \right) \\ &= \mathbf{c}_B^T \mathbf{B}^{-1}\mathbf{b} + \left(\mathbf{c}_N^T - \mathbf{c}_B^T \mathbf{B}^{-1}\mathbf{N} \right) \mathbf{x}_N. \end{aligned} \quad (3.26)$$

Das zugehörige Simplextableau in Matrixform sieht dann folgendermaßen aus:

$$\begin{array}{c|c} \mathbf{A} & \mathbf{b} \\ \hline -\mathbf{c}^T & 0 \end{array} = \begin{array}{cc|c} \mathbf{N} & \mathbf{B} & \mathbf{b} \\ \hline -\mathbf{c}_N^T & -\mathbf{c}_B^T & 0 \end{array}$$

Dieses Tableau liegt jedoch noch nicht in kanonischer Form vor. Um dies zu erreichen, formen wir es mit Hilfe der zur Basis gehörenden darstellenden Matrix $\mathbf{B}^{-1}$ und Formel (3.26) um.

$$\begin{array}{cc|c} \mathbf{B}^{-1}\mathbf{N} & \mathbf{E}_m & \mathbf{B}^{-1}\mathbf{b} \\ \hline -\mathbf{c}_N^T + \mathbf{c}_B^T \mathbf{B}^{-1}\mathbf{N} & 0 & \mathbf{c}_B^T \mathbf{B}^{-1}\mathbf{b} \end{array} \quad (3.27)$$

Beim normalen Simplex-Verfahren wird bei jedem Basiswechsel das gesamte Tableau umgeformt, obwohl für das Bestimmen der neuen verbesserten Basislösung nicht alle Einträge ins Tableau benötigt werden. Die revidierte Simplexmethode basiert darauf, dass in jedem Iterationsschritt das Simplextableau aus den Ausgangsdaten sowie der darstellenden Matrix für die aktuelle Basis erzeugt werden kann (siehe Formel 3.27). Eine wesentliche Rolle

spielt daher die effiziente Berechnung der Inversen der Matrix mit den Basisvektoren, d. h.
der darstellenden Matrix einer Basis.

Da beim Wechsel der Basis immer nur ein Vektor ausgetauscht wird, erhält man die
neue darstellende Matrix gemäß Formeln 2.16 durch Multiplikation von $\mathbf{B}^{-1}$ mit einer
Transformationsmatrix der Gestalt

$$\mathbf{T} = \begin{bmatrix} 1 \cdots 0 & v_1 & 0 \cdots 0 \\ \vdots \ddots \vdots & \vdots & \vdots \ddots \vdots \\ 0 \cdots 1 & v_{k-1} & 0 \cdots 0 \\ 0 \cdots 0 & v_k & 0 \cdots 0 \\ 0 \cdots 0 & v_{k+1} & 1 \cdots 0 \\ \vdots \ddots \vdots & \vdots & \vdots \ddots \vdots \\ 0 \cdots 0 & v_n & 0 \cdots 1 \end{bmatrix}^{-1} = \begin{bmatrix} 1 \cdots 0 & -\frac{v_1}{v_k} & 0 \cdots 0 \\ \vdots \ddots \vdots & \vdots & \vdots \ddots \vdots \\ 0 \cdots 1 & -\frac{v_{k-1}}{v_k} & 0 \cdots 0 \\ 0 \cdots 0 & \frac{1}{v_k} & 0 \cdots 0 \\ 0 \cdots 0 & -\frac{v_{k+1}}{v_k} & 1 \cdots 0 \\ \vdots \ddots \vdots & \vdots & \vdots \ddots \vdots \\ 0 \cdots 0 & -\frac{v_n}{v_k} & 0 \cdots 1 \end{bmatrix}$$

die sich nur in einer Spalte von der Einheitsmatrix unterscheidet. Der entsprechende Spaltenvektor lässt sich nach Formel 2.15 aus dem Vektor

$$\mathbf{v} = \mathbf{B}^{-1}\mathbf{a_k}$$

berechnen, wobei es sich bei $\mathbf{a}_k$ um den neuen Basisvektor handelt. Ausgangspunkt beim
Primal-Simplex-Verfahren ist ein Tableau in kanonischer Form,

$$\begin{array}{c|c|c} \mathbf{N} & \mathbf{E}_m & \mathbf{b} \\ \hline -\mathbf{c}_N^T & -\mathbf{c}_B^T & \mathbf{0} \end{array},$$

bei dem die erste Basismatrix $\mathbf{B}_0$ und somit auch $\mathbf{B}_0^{-1}$ der Einheitsmatrix entspricht. Nach
den obigen Betrachtungen ergibt sich die Matrix für die aktuelle Basis nach k Basiswechseln
als Produkt von k Transformationsmatrizen

$$\mathbf{B}^{-1} = \mathbf{T}_k\mathbf{T}_{k-1} \cdots \mathbf{T}_2\mathbf{T}_1.$$

Nach diesen Vorbereitungen können wir nun die revidierte Form des Simplexalgorithmus
angeben (siehe Luenberger 2004, S. 60).

Algorithmus 3.6 (Revidiertes Simplex-Verfahren)
*Gegeben seien $\mathbf{B}_r^{-1}$ die darstellende Matrix der aktuellen Basis nach r Basiswechseln sowie
die zugehörige Basislösung $\mathbf{x}_B = \mathbf{B}_r^{-1}\mathbf{b}$*

1. *Berechne $\mathbf{d}_N = -\mathbf{c}_N^T + \mathbf{c}_B^T\mathbf{B}_r^{-1}\mathbf{N}$. Ist $\mathbf{d}_N \geq \mathbf{0}$, so ist die zugehörige Basislösung optimal.*
    FERTIG.
2. *Andernfalls bestimme Index j der kleinsten negativen Komponente von $\mathbf{d}_N$. Der j-te
    Spaltenvektor $\mathbf{a}_j$ der Ausgangsmatrix $\mathbf{A}$ wird neuer Basivektor.*

3. *Berechne* $\mathbf{v} = \mathbf{B}_r^{-1}\mathbf{a}_j$. *Ist keine Komponente von* $\mathbf{v} > 0$, *so ist der Zulässigkeitsbereich unbeschränkt und es existiert keine optimale Lösung. FERTIG.*
4. *Andernfalls bestimme Index* i *mit*

$$\frac{x_{Bi}}{v_i} = \min\left\{\frac{x_{Bk}}{v_k} \,:\, v_k > 0, \quad k = 1, \ldots, m\right\},$$

um den Basisvektor zu ermitteln, der die Basis verlässt.
5. *Bestimme mit Hilfe von* $\mathbf{v}$ *die Transformationsmatrix* $\mathbf{T}_{r+1}$ *für das Ersetzen des* i-*ten Basisvektors durch den Vektor* $\mathbf{a}_j$. *Berechne die neue Basismatrix* $\mathbf{B}_{r+1}^{-1} = \mathbf{T}_{r+1}\mathbf{B}_r^{-1}$ *sowie die neue Basislösung* $\mathbf{x}_B = \mathbf{B}_{r+1}^{-1}\mathbf{b}$. *Fahre mit 1 fort.*

Wir demonstrieren die Vorgehensweise an einem Beispiel.

Beispiel 3.19

Das folgende spezielle Maximumproblem soll mit dem revidierten Simplex-Verfahren gelöst werden.

$$z = 3x_1 + 2x_2 + x_3 \rightarrow Max!$$

$$\text{u. d. N.} \quad x_1 - x_2 - 2x_3 \leq 2,$$
$$-x_1 + 2x_2 + 2x_3 \leq 2,$$
$$-x_1 - x_2 + 3x_3 \leq 2,$$
$$x_1, x_2, x_3 \geq 0.$$

Durch Einführen von Schlupfvariablen ergibt sich das zugehörige Tableau in kanonischer Form

BV	x_1	x_2	x_3	x_4	x_5	x_6	$\mathbf{b}$
x_4	1	−1	−2	1	0	0	2
x_5	−1	2	2	0	1	0	2
x_6	−1	−1	3	0	0	1	2
z	−3	−2	−1	0	0	0	0

Aus dem Tableau lässt sich für die Teilmatrizen und die Koeffizienten der Zielfunktion ablesen:

$$\mathbf{N} = \begin{bmatrix} 1 & -1 & -2 \\ -1 & 2 & 2 \\ -1 & -1 & 3 \end{bmatrix} \quad, \quad \mathbf{B} = \mathbf{B}^{-1} = \begin{bmatrix} 1 & 0 & 0 \\ 0 & 1 & 0 \\ 0 & 0 & 1 \end{bmatrix},$$

$$\mathbf{c}^T = \begin{bmatrix} \mathbf{c}_N^T, \mathbf{c}_B^T \end{bmatrix} = [-3, -2, -1, 0, 0, 0].$$

Wir starten das Verfahren. Dabei benutzen wir ein an das revidierte Simplex-Verfahren angepasstes Tableau der Gestalt:

BV	$\mathbf{B}_0^{-1}$			$\mathbf{x}_B$
x_4	1	0	0	2
x_5	0	1	0	2
x_6	0	0	1	2

1. $\mathbf{d}_N = -\mathbf{c}_N^T + \mathbf{c}_B^T \mathbf{B}_0^{-1} \mathbf{N} = [-3, -2, -1] \Rightarrow$ Basislösung nicht optimal.

2. x_1 wird Basisvariable und $\mathbf{a}_1 = \begin{bmatrix} 1 \\ -1 \\ -1 \end{bmatrix}$ Basivektor.

3. $\mathbf{v} = \mathbf{B}_0^{-1} \mathbf{a}_1 = \begin{bmatrix} 1 \\ -1 \\ -1 \end{bmatrix}$.

4. $v_1 = 1 \Rightarrow x_4$ verlässt die Basis.

5. $\mathbf{T}_1 = \begin{bmatrix} 1 & 0 & 0 \\ -1 & 1 & 0 \\ -1 & 0 & 1 \end{bmatrix}^{-1} = \begin{bmatrix} 1 & 0 & 0 \\ 1 & 1 & 0 \\ 1 & 0 & 1 \end{bmatrix} \Rightarrow \mathbf{B}_1^{-1} = \begin{bmatrix} 1 & 0 & 0 \\ 1 & 1 & 0 \\ 1 & 0 & 1 \end{bmatrix}$

$\mathbf{x}_B = \begin{bmatrix} 1 & 0 & 0 \\ 1 & 1 & 0 \\ 1 & 0 & 1 \end{bmatrix} \begin{bmatrix} 2 \\ 2 \\ 2 \end{bmatrix} = \begin{bmatrix} 2 \\ 4 \\ 4 \end{bmatrix}$

Wir aktualisieren das Tableau und fahren mit Schritt 1 fort.

BV	$\mathbf{B}_1^{-1}$			$\mathbf{x}_B$
x_1	1	0	0	2
x_5	1	1	0	4
x_6	1	0	1	4

1. $\mathbf{d}_N = -\mathbf{c}_N^T + \mathbf{c}_B^T \mathbf{B}_1^{-1} \mathbf{N}$

$$= [-2, -1, 0] + [3, 0, 0] \begin{bmatrix} 1 & 0 & 0 \\ 1 & 1 & 0 \\ 1 & 0 & 1 \end{bmatrix} \begin{bmatrix} -1 & -2 & 1 \\ 2 & 2 & 0 \\ -1 & 3 & 0 \end{bmatrix} = [-5, -7, 3]$$

$\Rightarrow$ Basislösung nicht optimal.

2. x_3 wird Basisvariable und $\mathbf{a}_3 = \begin{bmatrix} -2 \\ 2 \\ 3 \end{bmatrix}$ Basivektor.

3. $\mathbf{v} = \begin{bmatrix} 1 & 0 & 0 \\ 1 & 1 & 0 \\ 1 & 0 & 1 \end{bmatrix} \begin{bmatrix} -2 \\ 2 \\ 3 \end{bmatrix} = \begin{bmatrix} -2 \\ 0 \\ 1 \end{bmatrix}.$

4. $v_3 = 1 \Rightarrow x_6$ verlässt die Basis.

5. $\mathbf{T}_2 = \begin{bmatrix} 1 & 0 & -2 \\ 0 & 1 & 0 \\ 0 & 0 & 1 \end{bmatrix}^{-1} = \begin{bmatrix} 1 & 0 & 2 \\ 0 & 1 & 0 \\ 0 & 0 & 1 \end{bmatrix} \Rightarrow \mathbf{B}_2^{-1} = \mathbf{T}_2\mathbf{B}_1^{-1} = \begin{bmatrix} 3 & 0 & 2 \\ 1 & 1 & 0 \\ 1 & 0 & 1 \end{bmatrix}$

$\mathbf{x}_B = \begin{bmatrix} 3 & 0 & 2 \\ 1 & 1 & 0 \\ 1 & 0 & 1 \end{bmatrix} \begin{bmatrix} 2 \\ 2 \\ 2 \end{bmatrix} = \begin{bmatrix} 10 \\ 4 \\ 4 \end{bmatrix}$

Wir bringen das Tableau auf den neuesten Stand und machen erneut mit Schritt 1 weiter.

BV	$\mathbf{B}_2^{-1}$			$\mathbf{x}_B$
x_1	3	0	2	10
x_5	1	1	0	4
x_3	1	0	1	4

1. $\mathbf{d}_N = -\mathbf{c}_N^T + \mathbf{c}_B^T \mathbf{B}_2^{-1}\mathbf{N}$

$= [-2, 0, 0] + [3, 0, 1] \begin{bmatrix} 3 & 0 & 2 \\ 1 & 1 & 0 \\ 1 & 0 & 1 \end{bmatrix} \begin{bmatrix} -1 & 1 & 0 \\ 2 & 0 & 0 \\ -1 & 0 & 1 \end{bmatrix} = [-19, 10, 7]$

$\Rightarrow$ Basislösung nicht optimal.

2. x_2 wird Basisvariable und $\mathbf{a}_2 = \begin{bmatrix} -1 \\ 2 \\ -1 \end{bmatrix}$ Basisvektor.

3. $\mathbf{v} = \begin{bmatrix} 3 & 0 & 2 \\ 1 & 1 & 0 \\ 1 & 0 & 1 \end{bmatrix} \begin{bmatrix} -1 \\ 2 \\ -1 \end{bmatrix} = \begin{bmatrix} -5 \\ 1 \\ -2 \end{bmatrix}.$

4. $v_2 = 1 \Rightarrow x_5$ verlässt die Basis.

5. $\mathbf{T}_3 = \begin{bmatrix} 1 & -5 & 0 \\ 0 & 1 & 0 \\ 0 & -2 & 1 \end{bmatrix}^{-1} = \begin{bmatrix} 1 & 5 & 0 \\ 0 & 1 & 0 \\ 0 & 2 & 1 \end{bmatrix} \Rightarrow \mathbf{B}_3^{-1} = \mathbf{T}_3\mathbf{B}_2^{-1} = \begin{bmatrix} 8 & 5 & 2 \\ 1 & 1 & 0 \\ 3 & 2 & 1 \end{bmatrix}$

$\mathbf{x}_B = \begin{bmatrix} 8 & 5 & 2 \\ 1 & 1 & 0 \\ 3 & 2 & 1 \end{bmatrix} \begin{bmatrix} 2 \\ 2 \\ 2 \end{bmatrix} = \begin{bmatrix} 30 \\ 4 \\ 12 \end{bmatrix}$

Wieder aktualisieren wir das Tableau und starten mit Schritt 1.

BV		$\mathbf{B}_3^{-1}$		$\mathbf{x}_B$
x_1	8	5	2	30
x_2	1	1	0	4
x_3	3	2	1	12

1. $\mathbf{d}_N = -\mathbf{c}_N^T + \mathbf{c}_B^T \mathbf{B}_2^{-1} \mathbf{N}$

$$= [0, 0, 0] + [3, 2, 1] \begin{bmatrix} 8 & 5 & 2 \\ 1 & 1 & 0 \\ 3 & 2 & 1 \end{bmatrix} \begin{bmatrix} 1 & 0 & 0 \\ 0 & 1 & 0 \\ 0 & 0 & 1 \end{bmatrix} = [29, 19, 7]$$

$\mathbf{d}_N > \mathbf{0} \Rightarrow$ optimale Lösung mit $x_1 = 30$, $x_2 = 4$, $x_3 = 12$ und $z = 110$ gefunden. ∎

Aufgaben

Aufgabe 3.1 (Grafische Lösung)
Man löse die folgenden Optimierungsaufgaben grafisch:

a) $9x_1 + 7x_2 \rightarrow$ Max!

$5x_1 + 3x_2 \leq 15,$

$x_1 + x_2 \leq 4,$

$x_2 \leq 3,$

$x_1, x_2 \geq 0.$

b) $5x_1 + 2x_2 \rightarrow$ Min!

$x_1 + 5x_2 \geq 5,$

$x_1 + x_2 \geq 2,$

$x_1 \geq 1,$

$x_1, x_2 \geq 0.$

Aufgabe 3.2 (Primal-Simplex-Verfahren)

Gegeben sei das folgende lineare Optimierungsproblem mit Nebenbedingungen:

$$5x_1 + 6x_2 \rightarrow \text{Max!}$$
$$\text{u. d. N.} \quad 3x_1 + 4x_2 \leq 18,$$
$$2x_1 + x_2 \leq 7,$$
$$x_2 \leq 4,$$
$$x_1, x_2 \geq 0.$$

Lösen Sie das Problem mit dem Primalsimplexverfahren. Ist die Lösung des Problems eindeutig?

Aufgabe 3.3 (Dual-Simplex-Verfahren)

Gegeben sei das folgende lineare Optimierungsproblem:

$$2x_1 + 4x_2 \rightarrow \text{Min!}$$
$$\text{u. d. N.} \quad x_1 \geq 20,$$
$$x_2 \geq 30,$$
$$x_1 + 2x_2 \geq 80,$$
$$x_1 + x_2 \geq 100,$$
$$3x_1 + 4x_2 \geq 60,$$
$$x_1, x_2 \geq 0.$$

Lösen Sie das Problem mit dem Dual-Simplex-Verfahren. Wie lautet der optimale Zielfunktionswert?

Aufgabe 3.4 (Dualität)

Bestimmen Sie das duale Programm zu dem folgenden linearen Optimierungsproblem:

$$z = x_1 + 2x_2 + 3x_3 \rightarrow \text{Min!}$$
$$\text{u. d. N.} \quad x_1 - x_2 + 2x_3 \geq 10,$$
$$x_1 - 2x_2 - x_3 \leq 15,$$
$$2x_1 + x_2 - 3x_3 = 20,$$
$$x_1, x_2 \geq 0.$$
$$x_3 \in \mathbb{R}.$$

Aufgabe 3.5 (Zweiphasenmethode)

Lösen Sie das folgende lineare Problem mithilfe der Zweiphasenmethode:

$$x_1 + x_3 \to \text{Min!}$$

$$\text{u. d. N.} \quad x_1 + x_2 + x_3 \leq 4,$$

$$-x_1 + x_2 + x_3 \leq 4,$$

$$x_2 + x_3 \geq 2,$$

$$x_2, x_3 \geq 0.$$

Beachten Sie, dass für die Variable x_1 **keine** *Vorzeichenbeschränkung vorliegt.*

Aufgabe 3.6 (Optimierungsproblem)

Zur Vorbereitung auf die Anwendung in Abschn. 10.1 untersuchen wir eine Problemstellung aus dem Bereich der Analysis. Wir betrachten für $a, b, c \in [0, 1]$ die durch

$$f(t) = at^3 + bt^2 + ct$$

gegebene Schar von kubischen Polynomen mit der Eigenschaft $f(0) = 0$. Wollen wir die Koeffizienten so wählen, dass $f(1)$ maximal ist, so führt dies offensichtlich zu $a = b = c = 1$, es ist dann $f(1) = 3$. Aber wie sind die Koeffizienten zu wählen, wenn man zusätzlich

$$\int_0^1 f(t)\, dt \leq 1$$

fordert? Formulieren Sie das Problem als LP und lösen Sie es mithilfe des Primal-Simplex-Verfahrens.

Aufgabe 3.7 (Mehrdeutige Lösung)

Lösen Sie

$$3x_2 \to \text{Max!}$$

$$\text{u. d. N.} \quad -x_1 - x_2 \leq 1, \quad (I)$$

$$x_2 \leq 3, \quad (II)$$

$$x_1, x_2 \geq 0.$$

Skizzieren Sie den Zulässigkeitsbereich.

Aufgabe 3.8 (Simplex-Verfahren)

Untersuchen Sie das folgende Optimierungsproblem:

$$2x_1 - 3x_2 \to Max!$$

$$\text{u. d. N.} \quad -x_1 + x_2 \leq 2, \quad (I)$$

$$2x_1 - x_2 \leq 2, \quad (II)$$

$$-x_1 - x_2 \leq 2, \quad (III)$$

$$x_1 \geq 0.$$

Beachten Sie, dass für die Variable x_2 keine Vorzeichenbeschränkung vorliegt. Lösen Sie das Problem mithilfe des Simplexverfahrens und skizzieren Sie anschließend den Zulässigkeitsbereich für x_1, x_2. Diese Aufgabe stammt aus Kasana und Kumar (2004, S. 100).

Aufgabe 3.9 (Lösbarkeit)

Untersuchen Sie die folgenden speziellen Maximumprobleme auf Lösbarkeit.

$$a) \quad x_1 + 2x_2 \to Max!$$

$$-2x_1 + x_2 \leq 4$$

$$x_2 \leq 6$$

$$x_1, x_2 \geq 0$$

$$b) \quad 2x_1 + x_2 \to Max!$$

$$-x_1 + x_2 \leq 1$$

$$x_1 - x_2 \leq 1$$

$$x_1, x_2 \geq 0$$

$$c) \quad 4x_1 + x_2 \to Max!$$

$$x_1 + x_2 \leq 3$$

$$x_2 \leq 2$$

$$x_1, x_2 \geq 0$$

$$d) \quad x_1 + \ x_2 \to \text{Max!}$$
$$x_1 + \ x_2 \le 1$$
$$-x_1 - \ x_2 \le 1$$
$$x_1, x_2 \ge 0$$

Aufgabe 3.10 (Anbauproblem)

Ein kleiner landwirtschaftlicher Betrieb möchte auf $1500\,\text{m}^2$ *seines Bodens Erdbeeren und Spargel kultivieren. Er kann maximal 5000 GE investieren, und er plant, höchstens* $400\,\text{m}^2$ *mit Spargel zu bepflanzen. Wie viele* m^2 *sollen von jeder Sorte angebaut werden, damit ein maximaler Deckungsbeitrag erzielt wird?*

	Erdbeeren	Spargel
Arbeits- und Materialkosten (GE/m^2)	2	10
Deckungsbeitrag (GE/m^2)	2	6

Formulieren Sie das mathematische Modell und lösen Sie das Problem.

Aufgabe 3.11 (Big-M-Verfahren)

Lösen Sie das folgende lineare Optimierungsproblem mit dem Big-M-Verfahren:

$$z = x_1 + x_3 \to \text{Max!}$$
$$\text{u. d. N.} \quad x_1 + x_2 + x_3 \le 4,$$
$$-x_1 + x_2 + x_3 \le 3,$$
$$x_2 + x_3 \ge 2,$$
$$x_1, x_2, x_3 \ge 0.$$

Aufgabe 3.12 (Dreiphasen-Methode)

Berechnen Sie die optimale Lösung des folgende linearen Problems mit der Dreiphasen-Methode:

$$z = x_1 + 2x_2 + 3x_3 \to \text{Max!}$$
$$\text{u. d. N.} \quad x_1 \quad\ - \ x_3 \le 10,$$
$$x_2 - 2x_3 \ge 6,$$
$$x_1 - x_2 \qquad = 2,$$
$$x_1, x_2, x_3 \ge 0.$$

Aufgabe 3.13 (Revidiertes Simplex-Verfahren)

Lösen Sie das folgende spezielle Maximumproblem mit dem revidierten Simplex-Verfahren:

$$z = x_1 + 2x_2 - x_3 + 3x_4 \rightarrow Max!$$

$$\text{u. d. N.} \quad x_1 + 2x_2 + 2x_3 - x_4 \leq 2,$$

$$2x_1 + x_2 - x_3 + x_4 \leq 2,$$

$$x_1, x_2, x_3, x_4 \geq 0.$$

Innere-Punkt-Verfahren

4

Inhaltsverzeichnis

4.1 Einleitung 121
4.2 Die Methode von Dikin 121

4.1 Einleitung

Ein Nachteil des Simplex-Verfahrens besteht darin, dass der Aufwand exponentiell mit der Größe des Problems wachsen kann. Auch wenn dieser Nachteil bei den meisten praxisrelevanten Problemen nicht zum Tragen kommt, führte er dazu, dass man nach Alternativen zu diesem Verfahren suchte. Es wurden verschiedene Methoden entwickelt, die man zusammenfassend als *Innere-Punkt-Verfahren* bezeichnet. Im Gegensatz zum Simplex-Verfahren, bei dem man sich entlang der Kanten des konvexen Polyeders, das den zulässigen Bereich beschreibt, bis zur Lösung vorarbeitet, wird hier versucht, sich schrittweise durch das *Innere* des Polyeders der Lösung zu nähern.

In diesem Abschnitt wollen wir, ohne Anspruch auf Vollständigkeit, einen kleinen Einblick in die zentralen Ideen dieser Verfahren geben. Es werden dabei einige zusätzliche mathematische Begriffe benötigt, die wir noch nicht in Kap. 2 eingeführt haben, die Herleitung der Methoden ist zudem etwas formaler und abstrakter.

4.2 Die Methode von Dikin

Wir beschränken uns hier auf die Darstellung einer Variante eines Verfahrens, das der indische Mathematiker N. K. Karmarkar im Jahre 1984 vorgestellt hat. Dieses Verfahren wurde in ähnlicher Form auch von I. I. Dikin im Jahre 1967 vorgeschlagen und wird auch als *affine Methode* bezeichnet. Wie wir sehen werden, ist das Verfahren eng verwandt mit dem

Gradientenverfahren, auch *Methode des steilsten Abstiegs* (steepest descent method) genannt, das ursprünglich aus dem Bereich der nichtlinearen Optimierung stammt, mehr dazu findet man z. B. in dem Buch von Kasana und Kumar (2004).

4.2.1   Herleitung des Verfahrens

Wir betrachten erneut das Optimierungsproblem in der Standardform (3.1)

$$
\begin{aligned}
& \mathbf{x} \in \mathbb{R}^n \\
& F(\mathbf{x}) = \mathbf{c}^T \mathbf{x} \to \text{Max!} \\
& \text{u. d. N.} \quad \mathbf{A}\mathbf{x} = \mathbf{b}, \quad \mathbf{x} \geq \mathbf{0}
\end{aligned}
\tag{4.1}
$$

mit $\mathbf{A} \in \mathbb{R}^{m \times n}$ und $\mathbf{b} \in \mathbb{R}^m$ und wollen Schritt für Schritt das Verfahren herleiten. Dazu benötigen wir zunächst die folgende Definition.

Definition 4.1 (Innerer Punkt)
Ein Punkt

$$\mathbf{x} \in K = \{\mathbf{x} \in \mathbb{R}^n \ : \ \mathbf{A}\mathbf{x} = \mathbf{b} \wedge \mathbf{x} \geq \mathbf{0}\}$$

mit $\mathbf{x} > \mathbf{0}$ heißt *innerer Punkt* von K.   ◆

Für die weiteren Schritte setzen wir voraus, dass der Zulässigkeitsbereich nicht leer ist und dass wir einen inneren Punkt $\mathbf{x}^{(0)}$ kennen. Ziel des Verfahrens ist es, ausgehend von diesem Startpunkt $\mathbf{x}^{(0)}$, eine Folge von inneren Punkten $\mathbf{x}^{(k)}$, $k \in \mathbb{N}$, zu konstruieren, die gegen eine optimale Lösung $\mathbf{x}^*$ des Optimierungsproblems konvergiert.

Abb. 4.1 illustriert die zentrale Idee der Innere-Punkt-Verfahren. Ausgehend von dem Punkt $\mathbf{x}^{(k)}$ soll der neue Punkt $\mathbf{x}^{(k+1)}$ jeweils durch

Abb. 4.1 Idee der
Innere-Punkt-Verfahren

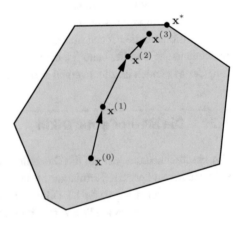

$$\mathbf{x}^{(k+1)} = \mathbf{x}^{(k)} + \alpha \mathbf{r} \tag{4.2}$$

bestimmt werden, wobei $\mathbf{r}$ die *Richtung* angibt, in der man sich der Lösung nähern will, und $\alpha \in \mathbb{R}, \alpha > 0$ die *Schrittweite*. In Analogie zum Gradientenverfahren wäre es denkbar, sich in die Richtung zu bewegen, in der man sich dem Optimum am schnellsten annähert. Also in diesem Fall, für unser Maximumproblem, in Richtung des steilsten Anstiegs

$$\mathbf{r} = \nabla F(\mathbf{x}) = \mathbf{c}.$$

Dabei bezeichnet $\nabla F(\mathbf{x})$ den *Gradienten* der Zielfunktion F an der Stelle $\mathbf{x}$. Die so gewählte Richtung ist orthogonal zu der Hyperebene $H = \{\mathbf{x} \in \mathbb{R}^n : \mathbf{c}^T\mathbf{x} = \mathbf{c}^T\mathbf{x}^{(0)}\}$. Es gilt zudem, da $\mathbf{c}^T\mathbf{c} > 0$ ist,

$$F(\mathbf{x}^{(k+1)}) = \mathbf{c}^T\mathbf{x}^{(k+1)} = \mathbf{c}^T\mathbf{x}^{(k)} + \alpha\mathbf{c}^T\mathbf{c} \geq \mathbf{c}^T\mathbf{x}^{(k)} = F(\mathbf{x}^{(k)}),$$

der Zielfunktionswert wächst also an. Diese Vorgehensweise ist jedoch problematisch, da der neu berechnete Punkt im Allgemeinen die Nebenbedingungen $\mathbf{A}\mathbf{x} = \mathbf{b}$ verletzen wird. Diesem Problem können wir jedoch begegnen, indem wir eine andere Richtung $\mathbf{r}'$ mit $\mathbf{A}\mathbf{r}' = \mathbf{0}$ wählen. Es gilt dann

$$\mathbf{A}\mathbf{x}^{(k+1)} = \mathbf{A}(\mathbf{x}^{(k)} + \alpha\mathbf{r}') = \mathbf{A}\mathbf{x}^{(k)} + \alpha\mathbf{A}\mathbf{r}' = \mathbf{b}.$$

Man erhält diese Richtung $\mathbf{r}'$, indem man die *Projektion* von $\mathbf{r}$ auf den Nullraum von $\mathbf{A}$, also den Raum aller Vektoren $\mathbf{v}$ mit $\mathbf{A}\mathbf{v} = \mathbf{0}$, ausrechnet. Es ist dies $\mathbf{r}' = \mathbf{P}\mathbf{r}$ mit der Projektionsmatrix

$$\mathbf{P} = \mathbf{I} - \mathbf{A}^T(\mathbf{A}\mathbf{A}^T)^{-1}\mathbf{A}.$$

Die Eigenschaften dieser Matrix $\mathbf{P} \in \mathbb{R}^{n \times n}$ werden in Aufgabe 4.1 untersucht. Wegen $r(\mathbf{A}) = m$, was wir für das LP vorausgesetzt haben, ist $\mathbf{A}\mathbf{A}^T$ zudem invertierbar. Damit $\mathbf{x}^{(k+1)}$ wieder ein innerer Punkt ist, also $\mathbf{x}^{(k+1)} > \mathbf{0}$, müssen wir zudem $\alpha > 0$ hinreichend klein wählen. Wir betrachten dazu die Komponenten von $\mathbf{r}' = (r_1', r_2', \ldots, r_n')$. Die $r_j' \geq 0$ sind unkritisch, wir müssen lediglich für die $r_j' < 0$ sicherstellen, dass $x_j^{(k+1)} = x_j^{(k)} + \alpha r_j' > 0$ für alle j ist. Folglich muss $\alpha < -x_j^{(k)}/r_j'$ gelten. Wir wählen daher z. B.

$$\alpha = -\beta \max_j \frac{x_j^{(k)}}{r_j'} \tag{4.3}$$

mit $0 < \beta < 1$. Das Verfahren kann abgebrochen werden, wenn sich $\mathbf{x}^{(k+1)}$ von $\mathbf{x}^{(k)}$ nicht mehr stark unterscheidet. D. h.

$$\|\mathbf{x}^{(k+1)} - \mathbf{x}^{(k)}\| < \varepsilon$$

für eine vorgegeben Schranke $\varepsilon > 0$.

Im Prinzip haben wir damit die dem Verfahren von Dikin zugrunde liegende Idee beschrieben, das Verfahren ist aber so nicht anwendbar und muss noch modifiziert werden. Die Gründe hierfür sind:

- Wenn man sich nahe am Rand des Polyeders befindet (vgl. auch Abb. 4.1) ist man gezwungen, die Schrittweiten in (4.2) sehr klein zu wählen.
- Zum Erreichen der optimalen Lösung ist es sinnvoll, in jedem Schritt eine neue Laufrichtung zu bestimmen.

Um diese Schwierigkeiten zu überwinden, wird eine Skalierung engeführt, die wir im nächsten Abschnitt beschreiben.

4.2.2   Skalierung

Da durch die Projektion sichergestellt wird, dass $\mathbf{A}\mathbf{x}^{(k)} = \mathbf{b}$ gilt, wird mit dem oben beschriebenen Verfahren stets ein innerer Punkt $\mathbf{x}^{(k)}$ erzeugt. Zusätzlich wollen wir erreichen, dass der Abstand der Iterierten $\mathbf{x}^{(k)}$ zum Rand des Polyeders nicht zu klein wird. Ein Punkt liegt aber genau dann nahe am Rand des Polyeders, wenn mindestens eine Koordinate nahezu null ist. Die Ursache hierfür ist, dass der Rand im Wesentlichen durch die Nichtnegativitätsbedingung beschrieben wird. Eine naheliegende Idee ist es daher, in jedem Schritt das Problem so zu skalieren, dass der Vektor $\mathbf{x}^{(k)}$ auf den Vektor $\mathbf{e} = (1, \ldots, 1)$ abgebildet wird. Dann liegt in den neuen Koordinaten jede Komponente gleich weit vom Rand entfernt.

Für einen Punkt $\mathbf{x}^{(k)}$ mit $\mathbf{A}\mathbf{x}^{(k)} = \mathbf{b}$ und $\mathbf{x}^{(k)} > \mathbf{0}$ definieren die Diagonalmatrix

$$\mathbf{D} = \begin{bmatrix} x_1^{(k)} & 0 & \cdots & 0 \\ 0 & x_2^{(k)} & \cdots & 0 \\ \vdots & \vdots & \ddots & \vdots \\ 0 & 0 & \cdots & x_n^{(k)} \end{bmatrix} = \mathrm{diag}(x_1^{(k)}, x_2^{(k)}, \ldots, x_n^{(k)}) \in \mathbb{R}^{n \times n}$$

und setzen

$$\hat{\mathbf{x}}^{(k)} = \mathbf{D}^{-1}\mathbf{x}^{(k)} = \mathbf{e} = \begin{bmatrix} 1 \\ 1 \\ \vdots \\ 1 \end{bmatrix}.$$

Wir ersetzen in (4.1) den Vektor $\mathbf{x}$ durch $\hat{\mathbf{x}}$ und erhalten

$$\hat{\mathbf{c}}^T \hat{\mathbf{x}} \to \text{Max!}$$
$$\text{u. d. N.} \quad \hat{\mathbf{A}}\hat{\mathbf{x}} = \mathbf{b}, \quad \hat{\mathbf{x}} \geq \mathbf{0}, \tag{4.4}$$

wobei $\hat{\mathbf{c}} = \mathbf{D}\mathbf{c}$ und $\hat{\mathbf{A}} = \mathbf{A}\mathbf{D}$. Diese „Zentrierung" wird vor jedem Iterationsschritt durchgeführt und bewirkt, dass jeweils der aktuelle Punkt $\mathbf{x}^{(k)}$ auf $\mathbf{e}$ abgebildet wird. Auf (4.1) wenden wir dann das oben beschriebene Verfahren an und transformieren anschließend zurück.

4.2.3 Der Algorithmus

Wir können nun den Algorithmus vollständig darstellen. Ausgehend von einem zulässigen Startpunkt $\mathbf{x}^{(k)} > \mathbf{0}$ wird zunächst die Matrix $\hat{\mathbf{D}} = \mathrm{diag}(x_1^{(k)}, \ldots, x_n^{(k)})$ aufgestellt und anschließend $\hat{\mathbf{A}} = \mathbf{A}\mathbf{D}$ und $\hat{\mathbf{c}} = \mathbf{D}\mathbf{c}$ berechnet. Nun liegt das Problem in der skalierten Form (4.4) vor. Der Gradient der Zielfunktion ist $\mathbf{r} = \hat{\mathbf{c}}$. Auf diesen Vektor wenden wir die Projektion

$$\hat{\mathbf{P}} = \mathbf{I} - \hat{\mathbf{A}}^T (\hat{\mathbf{A}}\hat{\mathbf{A}}^T)^{-1}\hat{\mathbf{A}}.$$

an und erhalten so die Richtung

$$\mathbf{r}' = \hat{\mathbf{P}}\hat{\mathbf{c}},$$

in der wir das nächste Folgeglied suchen. Nach der Formel (4.3) bestimmen wir die Schrittweite

$$\alpha = -\beta \max_j \frac{1}{r'_j} = \frac{-\beta}{\min_j r'_j}$$

mit z. B. $\beta = 1/2$. Die richtige Wahl von β ist letztlich ein Erfahrungswert, üblicherweise werden Werte zwischen 0,5 und 0,95 verwendet. Falls $\alpha \leq 0$ ist, bricht das Verfahren ab. In diesem Fall ist die Zielfunktion unbeschränkt, und es existiert keine optimale Lösung. Nun kann der Schritt (4.2) durchgeführt werden. Wir setzen

$$\hat{\mathbf{x}}^{(k+1)} = \mathbf{e} + \alpha\mathbf{r}'.$$

Da wir uns noch in den transformierten Koordinaten befinden, müssen wir nun durch

$$\mathbf{x}^{(k+1)} = \mathbf{D}\hat{\mathbf{x}}^{(k+1)}$$

zurücktransformieren. Falls $\mathbf{x}^{(k+1)}$ nahe bei $\mathbf{x}^{(k)}$ liegt, wird $\mathbf{x}^{(k+1)}$ als optimale Lösung ausgegeben und das Verfahren beendet. Ansonsten beginnt es von vorn.

Wir fassen den gesamten Algorithmus zur Lösung von (4.1) noch einmal zusammen.

Algorithmus 4.1 (Verfahren von Dikin)
Wir wählen ein $0 < \beta < 1$ und eine Genauigkeitsschranke $\varepsilon > 0$. Außerdem geben wir uns eine maximale Anzahl von Iterationen N vor.

1. *Finde einen Startpunkt $\mathbf{x}^{(0)} > \mathbf{0}$ mit $\mathbf{A}\mathbf{x}^{(0)} = \mathbf{b}$ und setze $k = 0$.*
2. *Berechne $\mathbf{D} = \mathrm{diag}(x_1^{(k)}, \ldots, x_n^{(k)})$, $\hat{\mathbf{A}} = \mathbf{A}\mathbf{D}$ und $\hat{\mathbf{c}} = \mathbf{D}\mathbf{c}$.*

3. *Bestimme die Projektionsmatrix* $\hat{\mathbf{P}} = \mathbf{I} - \hat{\mathbf{A}}^T (\hat{\mathbf{A}}\hat{\mathbf{A}}^T)^{-1}\hat{\mathbf{A}}$.
4. *Bestimme die Suchrichtung* $\mathbf{r}' = \hat{\mathbf{P}}\hat{\mathbf{c}}$.
5. *Mit* $0 < \beta < 1$ *setze*

$$\alpha = \frac{-\beta}{\min_j r'_j}.$$

Falls $\alpha \le 0$, *so ist die Zielfunktion unbeschränkt. FERTIG.*
6. *Berechne das neue Folgeglied durch*

$$\hat{\mathbf{x}}^{(k+1)} = \mathbf{e} + \alpha \mathbf{r}'.$$

7. *Transformiere zurück in die ursprünglichen Koordinaten durch* $\mathbf{x}^{(k+1)} = \mathbf{D}\hat{\mathbf{x}}^{(k+1)}$.
8. *Falls* $\|\mathbf{x}^{(k+1)} - \mathbf{x}^{(k)}\| < \varepsilon$, *gib die Lösung aus. FERTIG.*
9. *Setze* $k \leftarrow k + 1$. *Falls* $k \le N$, *fahre mit Schritt 2 fort.*

Eine Problematik besteht noch darin, einen zulässigen inneren Punkt $\mathbf{x}^{(0)}$ als Startpunkt für den Algorithmus 4.1 zu finden, wir gehen darauf in Abschn. 4.2.5 ein.

Wer die Möglichkeit hat, dem sei empfohlen, ein Programm für das Dikin-Verfahren zu schreiben.

4.2.4 Ein Beispiel

Um das Verfahren von Dikin besser zu verstehen, betrachten wir in Beispiel 4.1 nun ein elementares Testproblem. Wir wählen ein besonders einfaches Beispiel, bei dem wir die Iterierten sogar exakt ausrechnen können.

Beispiel 4.1
Wir untersuchen das Problem 4.1 mit

$$\mathbf{A} = \begin{bmatrix} 1 & 0 & 1 & 0 \\ 0 & 1 & 0 & 1 \end{bmatrix}, \quad \mathbf{b} = \begin{bmatrix} 2 \\ 2 \end{bmatrix}, \quad \mathbf{c} = \begin{bmatrix} 1 \\ 1 \\ 0 \\ 0 \end{bmatrix}.$$

Das Problem besitzt die eindeutige optimale Basislösung $\mathbf{x}^* = (2, 2, 0, 0)$ mit dem Zielfunktionswert $z^* = 4$. Wir wollen nun den Algorithmus 4.1 mit $\beta = 1/2$ auf dieses Problem anwenden. Als Startpunkt verwenden wir $\mathbf{x}^{(0)} = (1, 1, 1, 1)$ mit dem Zielfunktionswert $z^{(0)} = 2$. Bei der ersten Iteration ist also $\mathbf{D} = \mathbf{I}$, $\hat{\mathbf{A}} = \mathbf{A}$ und $\hat{\mathbf{c}} = \mathbf{c}$. Als Projektionsmatrix erhalten wir

$$\hat{\mathbf{P}} = \begin{bmatrix} 1/2 & 0 & -1/2 & 0 \\ 0 & 1/2 & 0 & -1/2 \\ -1/2 & 0 & 1/2 & 0 \\ 0 & -1/2 & 0 & 1/2 \end{bmatrix}$$

Der Leser möge sich davon überzeugen, dass dies tatsächlich eine Projektionsmatrix ist, indem er für irgendeinen Vektor $\mathbf{v}$ mit $\hat{\mathbf{A}}\mathbf{v} = \mathbf{0}$ den Vektor $\hat{\mathbf{P}}\mathbf{v}$ bestimmt. Wir berechnen $\mathbf{r}' = \hat{\mathbf{P}}\hat{\mathbf{c}}$ und bekommen

$$\hat{\mathbf{r}}' = \begin{bmatrix} 1/2 \\ 1/2 \\ -1/2 \\ -1/2 \end{bmatrix}, \quad \alpha = 1, \quad \mathbf{x}^{(1)} = \hat{\mathbf{x}}^{(1)} = \begin{bmatrix} 3/2 \\ 3/2 \\ 1/2 \\ 1/2 \end{bmatrix}.$$

Der Zielfunktionswert ist gestiegen, wir haben jetzt $z^{(1)} = 3$. Für den neuen Punkt $\mathbf{x}^{(1)}$ gilt wieder $\mathbf{A}\mathbf{x}^{(1)} = \mathbf{b}$ und $\mathbf{x}^{(1)} > \mathbf{0}$.

Wir fahren fort mit der nächsten Iteration und

$$\mathbf{D} = \begin{bmatrix} 3/2 & 0 & 0 & 0 \\ 0 & 3/2 & 0 & 0 \\ 0 & 0 & 1/2 & 0 \\ 0 & 0 & 0 & 1/2 \end{bmatrix}, \quad \hat{\mathbf{A}} = \begin{bmatrix} 3/2 & 0 & 1/2 & 0 \\ 0 & 3/2 & 0 & 1/2 \end{bmatrix}, \quad \hat{\mathbf{c}} = \begin{bmatrix} -3/2 \\ -3/2 \\ 0 \\ 0 \end{bmatrix}.$$

Die Projektionsmatrix ist dann

$$\hat{\mathbf{P}} = \begin{bmatrix} 1/10 & 0 & -3/10 & 0 \\ 0 & 1/10 & 0 & -3/10 \\ -3/10 & 0 & 9/10 & 0 \\ 0 & -3/10 & 0 & 9/10 \end{bmatrix}.$$

Wir berechnen den Richtungsvektor

$$\hat{\mathbf{r}}' = \hat{\mathbf{P}}\hat{\mathbf{c}} = \begin{bmatrix} 3/20 \\ 3/20 \\ -9/20 \\ -9/20 \end{bmatrix}$$

und erhalten schließlich mit $\alpha = 10/9$ die Vektoren

$$\hat{\mathbf{x}}^{(2)} = \begin{bmatrix} 7/6 \\ 7/6 \\ 1/2 \\ 1/2 \end{bmatrix}, \quad \mathbf{x}^{(2)} = \begin{bmatrix} 7/4 \\ 7/4 \\ 1/4 \\ 1/4 \end{bmatrix}.$$

Es ist damit $z^{(2)} = 7/2$.

Die Durchführung der nächsten Iteration, die dem Leser als übung empfohlen sei, liefert

$$\mathbf{x}^{(3)} = \begin{bmatrix} 15/8 \\ 15/8 \\ 1/8 \\ 1/8 \end{bmatrix}$$

und damit $z^{(3)} = 15/4$. Abb. 4.2 zeigt, wie sich die Punkte $\mathbf{x}^{(0)}$ bis $\mathbf{x}^{(3)}$ dem Optimum annähern. Für dieses einfache Beispiel kann man sogar die Iterierten exakt angeben. Man kann nachrechnen, dass

$$\mathbf{x}^{(k)} = \begin{bmatrix} 2 - 2^{-k} \\ 2 - 2^{-k} \\ 2^{-k} \\ 2^{-k} \end{bmatrix}, \quad z^{(k)} = 4 - \frac{2}{2^k}. \qquad \blacksquare$$

Von dem hier beschriebenen Algorithmus existieren einige Varianten. Dem Leser sei das Buch von Dantzig und Thapa (2003) empfohlen, in dem auch ein Konvergenzbeweis zu finden ist. Wir beschränken uns hier auf dieses relativ einfach zu implementierende Verfahren.

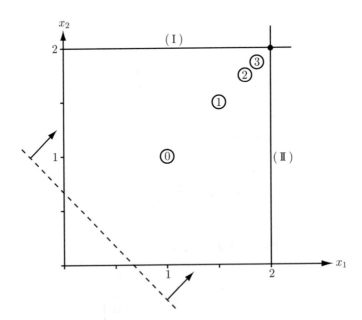

Abb. 4.2 Testproblem für das Innere-Punkt-Verfahren

4.2.5 Finden eines zulässigen inneren Punktes

Als Startpunkt für das oben beschriebene Verfahren benötigen wir einen inneren Punkt, d. h. ein $\mathbf{x}^{(0)}$ mit $\mathbf{A}\mathbf{x}^{(0)} = \mathbf{b}$ und $\mathbf{x}^{(0)} > \mathbf{0}$. Für größere Aufgabenstellungen ist es nicht unmittelbar klar, wie ein solcher Punkt zu finden ist. Um dieses Problem zu lösen, bedient man sich eines Tricks und erweitert das zu lösende System geschickt um eine zusätzliche Variable.

Wir untersuchen wieder das Maximumproblem

$$z = \mathbf{c}^T\mathbf{x} \to \text{Max!}$$
$$\text{u. d. N.} \quad \mathbf{A}\mathbf{x} = \mathbf{b} \tag{4.5}$$
$$\mathbf{x} \geq \mathbf{0}.$$

Man wählt zunächst einen beliebigen Punkt $\bar{\mathbf{x}} > \mathbf{0}$, z. B. $\bar{\mathbf{x}} = \mathbf{e} = (1, \ldots, 1)$. Es gilt dann im Allgemeinen $\mathbf{A}\bar{\mathbf{x}} \neq \mathbf{b}$. Wir führen nun eine zusätzliche nichtnegative Variable $x' \geq 0$ ein und ersetzen die Nebenbedingung in (4.5) durch

$$\mathbf{A}\mathbf{x} + (\mathbf{b} - \mathbf{A}\bar{\mathbf{x}})x' = \mathbf{b}.$$

Man nennt x' auch *künstliche Variable*. Damit $\mathbf{x}$ eine Lösung des ursprünglichen Problems (4.5) ist, muss $x' = 0$ gelten. Dies können wir versuchen zu erzwingen, indem wir große Werte von x' in der Zielfunktion „bestrafen". Wir modifizieren die Zielfunktion in (4.5) durch

$$z = \mathbf{c}^T\mathbf{x} - Mx' \to \text{Max!}$$

mit einer großen skalaren Konstante M, z. B. $M = 1000$. Man bezeichnet diese Vorgehensweise auch als *Penalty-Verfahren*. Die richtige Wahl von M hängt von der Problemstellung ab und muss ggf. experimentell vorgenommen werden. Insgesamt ersetzen wir also (4.5) durch

$$z = \mathbf{c}^T\mathbf{x} - Mx' \to \text{Max!}$$
$$\text{u. d. N.} \quad \mathbf{A}\mathbf{x} + (\mathbf{b} - \mathbf{A}\bar{\mathbf{x}})x' = \mathbf{b} \tag{4.6}$$
$$\mathbf{x} \geq \mathbf{0}$$
$$x' \geq 0.$$

Es ist nun $\mathbf{x} = \bar{\mathbf{x}} > \mathbf{0}$ und $x' = 1$ offensichtlich ein innerer Punkt des Zulässigkeitsbereichs von (4.6). Für dieses Problem haben wir damit einen möglichen Startpunkt für die Methode von Dikin gefunden.

Beispiel 4.2

Wir untersuchen das folgende Maximumproblem mit zwei Variablen, für das wir einen zulässigen inneren Punkt finden möchten:

$$z = x_1 + 3x_2 \to \text{M}ax!$$
$$\text{u. d. N.} \quad x_1 + 4x_2 \leq 4$$
$$2x_1 + \ x_2 \leq 2$$
$$x_1, x_2 \geq 0.$$

Die dazugehörigen Matrizen und Vektoren in (4.5) sind

$$\mathbf{A} = \begin{bmatrix} 1 & 4 & 1 & 0 \\ 2 & 1 & 0 & 1 \end{bmatrix}, \quad \mathbf{b} = \begin{bmatrix} 4 \\ 2 \end{bmatrix}, \quad \mathbf{c} = \begin{bmatrix} 1 \\ 3 \\ 0 \\ 0 \end{bmatrix}.$$

Die Lösung dieses LP ist $x_1 = 4/7$, $x_2 = 6/7$ mit dem maximalen Zielfunktionswert $z = 22/7$, der Leser möge sich davon überzeugen. Wir wählen nun $\bar{\mathbf{x}} = (1, 1, 1, 1)$ und folgern

$$\mathbf{b} - \mathbf{A}\bar{\mathbf{x}} = \begin{bmatrix} -2 \\ -2 \end{bmatrix}.$$

Das System (4.6) ergibt sich somit zu

$$x_1 + 3x_2 \qquad\qquad - Mx' \to \text{Max!}$$
$$x_1 + 4x_2 + x_3 \qquad - \ 2x' = 4$$
$$2x_1 + \ x_2 \qquad + \ x_4 - \ 2x' = 2$$
$$x_1, x_2, x_3, x_4, x' \geq 0.$$

Für dieses System ist $\mathbf{x} = \mathbf{e}$ und $x' = 1$ ein innerer Punkt. Wir wollen uns anhand dieses Beispiels davon überzeugen, dass die Lösung von (4.6) tatsächlich mit der Lösung des ursprünglichen Problems (4.5) übereinstimmt und lösen es mithilfe des Primal-Simplex-Verfahrens. Wir erhalten die folgenden Tableaus.

BV	x_1	x_2	x_3	x_4	x'	$\mathbf{b}$	
x_3	1	$\underline{4}$	1	0	-2	4	
x_4	2	1	0	1	-2	2	$1/4$
z	-1	-3	0	0	M	0	$-3/4$

BV	x_1	x_2	x_3	x_4	x'	$\mathbf{b}$	
x_2	$1/4$	1	$1/4$	0	$-1/2$	1	$1/7$
x_4	$\underline{7/4}$	0	$-1/4$	1	$-3/2$	1	
z	$-1/4$	0	$3/4$	0	$M - 3/2$	3	$-1/7$

BV	x_1	x_2	x_3	x_4	x'	b
x_2	0	1	$2/7$	$-1/7$	$-2/7$	$6/7$
x_1	1	0	$-1/7$	$4/7$	$-6/7$	$4/7$
z	0	0	$5/7$	$1/7$	$M - 12/7$	$22/7$

Für $M > 12/7$ stimmen also die Lösungen überein. ∎

Bemerkung 4.1 (Ellipsoidmethode)

Im Zusammenhang mit Innere-Punkt-Verfahren ist oftmals von der Ellipsoidmethode *die Rede. Dieser Algorithmus, der für praktische Rechnungen eher ungeeignet ist, wurde von verschiedenen Mathematikern, u. a. von dem Russen L. Khachiyan, entwickelt. Er ist eher von theoretischem Interesse, da er der Beweis dafür ist, dass lineare Optimierungsprobleme prinzipiell mit* polynomialem *Aufwand lösbar sind. Im Gegensatz zum Simplex-Verfahren, dessen Aufwand mit der Problemgröße exponentiell wachsen kann, stellt diese Methode also (zumindest theoretisch) einen großen Fortschritt dar. Für die meisten praktischen Probleme ist jedoch nach wie vor das Simplex-Verfahren, das im Laufe der Jahre auch weiterentwickelt wurde, die Methode der Wahl.*

Uns geht es nur darum zu zeigen, dass es durchaus auch andere Ansätze gibt, lineare Optimierungsprobleme zu lösen.

Aufgaben

Aufgabe 4.1 (Projektion)

Rechnen Sie nach, dass die Projektionsmatrix $\mathbf{P} \in \mathbb{R}^{n \times n}$ aus Kap. 4 mit

$$\mathbf{P} = \mathbf{I} - \mathbf{A}^T (\mathbf{A}\mathbf{A}^T)^{-1} \mathbf{A}$$

die folgenden Eigenschaften hat.
a) *Für $\mathbf{v} \in \mathbb{R}^n$ mit $\mathbf{A}\mathbf{v} = \mathbf{0}$ gilt $\mathbf{P}\mathbf{v} = \mathbf{v}$.*
b) *Die Matrix ist* idempotent, *d. h.* $\mathbf{P}^2 = \mathbf{P}$.
c) *Es ist $\mathbf{A}\mathbf{P} = \mathbf{0}$.*

Aufgabe 4.2 (Methode von Dikin)

Wenden Sie die Methode von Dikin auf das folgende Programm an.

$$x_1 + 2x_2 \to Max!$$
$$\text{u. d. N.} \quad x_2 \leq 3$$
$$3x_1 + 2x_2 \leq 9$$
$$x_1, x_2 \geq 0.$$

Wählen Sie $\beta = 1/2$ und den Startpunkt

$$\mathbf{x}^{(0)} = \begin{bmatrix} 1 \\ 1 \\ 2 \\ 4 \end{bmatrix}$$

und führen Sie eine Iteration aus. Wie lautet die exakte, mit dem Simplex-Verfahren bestimmte Lösung?

Hinweis: *Verwenden Sie für die Rechnung einen Taschenrechner und rechnen Sie so genau wie möglich.*

Aufgabe 4.3 (Innere-Punkt-Verfahren)
Betrachten Sie das folgende Problem.

$$x_1 + x_2 \rightarrow \text{Max}!$$
$$\text{u. d. N.} \qquad x_2 \leq 4$$
$$5x_1 + 4x_2 \leq 20$$
$$x_1, x_2 \geq 0.$$

Skizzieren Sie den Zulässigkeitsbereich und bestimmen Sie die optimale Lösung. Führen Sie anschließend einige Iterationen der Methode von Dikin mit $\beta = 1/2$ und dem Startpunkt $\mathbf{x}^0 = (1, 1, 3, 11)$ durch und stellen Sie den Verlauf der Lösung grafisch dar.

Hinweis: *Eine Iteration kann man von Hand durchführen, für weitere Iterationen empfiehlt es sich, ein Computerprogramm zu verwenden.*

Aufgabe 4.4 (Penalty-Verfahren)
Modifizieren Sie das LP aus Aufgabe 4.3 mithilfe des Penalty-Verfahrens aus Abschn. 4.2.5 derart, dass Sie als Startpunkt für die Methode von Dikin den Vektor $\mathbf{e} = (1, 1, 1, 1, 1)$ verwenden können. Lösen Sie das modifizierte LP anschließend mit dem Simplex-Verfahren. Wie groß muss M mindestens gewählt werden?

Transportprobleme

5

Inhaltsverzeichnis

5.1   Das klassische Transportproblem 133
5.2   Eigenschaften des klassischen Transportproblems 137
5.3   Eröffnungsverfahren 141
5.4   Bestimmung der optimalen Lösung 144
5.5   Erweiterungen 160

In Zeiten zunehmender Globalisierung steht die Wirtschaft tagtäglich vor der Herausforderung, Güter von verschiedenen Versandorten zu mehreren Empfangsorten zu transportieren. Die dabei entstehenden Kosten sind so gering wie möglich zu kalkulieren. Setzt man die Problemstellung in ein mathematisches Modell um, so erhält man ein lineares Optimierungsproblem mit einer speziellen Struktur, das sich in eigens dafür vorgesehenen Transporttableaus sehr kompakt darstellen lässt. Für die Lösung dieses Problems wurden spezielle Verfahren entwickelt, die die gegebene Struktur ausnutzen und effizienter sind als der Simplex-Algorithmus.

5.1   Das klassische Transportproblem

Problemstellung Von m Versandorten A_i (z. B. Produktionsstätten) soll ein homogenes Gut zu n Empfangsorten B_j (z. B. Warenhäuser) transportiert werden. Dabei sind in den Versandorten jeweils a_i Mengeneinheiten (ME) des Gutes verfügbar, und in den einzelnen Empfangsorten werden b_j ME benötigt. Für den Transport einer ME von A_i nach B_j entstehen Kosten von c_{ij} Geldeinheiten (GE). Es wird vorausgesetzt, dass das Gesamtangebot der Versandorte gleich der Gesamtnachfrage aller Empfangsorte ist. Gesucht wird ein kostenminimaler Transportplan (vgl. Abb. 5.1).

© Springer-Verlag GmbH Deutschland, ein Teil von Springer Nature 2023
A. Koop und H. Moock, *Lineare Optimierung – eine anwendungsorientierte Einführung in Operations Research*, https://doi.org/10.1007/978-3-662-66387-5_5

Abb. 5.1 Schematische
Darstellung eines
Transportproblems

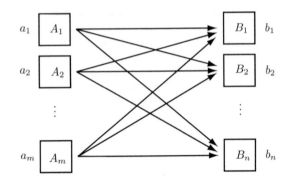

Mathematische Modellierung Wir vereinbaren die folgenden Variablen:

a_i Vorrat des Transportgutes am Versandort A_i in ME ($i = 1, \ldots, m$)
b_j Bedarf des Transportgutes am Empfangsort B_j in ME ($j = 1, \ldots, n$)
c_{ij} Transportkosten vom Versandort A_i zum Empfangsort B_j in GE/ME
x_{ij} zu transportierende Menge vom Versandort A_i zum Empfangsort B_j

Die Transportkosten sowie die zu transportierenden Mengen werden üblicherweise in Matrizen zusammengefasst.

$$
\mathbf{C} = \begin{bmatrix} c_{11} & c_{12} & \cdots & c_{1n} \\ c_{21} & c_{22} & \cdots & c_{2n} \\ \vdots & \vdots & & \vdots \\ c_{m1} & c_{m2} & \cdots & c_{mn} \end{bmatrix}, \quad \mathbf{X} = \begin{bmatrix} x_{11} & x_{12} & \cdots & x_{1n} \\ x_{21} & x_{22} & \cdots & x_{2n} \\ \vdots & \vdots & & \vdots \\ x_{m1} & x_{m2} & \cdots & x_{mn} \end{bmatrix}
$$

Darüber hinaus müssen die folgenden Voraussetzungen erfüllt sein:

1. $a_i > 0$ ($i = 1, \ldots, m$) und $b_j > 0$ ($j = 1, \ldots, n$)
2. $\sum_{i=1}^{m} a_i = \sum_{j=1}^{n} b_j$ (Gesamtangebot = Gesamtnachfrage)

Definition 5.1 (Klassisches Transportproblem)
Das folgende Optimierungsproblem bezeichnet man als *klassisches Transportproblem* (*KTP*).

$$
\text{Minimiere} \quad z = F(x_{11}, \ldots, x_{mn}) = \sum_{i=1}^{m} \sum_{j=1}^{n} c_{ij} x_{ij}
$$

unter den *linearen Nebenbedingungen*

$$\sum_{j=1}^{n} x_{ij} = a_i \quad (i = 1, \ldots, m),$$

$$\sum_{i=1}^{m} x_{ij} = b_j \quad (j = 1, \ldots, n)$$

und den *Nichtnegativitätsbedingungen*

$$x_{ij} \geq 0. \qquad \blacklozenge$$

Im Unterschied zu den bisher betrachteten Problemen werden beim klassischen Transportproblem für die Indizierung der Variablen x_{ij} sowie der Kostenkoeffizienten c_{ij} üblicherweise zwei Indizes verwendet. Der erste Index steht für den Versandort und der zweite Index für den Empfangsort. Anhand der Indizierung kann man den Transportweg sofort erkennen. Die Anzahl der Variablen ist damit gleich $m \cdot n$.

Mithilfe der Abkürzungen

$\mathbf{d}_{ij} =$ Spaltenvektor mit $m + n$ Komponenten, von denen die i-te und die $(m + j)$-te Komponente gleich 1 und die restlichen gleich 0 sind ($i = 1, \ldots, m$ und $j = 1, \ldots, n$)

$\mathbf{d} = (a_1, \ldots, a_m, b_1, \ldots, b_n)$

lassen sich die Nebenbedingungen schreiben in der Form

$$\sum_{i=1}^{m} \sum_{j=1}^{n} x_{ij} \mathbf{d}_{ij} = \mathbf{d},$$

$$\mathbf{x} \geq \mathbf{0}.$$

Mit den Vektoren

$$\mathbf{c} = (c_{11}, \ldots, c_{1n}, \ldots, c_{m1} \ldots, c_{mn}) \in \mathbb{R}^{m \cdot n}$$

und

$$\mathbf{x} = (x_{11}, \ldots, x_{1n}, \ldots, x_{m1}, \ldots, x_{mn}) \in \mathbb{R}^{m \cdot n}$$

sowie der Matrix

$$\mathbf{D} = (\mathbf{d}_{11}, \ldots, \mathbf{d}_{1n}, \ldots, \mathbf{d}_{m1}, \ldots, \mathbf{d}_{mn}) \in \mathbb{R}^{(m+n) \times (m \cdot n)}$$

können wir das KTP kompakt in der Form (vgl. Kap. 3)

$$\mathbf{x} \in \mathbb{R}^{m \cdot n}$$
$$F(\mathbf{x}) = \mathbf{c}^T \mathbf{x} \to \text{Min!} \tag{5.1}$$
$$\text{u. d. N.} \quad \mathbf{Dx} = \mathbf{d}, \quad \mathbf{x} \geq \mathbf{0}$$

schreiben.

Beispiel 5.1
In drei Filialen eines Unternehmens B_1, B_2, B_3 werden die folgenden Mengen eines Produktes benötigt:

$$B_1 : \quad b_1 = 40$$
$$B_2 : \quad b_2 = 40$$
$$B_3 : \quad b_3 = 40$$

An den beiden Produktionsstätten A_1 und A_2 stehen folgende Mengen des Produktes zur Verfügung:

$$A_1 : \quad a_1 = 50$$
$$A_2 : \quad a_2 = 70$$

Die Transportkosten pro Mengeneinheit des Gutes sind in der folgenden Tabelle enthalten:

	B_1	B_2	B_3
A_1	9	1	3
A_2	4	5	8

Gesucht wird ein kostenminimaler Transportplan.

Mathematische Modellierung Wir bezeichnen mit x_{ij} die Menge des Gutes, die von A_i nach B_j transportiert wird. Zu minimieren sind die Transportkosten

$$F(x_{11}, x_{12}, x_{13}, x_{21}, x_{22}, x_{23}) = 9x_{11} + x_{12} + 3x_{13} + 4x_{21} + 5x_{22} + 8x_{23}$$

unter den Nebenbedingungen

$$
\begin{aligned}
x_{11} + x_{12} + x_{13} &= 50, \\
x_{21} + x_{22} + x_{23} &= 70, \\
x_{11} + x_{21} &= 40, \\
x_{12} + x_{22} &= 40, \\
x_{13} + x_{23} &= 40, \\
x_{11}, x_{12}, x_{13}, x_{21}, x_{22}, x_{23} &\geq 0.
\end{aligned}
$$

Bezüglich der oben eingeführten Notation gilt dann

$$
\begin{aligned}
\mathbf{d} &= (50, 70, 40, 40, 40), \\
\mathbf{d}_{11} &= (1, 0, 1, 0, 0), \\
\mathbf{d}_{12} &= (1, 0, 0, 1, 0), \\
\mathbf{d}_{13} &= (1, 0, 0, 0, 1), \\
\mathbf{d}_{21} &= (0, 1, 1, 0, 0), \\
\mathbf{d}_{22} &= (0, 1, 0, 1, 0), \\
\mathbf{d}_{23} &= (0, 1, 0, 0, 1).
\end{aligned}
$$
∎

5.2 Eigenschaften des klassischen Transportproblems

Definition 5.2
Eine Matrix $\mathbf{X}$ heißt *zulässige Lösung* des klassischen Transportproblems, wenn ihre Elemente x_{ij} alle Nebenbedingungen erfüllen. Eine zulässige Lösung $\tilde{\mathbf{X}}$ heißt *optimal*, wenn die Zielfunktion für $\tilde{\mathbf{X}}$ minimal ist. ◆

Satz 5.1
Das klassische Transportproblem besitzt immer eine optimale Lösung.

Beweis Es sei:

$$
x_{ij} = \frac{a_i b_j}{G} \quad \text{mit} \quad G = \sum_{i=1}^{m} a_i = \sum_{j=1}^{n} b_j.
$$

Dann gilt:

$$
\sum_{j=1}^{n} x_{ij} = \sum_{j=1}^{n} \frac{a_i b_j}{G} = \frac{a_i \sum_{j=1}^{n} b_j}{G} = a_i \quad \text{für } i = 1, \ldots, m
$$

und analog

$$\sum_{i=1}^{m} x_{ij} = \sum_{i=1}^{m} \frac{a_i b_j}{G} = \frac{b_j \sum_{i=1}^{m} a_i}{G} = b_j \quad \text{für } j = 1, \ldots, n.$$

Es existiert also eine Lösung, und der Zulässigkeitsbereich ist daher nicht leer. Wegen $0 \leq x_{ij} \leq \min\{a_i, b_j\}$ ist der Zulässigkeitsbereich darüber hinaus beschränkt. Damit folgt aber, dass es eine optimale Lösung gibt. $\qquad \square$

Satz 5.2

Die Matrix

$$\mathbf{D} = (\mathbf{d}_{11}, \ldots, \mathbf{d}_{1n}, \ldots, \mathbf{d}_{m1}, \ldots, \mathbf{d}_{mn}) \in \mathbb{R}^{(m+n) \times (m \cdot n)}$$

hat den Rang $n + m - 1$.

Beweis Die Matrix $\mathbf{D} \in \mathbb{R}^{(m+n) \times (m \cdot n)}$ besitzt die folgende Struktur:

$$\mathbf{D} = \left[\begin{array}{ccccccccc} 1 & \cdots & 1 & & & & & & \\ & & & 1 & \cdots & 1 & & & \\ & & & & & & \cdots & & \\ & & & & & & 1 & \cdots & 1 \\ 1 & & & 1 & & & 1 & & \\ & \ddots & & & \ddots & & & \cdots & \ddots \\ & & 1 & & & 1 & & & 1 \end{array} \right] \left. \begin{array}{c} \\ \\ \\ \end{array} \right\rbrace m \text{ Zeilen} \\ \left. \begin{array}{c} \\ \\ \end{array} \right\rbrace n \text{ Zeilen}$$

Für die weiteren Betrachtungen bezeichnen wir die ersten m Zeilenvektoren von $\mathbf{D}$ mit $\mathbf{v}_i$, $i = 1, \ldots, m$, und die folgenden n Zeilenvektoren mit $\mathbf{w}_j$, $j = 1, \ldots, n$. Addiert man alle Zeilenvektoren $\mathbf{v}_i$, so erhält man den Zeilenvektor $(1, \ldots, 1) \in \mathbb{R}^{m \cdot n}$. Analog ergibt die Addition der Zeilenvektoren $\mathbf{w}_j$ ebenfalls $(1, \ldots, 1) \in \mathbb{R}^{m \cdot n}$. Es existiert also eine nicht triviale Linearkombination der Zeilen von $\mathbf{D}$, die dem Nullvektor entspricht. Das bedeutet

$$r(\mathbf{D}) < m + n.$$

Wir lassen nun die letzte Zeile von $\mathbf{D}$ weg und versuchen, den Nullvektor als Linearkombination der restlichen $n + m - 1$ Zeilenvektoren darzustellen, also

$$\sum_{i=1}^{m} \alpha_i \mathbf{v}_i + \sum_{j=1}^{n-1} \beta_j \mathbf{w}_j = \mathbf{0}.$$

Bei den Zeilenvektoren $\mathbf{v}_i$ sind die Komponenten $(i - 1) \cdot n + 1, \ldots, i \cdot n$ gleich 1 und alle anderen gleich 0. Bei den Zeilenvektoren $\mathbf{w}_j$ dagegen sind die Komponenten $j, j + n, \ldots, j + (m - 1) \cdot n$ gleich 1 und alle anderen gleich 0. Aufgrund der einfachen Gestalt der $\mathbf{v}_i$ und $\mathbf{w}_j$ lassen sich die beiden Summen jeweils zu einem Vektor zusammenführen. Es ergibt sich als Spaltenvektoren dargestellt:

$$
\begin{bmatrix} \alpha_1 \\ \vdots \\ \alpha_1 \\ \alpha_1 \\ \alpha_2 \\ \vdots \\ \alpha_2 \\ \alpha_2 \\ \vdots \\ \alpha_m \\ \vdots \\ \alpha_m \\ \alpha_m \end{bmatrix}
+
\begin{bmatrix} \beta_1 \\ \vdots \\ \beta_{n-1} \\ 0 \\ \beta_1 \\ \vdots \\ \beta_{n-1} \\ 0 \\ \vdots \\ \beta_1 \\ \vdots \\ \beta_{n-1} \\ 0 \end{bmatrix}
=
\begin{bmatrix} 0 \\ \vdots \\ 0 \\ 0 \\ 0 \\ \vdots \\ 0 \\ 0 \\ \vdots \\ 0 \\ \vdots \\ 0 \\ 0 \end{bmatrix}.
$$

Aus den in-ten Zeilen folgt $\alpha_i = 0$ für $i = 1, \ldots, m$ und damit wiederum aus den restlichen Zeilen $\beta_j = 0$ für $j = 1, \ldots, n$. Für den Nullvektor existiert also nur die triviale Darstellung. Somit gilt

$$
r(\mathbf{D}) = m + n - 1. \qquad \square
$$

Für das obige Beispiel bedeutet dies, dass die Matrix

$$
\mathbf{D} = \begin{bmatrix}
1 & 1 & 1 & 0 & 0 & 0 \\
0 & 0 & 0 & 1 & 1 & 1 \\
1 & 0 & 0 & 1 & 0 & 0 \\
0 & 1 & 0 & 0 & 1 & 0 \\
0 & 0 & 1 & 0 & 0 & 1
\end{bmatrix}
$$

den Rang 4 hat.

Definition 5.3

$n + m - 1$ linear unabhängige Spaltenvektoren von $\mathbf{D}$ nennt man *Basis*, sie werden mit $\mathbf{e}_1, \ldots, \mathbf{e}_{n+m-1}$ bezeichnet. Eine nichtnegative Lösung des Gleichungssystems

$$
\sum_{i=1}^{m} \sum_{j=1}^{n} x_{ij} \mathbf{d}_{ij} = \mathbf{d}
$$

heißt *zulässige Basislösung*, wenn die Variablen x_{ij}, die nicht Basisvariable sind, gleich 0 gesetzt werden. Eine zulässige Basislösung, bei der die Zielfunktion ihr Minimum annimmt, heißt *optimale Basislösung*. ♦

Aus dem Fundamentalsatz der linearen Optimierung folgt, dass das klassische Transportproblem stets eine optimale Basislösung hat.

Bemerkung 5.1
Die Bedingung bzgl. der Gleichheit von Gesamtnachfrage und Gesamtangebot ist eine Voraussetzung, aber kein Bestandteil des Modells. Ist

$$\sum_{i=1}^{m} a_i \neq \sum_{j=1}^{n} b_j,$$

so kann mithilfe einer fiktiven Bedarfsstelle

$$b_{n+1} = \sum_{i=1}^{m} a_i - \sum_{j=1}^{n} b_j$$

bzw. einer fiktiven Angebotsstelle

$$a_{m+1} = \sum_{j=1}^{n} b_j - \sum_{i=1}^{m} a_i$$

der Ausgleich künstlich hergestellt werden.

Bei dem klassischen Transportproblem 5.1 handelt es sich um ein Lineares Programm, das mit dem Simplex-Algorithmus gelöst werden könnte. Bildet man die Nebenbedingungen in einem Simplextableau ab,

x_{11}	x_{12}	$\cdots$	x_{1n}	x_{21}	x_{22}	$\cdots$	x_{2n}	x_{m1}	x_{m2}	$\cdots$	x_{mn}	
1	1	$\cdots$	1									a_1
				1	1	$\cdots$	1					a_2
												$\vdots$
								1	1	$\cdots$	1	a_m
1				1				1				b_1
	1				1				1			b_2
		$\ddots$				$\ddots$				$\ddots$		$\vdots$
			1				1				1	b_n
c_{11}	c_{12}	$\cdots$	c_{1n}	c_{21}	c_{22}	$\cdots$	c_{2n}	c_{m1}	c_{m2}	$\cdots$	c_{mn}	

fällt auf, dass sie sich im Vergleich mit einem allgemeinen Linearen Programm nur aus den Koeffizienten 0 oder 1 zusammensetzen. Wegen der besonderen Struktur des Modells wurden spezielle Algorithmen entwickelt, die einfacher zu handhaben sind und schneller zur optimalen Lösung führen. Zur Beschreibung dieser Verfahren wird ein sogenanntes *Transporttableau* verwendet, das die folgende Gestalt besitzt:

	B_1	B_2	$\cdots$	B_n	
A_1	c_{11} x_{11}	c_{12} x_{12}		c_{1n} x_{1n}	a_1
A_2	c_{21} x_{21}	c_{22} x_{22}		c_{2n} x_{2n}	a_2
$\vdots$					$\vdots$
A_m	c_{m1} x_{m1}	c_{m2} x_{m2}		c_{mn} x_{mn}	a_m
	b_1	b_2	$\cdots$	b_n	

In die inneren Felder des Tableaus werden jeweils in die Mitte die Transportmengen $x_{ij} > 0$ und oben links die Kostenkoeffizienten c_{ij} eingetragen.

Die zur Lösung des klassischen Transportproblems verfügbaren Verfahren bestehen in der Regel aus zwei Phasen. Zunächst wird in einem *Eröffnungsverfahren* eine zulässige Basislösung bestimmt. In einem zweiten Schritt, dem *Optimierungsverfahren,* wird dann ausgehend von dieser zulässigen Basislösung eine optimale Lösung des Problems berechnet. Im folgenden Abschnitt widmen wir uns zunächst den Eröffnungsverfahren.

5.3 Eröffnungsverfahren

Ziel der Eröffnungsverfahren ist die Bestimmung einer möglichst guten ersten zulässigen Basislösung. Da beim klassischen Transportproblem aufgrund der Gleichheitsbedingungen die Nullmatrix $\mathbf{X} = \mathbf{0}$ keine zulässige Ausgangslösung ist, sind hierzu spezielle Verfahren notwendig. Zwei solcher Methoden, nämlich die *Nordwesteckenregel* und die *Minimale-Kosten-Regel* wollen wir im Folgenden vorstellen.

Die Idee bei der Nordwesteckenregel besteht darin, beginnend in der linken oberen Ecke des Transporttableaus (in Analogie zur Nordwestecke einer Landkarte) das Feld mit dem Minimum aus Angebot und Nachfrage des zugehörigen Transportweges aufzufüllen. Wird die angebotene Menge dabei restlos aufgebraucht, dann wird die dazugehörende Zeile nicht weiter berücksichtigt. Wird dagegen der Bedarf vollständig abgedeckt, so streicht man die dazugehörende Spalte. In beiden Fällen startet man wieder mit der Nordwestecke des verbliebenen Tableaus. Da in jedem Schritt entweder das Angebot oder der Bedarf komplett verwendet wird und das Gesamtangebot gleich der Gesamtnachfrage ist, führt dies in der Regel (siehe Bemerkung 5.2) zu genau $n + m - 1$ positiven Einträgen x_{ij}.

Algorithmus 5.1 (Nordwesteckenregel)

Für $i = 1, \ldots, m$ und $j = 1, \ldots, n$ sei $x_{ij} = 0$ gesetzt. Starte in der linken oberen Ecke des Transporttableaus, d. h. mit $i = j = 1$.

1. $x_{ij} = \min\{a_i, b_j\}$ *maximal mögliche Transportmenge von A_i nach B_j*

2. $a_i = a_i - x_{ij}$ *Subtraktion der transportierten Menge vom Vorrat des Transportgutes am Versandort A_i*

3. $b_j = b_j - x_{ij}$ *Subtraktion der transportierten Menge vom Bedarf des Transportgutes am Empfangsort B_j*

4. *Wenn $a_i = 0$*

     Dann: $i = i + 1$ *Angebot a_i aufgebraucht, i-te Zeile löschen*

     Sonst: $j = j + 1$ *Nachfrage b_j gesättigt, j-te Spalte löschen*

5. *Ist $i > m$ oder $j > n$*

     Dann: FERTIG (zulässige Basislösung liegt vor)

     Sonst: Gehe zu 1

Als Ergebnis erhalten wir eine zulässige Basislösung mit $m + n - 1$ Basisvariablen.

Bemerkung 5.2

Nach den Iterationsschritten 2 und 3 ist auf jeden Fall einer der beiden Werte a_i oder b_j gleich 0. Es kann jedoch vorkommen, dass beide Werte gleich 0 sind, in diesem Fall liegt Degeneration vor, d. h., eine Basisvariable muss gleich 0 gewählt werden. Dazu erhöht man in Schritt 4 entweder i oder j um 1. Beim nächsten Ausführen von Schritt 1 wird dann je nach Wahl $x_{i+1,j}$ oder $x_{i,j+1}$ automatisch gleich 0 gesetzt.

Für das Beispiel 5.1 führt die Nordwesteckenregel zu folgendem Ausgangstableau:

	B_1	B_2	B_3	
A_1	9 40	1 10	3	50
A_2	4	5 30	8 40	70
	40	40	40	

Die Gesamtkosten aufgrund der zugehörigen Basislösung belaufen sich auf 840 GE.

Der Minimale-Kosten-Regel liegt eine andere Idee zugrunde. Hier bewegt man sich nicht von links oben nach rechts unten, sondern wählt, wie der Name schon sagt, als nächste zu besetzende Variable diejenige, die den kleinsten Zielfunktionskoeffizient hat. Ansonsten ist die Vorgehensweise die gleiche wie bei der Nordwesteckenregel.

Algorithmus 5.2 (Minimale-Kosten-Regel)

Es sei $Q = \{(i,j) \mid i = 1, \ldots, m \ und \ j = 1, \ldots, n\}$ *die Menge aller möglichen Indizes. Setze* $x_{ij} = 0$ *für* $i = 1, \ldots, m$ *und* $j = 1, \ldots, n$.

1. $c_{ij} = \min\{c_{lk} \mid (l,k) \in Q\}$ *Bestimmung des kleinsten*
    Zielfunktionskoeffizienten

2. $x_{ij} = \min\{a_i, b_j\}$ *maximal mögliche Transportmenge*
    von A_i *nach* B_j

3. $a_i = a_i - x_{ij}$ *Subtraktion der transportierten Menge vom*
    Vorrat des Transportgutes am Versandort A_i

4. $b_j = b_j - x_{ij}$ *Subtraktion der transportierten Menge vom*
    Bedarf des Transportgutes am Empfangsort B_j

5. *Wenn* $a_i = 0$, *dann:*
    $Q = Q \setminus \{(i,k) \mid k = 1, \cdots, n\}$ *Angebot* a_i *aufgebraucht, i-te Zeile löschen*

6. *Wenn* $b_j = 0$, *dann: :*
    $Q = Q \setminus \{(l,j) \mid l = 1, \cdots, m\}$ *Nachfrage* b_j *gesättigt, j-te Spalte löschen*

7. *Ist* $Q = \emptyset$
    Dann: FERTIG (zulässige Basislösung liegt vor)
    Sonst: Gehe zu 1

Als Ergebnis erhalten wir eine zulässige Basislösung mit $m + n - 1$ *Basisvariablen (vgl. Dinkelbach (1992), S. 264).*

Bemerkung 5.3

Die Minimale-Kosten-Regel liefert i.A. eine bessere Ausgangslösung als die Nordwesteckenregel. Dies muss jedoch nicht immer der Fall sein.

Die Anwendung der Minimale-Kosten-Regel ist kein eindeutiger Prozess und kann für ein und dasselbe Problem zu unterschiedlichen Ausgangslösungen führen. Dies liegt daran, dass in manchen Situationen mehrere Kostenkoeffizienten den gleichen Wert haben und sich damit für die als Nächstes zu besetzende Variable mehrere Möglichkeiten ergeben können.

Analog zur Nordwesteckenregel kann auch hier der Fall auftreten, dass nach den Iterationsschritten 3 und 4 beide Werte a_i *und* b_j *gleich 0 sind, d. h. Degeneration vorliegt und eine Basisvariable gleich 0 gewählt werden muss. Bei der Minimale-Kosten-Regel gestaltet sich das etwas schwieriger, da hierbei zu berücksichtigen ist, dass die zu den ausgewählten Variablen gehörigen Vektoren linear unabhängig sind. Wir werden auf diesen Sachverhalt im nächsten Kapitel noch einmal zurückkommen.*

Für das Beispiel 5.1 führt die Minimale-Kosten-Regel zu folgendem Ausgangstableau:

	B_1	B_2	B_3	
A_1	9	1	3	50
		40	10	
A_2	4	5	8	70
	40		30	
	40	40	40	

Die Gesamtkosten aufgrund der zugehörigen Basislösung belaufen sich bei Anwendung der Minimale-Kosten-Regel auf lediglich 470 GE.

5.4   Bestimmung der optimalen Lösung

Definition 5.4 (Zuordnung, Weg, Zyklus)
Ein Indexpaar $(i, j) \in \{1, \ldots, m\} \times \{1, \ldots, n\}$, das eine Variable x_{ij} bzw. ein Feld des Transporttableaus kennzeichnet, nennen wir *Zuordnung*.
   Eine Folge

$$W = ((i_1, j_1), \ldots, (i_k, j_k))$$

von *verschiedenen* Zuordnungen heißt *Weg,* wenn bei zwei aufeinanderfolgenden Zuordnungen abwechselnd entweder die ersten oder die zweiten Indizes gleich sind und kein Index in mehr als zwei Zuordnungen auftritt.
   Ein Weg, bei dem jeder Index in genau zwei Zuordnungen (oder gar nicht) auftritt, bezeichnen wir als *Zyklus* oder *geschlossenen Weg.*
   Wir sagen, dass eine Menge $J \subset \{1, \ldots, m\} \times \{1, \ldots, n\}$ einen Zyklus enthält, wenn wir aus den Elementen von J einen Zyklus zusammensetzen können.   ◆

   Anschaulich setzt sich ein Weg aus einer Reihe von Feldern im Transporttableau zusammen, wobei maximal zwei Felder je Zeile oder Spalte auftreten. Bei einem Zyklus besteht der Weg aus einer geraden Anzahl von Feldern, von denen immer genau zwei in einer Zeile oder Spalte liegen. Bei einem Zyklus liegen das erste und letzte Feld des Weges entweder in derselben Zeile oder in derselben Spalte. Somit ist der Weg geschlossen.

Beispiel 5.2
Die Menge $J = \{(1, 4), (2, 2), (2, 3), (2, 4), (3, 1), (3, 3), (4, 1), (4, 2)\}$ enthält einen Zyklus, nämlich $W = ((2, 2), (4, 2), (4, 1), (3, 1), (3, 3), (2, 3))$, wie man in unten stehendem Tableau sehen kann.

	B_1	B_2	B_3	B_4	
A_1	c_{11}	c_{12}	c_{13}	c_{14} x_{14}	a_1
A_2	c_{21}	c_{22} $x_{22}\leftarrow$	c_{23} x_{23}	c_{24} x_{24}	a_2
A_3	c_{31} x_{31}	c_{32}	c_{33} x_{33}	c_{34}	a_3
A_4	c_{41} $x_{41}\leftarrow$	c_{42} x_{42}	c_{43}	c_{44}	a_4
	b_1	b_2	b_3	b_4	

■

Beispiel 5.3

In dem durch Anwenden der Minimale-Kosten-Regel entstandenen Ausgangstableau für das Beispiel 5.1 ist der folgende Weg $W = ((1, 2), (1, 3), (2, 3), (2, 1))$ enthalten. Die Zuordnungen 1 und 2 haben den ersten Index 1 und damit Versandort A_1 gemeinsam, die Zuordnungen 2 und 3 den zweiten Index 3 und damit Empfangsort B_3 und die Zuordnungen 3 und 4 wiederum den ersten Index 2 und somit den Versandort A_2. Da Anfangs- und Endpunkt des Weges keinen gemeinsamen Zeilen- oder Spaltenindex haben, handelt es sich nicht um einen Zyklus.   ■

Eine Zuordnung (i, j) verweist nicht nur auf eine Variable x_{ij}, sondern auch auf den zugehörigen Spaltenvektor $\mathbf{d}_{ij}$ der Nebenbedingungsmatrix. Als Nächstes wollen wir der Frage nachgehen, unter welchen Bedingungen die zu einer Menge $J \subset \{1, \ldots, m\} \times \{1, \ldots, n\}$ von Zuordnungen korrespondierende Menge von Spaltenvektoren $\mathbf{d}_{ij}$ linear abhängig bzw. unabhängig ist. Für eine ausführlichere Betrachtung vgl. z. B. Jarre und Stoer (2004).

Satz 5.3

Sei $J \subset \{1, \ldots, m\} \times \{1, \ldots, n\}$ eine Indexmenge von verschiedenen Zuordnungen. Die zu $(i, j) \in J$ gehörigen Spaltenvektoren $\mathbf{d}_{ij}$ sind genau dann linear unabhängig, wenn J keinen Zyklus enthält.

Beweis Wir gehen zunächst davon aus, dass J einen Zyklus $W = ((i_1, j_1), \ldots, (i_l, j_l))$ enthalte. Aufgrund der speziellen Struktur der Vektoren $\mathbf{d}_{ij}$ (die i-te und $(m + j)$-te Komponente sind gleich 1 und alle anderen Komponenten sind gleich 0) sowie den Bedingungen für einen Zyklus (bei aufeinanderfolgenden Zuordnungen stimmen abwechselnd der 1. oder der 2. Index überein und die Anzahl der Zuordnungen ist gerade) gilt dann:

$$\mathbf{d}_{i_1 j_1} - \mathbf{d}_{i_2 j_2} + \mathbf{d}_{i_3 j_3} - \cdots + (-1)^{l+1}\mathbf{d}_{i_l j_l} = \mathbf{0}.$$

Die Spaltenvektoren $\mathbf{d}_{i_k j_k}$ mit $k = 1, \ldots, l$ sind also linear abhängig.

Nun nehmen wir an, dass die $\mathbf{d}_{ij}$ für $(i,j) \in J$ linear abhängig seien. Dann gibt es Koeffizienten $\alpha_{ij} \neq 0$, so dass

$$\sum_{(i,j)\in J} \alpha_{ij}\mathbf{d}_{ij} = \mathbf{0}.$$

O.B.d.A. setzen wir voraus, dass alle α_{ij} ungleich null sind, ansonsten lassen wir die entsprechenden Vektoren einfach weg bzw. betrachten die zugehörigen Elemente aus J nicht weiter. Da die $\mathbf{d}_{ij}$ nur an den Stellen i und $m + j$ von null verschieden sind, kommen alle Zeilenindizes i und alle Spaltenindizes j entweder gar nicht oder mindestens zweimal in J vor. Somit werden durch die in J enthaltenen Zuordnungen in jeder Zeile und Spalte des Transporttableaus mindestens zwei Felder gekennzeichnet. Ausgehend von einer Zuordnung $(i_1, j_1) \in J$ konstruieren wir nun einen Weg, der abwechselnd zwischen Zeile und Spalte über diese Felder führt. Da j_1 mindestens zweimal in J vorkommt, gibt es ein i_2 mit $(i_2, j_1) \in J$. Wir ergänzen den Weg um die Zuordnung (i_2, j_1). Auch i_2 kommt mindestens zweimal in J vor, wir finden so eine weitere Zuordnung (i_2, j_2). Dieses Verfahren können wir so lange fortsetzen, bis sich ein neu aufgenommener Zeilenindex i_k oder Spaltenindex j_k wiederholt, wir also mit einem Feld im Transporttableau weitermachen müssten, auf dem wir bereits einmal waren. Da J endlich ist, muss das Verfahren irgendwann einen Index wiederholen und liefert daher einen Zyklus.   □

Bemerkung 5.4
In Bemerkung 5.2 haben wir darauf hingewiesen, dass im Falle von Degeneration bei der Minimale-Kosten-Regel eine Variable gleich 0 gesetzt werden muss. Hierbei ist darauf zu achten, dass anschließend die zu den besetzten Variablen gehörigen Vektoren linear unabhängig sind. Satz 5.3 liefert uns nun eine Methode, um das sicherzustellen. Die Null muss so gesetzt werden, dass es keinen geschlossenen Weg über die im Transporttableau besetzten Felder gibt.

Beispiel 5.4
Zur Verdeutlichung betrachten wir das folgende Tableau.

	B_1	B_2	B_3	
A_1	1	5	5	15
A_2	6	4	6	10
A_3	3	7	2	15
	20	10	10	

Wir führen die Minimale-Kosten-Regel durch und erhalten zunächst die folgenden vier Zuordnungen, der Leser möge dies nachvollziehen.

	B_1	B_2	B_3	
A_1	1 15	5	5	15
A_2	6	4 10	6	10
A_3	3 5	7	2 10	15
	20	10	10	

Für eine Basislösung fehlt uns noch eine Basisvariable, die Transportmengen sind jedoch bereits alle ausgeschöpft. Es tritt also hier der Fall der *Degeneration* auf und wir müssen eine Null in das Tableau schreiben, wobei wir dafür ein geeignetes Feld auswählen müssen. Würden wir nun als zusätzliche Variable x_{13} wählen, so erhielten wir das folgende Tableau.

	B_1	B_2	B_3	
A_1	1 15	5	5 0	15
A_2	6	4 10	6	10
A_3	3 5	7	2 10	15
	20	10	10	

Bei diesem Tableau handelt es sich jedoch nicht um eine Basislösung, da die Variablen einen Zyklus, nämlich $((1, 1), (1, 3), (3, 3), (3, 1))$ enthalten, wie die eingezeichneten Pfeile verdeutlichen. Dieses Tableau eignet sich also nicht als Ausgangslösung. Eine geeignete Wahl für die letzte Basisvariable ist z. B. x_{23}. Wenn wir die Null an diese Position schreiben, erhalten wir eine Basislösung, da kein Zyklus mehr vorhanden ist.

	B_1	B_2	B_3	
A_1	1 15	5	5	15
A_2	6	4 10	6 0	10
A_3	3 5	7	2 10	15
	20	10	10	

■

Vorgehensweise zur Berechnung der optimalen Lösung

- Ausgangspunkt ist eine (möglichst gute) zulässige Basislösung, die man mit der Nord-westeckenregel oder der Minimale-Kosten-Regel bestimmt.
- Der zweite Schritt besteht in einer Optimalitätsprüfung, d. h., es wird überprüft, ob der Austausch einer Basisvariablen gegen eine Nichtbasisvariable den Zielfunktionswert reduziert. Hierzu müssen alle Nichtbasisvariablen untersucht werden.
- Ist das der Fall, so wird ausgehend von der Nichtbasisvariablen ein Weg durch die Basis-variablen gesucht. Alle auf diesem geschlossenen Weg liegenden Variablen werden geändert. Die Nichtbasisvariable wird in die Lösung aufgenommen, und eine Basisvariable verlässt die Basis.

Bemerkung 5.5
Bei der Bestimmung einer optimalen Lösung sind folgende Aspekte von Bedeutung:

- *Von jeder Nichtbasisvariablen gibt es immer einen geschlossenen Weg über die Basisva-riablen. Dieser Weg ist eindeutig bestimmt.*
- *Zur Überprüfung der Optimalität einer zulässigen Basislösung wird für jede Nichtba-sisvariable eine Bewertung berechnet und in das Tableau eingetragen. Diese Bewertung gibt an, welche Auswirkung Mengenänderungen bei den Nichtbasisvariablen auf den Zielfunktionswert haben.*

Bevor wir einen Algorithmus zur Bestimmung einer optimalen Lösung angeben, wollen wir noch genauer auf die Bewertung einer Nichtbasisvariablen eingehen.

Schritte zur Bestimmung der Bewertung einer Nichtbasisvariablen

1. Ermitteln eines *Austauschzyklus* $W = ((i_1, j_1), \dots, (i_s, j_s))$, d. h. eines von der Nicht-basisvariablen x_{i_1, j_1} ausgehenden geschlossenen Weges über die Basisvariablen.

2. Berechnen der Änderung des Zielfunktionswertes bei Erhöhung der Nichtbasisvariablen um 1 ME. Bei Erhöhung von x_{i_1,j_1} um eine Einheit muss x_{i_1,j_2} um eine Einheit verringert, x_{i_2,j_2} um eine erhöht werden usw. Die Änderung des Zielfunktionswertes ergibt sich dann zu

$$B_{i_1,j_1} = \sum_{p=1}^{s} (-1)^{p+1} c_{i_p,j_p}.$$

3. Eintragen der Bewertung für die Nichtbasisvariablen in das Tableau, für die Basisvariablen erfolgt keine Eintragung.

	B_1		B_2		$\cdots$	B_n		
A_1	c_{11}	B_{11}	c_{12}	B_{12}		c_{1n}	B_{1n}	a_1
		x_{11}		x_{12}			x_{1n}	
A_2	c_{21}	B_{21}	c_{22}	B_{22}		c_{2n}	B_{2n}	a_2
		x_{21}		x_{22}			x_{2n}	
$\vdots$								$\vdots$
A_m	c_{m1}	B_{m1}	c_{m2}	B_{m2}		c_{mn}	B_{mn}	a_m
		x_{m1}		x_{m2}			x_{mn}	
	b_1		b_2		$\cdots$	b_n		

Algorithmus 5.3 (Stepping-Stone-Methode)

Ausgangspunkt ist eine zulässige Basislösung.

1. *Setze*
   Q_{BV} *$= \{(i,j) \mid x_{ij}$ ist Basisvariable\},*
   Q_{NBV} *$= \{(i,j) \mid x_{ij}$ ist Nichtbasisvariable\}.*
2. *Führe für alle $(i,j) \in Q_{NBV}$ folgende Schritte durch:*
   - *Bestimme einen Zyklus W_{ij} ausgehend von x_{ij}*
   - *Berechne die Bewertung B_{ij}*
3. *Ist $B_{ij} \geq 0$ für alle $(i,j) \in Q_{NBV}$*
   Dann: FERTIG (optimale Lösung gefunden).
   Sonst: Fahre mit Schritt 4 fort.
4. *Setze $B_{pq} = \min\{B_{ij} \mid (i,j) \in Q_{NBV}\}$. Die Nichtbasisvariable x_{pq} wird zur Basisvariable.*
5. *Bestimme einen Zyklus W_{pq} ausgehend von x_{pq}. Markiere dazu die Zuordnungen abwechselnd mit (+) und (−), beginnend mit (+) bei x_{pq}.*
6. *Bestimme $\Delta = \min\{x_{ij} \mid (i,j) \in Q_{BV} \wedge x_{ij}$ ist mit (−) markiert\}.*
7. *Berechne $x_{ij}^{neu} = \begin{cases} x_{ij} + \Delta & \text{falls } x_{ij} \text{ mit (+) markiert} \\ x_{ij} - \Delta & \text{falls } x_{ij} \text{ mit (−) markiert} \\ x_{ij} & \text{sonst} \end{cases}$*
8. *Entferne alle Markierungen und fahre mit Schritt 2 fort.*

Die Bezeichnung Stepping-Stone-Methode wurde in den ersten Beschreibungen dieses Verfahrens eingeführt. Man betrachtete leere, zu Nichtbasisvariablen gehörende Felder im Transporttableau als „water" und gefüllte, zu Basisvariablen gehörende Felder als „stones". Der Name ergab sich dann in Analogie zu dem Wandern über aus dem Wasser ragende Steine.

Bemerkung 5.6

Zur Bestimmung eines Zyklus in einem Transporttableau geht man ausgehend von einer Nichtbasisvariablen folgendermaßen vor:

1. *Das Feld mit der Nichtbasisvariablen wird mit einem (+) gekennzeichnet.*
2. *Mit Zahlen versehene Felder des Transporttableaus (also Basisvariablen) werden jetzt mit (−) und (+) so versehen, dass in jeder Zeile und in jeder Spalte die Anzahl der (−) gleich der Anzahl der (+) ist. Das ist immer eindeutig möglich mit höchstens einem (−) und einem (+) in jeder Zeile.*

Beispiel 5.5

Wir führen die Optimalitätsprüfung der Stepping-Stone-Methode für das Ausgangstableau

	B_1	B_2	B_3	
A_1	9	1	3	50
		40	10	
A_2	4	5	8	70
	40		30	
	40	40	40	

aus Beispiel 5.1 durch, das nach der Minimale-Kosten-Regel erstellt wurde und zu einer Lösung mit Gesamtkosten von 470 GE führte.

1. Setze
   $Q_{BV} = \{(1, 2); (1, 3); (2, 1); (2, 3)\}$,
   $Q_{NBV} = \{(1, 1); (2, 2)\}$.
2. Bewerte die freien Felder im Tableau (Transportwege).
   Feld $(1, 1)$: mit Zyklus $W = ((1, 1), (1, 3), (2, 3), (2, 1))$

Transportweg	Mengenänderung	Kostenänderung
$A_1 \longrightarrow B_1$	$+1$	$+9$
$A_1 \longrightarrow B_3$	-1	-3
$A_2 \longrightarrow B_3$	$+1$	$+8$
$A_2 \longrightarrow B_1$	-1	-4
	$\Sigma = 0$	$\Sigma = +10$

Eine Mengenänderung um 1 Einheit bei der Nichtbasisvariablen x_{11} würde also zu einer Kostensteigerung von 10 GE führen.

Feld $(2, 2)$: mit Zyklus $W = ((2, 2), (2, 3), (1, 3), (1, 2))$

Transportweg	Mengenänderung	Kostenänderung
$A_2 \longrightarrow B_2$	$+1$	$+5$
$A_2 \longrightarrow B_3$	-1	-8
$A_1 \longrightarrow B_3$	$+1$	$+3$
$A_1 \longrightarrow B_2$	-1	-1
	$\Sigma = 0$	$\Sigma = -1$

Das bedeutet eine Kostenersparnis von 1 GE bei einer Mengenänderung der Nichtbasisvariablen x_{22} um 1 Einheit.

3. Überprüfe das Transporttableau mit den Bewertungen für die Nichtbasisvariablen auf Optimalität:

	B_1		B_2		B_3		
A_1	9	+10	1		3		50
				40		10	
A_2	4		5	-1	8		70
		40				30	
	40		40		40		

Das Tableau ist nicht optimal, da eine Bewertung negativ ist.

4. Setze $B_{pq} = \min\{B_{11}, B_{22}\} = \min\{+10, -1\} \Rightarrow B_{pq} = B_{22}$.
   Die Nichtbasisvariable x_{22} wird zur Basisvariable.

5. Bestimme einen Zyklus ausgehend von x_{22}.

	B_1		B_2		B_3		
A_1	9		1	$-$	3	$+$	50
				40		10	
A_2	4		5	$+$	8	$-$	70
		40				30	
	40		40		40		

6. Bestimme $\Delta = \min\{x_{12}, x_{23}\} = \min\{40, 30\} = 30$.

7. Berechne die neue Basislösung:
$x_{12}^{neu} = 10, x_{13}^{neu} = 40, x_{21}^{neu} = 40, x_{22}^{neu} = 30, x_{23}^{neu} = 0.$
Alle anderen Variablen bleiben unverändert. Man erhält eine Lösung mit Gesamtkosten
von 440 GE. Das bedeutet eine Kostenreduktion um 30 GE (Verschieben von 30 ME bei
einer Kostenersparnis von 1 GE/ME) .
Das zugehörige Tableau sieht dann folgendermaßen aus:

	B_1	B_2	B_3	
A_1	9	1	3	50
		10	40	
A_2	4	5	8	70
	40	30		
	40	40	40	

Eine erneute Prüfung zeigt, dass dieses Tableau optimal ist.   ∎

Um zu einem effektiveren Verfahren für die Berechnung einer besseren Basislösung zu
kommen, der sogenannten *u-v-Methode,* stellen wir einige Vorbetrachtungen an. Grundlage
für die u-v-Methode ist das zum Transportproblem *duale* Problem, vgl. hierzu die Übungsaufgabe 5.2. Das duale Problem zum klassischen Transportproblem lautet:

$$Z = FD(u_i, v_j) = \sum_{i=1}^{m} a_i u_i + \sum_{j=1}^{n} b_j v_j \rightarrow \text{Max!}$$

$$\text{u. d. N.} \quad u_i + v_j \leq c_{ij}$$
$$u_i, v_j \in \mathbb{R} \quad \text{für } i = 1, \cdots, n \text{ und } j = 1, \cdots, m$$

(5.2)

Die Zielfunktion des primalen Problems $z = F(x_{ij}) = \sum_{i=1}^{m} \sum_{j=1}^{n} c_{ij} x_{ij}$ lässt sich aufgrund
der Nebenbedingungen folgendermaßen abschätzen:

$$F(x_{ij}) \geq \sum_{i=1}^{m} u_i \sum_{j=1}^{n} x_{ij} + \sum_{j=1}^{n} v_j \sum_{i=1}^{m} x_{ij} = \sum_{i=1}^{m} u_i a_i + \sum_{j=1}^{n} v_j b_j =: FD(u_i, v_j).$$

Aus den Sätzen 50 und 51 aus Abschnitt 3.7.6 folgt für zulässige Lösungen $\mathbf{X} = (x_{ij})$ des
Transportproblems und $\mathbf{u} = (u_i)$, $\mathbf{v} = (v_j)$ des dualen Problems 5.2 :

- Sind $\mathbf{X} = (x_{ij})$ sowie $\mathbf{u} = (u_i)$ und $\mathbf{v} = (v_j)$ optimal, so gilt:

$$\min F(x_{ij}) = \max FD(u_i, v_j).$$

- $\mathbf{X} = (x_{ij})$ sowie $\mathbf{u} = (u_i)$ und $\mathbf{v} = (v_j)$ sind genau dann optimal, wenn gilt:

$$x_{ij} > 0 \implies u_i + v_j = c_{ij}.$$

Basierend auf den obigen Betrachtungen werden bei der u-v-Methode ausgehend von einer zulässigen Basislösung **X** zunächst Variablen u_i und v_j ermittelt, für die die Implikation

$$x_{ij} \text{ ist Basisvariable} \implies u_i + v_j = c_{ij}$$

gilt. Danach wird geprüft, ob für alle Nichtbasisvariablen die Bedingung $u_i + v_j \leq c_{ij}$ eingehalten wird. Ist dies der Fall, so ist diese Basislösung optimal. Ansonsten wählt man diejenige Nichtbasisvariable x_{pq} mit dem kleinsten (negativen) Wert $B_{pq} = c_{pq} - u_p - v_q$ und tauscht sie gegen eine Basisvariable aus. Wie werden nun die Variablen u_i und v_j für eine Basisvariable bestimmt? Ausgehend von einer zulässigen Basislösung bildet man das Gleichungssystem

$$u_i + v_j = c_{ij} \quad \forall (i,j) \in Q_{BV} = \{(i,j) \mid x_{ij} \text{ ist Basisvariable}\}.$$

Dieses Gleichungssystem enthält $m+n$ Variablen sowie $m+n-1$ Gleichungen (Anzahl der Basisvariablen). Durch Ausnutzen des vorhandenen Freiheitsgrades lässt sich das System leicht lösen durch

1. Nullsetzen einer Variablen (z. B. von u_1),
2. sukzessives Lösen des verbleibenden Systems.

Damit ergibt sich der folgende Algorithmus für die Berechnung einer optimalen Lösung des klassischen Transportproblems.

Algorithmus 5.4 (u-v-Methode)

Ausgangspunkt ist eine beliebige zulässige Basislösung.

1. *Setze*
   $Q_{BV} \quad = \{(i,j) \mid x_{ij} \text{ ist Basisvariable}\},$
   $Q_{NBV} \quad = \{(i,j) \mid x_{ij} \text{ ist Nichtbasisvariable}\}.$
2. *Setze $u_i = 0$ und bestimme u_i und v_j in der Weise, dass $u_i + v_j = c_{ij}$ für alle $(i,j) \in Q_{BV}$.*
3. *Berechne $B_{ij} = c_{ij} - u_i - v_j$ für $(i,j) \in Q_{NBV}$.*
4. *Ist $B_{ij} \geq 0$ für alle $(i,j) \in Q_{NBV}$*
   Dann: FERTIG (optimale Lösung gefunden).
   Sonst: Fahre mit Schritt 5 fort.
5. *Setze $B_{pq} = \min\{B_{ij} \mid (i,j) \in Q_{NBV}\}$. Die Nichtbasisvariable x_{pq} wird zur Basisvariable.*
6. *Bestimme einen Zyklus W_{pq} ausgehend von x_{pq}. Markiere dazu die Zuordnungen abwechselnd mit $(+)$ und $(-)$, beginnend mit $(+)$ bei x_{pq}.*
7. *Bestimme $\Delta = \min\{x_{ij} \mid (i,j) \in Q_{BV} \wedge x_{ij} \text{ ist mit } (-) \text{ markiert}\}$.*

8. *Berechne* $x_{ij}^{neu} = \begin{cases} x_{ij} + \Delta & \text{falls } x_{ij} \text{ mit (+) markiert} \\ x_{ij} - \Delta & \text{falls } x_{ij} \text{ mit (–) markiert} \\ x_{ij} & \text{sonst} \end{cases}$

9. *Entferne alle Markierungen und fahre mit Schritt 2 fort.*

Bemerkung 5.7

Die Bewertungen für die Nichtbasisvariablen bei der zuvor betrachteten Stepping-Stone-Methode stimmen mit denen im u-v-Verfahren überein. Der Vorteil der u-v-Methode besteht jedoch in der schnelleren Berechnung der Bewertungen.

Beispiel 5.6

Anwendung der u-v-Methode auf das nach der Minimale-Kosten-Regel erstellte Ausgang-stableau

	B_1	B_2	B_3	
A_1	9	1	3	50
		40	10	
A_2	4	5	8	70
	40		30	
	40	40	40	

1. Setze $Q_{BV} = \{(1, 2); (1, 3); (2, 1); (2, 3)\}$,
   $Q_{NBV} = \{(1, 1); (2, 2)\}$.

2. Bestimme u_i und v_j. Wir setzen hierzu $u_1 = 0$ und lösen das folgende Gleichungssystem:

$$u_1 + v_2 = 1,$$
$$u_1 + v_3 = 3,$$
$$u_2 + v_1 = 4,$$
$$u_2 + v_3 = 8.$$

Das Ergebnis lautet: $u_1 = 0$, $u_2 = 5$, $v_1 = -1$, $v_2 = 1$ und $v_3 = 3$.

3. Für die Bewertungen der freien Felder ergibt sich damit

$$B_{11} = 9 - 0 + 1 = 10,$$
$$B_{22} = 5 - 5 - 1 = -1.$$

Man erhält die gleichen Bewertungen wie bei der Stepping-Stone-Methode und natürlich auch das identische 2. Tableau, da die Vorgehensweise für den Basiswechsel bei beiden Methoden übereinstimmt, d. h. die weiteren Schritte der beiden Algorithmen sind identisch.

	B_1	B_2	B_3	
A_1	9	1	3	50
		10	40	
A_2	4	5	8	70
	40	30		
	40	40	40	

Für eine erneute Optimalitätsprüfung ist das folgende Gleichungssystem zu lösen:

$$u_1 + v_2 = 1,$$
$$u_1 + v_3 = 3,$$
$$u_2 + v_1 = 4,$$
$$u_2 + v_2 = 5.$$

Das Resultat ist $u_1 = 0$, $u_2 = 4$, $v_1 = 0$, $v_2 = 1$, $v_3 = 3$.
Es liefert folgende Bewertungen für die freien Felder im Tableau:

$$B_{11} = 9 - 0 - 0 = 9,$$
$$B_{23} = 8 - 4 - 3 = 1.$$

Da alle Bewertungen jetzt positiv sind, ist die zugehörige Lösung optimal (vgl. Resultat bei der Stepping-Stone-Methode, Algorithmus 5.3). ∎

In Luenberger (2004) (S. 88) findet man die folgende ökonomische Interpretation für die Variablen u_i und v_j. Ein Unternehmer ist überzeugt, dass er den Transport günstiger durchführen kann und unterbreitet dem Produzenten den folgenden Vorschlag. Er kauft von ihm das zu befördernde Produkt an den Versandorten zu den Preisen $-u_i$ und verkauft es ihm wieder an den Empfangsorten zu den Preisen v_j. Dabei variieren die Preise für An- und Verkauf von Ort zu Ort.

Damit sich das Geschäft für den Produzenten lohnt, der seine Ware transportiert haben möchte, muss gelten:

$$u_i + v_j \leq c_{ij}.$$

Andernfalls würde er den Transport wie geplant durchführen lassen. Die Summe $u_i + v_j$ repräsentiert die Kosten, die dem Produzenten durch den Verkauf am Versandort und den Rückkauf am Empfangsort entstehen. In dem obigen Beispiel haben wir beim Lösen der Gleichungssysteme die Variable u_1 der Einfachheit halber immer gleich 0 gesetzt. Durch einen anderen Wert für u_1 (z. B. $u_1 = -100$) wäre es möglich gewesen, realistische Preise darzustellen, da automatisch mit u_1 auch alle anderen Variablen entsprechende Werte annehmen. Die Bewertungen hätten sich dadurch nicht geändert. Der Leser möge das obige Beispiel noch einmal durchrechnen mit $u_1 = -100$.

Wir betrachten ein weiteres Anwendungsbeispiel.

Beispiel 5.7

Vier Automobilwerke A_1, A_2, A_3 und A_4 haben einen jährlichen Bedarf an einem speziellen Produkt in der Größenordnung von 280, 180, 160 und 240 Mengeneinheiten. Dieses wird ihnen von vier Zulieferfirmen Z_1, Z_2, Z_3 und Z_4 wie folgt angeboten:

Zulieferfirma	Z_1	Z_2	Z_3	Z_4
Angebot (ME)	240	190	220	210

Die Kosten des Transports einer Mengeneinheit (ME) des Produktes von den Zulieferfirmen zu den Automobilwerken sind in der folgenden Tabelle aufgeführt:

	A_1	A_2	A_3	A_4
Z_1	65	60	55	70
Z_2	55	90	80	40
Z_3	65	70	55	45
Z_4	95	85	50	65

Gesucht ist ein optimaler Transportplan. Wir bestimmen zunächst eine Ausgangslösung nach der *Minimale-Kosten-Regel* (Eröffnungsverfahren) und erhalten das folgende Tableau:

	A_1	A_2	A_3	A_4	
Z_1	65 60	60 180	55	70	240
Z_2	55	90	80	40 190	190
Z_3	65 170	70	55	45 50	220
Z_4	95 50	85	50 160	65	210
	280	180	160	240	

Es empfiehlt sich, die Summen der Zeilen und der Spalten des Tableaus nach jedem Schritt zu kontrollieren. Wir führen nun die Bewertung der Nichtbasisvariablen nach der u-v-Methode durch, wozu wir das Gleichungssystem

$$u_1 + v_1 = 65,$$
$$u_1 + v_2 = 60,$$
$$u_2 + v_4 = 40,$$
$$u_3 + v_1 = 65,$$
$$u_3 + v_4 = 45,$$

$$u_4 + v_1 = 95,$$
$$u_4 + v_3 = 50$$

zu lösen haben. Wir setzen $u_1 = 0$ und erhalten $u_2 = -5$, $u_3 = 0$, $u_4 = 30$, $v_1 = 65$, $v_2 = 60$, $v_3 = 20$ und $v_4 = 45$. Nach der Formel

$$B_{ij} = c_{ij} - u_i - v_j$$

bestimmen wir dann die Bewertungen und tragen diese in das Tableau ein.

	A_1		A_2		A_3		A_4		
Z_1	65		60		55	35	70	25	240
	60		180						
Z_2	55	-5	90	35	80	65	40		190
							190		
Z_3	65		70	10	55	35	45		220
	170						50		
Z_4	95		85	-5	50		65	-10	210
	50				160				
	280		180		160		240		

Der Zielfunktionswert für dieses Tableau ist $z = 48\,350$. Da es noch negative Bewertungen gibt (z. B. für den Transportweg $Z_4 \to A_4$), ist das Tableau nicht optimal. Wir wollen die Variable x_{44} zur Basisvariable machen und kennzeichnen das Feld mit (+). Gemäß Algorithmus 5.3 markieren wir den geschlossenen Weg abwechselnd mit (+) und (−). Man erhält so das folgende Tableau:

	A_1		A_2		A_3		A_4		
Z_1	65		60		55	35	70	25	240
	60		180						
Z_2	55	-5	90	35	80	65	40		190
							190		
Z_3	65	+	70	10	55	35	45	−	220
	170						50		
Z_4	95	−	85	-5	50		65	+	210
	50				160				
	280		180		160		240		

Bei der Handrechnung trägt man die Markierungen üblicherweise in das Tableau ein, in dem auch die Bewertungen stehen. Der Übersichtlichkeit halber haben wir ein neues Tableau verwendet. Da die mit (–) gekennzeichneten Basisvariablen beide den Wert 50 haben und somit $\Delta = 50$ ist, können wir wählen, welche die Basis verlässt und welche in der Basis bleibt. Wir entscheiden uns dafür, dass x_{41} Nichtbasisvariable und x_{34} Basisvariable mit Wert 0 wird. Letztere bezeichnet man als degenerierte oder entartete Basisvariable. Entsprechend dem Algorithmus erhalten wir als nächstes Tableau:

	A_1	A_2	A_3	A_4	
Z_1	65 60	60 180	55	70	240
Z_2	55	90	80	40 190	190
Z_3	65 220	70	55	45 0	220
Z_4	95	85	50 160	65 50	210
	280	180	160	240	

Der Zielfunktionswert ist $z = 47\,850$. Eine erneute Berechnung der Bewertungen führt zu dem folgenden Ergebnis:

	A_1	A_2	A_3	A_4	
Z_1	65 60	60 180	55 25	70 25	240
Z_2	55 -5	90 35	80 55	40 190	190
Z_3	65 220	70 10	55 25	45 0	220
Z_4	95 10	85 5	50 160	65 50	210
	280	180	160	240	

Es wird nun x_{21} zur Basisvariable und das zugehörige Kästchen mit einem (+) - Zeichen versehen. Davon ausgehend wird ein neuer Weg festgelegt.

	A_1	A_2	A_3	A_4	
$Z1$	65 60	60 180	55	70	240
Z_2	55 +	90	80	40 − 190	190
Z_3	65 − 220	70	55	45 + 0	220
Z_4	95	85	50 160	65 50	210
	280	180	160	240	

Mit $\Delta = 190$ erhalten wir schließlich das letzte Tableau. Eine Bewertung der Nichtbasisvariablen zeigt, dass eine optimale Lösung mit $z = 46\,900$ vorliegt.

	A_1	A_2	A_3	A_4	
Z_1	65 60	60 180	55	70	240
Z_2	55 190	90	80	40	190
Z_3	65 30	70	55	45 190	220
Z_4	95	85	50 160	65 50	210
	280	180	160	240	

∎

Bemerkung 5.8

Der Weg über die Basisvariablen kann sich durchaus überschneiden, wie das unten stehende Tableau beispielhaft verdeutlicht. Es soll hier x_{22} neu in die Basis aufgenommen werden.

	B_1	B_2	B_3	B_4	
A_1	c_{11}	c_{12}	c_{13}	c_{14} x_{14}	a_1
A_2	c_{21}	c_{22} + ● ←	c_{23} − x_{23}	c_{24} x_{24}	a_2
A_3	c_{31} − x_{31}	c_{32}	c_{33} + → x_{33}	c_{34}	a_3
A_4	c_{41} + x_{41} ←	c_{42} − x_{42}	c_{43}	c_{44}	a_4
	b_1	b_2	b_3	b_4	

Bei größeren Tableaus kann es manchmal etwas schwierig sein, den geschlossenen Weg zu finden.

5.5 Erweiterungen

In diesem Abschnitt befassen wir uns mit Erweiterungen des Grundmodells.

Sperren von Transportwegen In manchen Situationen sollen auf bestimmten Transportwegen feste Mengen vorgegeben oder Transportwege komplett gesperrt werden. Als Beispiel betrachten wir zunächst das folgende Tableau:

	B_1	B_2	B_3	B_4	
A_1	2	6	6	8	20
A_2	3	7	9	5	16
A_3	2	4	5	3	10
	12	12	12	10	

Ohne den optimalen Transportplan zu kennen, sollen auf dem Transportweg $A_1 \to B_1$ genau 4 Mengeneinheiten des Guts transportiert werden. Darüber hinaus wird der Weg $A_1 \to B_2$ gesperrt, d. h., wir suchen eine Lösung mit $x_{12} = 0$.

Um dies zu erreichen, gehen wir wie folgt vor. Da auf jeden Fall 4 Mengeneinheiten von A_1 nach B_1 transportiert werden, nehmen wir diese Menge nicht in unsere Rechnung auf. Wir reduzieren a_1 und b_1 jeweils um den Betrag 4. Zusätzlich setzen wir den Kostenkoeffizienten c_{11} auf einen großen Wert, z. B. $c_{11} = 100$, da auf diesem Weg *nichts* mehr transportiert werden darf. Transporte auf dieser Strecke werden mit besonders hohen Kosten „bestraft". Man spricht deshalb auch von einem *Penalty-Verfahren*. Wir erhalten auf diese Weise das folgende Tableau:

	B_1	B_2	B_3	B_4	
A_1	100 X	6	6	8	16
A_2	3	7	9	5	16
A_3	2	4	5	3	10
	8	12	12	10	

Um den Weg $A_1 \rightarrow B_2$ zu sperren, setzen wir die Kosten c_{12} ebenfalls auf einen großen Wert, z. B. 100. Bevor wir versuchen, einen optimalen Transportplan zu berechnen, sollten wir überprüfen, ob nach der Sperrung überhaupt noch die Nebenbedingungen eingehalten werden können. Ist dies der Fall, so wenden wir auf das so entstandene Tableau

	B_1	B_2	B_3	B_4	
A_1	100 X	100 X	6	8	16
A_2	3	7	9	5	16
A_3	2	4	5	3	10
	8	12	12	10	

das beschriebene Verfahren an. Die gesperrten Transportwege haben wir jeweils mit einem großen X gekennzeichnet.

Sollte bei dem optimalen Transportplan eine der beiden Variablen x_{11} oder x_{12} nicht verschwinden, so sind die Kosten auf den entsprechenden Transportwegen ggf. noch weiter zu erhöhen. Die Wahl der Kostenkoeffizienten auf den gesperrten Wegen ist immer von dem jeweiligen Problem und der Größenordnung der anderen Transportkosten abhängig.

Bemerkung 5.9

Statt dem Einführen von Kostenkoeffizienten mit sehr großem Wert könnte man auch einfach die entsprechenden Felder im Transporttableau sperren und beim Berechnen der optimalen Lösung nicht weiter berücksichtigen. Durch diese Vorgehensweise würde der Aufwand reduziert. Das Problem dabei besteht darin, dass die Eröffnungsverfahren nicht mehr ohne Weiteres funktionieren und eine zulässige Basislösung liefern.

Zwischenlager   In manchen Transportproblemen treten neben Angebots- und Bedarfsstellen noch Zwischenlager auf, die entweder zwangsläufig benutzt werden müssen, da keine direkte Verbindung besteht (z. B. beim Wechsel des Transportmittels), oder deren Benutzung kostengünstiger ist.

Zum Lösen von Transportproblemen mit Zwischenlagern müssen wir das Grundmodell um folgende Punkte erweitern:

- Zwischenlager werden sowohl als Versand- als auch als Empfangsorte in das Transporttableau aufgenommen.
- Für Zwischenlager müssen geeignete Aufnahme- und Abgabemengen definiert werden. Dabei muss gelten:
$$\text{Aufnahmemenge} = \text{Abgabemenge}.$$

Ist die Aufnahmemenge durch eine vorgegebene Lagerkapazität begrenzt, so setzt man

$$\text{Aufnahmemenge} = \text{Abgabemenge} = \text{Lagerkapazität}.$$

- Ungenutzte Aufnahme- und Abgabemengen in den Zwischenlagern, d. h. die Differenz zwischen den realen Zu- und Abgängen, werden durch einen fiktiven Transport innerhalb des Zwischenlagers mit dem Kostenkoeffizient 0 realisiert.
- Felder im Transporttableau, die sich auf Versand- und Empfangsorte beziehen, für welche keine Verbindung besteht, werden gesperrt.
- Die Wege zwischen den einzelnen Zwischenlagern werden gesperrt.

Um die Änderungen des Grundmodells näher zu erläutern, kehren wir zu dem vorangegangenen Beispiel mit den gesperrten Transportwegen zurück. Jetzt soll ein optimaler Transportplan berechnet werden, der folgende Änderungen berücksichtigt.

Vom Versandort A_1 existiert zusätzlich auch kein direkter Weg zu dem Empfangsort B_3. Von A_2 besteht keine Verbindung zu B_2, B_3 und B_4. Dafür stehen jetzt aber zwei Zwischenlager Z_1 und Z_2 mit einer Kapazität von jeweils 50 bzw. 30 Mengeneinheiten zur Verfügung. Das zugehörige Transporttableau sieht dann folgendermaßen aus:

	B_1	B_2	B_3	B_4	Z_1	Z_2	
A_1	X	X	X	8	4	1	16
A_2	3	X	X	X	2	3	16
A_3	2	4	5	3	1	4	10
Z_1	1	3	5	4	0	X	50
Z_2	6	2	1	4	X	0	30
	8	12	12	10	50	30	

Das Tableau wurde um die zwei Zwischenlager sowohl auf der Versand- als auch auf der Empfangsseite erweitert. Zusätzlich wurden Werte für die Kostenkoeffizienten für den Transport von und zu den Zwischenlagern hinzugefügt. Der Einfachheit halber haben wir die Felder für die nicht vorhandenen Verbindungen gesperrt.

Aufgaben

Aufgabe 5.1 (Transportproblem)
Ein Lebensmittelhändler möchte Bio-Möhren in das Gemüsesortiment aufnehmen und hat daher mit drei Bio-Bauern Verträge abgeschlossen. Diese liefern ihr Produkt an vier nahe gelegene Packstationen (P). Die Transportkosten je Mengeneinheit, die lieferbaren Mengen und die Kapazität je Packstation sind in der folgenden Tabelle zusammengestellt.

Bio-Bauer	Transportkosten je ME				Lieferbare Menge
	P_1	P_2	P_3	P_4	
1	4	6	7	8	400
2	5	9	4	5	350
3	6	7	8	7	350
Lagerkapazität	300	300	200	200	

Stellen Sie das Transporttableau auf und bestimmen Sie eine Ausgangslösung nach der Nordwesteckenregel. Berechnen Sie dann einen optimalen Transportplan.
Hinweis: Da die Kapazität der Packstationen insgesamt kleiner ist als die gesamte lieferbare Menge, muss eine „fiktive Packstation" (P_5) eingeführt werden. Die entsprechenden Transportkosten werden gleich null gesetzt.

Aufgabe 5.2 (Duales Programm)

Leiten Sie zu dem klassischen Transportmodell gemäß Definition 5.1

$$z = F(x_{11}, \ldots, x_{mn}) = \sum_{i=1}^{m} \sum_{j=1}^{n} c_{ij} x_{ij} \to \text{Min!}$$

$$\text{u. d. N.} \quad \sum_{j=1}^{n} x_{ij} = a_i \quad (i = 1, \ldots, m)$$

$$\sum_{i=1}^{m} x_{ij} = b_j \quad (j = 1, \ldots, n)$$

$$x_{ij} \geq 0$$

das duale Programm her, das die Grundlage für die u-v-Methode bildet.

Aufgabe 5.3 (Gesperrte Wege und Zwischenlager)

a) *Bestimmen Sie für das Tableau mit den beiden gesperrten Wegen auf Seite 161 einen optimalen Transportplan. Verwenden Sie die Minimale-Kosten-Regel für das Berechnen einer ersten zulässigen Basislösung.*

b) *Bestimmen Sie für das erweiterte Beispiel auf Seite 163 mit den gesperrten Wegen und den zwei Zwischenlagern ausgehend von der im folgenden Tableau angegebenen Basislösung einen optimalen Transportplan. Die gesperrten Felder sollen bei der Berechnung nicht berücksichtigt werden.*

	B_1	B_2	B_3	B_4	Z_1	Z_2	
A_1	X	X	X	8	4	1 / 16	16
A_2	3	X	X	X	2 / 16	3	16
A_3	2	4	5	3	1 / 10	4	10
Z_1	1 / 8	3 / 12	5	4 / 6	0 / 24	X	50
Z_2	6	2	1 / 12	4 / 4	X	0 / 14	30
	8	12	12	10	50	30	

Zuordnungsprobleme

6

Inhaltsverzeichnis

6.1 Einführung 165
6.2 Lösungsverfahren 166

6.1 Einführung

Beim Zuordnungsproblem geht es um die paarweise Zuordnung von Elementen aus zwei unterschiedlichen Mengen. Damit handelt es sich um einen Spezialfall des klassischen Transportproblems (vgl. Kap. 5) mit $m = n$, $a_i = 1$ und $b_j = 1$. Das hier vorgestellte Verfahren zum Lösen von Zuordnungsproblemen, die *Ungarische Methode,* geht auf den Mathematiker H. W. Kuhn zurück (vgl. Kuhn 1955).

Beispiel 6.1

Für n auszuführende Tätigkeiten stehen n Arbeiter zur Verfügung, die für diese Tätigkeiten unterschiedlich gut qualifiziert sind. Die Kosten für das Ausführen der Tätigkeit j durch den Arbeiter i seien c_{ij}. Wir suchen einen optimalen Einsatzplan, der die folgenden Bedingungen erfüllt:

- Jeder Arbeiter führt genau eine Tätigkeit aus bzw. jeder Tätigkeit wird genau ein Arbeiter zugewiesen.
- Der ermittelte Arbeitsplan ist kostenminimal unter allen zulässigen Plänen.

Mathematisch kann dieses Problem wie ein Transportproblem modelliert werden. Die Variablen sind:

$$x_{ij} = \begin{cases} 1 & \text{Arbeiter } i \text{ übernimmt die Tätigkeit } j \\ 0 & \text{sonst} \end{cases}$$

© Springer-Verlag GmbH Deutschland, ein Teil von Springer Nature 2023
A. Koop und H. Moock, *Lineare Optimierung – eine anwendungsorientierte Einführung in Operations Research*, https://doi.org/10.1007/978-3-662-66387-5_6

Zu minimieren ist

$$F(x_{ij}) = \sum_{i=1}^{n} \sum_{j=1}^{n} c_{ij} x_{ij}$$

unter den Nebenbedingungen

$$\sum_{j=1}^{n} x_{ij} = 1, \quad \sum_{i=1}^{n} x_{ij} = 1, \quad x_{ij} \in \{0, 1\}. \qquad \blacksquare$$

Im Prinzip können wir das Zuordnungsproblem mit der u-v-Methode aus Kap. 5 lösen. Eine Basislösung besteht wegen $m = n$ aus $2n - 1$ Basisvariablen, von denen n den Wert 1 und $n - 1$ den Wert 0 haben. Es tritt somit eine extreme Degeneration auf. Dies bedeutet, dass bei dem Verfahren viele Schritte auszuführen sind, die zu keiner Verbesserung der Zielfunktion beitragen. Für das Zuordnungsproblem gibt es daher besondere Lösungsverfahren, die seine spezielle Struktur ausnutzen und weniger Aufwand erfordern.

6.2   Lösungsverfahren

Wir betrachten für $n \in \mathbb{N}$ und $x_{ij} \in \{0, 1\}$ das Problem

$$z = \sum_{i=1}^{n} \sum_{j=1}^{n} c_{ij} x_{ij} \rightarrow \text{Min!}$$

$$\text{u. d. N.} \quad \sum_{j=1}^{n} x_{ij} = 1, \quad i = 1, \ldots, n \qquad (6.1)$$

$$\sum_{i=1}^{n} x_{ij} = 1, \quad j = 1, \ldots, n$$

Dabei gelte $c_{ij} \geq 0$ für alle $i, j \in \{1, \ldots, n\}$.

Theoretisch könnten zur Lösung des Problems 6.1 alle möglichen Zuordnungen ausprobiert und jeweils die Werte der Zielfunktion verglichen werden. Die Anzahl der Möglichkeiten ist mit $n!$ aber meist so groß, dass dieses Verfahren zu aufwändig wäre. Bereits für $n = 15$ müssten wir $15! = 1.307.674.368.000$ verschiedene Zuordnungen testen. Diese Vorgehensweise scheidet in der Praxis also aus.

Ähnlich wie beim Transportalgorithmus schreiben wir die Kostenkoeffizienten c_{ij} in ein Tableau. Da die Zeilen- und Spaltensummen jetzt immer 1 ergeben müssen, werden sie der Einfachheit halber weggelassen.

	1	2	$\cdots$	n
1	c_{11}	c_{12}	$\cdots$	c_{1n}
2	c_{21}	c_{22}	$\cdots$	c_{2n}
$\vdots$	$\vdots$	$\vdots$		$\vdots$
n	c_{n1}	c_{n2}	$\cdots$	c_{nn}

Im weiteren Verlauf werden wir auch die Bezeichnungen der Zeilen und Spalten nicht mehr mitführen. Wir konzentrieren uns ganz auf die Kostenkoeffizienten. Die Idee besteht nun darin, in einer ersten Phase das Ausgangstableau so zu modifizieren, dass es möglichst viele Nullen enthält und eine optimale Lösung des Problems ggf. direkt abgelesen werden kann. Man spricht auch von der *Reduktion* des Tableaus.

Reduktion Wir subtrahieren einen möglichst großen Wert von jeder Zeile und anschließend von jeder Spalte des Tableaus, also zunächst

$$c'_{ij} = c_{ij} - q_i \quad \text{mit} \quad q_i = \min\{c_{ij} | j = 1 \ldots, n\}$$

und dann

$$c''_{ij} = c'_{ij} - p_j \quad \text{mit} \quad p_j = \min\{c'_{ij} | j = 1 \ldots, n\}.$$

Man spricht auch von *Zeilenreduktion* bzw. *Spaltenreduktion*. Auf diese Weise erhalten wir ein neues Tableau mit den Kostenkoeffizienten $c''_{ij} \geq 0$, von denen in jeder Zeile und Spalte mindestens einer null ist.

Da das reduzierte Tableau wieder nur nichtnegative Kostenkoeffizienten enthält, ist die zugehörige Zielfunktion ebenfalls immer nichtnegativ. Eine Lösung, die in der reduzierten Matrix zum Zielfunktionswert 0 führt, ist daher sicher optimal. Nach Satz 6.1 ist eine optimale Lösung des reduzierten Tableaus gleichzeitig auch optimal für das Ausgangstableau.

Satz 6.1
Es ist x_{ij} genau dann eine optimale Lösung des Problems 6.1, wenn x_{ij} eine optimale Lösung des Problems mit dem reduzierten Tableau ist.

Beweis Die Zielfunktion des Tableaus mit den Koeffizienten c''_{ij} bezeichnen wir mit F_R. Es gilt dann

$$
\begin{aligned}
F_R(x_{ij}) &= \sum_{i=1}^{n}\sum_{j=1}^{n} c_{ij}'' x_{ij} = \sum_{i=1}^{n}\sum_{j=1}^{n} (c_{ij} - q_i - p_j) x_{ij} \\
&= \sum_{i=1}^{n}\sum_{j=1}^{n} (c_{ij} x_{ij} - q_i x_{ij} - p_j x_{ij}) \\
&= \sum_{i=1}^{n}\sum_{j=1}^{n} c_{ij} x_{ij} - \sum_{i=1}^{n}\sum_{j=1}^{n} q_i x_{ij} - \sum_{i=1}^{n}\sum_{j=1}^{n} p_j x_{ij} \\
&= F(x_{ij}) - \sum_{i=1}^{n} q_i \sum_{j=1}^{n} x_{ij} - \sum_{j=1}^{n} p_j \sum_{i=1}^{n} x_{ij} \\
&= F(x_{ij}) - \sum_{i=1}^{n} q_i - \sum_{j=1}^{n} p_j = F(x_{ij}) - R.
\end{aligned}
$$

Die Zielfunktionswerte in Ausgangs- und reduziertem Tableau unterscheiden sich lediglich durch eine Konstante R, so dass F und F_R für die gleichen zulässigen Lösungen optimal sind. Die Reduktion des Tableaus ändert nichts an der Lösung des Problems. $\square$

Beispiel 6.2
Drei Arbeiten können wahlweise mit drei Maschinen durchgeführt werden, wobei jeweils die in der folgenden Tabelle angegebene Energie verbraucht wird.

	Energieverbrauch der Maschine (kWh)		
	1	2	3
Arbeit 1	8	9	5
Arbeit 2	10	8	15
Arbeit 3	16	11	12

Gesucht ist eine Zuordnung der Arbeiten zu den einzelnen Maschinen, so dass der Gesamtenergieverbrauch minimal ist. Ausgehend von dem Tableau

8	9	5
10	8	15
16	11	12

ergeben sich nach Zeilen- und Spaltenreduktion die folgenden Tableaus:

3	4	0
2	0	7
5	0	1

$\rightarrow$

1	4	0
0	0	7
3	0	1

Eine Lösung mit Zielfunktionswert 0 lässt sich jetzt sofort ablesen. Wir markieren die entsprechenden Felder in dem Tableau.

1	4	[0]
[0]	0	7
3	[0]	1

Damit ist die optimale Lösung

$$\text{Arbeit } 1 \rightarrow \text{Maschine } 3$$
$$\text{Arbeit } 2 \rightarrow \text{Maschine } 1$$
$$\text{Arbeit } 3 \rightarrow \text{Maschine } 2$$

gefunden. Der minimale Energieverbrauch beträgt somit 26 kWh. ∎

Zum Lösen eines Zuordnungsproblems versuchen wir, in dem reduzierten Tableau in jeder Zeile und jeder Spalte genau eine Null zu markieren. Wenn uns das gelingt, haben wir eine optimale Lösung gefunden. Bei dem kleinen Beispiel 6.2 war das nicht allzu schwierig, bei größeren Tableaus ist es oftmals nicht so einfach.

Suchen einer maximalen Anzahl von Zuordnungen Wir wollen sukzessive möglichst viele Nullen im Tableau markieren. Zeilen oder Spalten, die nur eine Null enthalten, bearbeiten wir zuerst. Enthält eine Zeile nur eine Null, so wird diese markiert und in der dazugehörigen Spalte die restlichen Nullen gestrichen. Entsprechend wird für einzelne Nullen in Spalten verfahren. Im weiteren Verlauf betrachten wir dann immer eine der Zeilen oder Spalten mit der geringsten Anzahl von Nullen. Gibt es hier mehr als nur eine Null, wird eine beliebige markiert und sowohl in der Zeile als auch in der Spalte alle weiteren Nullen gestrichen. Dies wiederholen wir so lange, bis alle Nullen in dem Tableau entweder markiert oder gestrichen sind. Wenn wir n Nullen markieren konnten, haben wir damit eine optimale Lösung gefunden.

Beispiel 6.3

Ausgehend von dem Tableau links führen wir zunächst die Zeilen- und Spaltenreduktion durch.

4	3	6	9
1	7	1	0
2	5	1	3
9	6	2	2

$\rightarrow$

0	0	3	6
0	7	1	0
0	4	0	2
6	4	0	0

Wir starten mit der zweiten Spalte, die nur eine Null enthält. Wir markieren diese und streichen die Null in der ersten Zeile.

X	[0]	3	6
0	7	1	0
0	4	0	2
6	4	0	0

Da es keine Zeilen oder Spalten mehr mit nur einer Null gibt, fahren wir mit Zeilen oder Spalten mit zwei Nullen fort. Hier haben wir jetzt verschiede Wahlmöglichkeiten, die auch zu unterschiedlichen Ergebnissen führen können. Wir wählen z. B. die erste Null in der zweiten Zeile und erhalten so das folgende Tableau.

X	[0]	3	6
[0]	7	1	X
X	4	0	2
6	4	0	0

Die letzte Spalte enthält nur eine Null, die wir markieren. Wir streichen die zweite Null in der letzten Zeile.

X	$\boxed{0}$	3	6
$\boxed{0}$	7	1	X
X	4	0	2
6	4	X	$\boxed{0}$

Die letzte verbliebene Null wird noch markiert, womit wir dann eine optimale Lösung gefunden haben.

X	$\boxed{0}$	3	6
$\boxed{0}$	7	1	X
X	4	$\boxed{0}$	2
6	4	X	$\boxed{0}$

Die Zuordnung hat den optimalen Zielfunktionswert 7, je nach Auswahl der Nullen hätten wir auch zu der Lösung

X	$\boxed{0}$	3	6
X	7	1	$\boxed{0}$
$\boxed{0}$	4	X	2
6	4	$\boxed{0}$	X

kommen können. Diese Lösung hat ebenfalls den Zielfunktionswert 7. ∎

Bemerkung 6.1

- *Die markierten Nullen einer optimalen Zuordnung befinden sich an den Stellen der Einsen einer Permutationsmatrix $\mathbf{P} \in \mathbb{R}^{n \times n}$.*
- *Das Berechnen der maximal möglichen Zuordnungen mit Kostenkoeffizienten $c_{ij}'' = 0$ ist äquivalent zum Bestimmen einer ganzzahligen Lösung des folgenden linearen Programms (vgl. Kall 1976, S. 85):*

$$\sum_{(i,j)\in Z} x_{ij} \to \text{Max!}$$

$$\text{u. d. N.} \qquad \sum_{\{j\,|\,(i,j)\in Z\}} x_{ij} \leq 1 \qquad i = 1, \dots, n, \tag{6.2}$$

$$\sum_{\{i\,|\,(i,j)\in Z\}} x_{ij} \leq 1 \qquad j = 1, \dots, n,$$

$$x_{ij} \geq 0,$$

mit $Z = \{(i,j) \mid c_{ij} = 0\}$.

Durch das oben genannte Verfahren können wir leider nicht immer eine optimale Lösung finden, wie das folgende Beispiel zeigt.

Beispiel 6.4

Wir untersuchen das Zuordnungsproblem mit dem folgenden Tableau, bei dem wir gleich wieder die Zeilen- und Spaltenreduktion durchgeführt haben.

4	5	6	5	7
3	3	1	2	5
5	1	6	5	1
4	5	5	8	6
3	4	2	4	5

$\rightarrow$

0	1	2	0	3
2	2	0	0	4
4	0	5	3	0
0	1	1	3	2
1	2	0	1	3

In dem reduzierten Tableau können maximal vier Nullen markiert werden. Die oben beschriebene Vorgehensweise liefert z. B. das folgende Tableau.

X	1	2	[0]	3
2	2	X	X	4
4	[0]	5	3	X
[0]	1	1	3	2
1	2	[0]	1	3

Um dennoch eine optimale Lösung finden zu bestimmen, müssen wir das Tableau nochmals modifizieren. ■

Minimale überdeckung Falls wir nach der Reduktion lediglich $k < n$ Nullen markieren konnten, müssen wir eine sogenannte *minimale überdeckung* bestimmen. Das bedeutet, wir überdecken alle in dem Tableau enthaltenen (markierten und gestrichenen) Nullen durch eine minimale Anzahl horizontaler und vertikaler Linien. Dies ist mit genau k Linien möglich.

Bemerkung 6.2

Ist eine überdeckung nur mit n Linien möglich, hat man bereits eine optimale Lösung gefunden.

Für das Beispiel 6.4 ergibt sich:

Alle Nullen sind überdeckt, das Tableau wird dann wie folgt modifiziert.

Modifikation Sei

$$s = \min\{c_{ij} \mid \text{Feld } (i, j) \text{ nicht überdeckt}\}.$$

In obigen Fall ist $s = 1$. Dann werden folgende Schritte durchgeführt:

- Der Wert s wird von allen Feldern abgezogen, die nicht überdeckt sind.
- An den Kreuzungspunkten von zwei Linien wird s addiert.
- Die restlichen Felder bleiben unverändert.

Bemerkung 6.3

- *Die obige Vorgehensweise bedeutet, dass man s von jeder nicht vollständig überdecken Zeile subtrahiert und anschließend s zu jeder vollständig überdeckten Spalte addiert. Nach Satz 6.1 ist sichergestellt, dass das so modifizierte Tableau die gleiche Lösung wie das Ausgangstableau besitzt.*

● *Das Berechnen der minimalen überdeckung ist gleichbedeutend mit dem Bestimmen einer*
  ganzzahligen Lösung des zu 6.2 dualen, linearen Programms:

$$\sum_{i=1}^{n} u_i + \sum_{j=1}^{n} v_j \to \text{Min!}$$

$$\text{u.d.N.} \quad u_i + v_j \geq 1 \quad (i, j) \in Z, \tag{6.3}$$

$$u_i \geq 0,$$

$$v_j \geq 0,$$

mit $Z = \{(i, j) \mid c_{ij} = 0\}$. *Bei der Lösung des linearen Programms 6.3 können die*
Variablen u_i *und* v_j *nur die Werte 0 oder 1 annehmen. Streicht man für* $u_i = 1$ *die i–te*
Zeile und für $v_j = 1$ *die j–te Spalte, so erhält man gerade eine minimale überdeckung.*
Eine ausführliche Darstellung dieses Sachverhalts findet man in Kall (1976, S. 85f.)

Nach der Modifikation erhalten wir für unser Beispiel:

0	0	2	0	2
2	1	0	0	3
5	0	6	4	0
0	0	1	3	1
1	1	0	1	2

In diesem Tableau kann in jeder Zeile und jeder Spalte genau eine Null markiert werden.

[0]	0	2	0	2
2	1	0	[0]	3
5	0	6	4	[0]
0	[0]	1	3	1
1	1	[0]	1	2

Damit haben wir eine optimale Lösung mit dem Zielfunktionswert 14 gefunden. Andere Lösungen sind möglich, wovon der Leser sich überzeugen möge.

Wie wir gesehen haben, stimmt die maximale Anzahl der markierten Nullen mit der Anzahl der für die minimale überdeckung benötigten Linien überein. Insebesondere gilt nach Bemerkung 6.2, wenn für die minimale überdeckung n Linien erforderlich sind, so hat man eine optimale Lösung gefunden. Damit können wir den Algorithmus wie folgt zusammenfassen:

Algorithmus 6.1 (Ungarische Methode)
Wir stellen das $n \times n$-Kostentableau auf und gehen wie folgt vor:

1. *Subtrahiere von jeder Zeile den kleinsten Eintrag der jeweiligen Zeile (Zeilenreduktion).*
2. *Subtrahiere von jeder Spalte den kleinsten Eintrag der jeweiligen Spalte (Spaltenreduktion).*
3. *Finde eine minimale Anzahl horizontaler bzw. vertikaler Linen, die sämtliche Nullen im Tableau überdecken (minimale überdeckung).*
4. *Ist die minimale Anzahl der Linien gleich n, so kann man eine optimale Zuordnung durch Markieren von Nullen finden. FERTIG (Optimalitätstest)*
5. *Ist die Anzahl der Linien kleiner als n, bestimme s, das Minimum der nicht überdeckten Felder. Subtrahiere s von allen nicht überdeckten Feldern und addiere s zu den Kreuzungspunkten. Fahre mit Schritt 3 fort.*

Dass Schritt 3 eventuell mehrfach durchgeführt werden muss, zeigt die übungsaufgabe 6.4.

Wir haben bisher nur Minimumprobleme betrachtet, die Lösung von Maximumproblemen erfordert jedoch nur eine geringfügige Anpassung der Methode.

Bemerkung 6.4 (Maximumprobleme)
Für Maximumprobleme multipliziert man alle Kostenkoeffizienten c_{ij} mit -1 und addiert überall den Betrag des kleinsten Koeffizienten. Die neuen Koeffizienten sind dann alle wieder ≥ 0 und man kann die Methode wie beschrieben durchführen.

Beispiel 6.5
Drei Vertreter, die zuvor weltweit tätig waren, sollen nun drei festen Regionen A, B und C zugeordnet werden. In den einzelnen Regionen verfügen die Vertreter über unterschiedlich viele langjährige Kontake, von denen auch in Zukunft möglichst viele weiter gepflegt werden sollen.

	Anzahl der Kontakte in der Region		
	A	*B*	*C*
Vertreter 1	39	69	112
Vertreter 2	82	102	76
Vertreter 3	11	80	14

Wie können die Vertreter optimal den Gebieten zugeordnet werden? Da es sich um ein Maximumproblem handelt, ergibt sich das folgende Tableau:

-39	-69	-112
-82	-102	-76
-11	-80	-14

Der kleinste Eintrag ist -112 wir addieren also zu allen Einträgen 112.

73	43	0
30	10	36
101	32	98

Nun führen wir die Methode wir oben beschrieben durch. Durch Zeilen- und Spaltenreduktion erhalten wir das folgende Tableau, in dem wir sofort eine optimale Zuordnung ablesen können.

53	43	$\boxed{0}$
$\boxed{0}$	0	26
49	$\boxed{0}$	66

Die maximale Anzahl von Kontakten, die bestehen bleiben können, ist für diese Zuordnung $112 + 82 + 80 = 274$. ∎

Aufgaben

Aufgabe 6.1 (Ungarische Methode)

Finden Sie für das folgende Tableau eine Lösung mit minimalen Kosten.

8	5	3	1	2
1	4	6	7	9
3	3	6	1	5
4	5	7	9	8
1	2	3	5	4

Aufgabe 6.2 (Ungarische Methode)

Drei verschiede Drehteile A, B und C können auf drei verschiedenen Maschinen gefertigt werden. Die Maschinen sind dafür unterschiedlich gut geeignet, die Tabelle zeigt die jeweils möglichen Fertigungsmengen pro Minute.

	Fertigungsmenge für Maschine i		
	1	2	3
Drehteil A	7	8	4
Drehteil B	10	5	9
Drehteil C	4	1	10

Mit welchen Teilen sind die Maschinen zu belegen, um die Fertigungsmenge zu maximieren?

Aufgabe 6.3 (Ungarische Methode)

Diese Aufgabe, die eine etwas aufwändigere Modellierung erfordert, orientiert sich an einer Problemstellung aus Kasana und Kumar (2004 S. 230f). Zwischen zwei Orten A und B soll eine Buslinie eingerichtet werden, die Fahrtzeit zwischen den Orten beträgt je nach Tageszeit und Verkehrslage zwischen 2.5 und 5 Stunden. Der Fahrplan für die Insgesamt 12 Fahrten pro Tag sei wie folgt fest vorgegeben.

	Abfahrt A	Ankunft B
S_1	5:30 Uhr	9:00 Uhr
S_2	6:00 Uhr	10:00 Uhr
S_3	9:00 Uhr	12:00 Uhr
S_4	13:00 Uhr	16:30 Uhr
S_5	14:30 Uhr	19:30 Uhr
S_6	15:00 Uhr	18:00 Uhr

	Abfahrt B	Ankunft A
T_1	6:30 Uhr	9:00 Uhr
T_2	8:30 Uhr	12:00 Uhr
T_3	9:00 Uhr	13:00 Uhr
T_4	14:00 Uhr	17:00 Uhr
T_5	14:30 Uhr	19:00 Uhr
T_6	21:00 Uhr	23:30 Uhr

Um den Fahrplan zu bedienen, sollen insgesamt sechs Fahrer mit Wohnort A oder B eingesetzt werden, die täglich zwei Strecken fahren müssen. Ein Fahrer aus dem Ort A soll also täglich einmal nach B und wieder zurück fahren, ein Fahrer aus B entsprechend einmal pro Tag nach A und wieder zurück. Die Pause zwischen den beiden Fahrten soll dabei möglichst gering sein, jedoch nach Vorgabe der Gewerkschaft mindestens zwei Stunden betragen.

Wie sollten die Fahrer eingesetzt werden, damit die gesamte Pausenzeit möglichst gering ist? Wie groß ist die minimale Anzahl der Pausenstunden?

Aufgabe 6.4 (Ungarische Methode)
Finden Sie für das folgende Tableau eine Lösung mit minimalem Zielfunktionswert.

1	1	1	1	1
2	2	2	2	2
2	3	4	5	6
3	8	9	10	11
4	13	14	15	16

Parametrische lineare Programmierung

7

Inhaltsverzeichnis

7.1 Einführung 179
7.2 Erläuterung der Vorgehensweise anhand von Beispielen 182

7.1 Einführung

Wir betrachten in diesem Kapitel lineare Programme, bei denen die Koeffizienten der Zielfunktion und der rechten Seite reelle Parameter enthalten. Ziel ist es, die Lösung des LPs in Abhängigkeit von diesen Parametern zu bestimmen. Dabei orientieren wir uns an der Vorgehensweise in Dinkelbach (1969). In diesem Werk wird die parametrische lineare Programmierung ausführlich behandelt. Neben den im Folgenden angegebenen Definitionen findet man dort weitere Erläuterungen zum mathematischen Hintergrund. Insbesondere wird auf charakteristische Eigenschaften der Lösungen von Problemstellungen mit Parametern eingegangen. Darüber hinaus wird der Fall von Parametern in der Koeffizientenmatrix untersucht, den wir hier nicht erörtern werden.

In der Praxis treten solche Fragestellungen oftmals auf, wenn gewisse Daten nicht fest vorgegeben werden können oder mit einer Unsicherheit behaftet sind. Man verwendet dann Parameter, deren Werte man erst im Nachhinein festlegt. Wir untersuchen hier ausschließlich Parameter in der Zielfunktion und Parameter im Begrenzungsvektor. Zunächst führen wir einige notwendige Definitionen ein und demonstrieren die numerische Behandlung solcher Aufgabenstellungen anhand von Beispielen.

Im Folgenden sei stets $T \subset \mathbb{R}$ eine gegebene Menge reeller Zahlen, meist ein beschränktes Intervall.

© Springer-Verlag GmbH Deutschland, ein Teil von Springer Nature 2023
A. Koop und H. Moock, *Lineare Optimierung – eine anwendungsorientierte Einführung in Operations Research*, https://doi.org/10.1007/978-3-662-66387-5_7

Definition 7.1 (Parameter in der Zielfunktion)

Unter einem linearen Programm mit einem Parameter t in der Zielfunktion versteht man die Aufgabenstellung:

$$\sum_{j=1}^{n}(c_j + e_j t)x_j \rightarrow \text{Max!}$$

$$\text{u. d. N.} \quad \sum_{j=1}^{n}a_{ij}x_j \leq b_i \tag{7.1}$$

$$x_j \geq 0$$

$$\text{mit} \quad t \in T. \qquad \blacklozenge$$

Definition 7.2 (Parameter im Begrenzungsvektor)

Unter einem linearen Programm mit einem Parameter t im Begrenzungsvektor versteht man die Aufgabenstellung:

$$\sum_{j=1}^{n}c_j x_j \rightarrow \text{Max!}$$

$$\text{u. d. N.} \quad \sum_{j=1}^{n}a_{ij}x_j \leq b_i + f_i t \tag{7.2}$$

$$x_j \geq 0$$

$$\text{mit} \quad t \in T. \qquad \blacklozenge$$

Anstelle eines einzelnen Parameters kann auch ein Parametervektor $\mathbf{t} = (t_1, \ldots, t_r)$ in der Aufgabenstellung auftreten. Die Koeffizienten von Zielfunktion bzw. Begrenzungsvektor gehen dann über in

$$c_j + e_{j1}t_1 + \ldots e_{jr}t_r$$

bzw.

$$b_i + f_{i1}t_1 + \ldots + f_{ir}t_r.$$

Wir beschränken uns jedoch auf den Fall $r = 1$. Bei den obigen Aufgabenstellungen (7.1) bzw. (7.2) handelt es sich zudem um Spezialfälle. Natürlich können Parameter gleichzeitig in der Zielfunktion *und* im Begrenzungsvektor vorkommen, siehe hierzu die unten stehende Aufgabe 7.2. Bei Problemen mit Parametern hängt der optimale Zielfunktionswert von dem gewählten Parameter t ab, das legt die folgende Definition nahe (vgl. Dinkelbach 1969) .

Definition 7.3 (Optimale Lösungsfunktion)

Die Funktionen

$$z_Z : \quad D_Z \longrightarrow \mathbb{R}$$

$$t \longmapsto z_Z(t) = \max\left\{\sum_{j=1}^{n}(c_j + e_j t)x_j \; : \; \mathbf{A}\mathbf{x} \leq \mathbf{b}, \; \mathbf{x} \geq \mathbf{0}\right\}$$

bzw.

$$z_B : \quad D_B \longrightarrow \mathbb{R}$$

$$t \longmapsto \quad z_B(t) = \max \left\{ \sum_{j=1}^{n} c_j x_j \; : \; \mathbf{A}\mathbf{x} \leq (\mathbf{b} + t\mathbf{f}), \; \mathbf{x} \geq \mathbf{0} \right\}$$

heißen *optimale Lösungsfunktionen*. Die Werte $\mathbf{x}^*(t)$ der Entscheidungsvariablen $\mathbf{x} = (x_1, \ldots, x_n)$, für die die Funktionen $z_Z(t)$ bzw. $z_B(t)$ maximal werden, nennt man *optimale Lösungsrelationen*.   ◆

Die Bestimmung der optimalen Lösungsfunktion sowie der dazugehörigen Lösungsrelationen bezeichnet man auch als *parametrische Sensitivitätsanalyse*. Für parametrische Optimierungsprobleme nehmen die Simplextableaus folgende Gestalt an:

- für einen Parameter in der Zielfunktion

BV	x_1	$\cdots$	x_n	x_{n+1}	$\cdots$	x_{n+m}	z	$\mathbf{b}$
x_{n+1}	a_{11}	$\cdots$	a_{1n}	1	$\cdots$	0	0	b_1
$\vdots$	$\vdots$		$\vdots$	$\vdots$		$\vdots$	$\vdots$	$\vdots$
x_{n+m}	a_{m1}	$\cdots$	a_{mn}	0	$\cdots$	1	0	b_m
z	$-(c_1 + e_1 t)$	$\cdots$	$-(c_n + e_n t)$	0	$\cdots$	0	1	Z.-Wert

- für einen Parameter im Begrenzungsvektor

BV	x_1	$\cdots$	x_n	x_{n+1}	$\cdots$	x_{n+m}	z	$\mathbf{b}$
x_{n+1}	a_{11}	$\cdots$	a_{1n}	1	$\cdots$	0	0	$b_1 + f_1 t$
$\vdots$	$\vdots$		$\vdots$	$\vdots$		$\vdots$	$\vdots$	$\vdots$
x_{n+m}	a_{m1}	$\cdots$	a_{mn}	0	$\cdots$	1	0	$b_m + f_m t$
z	$-c_1$	$\cdots$	$-c_n$	0	$\cdots$	0	1	Z.-Wert

Die Lösung ist jeweils optimal, wenn gilt:

$$-(c_j + e_j t) \geq 0 \quad \wedge \quad b_i \geq 0 \quad \forall \, j \in \{1, \ldots, n\}, \; i \in \{1, \ldots, m\}$$

oder

$$-c_j \geq 0 \quad \wedge \quad b_i + f_i t \geq 0 \quad \forall \, j \in \{1, \ldots, n\}, \; i \in \{1, \ldots, m\}.$$

Definition 7.4 (Kritischer Bereich)

Sind $c_j^r(t) = -(c_j^r + e_j^r t)$ bzw. $b_i^r(t) = b_i^r + f_i^r t$ $(j = 1, \ldots, n$ bzw. $i = 1, \ldots, m)$ die parameterabhängigen Koeffizienten von Zielfunktion und Begrenzungsvektor des r-ten Simplextableaus zum Problem (7.1) bzw. (7.2), dann heißen

$$KB_Z^r = \{t \in T : c_j^r(t) \geq 0 \wedge b_i^r \geq 0 \wedge z_Z^r(t) < \infty \ \forall\, i, j\}$$

bzw.

$$KB_B^r = \{t \in T : -c_j^r \geq 0 \wedge b_i^r(t) \geq 0 \wedge z_B^r(t) < \infty \ \forall\, i, j\}$$

kritischer Bereich des r-ten Simplextableaus.   ♦

Der kritische Bereich des Tableaus ist also die Menge aller $t \in T$, für die das r-te Tableau primal und dual zulässig ist. Im Folgenden wollen wir uns mit einem Lösungsverfahren für Probleme mit Parameter beschäftigen. Dabei ist zu beachten, dass die Angabe der optimalen Lösungsfunktionen und der optimalen Lösungsrelationen die Bestimmung der zugehörigen Definitionsbereiche D_Z bzw. D_B voraussetzt. Kennt man ein $t_0 \in D_Z \subseteq T$ oder $t_0 \in D_B \subseteq T$, so kann man die zugehörige optimale Basis ermitteln und damit einen ersten kritischen Bereich angeben. Ausgehend von einem Startwert für den Parameter t bzw. einem ersten kritischen Bereich werden mittels Primal- bzw. Dual-Simplexschritten mit einem Pivotelement in der Spalte bzw. Zeile, die das Minimum oder Maximum des aktuellen kritischen Bereichs bestimmen, die weiteren Werte bzw. kritischen Bereiche ermittelt.

7.2 Erläuterung der Vorgehensweise anhand von Beispielen

Die Vorgehensweise zur Behandlung von linearen Optimierungsproblemen mit einem Parameter t wollen wir mithilfe von Beispielen ausführlich demonstrieren.

Beispiel 7.1 (Parameter in der Zielfunktion)

Zu maximieren ist

$$z = (1 + t)x_1 - t x_2$$

unter den Nebenbedingungen

$$4x_1 + x_2 \leq 14,$$
$$2x_1 + x_2 \leq 8,$$
$$x_1 + x_2 \leq 6$$

und den Nichtnegativitätsbedingungen $x_1, x_2 \geq 0$. Für den Parameter t in der Zielfunktion gelte

$$t \in T = [-1, 1].$$

Zu bestimmen ist der optimale Zielfunktionswert in Abhängigkeit vom Parameter t. Das zugehörige Simplextableau hat das folgende Aussehen, wobei üblicherweise der Parameterteil der Zielfunktion in eine separate Zeile geschrieben wird. Wir haben hier die Spalte mit der Basisvariablen z weggelassen.

Tableau 1:

BV	x_1	x_2	x_3	x_4	x_5	b
x_3	4	1	1	0	0	14
x_4	2	1	0	1	0	8
x_5	1	1	0	0	1	6
z	-1	0	0	0	0	0
	$-t$	t	0	0	0	0

Dieses Tableau ist für kein $t \in T = [-1, 1]$ optimal, da

- $t \leq -1$ (1. Spalte) und
- $t \geq 0$ (2. Spalte).

Wir starten mit $t = -1$ und bestimmen für diesen Parameterwert ein neues Tableau nach dem Primal-Simplex-Verfahren. Pivotelement ist $a_{32} = 1$.

Tableau 2:

BV	x_1	x_2	x_3	x_4	x_5	b
x_3	3	0	1	0	-1	8
x_4	1	0	0	1	-1	2
x_2	1	1	0	0	1	6
z	-1	0	0	0	0	0
	$-2t$	0	0	0	$-t$	$-6t$

Das zweite Tableau ist optimal, wenn

- $-1 - 2t \geq 0$ (1. Spalte) und
- $ - t \geq 0$ (5. Spalte).

Aus der ersten Bedingung folgt $t \leq -1/2$ und aus der zweiten $t \leq 0$. Insgesamt erhält man für alle $-1 \leq t \leq -1/2$ eine optimale Lösung mit dem Zielfunktionswert $z(t) = -6t$. Für $t = -1/2$ liegt dabei eine Mehrfachlösung vor, da der Zielfunktionskoeffizient einer Nichtbasisvariablen gleich null wird. Für $t > -1/2$ ist Tableau 2 nicht optimal, da der erste Zielfunktionskoeffizient negativ wird. Das Primal-Simplex-Verfahren muss erneut angewandt werden mit dem Pivotelement $a_{21} = 1$.

Tableau 3:

BV	x_1	x_2	x_3	x_4	x_5	b
x_3	0	0	1	-3	$\underline{2}$	2
x_1	1	0	0	1	-1	2
x_2	0	1	0	-1	2	4
z	0	0	0	1	-1	2
	0	0	0	$2t$	$-3t$	$-2t$

Dieses Tableau ist optimal, wenn

- $t \geq -1/2$ (4. Spalte) und
- $t \leq -1/3$ (5. Spalte).

Man erhält für $-1/2 \leq t \leq -1/3$ eine optimale Lösung mit $z(t) = 2 - 2t$, wobei bei $t = -1/2$ und $t = -1/3$ wieder Mehrfachlösungen auftreten. Für $t > -1/3$ muss ein weiteres Tableau aufgestellt werden unter Verwendung des Pivotelements $a_{51} = 2$.

Tableau 4:

BV	x_1	x_2	x_3	x_4	x_5	b
x_5	0	0	$1/2$	$-3/2$	1	1
x_1	1	0	$1/2$	$-1/2$	0	3
x_2	0	1	-1	$\underline{2}$	0	2
z	0	0	$1/2$	$-1/2$	0	3
	0	0	$3t/2$	$-5t/2$	0	t

Dieses Tableau ist optimal, wenn

- $t \geq -1/3$ (3. Spalte) und
- $t \leq -1/5$ (4. Spalte).

Man erhält für $-1/3 \leq t \leq -1/5$ eine optimale Lösung mit $z(t) = 3 + t$ und Mehrfachlösungen für $t = -1/3$ und $t = -1/5$. Für $t > -1/5$ muss ein weiteres Tableau bestimmt werden, das Pivotelement ist $a_{34} = 2$.

Tableau 5:

BV	x_1	x_2	x_3	x_4	x_5	$\mathbf{b}$
x_5	0	3/4	−1/4	0	1	5/2
x_1	1	1/4	1/4	0	0	7/2
x_4	0	1/2	−1/2	1	0	1
z	0	1/4	1/4	0	0	7/2
	0	$5t/4$	$t/4$	0	0	$7t/2$

Dieses Tableau ist optimal, wenn $-1/5 \leq t \leq 1$ mit einem Zielfunktionswert von $z(t) = 7/2 + 7t/2$. Damit haben wir nun für alle $t \in T = [-1, 1]$ eine optimale Lösung ermittelt. Die folgende Tab. 7.1 gibt einen Überblick über die optimalen Lösungsrelationen und die Lösungsfunktion.

Die Mehrfachlösungen ergeben sich als Kombination zweier Lösungen mit $\alpha \in [0, 1]$ (Abb. 7.1). Abb. 7.2 veranschaulicht die optimale Lösungsfunktion im Intervall $[-1, 1]$. Abb. 7.3 stellt die optimalen Werte der Entscheidungsvariablen x_1, x_2 dar. Den Verlauf des Lösungswegs zeigt schematisch Abb. 7.1. ■

Tab. 7.1 Optimale Lösungsrelationen und Lösungsfunktion zu Beispiel 7.1

t	$x_1^*(t)$	$x_2^*(t)$	$z^*(t)$
$-1 \leq t < -1/2$	0	6	$-6t$
$t = -1/2$	$0\alpha + 2(1 - \alpha)$	$6\alpha + 4(1 - \alpha)$	3
$-1/2 < t < -1/3$	2	4	$2 - 2t$
$t = -1/3$	$2\alpha + 3(1 - \alpha)$	$4\alpha + 2(1 - \alpha)$	8/3
$-1/3 < t < -1/5$	3	2	$3 + t$
$t = -1/5$	$3\alpha + (7/2)(1 - \alpha)$	$2\alpha + 0(1 - \alpha)$	14/5
$-1/5 < t \leq 1$	7/2	0	$7/2 + 7t/2$

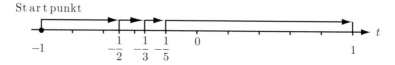

Abb. 7.1 Verlauf des Lösungswegs zu Beispiel 7.1

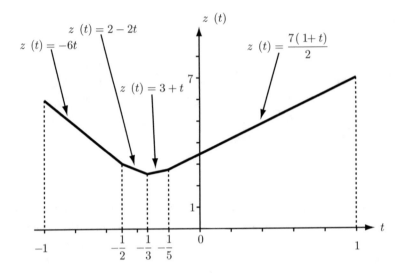

Abb. 7.2 Optimale Lösungsfunktion zu Beispiel 7.1

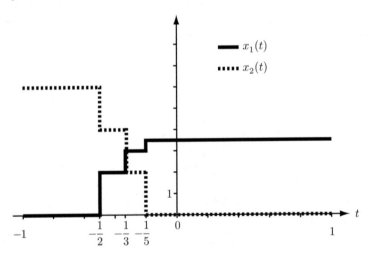

Abb. 7.3 Optimale Werte der Entscheidungsvariablen zu Beispiel 7.1

Beispiel 7.2 (Parameter im Begrenzungsvektor)

Zu minimieren ist

$$z = x_1 + 4x_2 + 2x_3$$

unter den Nebenbedingungen

$$x_1 + 2x_2 - x_3 \geq 1 + t,$$
$$x_1 + 3x_2 + 3x_3 \geq 3$$

und den Nichtnegativitätsbedingungen $x_1, x_2, x_3 \geq 0$. Für den Parameter t im Begrenzungsvektor gelte

$$t \in T = [-5, 5].$$

Zu bestimmen ist der optimale Zielfunktionswert in Abhängigkeit vom Parameter t. Bei diesem Problem handelt es sich um ein spezielles Minimumproblem, das zugehörige Simplextableau hat den Erläuterungen in Abschn. 3.7.5 entsprechend das folgende Aussehen:

Tableau 1:

BV	x_1	x_2	x_3	x_4	x_5	b
x_4	-1	-2	1	1	0	$-1 - t$
x_5	-1	-3	-3	0	1	-3
Z	1	4	2	0	0	0

Dieses Tableau ist für kein $t \in T = [-5, 5]$ optimal, da der zweite Koeffizient des Begrenzungsvektors unabhängig von t negativ ist. Wir starten mit $t = 5$ und bestimmen für diesen Parameterwert ein neues Tableau nach dem Dual-Simplex-Verfahren. Pivotelement ist $a_{11} = -1$.

Tableau 2:

BV	x_1	x_2	x_3	x_4	x_5	b
x_1	1	2	-1	-1	0	$1 + t$
x_5	0	-1	-4	-1	1	$-2 + t$
Z	0	2	3	1	0	$-1 - t$

Das zweite Tableau ist optimal, wenn

- $1 + t \geq 0$ (1. Zeile) und
- $-2 + t \geq 0$ (2. Zeile).

Aus der ersten Bedingung folgt $t \geq -1$ und aus der zweiten $t \geq 2$. Insgesamt erhält man für alle $2 \leq t \leq 5$ eine optimale Lösung mit dem Zielfunktionswert $z(t) = -Z(t) = 1 + t$. Für $t = 2$ ist die Basisvariable x_5 entartet, da der zugehörige Koeffizient des Begrenzungsvektors gleich null ist. Für $t < 2$ ist Tableau 2 nicht optimal, da der 2. Koeffizient der rechten Seite negativ wird. Das Dual-Simplex-Verfahren muss erneut angewandt werden mit dem Pivotelement $a_{23} = -4$.

Tableau 3:

BV	x_1	x_2	x_3	x_4	x_5	b
x_1	1	9/4	0	$\underline{-3/4}$	$-1/4$	$3/2 + 3t/4$
x_3	0	1/4	1	1/4	$-1/4$	$1/2 - t/4$
Z	0	5/4	0	1/4	3/4	$-5/2 - t/4$

Dieses Tableau ist optimal, wenn

- $t \geq -2$ (1. Zeile) und
- $t \leq 2$ (2. Zeile).

Man erhält für $-2 \leq t \leq 2$ eine optimale Lösung mit $z(t) = -Z(t) = 5/2 + t/4$, wobei bei $t = -2$ und $t = 2$ jeweils degenerierte Lösungen vorliegen. Für $t < -2$ muss ein weiteres Tableau aufgestellt werden unter Verwendung des Pivotelements $a_{14} = -3/4$.

Tableau 4:

BV	x_1	x_2	x_3	x_4	x_5	b
x_4	$-4/3$	-3	0	1	1/3	$-2 - t$
x_3	1/3	1	1	0	$-1/3$	1
Z	1/3	2	0	0	2/3	-2

Dieses Tableau ist optimal für $-5 \leq t \leq -2$ mit einem Zielfunktionswert von $z(t) = -Z(t) = 2$. Damit haben wir für das ganze Intervall $[-5, 5]$ eine optimale Lösung berechnet.

Die Tab. 7.2 gibt einen Überblick über die optimalen Lösungsrelationen und die Lösungsfunktion (Abb. 7.4).

Abb. 7.5 veranschaulicht die optimale Lösungsfunktion im Intervall $[-5, 5]$. Abb. 7.6 stellt die optimalen Werte der Entscheidungsvariablen x_1, x_2 und x_3 dar. Den Verlauf des Lösungswegs zeigt schematisch Abb. 7.4. ■

Tab. 7.2 Optimale Lösungsrelationen und Lösungsfunktion zu Beispiel 7.2

t	$x_1^*(t)$	$x_2^*(t)$	$x_3^*(t)$	$z^*(t)$
$-5 \leq t < -2$	0	0	1	2
$t = -2$	0	0	1	2
$-2 < t < 2$	$3/2 + 3t/4$	0	$1/2 - t/4$	$5/2 + t/4$
$t = 2$	3	0	0	3
$2 < t \leq 5$	$1 + t$	0	0	$1 + t$

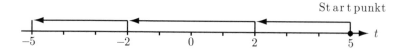

Abb. 7.4 Verlauf des Lösungswegs zu Beispiel 7.2

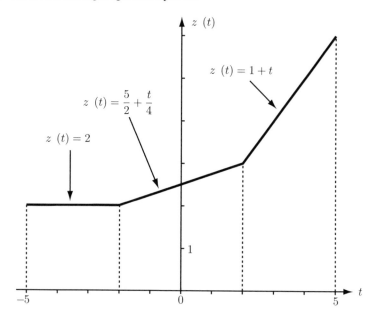

Abb. 7.5 Optimale Lösungsfunktion zu Beispiel 7.2

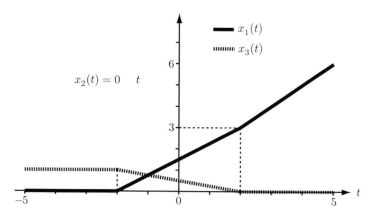

Abb. 7.6 Optimale Werte der Entscheidungsvariablen zu Beispiel 7.2

Aufgaben

Aufgabe 7.1 (Problem mit Parameter)
Lösen Sie das folgende Optimierungsproblem mit dem Parameter $t \in [-3, 3]$ in der Zielfunktion.

$$z = (1 + t)x_1 + (3 - t)x_2 \rightarrow Max!$$

$$\text{u. d. N.} \qquad x_1 + 2x_2 \leq 8,$$

$$x_1 + \ x_2 \leq 4,$$

$$x_2 \leq 2,$$

$$x_1, x_2 \geq 0.$$

Aufgabe 7.2 (Problem mit Parameter)
Ein Unternehmen produziert und vertreibt Erzeugnisse der Art I und II. Die Entscheidungsvariablen x_1 und x_2 geben die in der Planungsperiode herzustellenden Mengen der beiden Erzeugnisarten jeweils in Mengeneinheiten (ME) an. Die Aufgabe besteht darin, unter den folgenden Bedingungen Werte für x_1 und x_2 so zu bestimmen, dass der aus dem Verkauf der Produkte zu erzielende Deckungsbeitrag maximal wird. Zum einen ist bei der Produktion eine Kapazitätsbeschränkung in Höhe von 36 Kapazitätseinheiten (KE) in der Planungsperiode zu beachten. Eine Einheit von Erzeugnisart I benötigt in der betrachteten Planungsperiode 3 KE, eine Einheit von II hingegen 2 KE. Zum anderen kann der Markt in der zur Diskussion stehenden Planungsperiode von beiden Erzeugnisarten zusammen höchstens 14 ME aufnehmen. Der Deckungsbeitrag beträgt 9 Geldeinheiten (GE) pro ME für Erzeugnisart I und 11 GE pro ME für II.

Die gegebenen Daten des formulierten Entscheidungsproblems gelten für die betrachtete Periode. Es ist für die nächsten acht Perioden damit zu rechnen, dass einerseits die Aufnahmefähigkeit des Marktes von Periode zu Periode um 2 ME zunimmt, dass aber andererseits der Deckungsbeitrag je ME der Erzeugnisart II in einer Periode jeweils gegenüber dem Deckungsbeitrag in der vorhergehenden Periode infolge periodischer Kostensteigerungen um 1 GE abnimmt. In welcher Weise ändern sich in den folgenden acht Perioden die optimalen Werte der Entscheidungsvariablen sowie der maximale Wert der Zielfunktion? (Aufgabe nach Dinkelbach, W.: Sensitivitätsanalysen. In: Grochla und Wittmann (1976), Sp. 3530–3535, hier Sp. 3534–3535.)

Ganzzahlige Probleme

Inhaltsverzeichnis

8.1 Einführung 191
8.2 Das Cutting-Plane-Verfahren 193
8.3 Das Branch-and-Bound-Verfahren 202

Wie bereits in Kap. 1 erwähnt, sind Probleme mit ganzzahligen Variablen weitaus schwieriger zu lösen als Probleme mit reellen Variablen. Bei ganzzahligen Problemen kann mit wachsender Anzahl von Variablen der Lösungsaufwand, d. h. der Speicherplatzbedarf und die Laufzeit, exponentiell ansteigen. Für viele Probleme reicht es aus, wenn man sich auf das Berechnen einer reellen Lösung beschränkt, auch wenn die Variablen streng genommen ganzzahlig sein sollten. Man rundet dann einfach auf die nächste ganze Zahl und erhält so eine zwar nicht exakte, aber dennoch zufriedenstellende Lösung. Für andere Probleme, z. B. das Knapsack-Problem aus Abschn. 1.4.7, ist die Bedingung der Ganzzahligkeit unabdingbar. In diesem Abschnitt wollen wir diesen Sachverhalt etwas genauer untersuchen und ein Verfahren zur Lösung ganzzahliger Probleme vorstellen.

8.1   Einführung

Wir betrachten zur Einführung zunächst ein sehr einfaches Problem. In Beispiel 8.1 ist der zuässige Bereich beschränkt, es kommen daher nur endlich viele Punkte als Lösungen infrage, die wir in Abb. 8.1 markiert haben. Systematisches Einsetzen *aller* zulässigen Punkte in die Zielfunktion ist für größere Probleme nicht praktikabel, man sucht daher nach anderen Lösungsstrategien. Ein Idee ist es, die Ganzzahligkeitsbedingung außer Acht zu lassen und das Problem zunächst mit reellen Variablen zu lösen. Man nennt diese Vorgehensweise *LP-Relaxation*.

© Springer-Verlag GmbH Deutschland, ein Teil von Springer Nature 2023
A. Koop und H. Moock, *Lineare Optimierung – eine anwendungsorientierte Einführung in Operations Research*, https://doi.org/10.1007/978-3-662-66387-5_8

Abb. 8.1 Grafische
Darstellung des Beispiels 8.1

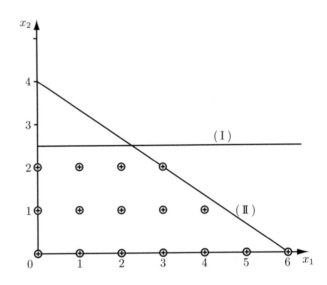

Beispiel 8.1
Zu maximieren sei für $x_1, x_2 \in \mathbb{Z}$ die Zielfunktion

$$z = x_1 + 2x_2$$

unter den Nebenbedingungen:

$$2x_2 \leq 5, \qquad \text{(I)}$$
$$2x_1 + 3x_2 \leq 12, \qquad \text{(II)}$$
$$x_1, x_2 \geq 0.$$

∎

Löst man das zu Beispiel 8.1 relaxierte Problem

$$z' = x_1' + 2x_2' \rightarrow \text{Max!,}$$
$$2x_2' \leq 5,$$
$$2x_1' + 3x_2' \leq 12,$$
$$x_1', x_2' \geq 0,$$

so lautet die Lösung offenbar $\mathbf{x}' = (9/4, 5/2)$ mit einem optimalen Zielfunktionswert von $z' = 29/4$. Es liegt nun die Vermutung nahe, dass der dem Punkt $\mathbf{x}'$ am nächsten liegende zulässige Punkt $\mathbf{x}$ mit ganzzahligen Koordinaten eine Lösung des Problems aus Beispiel 8.1 ist. Das ist jedoch leider nicht der Fall, wie man leicht überprüfen kann. Der Punkt $\mathbf{x} = (2, 2)$ liefert den Zielfunktionswert $z = 6$, während man für den Punkt $\mathbf{x} = (3, 2)$, der weiter von $\mathbf{x}'$ entfernt ist, den besseren Zielfunktionswert $z = 7$ erhält. Man sieht also, dass die Situation bei ganzzahligen Problemen viel komplizierter ist. Bemerkung 8.1 zeigt, dass sich die Eindeutigkeit der Lösung beim relaxierten Problem nicht unbedingt auf das ursprüngliche ganzzahlige Problem überträgt.

Bemerkung 8.1
Betrachtet man für $x_1, x_2 \in \mathbb{Z}$ das Problem

$$
\begin{aligned}
z = x_1 + 2x_2 &\to \text{Max!,} \\
x_2 &\le 3, \\
2x_1 + 3x_2 &\le 12, \\
x_1, x_2 &\ge 0,
\end{aligned}
$$

so erhält man für das relaxierte Problem die eindeutige Lösung $\mathbf{x}' = (3/2, 3)$. Das ganzzahlige Problem hat jedoch zwei unterschiedliche Lösungen, nämlich $\mathbf{x} = (1, 3)$ und $\mathbf{x} = (3, 2)$, die beide den optimalen Zielfunktionswert $z = 7$ liefern. Der Leser vergegenwärtige sich dies anhand einer Skizze.

8.2 Das Cutting-Plane-Verfahren

Das sogenannte *Cutting-Plane-Verfahren* oder *Verfahren von Gomory* (vgl. Gomory 1958) eignet sich eher für kleinere Probleme mit nur wenigen Variablen. Für komplexere Aufgabenstellungen wurden sehr viel bessere Verfahren entwickelt, z. B. das *Branch-and-Bound-Verfahren* (vgl. Kasana und Kumar 2004; Ellinger et al. 2003), das wir im folgenden Abschnitt vorstellen.

Die Idee des Cutting-Plane-Verfahrens (siehe auch Müller-Merbach 1973) ist es, dem relaxierten Problem schrittweise neue Nebenbedingungen (sogenannte *Schnittrestriktionen*) hinzuzufügen, die den Zulässigkeitsbereich immer weiter einschränken. Diese Schnittrestriktionen werden dabei so gewählt, dass die unerwünschten nicht ganzzahligen Lösungen jeweils aus dem Zulässigkeitsbereich herausfallen. Dabei ist darauf zu achten, dass alle ganzzahligen Punkte im Zulässigkeitsbereich verbleiben. Dies soll so lange wiederholt werden, bis man eine ganzzahlige Lösung gefunden hat.

Im Folgenden gehen wir von einem speziellen Maximumproblem mit Ganzzahligkeitsnebenbedingungen für alle Variablen aus. Darüber hinaus setzen wir voraus, dass die Koeffizienten von Zielfunktion und Nebenbedingungen ganzzahlig sind. Damit müssen auch die einzuführenden Schlupfvariablen sowie der Zielfunktionswert ganzzahlig sein. Wir nehmen nun an, dass das relaxierte Problem mit dem Primal-Simplex-Verfahren gelöst sei und das r-te Tableau mit der optimalen Lösung vorliege. Für die Basisvariablen x_i^r, $i \in N_B^r$ erhält man dann aus den Zeilen mit den Nebenbedingungen (vgl. Abschn. 3.7.3)

$$x_i^r = b_i^r - \sum_{j \in N_{NB}^r} a_{ij}^r x_j^r. \tag{8.1}$$

Da die Nichtbasisvariablen alle gleich null sind, gilt $x_i^r = b_i^r$. Sind die Werte b_i^r nicht alle ganzzahlig, so werden zusätzliche Nebenbedingungen, die sogenannten Schnittrestriktionen eingeführt. Zu deren Herleitung werden die Koeffizienten b_i^r und a_{ij}^r aus (8.1) in ganzzahlige Anteile $[b_i^r]$ bzw. $[a_{ij}^r]$ sowie positive Bruchanteile $\beta_i^r = b_i^r - [b_i^r]$ bzw. $\alpha_{ij}^r = a_{ij}^r - [a_{ij}^r]$ aus dem Intervall $(0, 1)$ zerlegt. Hierbei bezeichnen wir mit $[a]$ die ganze Zahl, für die $a - 1 < [a] \leq a$ ist. Die Gl. (8.1) geht dann über in:

$$x_i^r + \sum_{j \in N_{NB}^r} [a_{ij}^r] x_j^r + \sum_{j \in N_{NB}^r} \alpha_{ij}^r x_j^r = [b_i^r] + \beta_i^r \tag{8.2}$$

Wir fassen den Teil mit den ganzzahligen Koeffizienten auf der rechten Seite der Gleichung zusammen, woraus sich

$$-\beta_i^r + \sum_{j \in N_{NB}^r} \alpha_{ij}^r x_j^r = -x_i^r - \sum_{j \in N_{NB}^r} [a_{ij}^r] x_j^r + [b_i^r] \tag{8.3}$$

ergibt. Da $-1 < -\beta_i^r \leq 0$ und $\sum_{j \in N_{NB}^r} \alpha_{ij}^r x_j^r \geq 0$ wegen $\alpha_{ij}^r \geq 0$ sowie $x_j^r \geq 0$, kann die linke Seite von (8.3) nur ganzzahlig sein, wenn sie größer oder gleich null ist. Wir erweitern daher unser Modell um die Ungleichung

$$-\sum_{j \in N_{NB}^r} \alpha_{ij}^r x_j^r \leq -\beta_i^r,$$

die mithilfe der Schlupfvariable r_i auf die Gleichungsform

$$r_i - \sum_{j \in N_{NB}^r} \alpha_{ij}^r x_j^r = -\beta_i^r \tag{8.4}$$

transformiert wird. Die bisherige optimale Lösung ist dann wegen $r_i = [b_i^r] - b_i^r < 0$ nicht mehr zulässig. Für alle ganzzahligen Punkte $(g_1, \ldots, g_n)$ aus dem Zulässigkeitsbereich folgt wegen $g_i \geq 0, i = 1, \ldots, n$,

$$r_i = -\beta_i^r + \sum_{j \in N_{NB}^r} \alpha_{ij}^r g_j \geq -\beta_i^r > -1$$

und wegen (8.1)

$$r_i = [b_i^r] - \sum_{j \in N_{NB}^r} [a_{ij}^r] g_j - b_i^r + \sum_{j \in N_{NB}^r} \alpha_{ij}^r g_j$$

$$= [b_i^r] - \sum_{j \in N_{NB}^r} [a_{ij}^r] g_j - g_i.$$

Da in der letzten Gleichung nur ganzzahlige Faktoren auftreten, ist r_i ganzzahlig. Insgesamt gilt damit, dass $r_i \geq 0$ für jeden zulässigen ganzzahligen Punkt ist.

Da die rechte Seite von (8.4) negativ ist, müssen wir mittels des Dual-Simplex-Verfahrens ein neues optimales Tableau berechnen. Sind danach alle Variablen ganzzahlig, so haben wir die optimale Lösung gefunden. Ansonsten müssen wir das Einführen von Schnittrestriktionen wiederholen. Da der Zielfunktionswert ebenfalls ganzzahlig sein soll, können wir auch für die Gleichung in der Ergebniszeile des Tableaus eine Schnittrestriktion aufstellen.

Wir verdeutlichen die Vorgehensweise des Verfahrens und veranschaulichen die Bedeutung der Schnittrestriktionen nun anhand eines Beispiels. Wir suchen eine *ganzzahlige* Lösung des folgenden Problems:

$$x_1 + 2x_2 \rightarrow \text{Max!}$$
$$\text{u. d. N.} \quad 6x_1 + 5x_2 \leq 30 \quad \text{(I)} \qquad\qquad (8.5)$$
$$4x_1 + 9x_2 \leq 36 \quad \text{(II)}$$
$$x_1, x_2 \geq 0$$

Wir berechnen zunächst die Lösung des relaxierten Problems, d. h. ohne Berücksichtigung der Ganzzahligkeitsbedingung. Wir erhalten die folgenden Tableaus:

BV	x_1	x_2	x_3	x_4	b	
x_3	6	5	1	0	30	5/9
x_4	4	9	0	1	36	
z	-1	-2	0	0	0	$-2/9$

BV	x_1	x_2	x_3	x_4	b	
x_3	34/9	0	1	$-5/9$	10	
x_2	4/9	1	0	1/9	4	2/17
z	$-1/9$	0	0	2/9	8	$-1/34$

BV	x_1	x_2	x_3	x_4	b
x_1	1	0	9/34	$-5/34$	45/17
x_2	0	1	$-2/17$	3/17	48/17
z	0	0	1/34	7/34	141/17

Abb. 8.2 zeigt den Zulässigkeitsbereich für das Problem, wobei wir alle ganzzahligen Punkte mit einem Kreuz markiert haben. Da alle Koeffizienten auf der rechten Seite des letzten Tableaus nicht ganzzahlig sind, leiten wir für jede der drei Zeilen (einschließlich der Ergebniszeile) eine Schnittrestriktion her. Wir beginnen mit der ersten Zeile

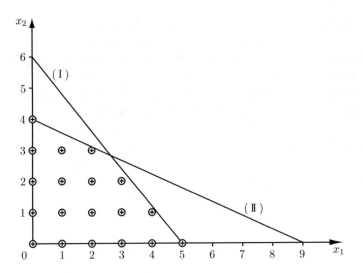

Abb. 8.2 Grafische Darstellung des Problems 8.5

$$x_1 + \frac{9}{34}x_3 - \frac{5}{34}x_4 = \frac{45}{17}$$

und zerlegen zunächst jeden Koeffizienten in einen ganzzahligen Anteil und in einen positiven Bruchanteil aus $(0, 1)$. Wir erhalten so den Ausdruck

$$x_1 + \left(0 + \frac{9}{34}\right)x_3 + \left(-1 + \frac{29}{34}\right)x_4 = \left(2 + \frac{11}{17}\right).$$

Dem Tableau fügen wir somit die Schnittrestriktion:

$$r_1 - \frac{9}{34}x_3 - \frac{29}{34}x_4 = -\frac{11}{17} \tag{8.6}$$

oder als Ungleichung geschrieben

$$-\frac{9}{34}x_3 - \frac{29}{34}x_4 \leq -\frac{11}{17} \tag{8.7}$$

hinzu. Diese Nebenbedingung wollen wir anhand einer Grafik veranschaulichen. Da (8.7) nur die Schlupfvariablen x_3 und x_4 enthält, müssen wir sie umformen in eine Ungleichung für die Strukturvariablen x_1 und x_2. Wir greifen dazu zurück auf die Identitäten

$$x_3 = 30 - 6x_1 - 5x_2, \tag{8.8}$$
$$x_4 = 36 - 4x_1 - 9x_2,$$

die wir aus den ersten beiden Gleichungen des Systems gewinnen. Einsetzen von (8.8) in (8.7) führt nach einigen elementaren Umformungen schließlich zu

$$5x_1 + 9x_2 \le 38. \tag{8.9}$$

In Abb. 8.3 haben wir diese Schnittrestriktion mit einer gestrichelten Linie eingezeichnet. Man sieht, dass sie eine kleine Ecke des Zulässigkeitsbereichs abschneidet, die jedoch keinen ganzzahligen Punkt enthält. Der abgeschnittene Bereich ist in der Grafik grau markiert. Mit den anderen beiden Zeilen können wir analog verfahren. Aus der zweiten Zeile

$$x_2 - \frac{2}{17}x_3 + \frac{3}{17}x_4 = \frac{48}{17}$$

erhalten wir zunächst

$$x_2 + \left(-1 + \frac{15}{17}\right)x_3 + \left(0 + \frac{3}{17}\right)x_4 = \left(2 + \frac{14}{17}\right)$$

und damit die zweite Schnittrestriktion

$$r_2 - \frac{15}{17}x_3 - \frac{3}{17}x_4 = -\frac{14}{17} \tag{8.10}$$

bzw. als Ungleichung

$$-\frac{15}{17}x_3 - \frac{3}{17}x_4 \le -\frac{14}{17}. \tag{8.11}$$

Zur Veranschaulichung formen wir sie wieder unter Verwendung von (8.8) in eine Ungleichung für die Strukturvariablen um, was zu

$$3x_1 + 3x_2 \le 16 \tag{8.12}$$

führt.

Das Ergebnis ist in Abb. 8.4 wiedergegeben. Erneut wurde eine kleine Fläche des Zulässigkeitsbereichs abgeschnitten, die keinen ganzzahligen Punkt enthält. Auch die Ergebniszeile des letzten Tableaus liefert uns eine Schnittrestriktion, die wir dem Problem hinzufügen können. Gemäß (3.4) lautet die Gleichung

$$z + \frac{1}{34}x_3 + \frac{7}{34}x_4 = \frac{141}{17}.$$

Die Aufspaltung ergibt

$$z + \left(0 + \frac{1}{34}\right)x_3 + \left(0 + \frac{7}{34}\right)x_4 = \left(8 + \frac{5}{17}\right)$$

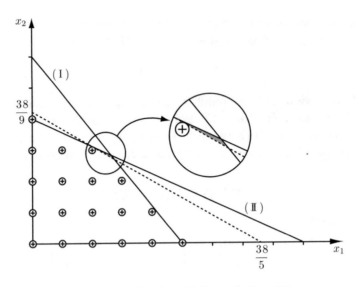

Abb. 8.3 Veranschaulichung der ersten Schnittrestriktion zu Problem 8.5

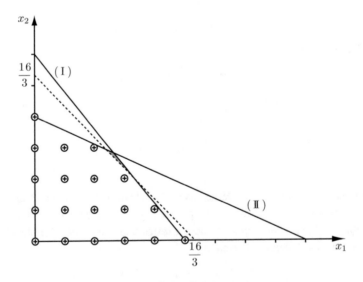

Abb. 8.4 Veranschaulichung der zweiten Schnittrestriktion zu Problem 8.5

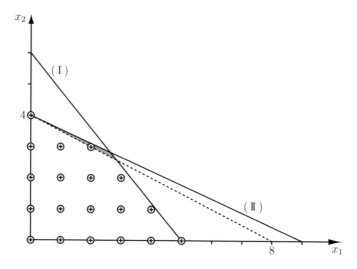

Abb. 8.5 Veranschaulichung der dritten Schnittrestriktion zu Problem 8.5

und somit lautet die letzte Schnittrestriktion

$$r_3 - \frac{1}{34}x_3 - \frac{7}{34}x_4 = -\frac{5}{17}.$$ (8.13)

bzw. als Ungleichung

$$-\frac{1}{34}x_3 - \frac{7}{34}x_4 \leq -\frac{5}{17}.$$ (8.14)

Die Umrechnung in die Strukturvariablen x_1, x_2 führt schließlich zu

$$x_1 + 2x_2 \leq 8.$$ (8.15)

Diese letzte Schnittrestriktion (8.15) ist in Abb. 8.5 dargestellt. Man erkennt, dass diese Restriktion ein etwas größeres Flächenstück von dem ursprünglichen Zulässigkeitsbereich abschneidet. Insgesamt haben wir also die drei neuen Nebenbedingungen (8.6), (8.10) und (8.13) erhalten, die wir alle dem letzten (optimalen) Tableau des relaxierten Problems hinzufügen könnten. Durch die neuen Schlupfvariable r_1, r_2 und r_3 kämen wir bei diesem kleinen Problem bereits auf ein System mit insgesamt sieben Variablen. Bei größeren Problemen würde diese Vorgehensweise den Lösungsaufwand noch viel schneller anwachsen lassen. Daher fügt man in jedem Schritt nur *eine* Schnittrestriktion hinzu, was das Tableau jeweils um nur *eine* Variable vergrößert. Das Flussdiagramm in Abb. 8.6 gibt den groben Ablauf des Cutting-Plane-Verfahrens wieder. Die Optimierung des erweiterten Tableaus erfolgt mit dem Dual-Simplex-Verfahren.

Es bleibt jetzt noch die Frage, *welche* der möglichen Schnittrestriktionen dem Tableau hinzugefügt werden soll. Wie oben hergeleitet, stehen

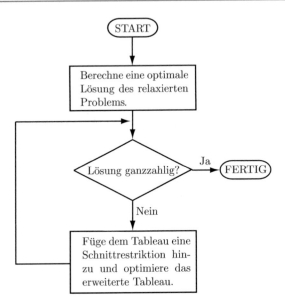

Abb. 8.6 Flussdiagramm zum Cutting-Plane-Verfahren

$$r_1 - \frac{9}{34}x_3 - \frac{29}{34}x_4 = -\frac{11}{17},$$
$$r_2 - \frac{15}{17}x_3 - \frac{3}{17}x_4 = -\frac{14}{17}, \qquad (8.16)$$
$$r_3 - \frac{1}{34}x_3 - \frac{7}{34}x_4 = -\frac{5}{17}$$

zur Wahl. Man findet in der Literatur verschiedene heuristische Kriterien zur Auswahl der Schnittrestriktion. Sie alle basieren darauf, einen „möglichst großen" Bereich des Zulässigkeitsbereichs abzuschneiden. Wir werden später sehen, dass die Auswahl der Schnittbedingung erheblichen Einfluss darauf hat, wie schnell man eine ganzzahlige Lösung des Problems erreicht.

1. Kriterium Wir wählen diejenige Schnittrestriktion, bei welcher der Abstand zwischen der Schnittgeraden und dem nicht ganzzahligen Optimalpunkt maximal ist. Um uns eine Umrechnung zu ersparen, rechnen wir in den Nichtbasisvariablen x_3 und x_4. Der momentane nicht ganzzahlige Optimalpunkt hat hier die Koordinaten $x_3 = 0$ und $x_4 = 0$. Für die erste Schnittrestriktion müssen wir also den Abstand der Geraden

$$-\frac{9}{34}x_3 - \frac{29}{34}x_4 = -\frac{11}{17}$$

zum Punkt $(x_3, x_4) = (0, 0)$ bestimmen.

Bemerkung 8.2
Der Abstand einer Geraden mit der Gleichung $ax + by = c$ im $\mathbb{R}^2$ zu einem Punkt $(x_0, y_0) \in \mathbb{R}^2$ beträgt

$$d = \frac{|ax_0 + by_0 - c|}{\sqrt{a^2 + b^2}}.$$

Nach der Formel aus Bemerkung 8.2 gilt für die erste Schnittrestriktion $d_1 \approx 0.7245$. Für die zweite und dritte Schnittrestriktion erhalten wir $d_2 \approx 0.9152$ sowie $d_3 \approx 1.4142$. Der Leser möge sich den Abstand anhand der Skizzen veranschaulichen. Nach diesem Kriterium ist somit die *dritte* Restriktion dem Tableau hinzuzufügen.

2. Kriterium Dieses Kriterium ist weniger rechenaufwändig, führt aber in der Regel wesentlich langsamer zur gewünschten Lösung. Die Komponenten des aktuellen Begrenzungsvektors bzw. der aktuelle Zielfunktionswert werden in einen ganzzahligen und einen positiven Bruchanteil zerlegt, und anschließend wird diejenige Schnittrestriktion ausgewählt, bei der der Restanteil am größten ist. Wegen

$$\max\left(\frac{11}{17}, \frac{14}{17}, \frac{5}{17}\right) = \frac{14}{17}$$

ist das in unserem Fall die zweite.

Wir führen nun die Berechnung für unser Beispielproblem durch, wobei wir das erste Auswahlkriterium verwenden wollen. Dazu ergänzen wir unser Tableau um die dritte Ungleichung aus (8.16). Die Variable r_3 wird neue Basisvariable, das neue Tableau sieht demnach folgendermaßen aus:

BV	x_1	x_2	x_3	x_4	r_3	b	
x_1	1	0	9/34	−5/34	0	45/17	−9
x_2	0	1	−2/17	3/17	0	48/17	4
r_3	0	0	−1/34	−7/34	1	−5/17	
z	0	0	1/34	7/34	0	141/17	−1

Dieses Tableau ist dual zulässig. Um eine primal zulässige Lösung zu berechnen, führen wir einen dualen Austauschschritt mit dem Pivotelement $-1/34$ durch.

BV	x_1	x_2	x_3	x_4	r_3	b
x_1	1	0	0	−2	9	0
x_2	0	1	0	1	−4	4
x_3	0	0	1	7	−34	10
z	0	0	0	0	1	8

Mit $x_1 = 0$, $x_2 = 4$ und $z = 8$ haben wir eine ganzzahlige Lösung unseres Problems bestimmt.

Unter Umständen werden bei diesem Verfahren sehr viele Schritte benötigt, bis eine ganzzahlige Lösung gefunden ist. Die Zahl der Variablen kann dabei sehr groß werden, so dass eine Handrechnung sehr mühsam werden kann.

Ein formaler Konvergenzbeweis für das Verfahren mit den hier genannten Auswahlregeln für die Schnittrestriktionen ist bis heute nicht bekannt. In Kap. 11 werden wir ganzzahlige Probleme auch mit dem Programm *Excel* lösen, der dort verwendete Solver benutzt jedoch intern einen anderen Lösungsalgorithmus.

8.3   Das Branch-and-Bound-Verfahren

Ein weiteres Verfahren zur Lösung ganzzahliger Optimierungsprobleme ist das sogenannte *Branch-and-Bound-Verfahren,* auch als *Dakins Methode* bekannt. Dakin stellt in seinem Artikel (Dakin 1965) das Verfahren in einem sehr allgemeinen Zusammenhang vor, wir beschränken uns hier auf den Fall der linearen ganzzahligen Optimierungsprobleme. Ähnliche Darstellungen findet man auch in den Arbeiten von Dürr und Kleibohm (1992), Kasana und Kumar (2004), Ellinger et al. (2003), Domschke und Drexl (2004) oder Stingl (2002).

8.3.1   Einführung

Wir kehren noch einmal zu dem ganzzahligen Problem 8.5 aus Abschn. 8.2 zurück, das wir nun **P** nennen wollen:

$$\mathbf{P} \qquad x_1 + 2x_2 \to \text{Max!}$$
$$\text{u. d. N.} \quad 6x_1 + 5x_2 \le 30 \qquad \text{(I)}$$
$$4x_1 + 9x_2 \le 36 \qquad \text{(II)}$$
$$x_1, x_2 \ge 0$$
$$x_1, x_2 \in \mathbb{Z}$$

In Abb. 8.7 haben wir den Zulässigkeitsbereich des Problems **P**, der nur aus den durch Kreuze markierten ganzzahligen Punkten besteht, grafisch dargestellt. Ähnlich wie beim Cutting-Plane-Verfahren besteht die Idee des Branch-and-Bound-Verfahrens darin, das ganzzahlige Problem durch eine Folge von Problemen *ohne* Ganzzahligkeitsbedingung zu lösen. Wir untersuchen dazu zunächst wieder das zu **P** relaxierte Problem $\mathbf{P_0}$:

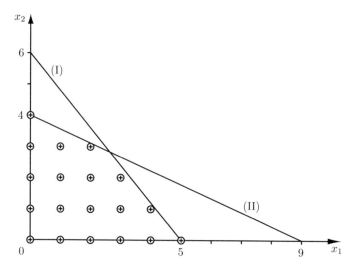

Abb. 8.7 Grafische Darstellung des Optimierungsproblems **P**

$$\mathbf{P_0} \qquad x_1 + 2x_2 \to \text{Max!}$$
$$\text{u. d. N.} \quad 6x_1 + 5x_2 \leq 30$$
$$4x_1 + 9x_2 \leq 36$$
$$x_1, x_2 \geq 0.$$

Für $\mathbf{P_0}$ erhalten wir als eine optimale Lösung die Werte

$$x_1 = \frac{45}{17} \approx 2.65, \quad x_2 = \frac{48}{17} \approx 2.82, \quad z = \frac{141}{17} \approx 8.29.$$

Abb. 8.8 zeigt den Zulässigkeitsbereich und die optimale Lösung von $\mathbf{P_0}$. Wäre die Lösung von $\mathbf{P_0}$ ganzzahlig, so hätten wir damit auch eine Lösung des ursprünglichen Problems $\mathbf{P}$ gefunden. Da dies nicht der Fall ist, schränken wir den Zulässigkeitsbereich von $\mathbf{P_0}$ ein, um so zunächst die Ganzzahligkeit der Variablen x_1 zu erzwingen. Es ist $x_1 \approx 2.65$, also $[x_1] = 2$. Wir generieren zwei neue Probleme $\mathbf{P_1}$ und $\mathbf{P_2}$.

$\mathbf{P_1} \qquad x_1 + 2x_2 \to \text{Max!}$	$\mathbf{P_2} \qquad x_1 + 2x_2 \to \text{Max!}$
u. d. N. $\quad 6x_1 + 5x_2 \leq 30$	u. d. N. $\quad 6x_1 + 5x_2 \leq 30$
$4x_1 + 9x_2 \leq 36$	$4x_1 + 9x_2 \leq 36$
$x_1 \qquad\quad \leq 2$	$x_1 \qquad\quad \geq 3$
$x_1, x_2 \geq 0$	$x_1, x_2 \geq 0$

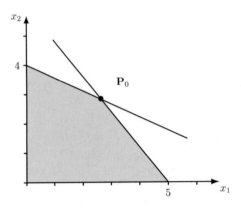

Abb. 8.8 Zulässigkeitsbereich und Lösung von $\mathbf{P}_0$

Die Zulässigkeitsbereiche von $\mathbf{P}_1$ und $\mathbf{P}_2$ sind disjunkte Teilmengen des Zulässigkeitsbereichs von $\mathbf{P}_0$. Der optimale Zielfunktionswert von $\mathbf{P}_0$ bildet daher eine obere Schranke für die optimalen Zielfunktionswerte von $\mathbf{P}_1$ und $\mathbf{P}_2$. Durch das Aufteilen des Zulässigkeitsbereichs von $\mathbf{P}_0$ haben wir eine sogenannte Verzweigung vorgenommen. Für $\mathbf{P}_1$ erhalten wir die Lösung

$$x_1 = 2, \quad x_2 = \frac{28}{9} \approx 3.11, \quad z = \frac{74}{9} \approx 8.22$$

und für $\mathbf{P}_2$

$$x_1 = 3, \quad x_2 = \frac{12}{5} = 2.40, \quad z = \frac{39}{5} = 7.80.$$

Der Leser möge sich davon überzeugen (vgl. Abb. 8.9). Die Lösungen sind nicht ganzzahlig, so dass noch weitere Einschränkungen notwendig sind. Wir beginnen mit dem Problem $\mathbf{P}_1$. Die Variable x_2 ist nicht ganzzahlig. Es ist $x_2 \approx 3.11$, also $[x_2] = 3$. Ausgehend von $\mathbf{P}_1$ generieren wir also zwei weitere Probleme $\mathbf{P}_3$ und $\mathbf{P}_4$.

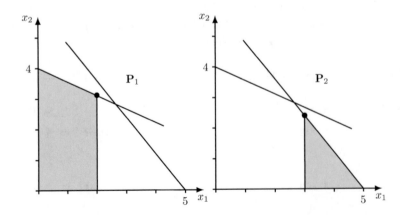

Abb. 8.9 Zulässigkeitsbereiche und Lösungen von $\mathbf{P}_1$ und $\mathbf{P}_2$

$$\mathbf{P_3} \qquad x_1 + 2x_2 \to \text{Max!}$$

u. d. N. $\quad 6x_1 + 5x_2 \leq 30$

$\qquad\qquad 4x_1 + 9x_2 \leq 36$

$\qquad\qquad x_1 \qquad\quad \leq 2$

$\qquad\qquad\quad x_2 \leq 3$

$\qquad\qquad x_1, x_2 \geq 0$

$$\mathbf{P_4} \qquad x_1 + 2x_2 \to \text{Max!}$$

u. d. N. $\quad 6x_1 + 5x_2 \leq 30$

$\qquad\qquad 4x_1 + 9x_2 \leq 36$

$\qquad\qquad x_1 \qquad\quad \leq 2$

$\qquad\qquad\quad x_2 \geq 4$

$\qquad\qquad x_1, x_2 \geq 0$

Indem wir die Zulässigkeitsbereiche immer weiter einschränken, erzeugen wir eine Art Baum. Das Problem $\mathbf{P_3}$ hat die Lösung

$$x_1 = 2, \quad x_2 = 3, \quad z = 8,$$

für das Problem $\mathbf{P_4}$, dessen Zulässigkeitsbereich nur noch aus einem Punkt besteht, erhalten wir die Lösung

$$x_1 = 0, \quad x_2 = 4, \quad z = 8.$$

Wir haben also ganzzahlige Lösungen mit einem Zielfunktionswert $z = 8$ gefunden. Es ist aber noch unklar, ob es nicht darüber hinaus ganzzahlige Lösungen mit einem höheren Zielfunktionswert gibt. Das Problem $\mathbf{P_2}$ muss eventuell auch weiter verzweigt werden. $\mathbf{P_2}$ besitzt einen optimalen Zielfunktionswert von $z = 39/5 = 7.8$. Weitere Einschränkungen des Zulässigkeitsbereichs von $\mathbf{P_2}$ liefern somit Zielfunktionswerte, die kleiner oder gleich 7.8 sind. Da bereits eine ganzzahlige Lösung mit $z = 8$ vorliegt, können wir an dieser Stelle unsere Rechnung beenden. Mit $(x_1, x_2) = (2, 3)$ und $(x_1, x_2) = (0, 4)$ haben wir zwei optimale Lösungen des ganzzahligen Problems $\mathbf{P}$ ermittelt. Der Verlauf der Rechnung ist in Abb. 8.10 skizziert.

Abb. 8.10 Branch-and-Bound-Verfahren für das Problem $\mathbf{P}$

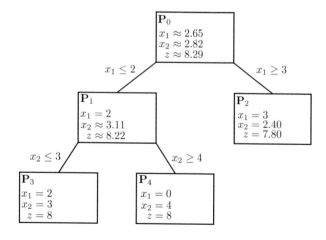

8.3.2   Darstellung des Verfahrens

Die Vorgehensweise beim Lösen des obigen Beispiels wollen wir nun als allgemeinen Algorithmus formulieren. Den weiteren Betrachtungen liegt ein ganzzahliges Optimierungsproblem **P** zugrunde, bei dem für *alle* Variablen die Ganzzahligkeit gefordert wird. Für die Behandlung von *gemischt ganzzahligen Problemen*, bei denen nicht alle Variablen ganzzahlig sein müssen, kann das Verfahren in naheliegender Weise modifiziert werden. Des Weiteren setzten wir voraus, dass es sich um ein Maximumproblem handelt.

Durch Verzweigung wird ausgehend von dem zu **P** relaxierten Probelm $\mathbf{P}_0$ eine Folge von Teilproblemen $\mathbf{P}_1, \ldots, \mathbf{P}_k$ erzeugt. Somit bilden die Probleme eine Baumstruktur.

Das *Branch-and-Bound-Verfahren* setzt sich aus den zwei Vorgängen *Verzweigung (Branching)* und *Beschränkung (Bounding)* zusammen.

Verzweigung (Branching)   Das Problem $\mathbf{P}_i$ habe die optimale Lösung $\mathbf{x}^* = (x_1^*, \ldots, x_n^*)$. Wir wählen eine Variable x_k mit nicht ganzzahligem Anteil (beispielsweise die mit dem größten) und generieren zwei neue Probleme $\mathbf{P}_L$ und $\mathbf{P}_R$ jeweils mit den zusätzlichen Nebenbedingungen $x_k \leq [x_k^*]$ bzw. $x_k \geq [x_k^*] + 1$.

Für die Lösungen der Probleme $\mathbf{P}_L$ und $\mathbf{P}_R$ gilt dann, sofern die Zulässigkeitsbereiche nicht leer sind, dass die Variable x_k in jedem Fall ganzzahlig ist. Vergleiche dazu den Satz 8.1 unten. Welche Variable als nächstes zur Verzweigung ausgewählt wird, ist nicht strikt festgelegt. Häufig wird die Variable mit dem größten nicht ganzzahligen Anteil gewählt. Eine andere Möglichkeit besteht darin, die Variablen entsprechend ihrer Reihenfolge abzuarbeiten.

Beschränkung (Bounding)   Während des Verfahrens aktualisieren wir laufend eine untere Schranke $\underline{z}$ für das Maximum von **P**. Zunächst setzen wir $\underline{z} = -\infty$. Entsprechend den Ergebnissen beim Lösen der Teilprobleme wird die Schranke angepasst, bis sie schließlich ihr Maximum erreicht hat.

Es bleibt noch die Frage zu beantworten, wie weit der Baum verzweigt werden muss.

Auslotung   Ein Maximumproblem $\mathbf{P}_i$ heißt *ausgelotet*, falls eine der folgenden Bedingungen erfüllt ist:

a) Der Zulässigkeitsbereich von $\mathbf{P}_i$ ist leer, das Problem hat somit keine Lösung.

b) Die gefundene optimale Lösung von $\mathbf{P}_i$ ist ganzzahlig (also zulässig für **P**) mit dem optimalen Zielfunktionswert z. Falls $z > \underline{z}$, hat man eine neue, bessere Lösung von **P** gefunden und setzt dann $\underline{z} = z$.

c) Für den optimalen Zielfunktionswert z von $\mathbf{P}_i$ gilt $z \leq \underline{z}$. Durch weitere Verzweigung von $\mathbf{P}_i$ ist keine Verbesserung von $\underline{z}$ mehr möglich, da der Zielfunktionswert für Probleme, die im Baum *unter* $\mathbf{P}_i$ liegen, nicht größer werden kann.

Sobald ein Teilproblem ausgelotet ist, muss es nicht mehr weiter verzweigt werden. Sind alle Teilprobleme des Baumes ausgelotet, so ist $\underline{z}$ das Maximum von **P**. Wie das obige Beispiel zeigt, findet man mit dem Verfahren ggf. auch mehrere Lösungen.

Üblicherweise werden die noch nicht ausgeloteten Probleme in eine Liste geschrieben, die dann abgearbeitet wird. Bei der Reihenfolge der Bearbeitung der Teilprobleme gibt es verschiedene Möglichkeiten. Man kann das jeweils zuletzt in die Liste geschriebene Problem als Nächstes betrachten (Last-In First-Out, LIFO-Regel). In diesem Fall wird der Baum zuerst in der Tiefe nach Lösungen durchsucht. Man findet so eventuell schnell eine ganzzahlige Lösung, die womöglich aber einen schlechten Zielfunktionswert hat. Eine andere Möglichkeit besteht darin, das Teilproblem mit dem größten maximalen Zielfunktionswert für den nächsten Schritt auszuwählen. In diesem Fall sucht man zunächst in der Breite (Maximum-Upper-Bound-Regel). Mit dieser Vorgehensweise gelangt man langsamer zu einer ganzzahligen Lösung, die dann jedoch möglicherweise einen größeren Zielfunktionswert aufweist.

Satz 8.1
Für $\mathbf{x} \in \mathbb{R}^n$, $n \geq 2$, *betrachte das LP*

$$\mathbf{c}^T \mathbf{x} \to \text{Max!}$$
$$\mathbf{Ax} \leq \mathbf{b}, \quad \mathbf{x} \geq \mathbf{0}. \tag{8.17}$$

Ist $\mathbf{x}^* = (x_1^*, \mathbf{y}^*) \in \mathbb{R} \times \mathbb{R}^{n-1}$ *eine optimale Lösung von* (8.17), *so hat das um eine Nebenbedingung erweiterte LP*

$$\mathbf{c}^T \mathbf{x} \to \text{Max!}$$
$$\mathbf{Ax} \leq \mathbf{b}, \quad x_1 \leq [x_1^*] \tag{8.18}$$
$$\mathbf{x} \geq \mathbf{0}$$

eine optimale Lösung der Form $\mathbf{x} = ([x_1^*], \mathbf{y})$, *sofern der Zulässigkeitsbereich von* (8.18) *nicht leer ist.*

Beweis Sei $\mathbf{x}' = (x_1', \mathbf{y}')$ eine optimale Lösung von (8.18), der Zulässigkeitsbereich sei also nicht leer. Wegen $x_1' \leq [x_1^*] \leq x_1^*$ gibt es ein $\alpha \in [0, 1]$ mit $[x_1^*] = \alpha x_1' + (1 - \alpha)x_1^*$. Setze nun

$$\mathbf{x} = \alpha \mathbf{x}' + (1 - \alpha)\mathbf{x}^*.$$

Wegen der Konvexität des Zulässigkeitsbereichs ist $\mathbf{x}$ zulässig für (8.17) und wegen $x_1 = [x_1^*]$ auch zulässig für (8.18). Wegen $\mathbf{c}^T\mathbf{x}^* \geq \mathbf{c}^T\mathbf{x}'$ gilt

$$\mathbf{c}^T \mathbf{x} = \alpha \mathbf{c}^T \mathbf{x}' + (1 - \alpha)\mathbf{c}^T \mathbf{x}^* \geq \mathbf{c}^T \mathbf{x}'.$$

Also ist $\mathbf{x}$ eine optimale Lösung von (8.18). $\qquad\square$

Analog ist dies auch für den Fall mit der zusätzlichen Nebenbedingung $x_1 \geq [x_1^*] + 1$ richtig.

Das Branch-and-Bound-Verfahren kann in einer Variante für Minimumprobleme formuliert werden. Statt einer unteren Schranke $\underline{z}$ hat man dann eine obere Schranke $\bar{z}$ zu pflegen, die Ordnungsrelationen sind entsprechend umzudrehen.

Wir fassen den gesamten Algorithmus noch einmal zusammen.

Algorithmus 8.1 (Branch-and-Bound-Verfahren)
Gegeben sei ein ganzzahliges Maximumproblem **P**. *Wir führen eine Liste* $\mathcal{L}$ *der noch nicht ausgeloteten Teilprobleme, diese Liste enthalte zu Beginn das zu* **P** *LP-relaxierte Problem* **P**$_0$. *Wir setzten* $\underline{z} = -\infty$.

1. *Falls die Liste* $\mathcal{L}$ *leer ist, so ist* $\underline{z}$ *der maximale Zielfunktionswert von* **P**. *FERTIG.*
2. *Löse das letzte Problem* **P**$_i$ *von der Liste* $\mathcal{L}$.
3. *Ist* **P**$_i$ *ausgelotet nach a) oder c), so müssen wir es nicht weiter betrachten. Ist es ausgelotet nach b) und für den maximalen Zielfunktionswert z gilt* $z > \underline{z}$, *so setze* $\underline{z} = z$. *Gehe zu Schritt 5.*
4. *Die Lösung* $\mathbf{x}^*$ *von* **P**$_i$ *hat eine nicht ganzzahlige Variable* x_k. *Erzeuge dann zwei neue Probleme* **P**$_L$ *und* **P**$_R$, *jeweils erweitert um die Nebenbedingung* $x_k \leq [x_k^*]$ *bzw.* $x_k \geq [x_k^*] + 1$, *und setzte sie auf die Liste* $\mathcal{L}$.
5. *Entferne* **P**$_i$ *von der Liste und gehe zu 1.*

Bei der Wahl der Bearbeitungsreihenfolge wurde hier die LIFO–Regel zugrunde gelegt.

Häufig müssen beim Branch-and-Bound-Verfahren sehr viele Teilprobleme gelöst werden, der Aufwand kann also beträchtlich sein. Im Gegensatz zum Cutting-Plane-Verfahren aus Abschn. 8.2 kommt es jedoch seltener zu numerischen Problemen durch auftretende Rundungsfehler.

8.3.3 Ein Beispiel mit drei Variablen

Probleme mit zwei Variablen, wie sie meist als Beispiele in der Literatur zu finden sind, lassen sich (vor allem mit Blick auf Satz 8.1) vergleichsweise leicht lösen. Daher wollen abschließend noch das folgende Problem mit drei Variablen behandeln:

$$\mathbf{P} \qquad x_1 + x_2 + x_3 \to \text{Max!}$$

$$\text{u. d. N.} \quad x_1 + 3x_2 - 2x_3 \le 7 \quad \text{(I)}$$

$$x_1 + 3x_2 + x_3 \le 3 \quad \text{(II)}$$

$$x_1 - x_2 + x_3 \le 2 \quad \text{(III)}$$

$$x_1, x_2, x_3 \ge 0$$

$$x_1, x_2, x_3 \in \mathbb{Z}$$

Als Erstes wird das zugehörige LP-relaxierte Problem $\mathbf{P}_0$ gelöst. Die Lösung ist nicht eindeutig, eine mögliche Basislösung ist

$$x_1 = \frac{9}{4} = 2.25, \quad x_2 = \frac{1}{4} = 0.25, \quad x_3 = 0, \quad z = \frac{5}{2} = 2.5.$$

Durch Verzweigen nach der Variablen x_1 ergeben sich die Probleme $\mathbf{P}_1$ und $\mathbf{P}_2$ mit den zusätzlichen Nebenbedingungen $x_1 \le 2$ bzw. $x_1 \ge 3$. $\mathbf{P}_2$ ist ausgelotet nach a), da der Zulässigkeitsbereich leer ist. Dies ist leicht zu sehen, denn im Falle $x_1 \ge 3$ gilt wegen (II) $x_1 = 3$ und $x_2 = x_3 = 0$, was im Widerspruch zu (III) steht. $\mathbf{P}_1$ besitzt die Lösung

$$x_1 = 2, \quad x_2 = \frac{1}{4} = 0.25, \quad x_3 = \frac{1}{4} = 0.25, \quad z = \frac{5}{2} = 2.5.$$

$\mathbf{P}_1$ ist nicht ausgelotet, wir verzweigen also weiter und bilden $\mathbf{P}_3$ und $\mathbf{P}_4$ mit den zusätzlichen Bedingungen $x_2 \le 0$ und $x_2 \ge 1$. Für $\mathbf{P}_3$ erhält man als Lösung $x_1 = 2$, $x_2 = x_3 = 0$ und $z = 2$. $\mathbf{P}_3$ ist also ausgelotet nach b) und wir haben eine neue untere Schranke $\underline{z} = 2$. $\mathbf{P}_4$ ist ebenfalls ausgelotet mit $x_1 = x_3 = 0$, $x_2 = 1$ und $z = 1$. Damit sind alle Teilprobleme ausgelotet und wir haben eine Optimallösung gefunden. Der Lösungsverlauf ist noch einmal in Abb. 8.11 dargestellt. Das Symbol $\emptyset$ bedeutet, dass der Zulässigkeitsbereich leer ist.

Abb. 8.11 Branch-and-Bound-Verfahren für das Problem **P** mit drei Variablen

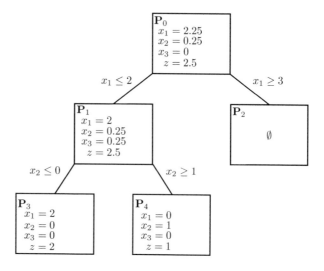

Aufgaben

Aufgabe 8.1 (Cutting-Plane-Verfahren)

Berechnen Sie eine optimale ganzzahlige Lösung des Beispielproblems aus Abschn. 8.2

$$x_1 + 2x_2 \rightarrow \text{Max}!$$

$$\text{u. d. N.} \quad 6x_1 + 5x_2 \leq 30 \quad \text{(I)}$$

$$4x_1 + 9x_2 \leq 36 \quad \text{(II)}$$

$$x_1, x_2 \geq 0,$$

mit dem Cutting-Plane-Verfahren und verwenden Sie für die Schnittrestriktionen jedoch diesmal das zweite Auswahlkriterium.

Hinweis *Diese Aufgabe erfordert viel Geduld und sorgfältiges Rechnen. Sie zeigt, dass die Wahl der Schnittrestriktion für das Verfahren sehr wesentlich ist.*

Aufgabe 8.2 (Cutting-Plane-Verfahren)

Lösen Sie das Beispiel 8.1 aus der Einführung in Abschn. 8.1 mit dem Cutting-Plane-Verfahren. Verwenden Sie für das Verfahren das erste Auswahlkriterium.

Aufgabe 8.3 (Knapsack-Problem)

Ein Wanderer hat vier Gegenstände mit den Gewichten 2, 3, 5 und 4 kg, die er mit auf eine Bergtour nehmen möchte. Die Nutzen der Gegenstände bewertet er mit 1, 3, 2 und 1. Er kann maximal 9 kg transportieren. Welche Gegenstände soll er mitnehmen, um einen maximalen Nutzen zu erzielen? Berechnen Sie mit dem Cutting-Plane-Verfahren unter Verwendung des ersten Auswahlkriteriums für die Schnittrestriktionen eine optimale Lösung.

Aufgabe 8.4 (Branch-and-Bound-Verfahren)

Bestimmen Sie sämtliche ganzzahligen Lösungen des folgenden Problems mithilfe des Branch-and-Bound-Verfahrens. Veranschaulichen Sie sich den durch die Verzweigungen entstandenen Baum anhand einer Skizze.

$$x_1 + x_2 \rightarrow \text{Max}!$$

$$\text{u. d. N.} \quad 7x_1 + 6x_2 \leq 42$$

$$5x_1 + 10x_2 \leq 50$$

$$2x_1 \qquad \leq 7$$

$$x_1, x_2 \geq 0$$

Aufgabe 8.5 (Branch-and-Bound-Verfahren)

Lösen Sie das folgende ganzzahlige Optimierungsproblem:

$$x_1 + 3x_2 \rightarrow \text{Max!}$$

$$\text{u. d. N.} \quad 2x_1 - x_2 \geq 2$$

$$4x_1 + 7x_2 \leq 28$$

$$x_1, x_2 \geq 0$$

Aufgabe 8.6 (Branch-and-Bound-Verfahren)

Lösen Sie das folgende ganzzahlige Optimierungsproblem:

$$x_1 + 2x_2 + x_3 \rightarrow \text{Max!}$$

$$\text{u. d. N.} \quad 2x_1 + x_2 + 2x_3 \leq 9$$

$$x_1 + 2x_2 + 3x_3 \leq 10$$

$$-x_1 + 2x_2 + x_3 \leq 2$$

$$x_1, x_2, x_3 \geq 0$$

Diese Aufgabe erfordert eine längere, sorgfältige Rechnung. Verwenden Sie für die Teilprobleme ggf. den Excel-Solver.

Lineare Optimierung in der Spieltheorie 9

Inhaltsverzeichnis

9.1 Einführung in die Entscheidungstheorie 213
9.2 Zwei-Personen-Nullsummenspiele 216

Die Spieltheorie ist ein Teilgebiet der Entscheidungstheorie, das der Vorbereitung von Entscheidungen dient, bei denen konkurrierende Parteien miteinander interagieren. Wir beschränken uns hier auf einen sehr kleinen Aspekt der Spieltheorie, die sogenannten Zwei-Personen-Nullsummenspiele, und wollen in erster Linie den Bezug zur Linearen Optimierung herstellen. Einen vertiefenden und sehr verständlichen Einblick in die Spieltheorie liefert z. B. das Buch „Spieltheorie" von Riechmann (2013). Die Zusammenhänge zur Lineare Optimierung kann man ausführlich in dem Buch „Optimierung Operations Research Spieltheorie: Mathematische Grundlagen" von Borgwardt (2000) nachlesen.

9.1 Einführung in die Entscheidungstheorie

In der Spieltheorie als Teilgebiet der Entscheidungstheorie geht es um Handlungsempfehlungen bei Entscheidungen in gewissen klar umrissenen Situationen. Als Beispiel betrachten wir den morgendlichen Weg zur Arbeit, den wir je nach dem Verkehrsaufkommen entweder mit dem Fahrrad oder mit dem Auto zurücklegen. Die Zeit, die wir benötigen, sei durch die folgende Tabelle (Entscheidungsmatrix) gegeben.

	Stau	Kein Stau
Fahrrad	15 min	14 min
Auto	25 min	8 min

© Springer-Verlag GmbH Deutschland, ein Teil von Springer Nature 2023
A. Koop and H. Moock, *Lineare Optimierung – eine anwendungsorientierte Einführung in Operations Research*, https://doi.org/10.1007/978-3-662-66387-5_9

In Abhängigkeit von verschiedenen Umweltzuständen (Stau, kein Stau) können wir aus bestimmten Alternativen (Fahrrad, Auto) wählen. Entsprechend der gewählten Alternative erhalten wir abhängig vom Umweltzustand unterschiedliche Ergebnisse (Fahrzeiten). Zielvorgabe für dieses Minimumproblem ist eine möglichst kurze Fahrzeit. Das Ergebnis bezeichnet man auch als Auszahlung, die in diesem Fall minimiert werden soll. Die Entscheidung ist hier einfach, da man sich z. B. im Internet über die aktuelle Stausituation leicht informieren kann (Entscheidung bei Sicherheit). Interessanter ist die Situation, wenn man den Umweltzustand zum Zeitpunkt der Entscheidung noch nicht kennt (Entscheidung bei Unsicherheit).

Dazu ein Beispiel aus der Produktionsplanung. Für die Herstellung eines neuen Produktes stehen verschiedene Verfahren zu Verfügung. Diese unterscheiden sich hinsichtlich Einrichtkosten und proportionalen Stückkosten, aus denen sich wiederum die von der produzierten Menge abhängigen Kosten pro Stück ergeben. In der folgenden Tabelle werden der gemittelten Gewinne pro Stück in Abhängigkeit von der Auftragsgröße, d. h. der Menge der zu fertigenden Produkte, aufgeführt.

	Stückzahl		
	groß	mittel	klein
Verfahren 1	59	57	50
Verfahren 2	75	68	30
Verfahren 3	67	63	40
Verfahren 4	80	65	20

Je nachdem wie ein Entscheider die zukünftige Auftragslage einschätzt, wird er in eines der Verfahren investieren. Ein sehr konservativer Entscheider wird das Verfahren 1 favorisieren, da er hier einen relativ hohen Gewinn sicher hat (*Maximin*-Regel). Ein risikofreudiger Entscheider wird dagegen das Verfahren 4 bevorzugen, da hier unter Umständen ein sehr hoher Gewinn möglich ist (*Maximax*-Regel). Sind die verschiedenen Umweltzustände, in unserem Fall der zu erwartende Auftragsumfang, mit Wahrscheinlichkeiten versehen, so erleichtert dies die Entscheidung. Angenommen die Wahrscheinlichkeit für große Stückzahl sei $p_1 = 0.3$, für mittlere Stückzahl $p_2 = 0.4$ und die Wahrscheinlichkeit für kleine Stückzahl entsprechend $p_3 = 0.3$.

	Stückzahl		
	groß	mittel	klein
	$p_1 = 0.3$	$p_2 = 0.4$	$p_3 = 0.3$
Verfahren 1	59	57	50
Verfahren 2	75	68	30
Verfahren 3	67	63	40
Verfahren 4	80	65	20

Man könnte nun die Erwartungswerte für die Gewinne berechnen und erhält für Verfahren 1 eine Gewinnerwartung von 55.5, für Verfahren 2 von 58.7, für Verfahren 3 von 57.3 und für Verfahren 4 von 56.0. Wählt man die Option mit dem größten zu erwartenden Gewinn (*Erwartungswert*-Kriterium), so würde man hier dem Verfahren 2 den Vorzug geben.

Wir wollen die verschiedenen Entscheidungsstrategien etwas allgemeiner formulieren. Dazu betrachten wir eine Entscheidungsmatrix mit n verschiedenen (sich gegenseitig ausschließenden) Umweltzuständen U_j, m Handlungsalternativen H_i und möglichen Gewinnen a_{ij}, oft auch als Auszahlungen bezeichnet.

	U_1	U_2	$\cdots$	U_n
H_1	a_{11}	a_{12}	$\cdots$	a_{1n}
H_2	a_{21}	a_{22}	$\cdots$	a_{2n}
$\vdots$	$\vdots$	$\vdots$		$\vdots$
H_m	a_{m1}	a_{m2}	$\cdots$	a_{mn}

Wir nehmen an, der Gewinn oder die Auszahlung soll maximiert werden. Die folgenden Entscheidungsregeln sind nun denkbar.

Maximin-Regel

Wenn wir sehr pessimistisch sind, wäre eine Entscheidung nach dieser Regel naheliegend. Wir bestimmen für jede mögliche Entscheidung die kleinste Auszahlung, d. h. das Zeilenminimum, und bilden über diese Werte das Maximum. Wir gehen also davon aus (rechnen damit), dass der für uns ungünstigste Umweltzustand eintritt und wählen die Option, bei der unter dieser Voraussetzung die maximale Auszahlung erzielt wird, d. h.

$$a_{kl} = \max_i \{\min_j a_{ij}\} \implies \text{wähle } H_k.$$

Maximax-Regel

Wenn wir sehr optimistisch sind, können wir uns für die Option entscheiden, bei der wir im besten Fall die höchste Auszahlung erzielen. Wir wählen das Maximum der Zeilenmaxima, also

$$a_{kl} = \max_i \{\max_j a_{ij}\} \implies \text{wähle } H_k.$$

Erwartungswert-Regel

Wenn wir davon ausgehen, dass die verschiedenen Umweltzustände S_j mit gewissen Wahrscheinlichkeiten p_j auftreten, so können wir die Option mit der höchsten zu erwartenden Auszahlung wählen, d. h.

$$g_i = \sum_j p_j a_{ij}, \quad g_k = \max_i \{g_i\} \implies \text{wähle } H_k$$

Die Entscheidung ist nicht immer eindeutig. Weitere Entscheidungsstrategien sind denkbar, die irgendwo zwischen der pessimistischen *Maximin*-Regel und der optimistischen *Maximax*-Regel liegen. Näheres dazu findet man z. B. in dem Buch von Riechmann (2013).

9.2   Zwei-Personen-Nullsummenspiele

Unter Zwei-Personen-Nullsummenspielen versteht man Spiele, an denen zwei Spieler beteiligt sind, von denen jedem eine endliche Menge von Strategien S_i bzw. T_j zur Verfügung steht. Es ist dies eine ähnliche Situation wie im vorherigen Abschnitt, jetzt entspricht jedoch dem Umweltzustand die Entscheidung des anderen Spielers und umgekehrt. Nullsummenspiel bedeutet des Weiteren, der Gewinn (die Auszahlung) des einen Spielers ist gleichzeitig der Verlust des anderen Spielers. Für die Beschreibung des Spiels reicht es aus, dass in einer Entscheidungsmatrix die Auszahlungen a_{ij} für den Spieler 1 notiert werden, denn für Spieler 2 bedeutet dies automatisch einen Verlust von $-a_{ij}$. Die Entscheidungsmatrix sieht wie folgt aus.

		Spieler 2			
		T_1	T_2	$\cdots$	T_n
	S_1	a_{11}	a_{12}	$\cdots$	a_{1n}
	S_2	a_{21}	a_{22}	$\cdots$	a_{2n}
Spieler 1	$\vdots$	$\vdots$	$\vdots$		$\vdots$
	S_m	a_{m1}	a_{m2}	$\cdots$	a_{mn}

Da die notwendigen Informationen für ein solches Spiel durch eine Matrix repräsentiert werden, bezeichnet man sie als Matrixspiele. Jeder Spieler muss sich für eine Strategie entscheiden, ohne zu wissen, welche sein Gegenüber wählt. Es handelt sich also um Entscheidungen bei Unsicherheit.

Ein einfaches Beispiel ist das beliebte Spiel *Stein-Schere-Papier* mit den bekannten Regeln *Stein schlägt Schere, Schere schlägt Papier* und *Papier schlägt Stein*. Angenommen der Sieger erhält eine Auszahlung von einem Euro, so erhalten wir die folgende Matrix:

		Spieler 2		
		Stein	Schere	Papier
	Stein	0	1	-1
Spieler 1	Schere	-1	0	1
	Papier	1	-1	0

Die Matrix enthält die Auszahlungen für Spieler 1. Wegen der Symmetrie dieses Spiels (egal, welches Symbol man wählt, die Chance zu gewinnen oder zu verlieren ist immer die gleiche) ist hier keine Strategie erkennbar. Keine der oben genannten Entscheidungsregeln liefert ein eindeutiges Ergebnis.

9.2.1 Sattelpunkte

Betrachten wir das folgende Beispiel für ein Matrixspiel:

		Spieler 2			
		T_1	T_2	T_3	T_4
	S_1	10	8	6	9
	S_2	11	7	4	5
Spieler 1	S_3	20	1	5	2
	S_4	−2	1	4	0

Für welche Strategien werden sich die beiden Spieler entscheiden? Angenommen Spieler 1 wendet die vorsichtige *Maximin*-Regel an. Er berechnet also für jede Zeile das Minimum und wählt dann die Zeile mit dem größten Wert. Er wird demnach die Strategie S_1 favorisieren. Wenn Spieler 2 die gleiche Strategie verfolgt, so ist zu bedenken, das die Gewinne von Spieler 1 den Verlusten von Spieler 2 entsprechen. Dies bedeutet, dass Spieler 2 zunächst das Maximum der Spalten ermittelt und danach die Spalte mit dem kleinsten Wert auswählt. Spieler 2 wird also die Strategie T_3 bevorzugen.

Spieler 1
Spieler 1 wählt die Strategie S_k, wobei

$$a_{kl} = \max_i \{ \min_j a_{ij} \}$$

Spieler 2
Spieler 2 wählt die Strategie T_l, wobei

$$a_{kl} = \min_j \{ \max_i a_{ij} \}$$

Spieler 1 wird die Strategie S_1 und Spieler 2 die Strategie T_3 wählen. Wegen

$$\max_i \{ \min_j a_{ij} \} = \min_j \{ \max_i a_{ij} \} = 6$$

sagt man, das Spiel besitzt einen *Sattelpunkt*. Der Wert $a_{13} = 6$ wird als der *Wert des Spiels* bezeichnet. Ist der Wert des Spiels Null, so spricht man von einem *fairen Spiel*. In unserem Beispiel ist Spieler 1 klar im Vorteil.

Für die Auszahlungsmatrix eines Zwei-Personen-Nullsummenspiels

$$
\mathbf{A} = \begin{bmatrix} a_{11} & a_{12} & \cdots & a_{1n} \\ a_{21} & a_{22} & \cdots & a_{2n} \\ \vdots & \vdots & & \vdots \\ a_{m1} & a_{m2} & \cdots & a_{mn} \end{bmatrix} \in \mathbb{R}^{m \times n}
$$

bezeichnet man allgemein ein Element a_{lk} von $\mathbf{A}$ als Sattelpunkt, wenn gilt:

$$
a_{ik} \leq a_{lk} \leq a_{lj} \quad \forall i \in \{1, \cdots, m\} \quad \forall j \in \{1, \cdots, n\}.
$$

Dies ist gleichbedeutend mit (siehe Neumann 1975):

$$
a_{lk} = \max_i \{\min_j a_{ij}\} = \min_j \{\max_i a_{ij}\}.
$$

Matrixspiele mit einer Matrix $\mathbf{A}$, die über mindestens einen Sattelpunkt a_{lk} verfügen, nennt man Sattelpunktspiele. Die zu a_{lk} gehörigen Strategien S_l und T_k bezeichnet man als *Sattelpunkt-, Gleichgewichts-, Lösungs– oder reine Strategien*.

Besitzt die Auszahlungsmatrix eines Spiels keinen Sattelpunkt, so führt das obige Konzept zu keiner Lösung. In diesem Fall gilt:

$$
\max_i \{\min_j a_{ij}\} < \min_j \{\max_i a_{ij}\}.
$$

Ein Beispiel hierfür ist das Spiel *Stein-Schere-Papier*. Man kann leicht nachrechnen, dass

$$
\max_i \{\min_j a_{ij}\} = -1 < 1 = \min_j \{\max_i a_{ij}\}.
$$

In solchen Situationen wird der Lösungsbegriff durch Einführen von Wahrscheinlichkeiten für die Wahl der einzelnen Strategien verallgemeinert.

9.2.2   Gemischte Strategien

Gegeben sei ein Zwei-Personen-Nullsummenspiel mit der zugrundeliegenden Auszahlungsmatrix $\mathbf{A} \in \mathbb{R}^{m \times n}$. Spieler 1 wählt die Zeile der Matrix und Spieler 2 die Spalte. Wir können nun die Strategien der Spieler durch Vektoren $\mathbf{p} \in \mathbb{R}^m$ bzw. $\mathbf{q} \in \mathbb{R}^n$ ausdrücken. Gehen wir von reinen Strategien aus, so ist jeweils genau diejenige Komponente der Vektoren $\mathbf{p}$ bzw. $\mathbf{q}$ gleich eins, welche die gewählte Strategie des Spielers angibt, alle anderen Komponenten sind null. Wählt also Spieler 1 die Strategie S_i und Spieler 2 die Strategie T_j, so ist $\mathbf{p} = \mathbf{e}_i$

und $\mathbf{q} = \mathbf{e}_j$ mit den entsprechenden Einheitsvektoren. Das Ergebnis des Spiels ist dann der Wert

$$a_{ij} = \mathbf{e}_i^T \mathbf{A} \mathbf{e}_j.$$

Es existiert ein Sattelpunkt bzw. ein Gleichgewicht, falls es ein a_{kl} gibt mit

$$a_{kl} = \max_i \{ \min_j \mathbf{e}_i^T \mathbf{A} \mathbf{e}_j \} = \min_j \{ \max_i \mathbf{e}_i^T \mathbf{A} \mathbf{e}_j \}.$$

Nun ist jedoch, wie wir oben bereits gesehen haben, nicht immer ein Sattelpunkt vorhanden, d. h. es gibt keine reinen Lösungsstrategien. In diesen Fällen ist es für einen Spieler sinnvoll, verschiedene Strategien mit gewissen Wahrscheinlichkeiten zu wählen. Wir verallgemeinern also unseren Ansatz und fordern fortan, dass

$$\mathbf{p} \in P = \left\{ \mathbf{p} \in \mathbb{R}^m \mid \mathbf{p} \geq \mathbf{0}, \ \sum_i p_i = 1 \right\},$$

$$\mathbf{q} \in Q = \left\{ \mathbf{q} \in \mathbb{R}^n \mid \mathbf{q} \geq \mathbf{0}, \ \sum_j q_j = 1 \right\}.$$

$\mathbf{p} \in P$ und $\mathbf{q} \in Q$ werden *gemischten Strategien* genannt. P und Q sind die Einheitssimplizes in $\mathbb{R}^m$ bzw. $\mathbb{R}^n$. Man bezeichnet

$$v : P \times Q \to \mathbb{R} \ \ \text{mit} \ \ v(\mathbf{p},\mathbf{q}) = \mathbf{p}^T \mathbf{A} \mathbf{q} = \sum_{i=1}^m \sum_{j=1}^n a_{ij} p_i q_j$$

als Auszahlungsfunktion. Sie gibt den erwarteten Gewinn von Spieler 1 bzw. den erwarteten Verlust von Spieler 2 an.

Es gilt nun, dass

$$v_1 = \max_{\mathbf{p} \in P} \{ \min_{\mathbf{q} \in Q} v(\mathbf{p},\mathbf{q}) \} \leq \min_{\mathbf{q} \in Q} \{ \max_{\mathbf{p} \in P} v(\mathbf{p},\mathbf{q}) \} = v_2.$$

Man könnte v_1 als den *Gewinnsockel* von Spieler 1 und v_2 entsprechend den *Verlustdeckel* von Spieler 2 ansehen.

Der folgende Satz von John von Neumann (siehe von Neumann 1928) zeigt, dass es bei Zweipersonen-Nullsummen-Spielen stets Gleichgewichtspunkte $\mathbf{p} \in P, \mathbf{q} \in Q$ gibt, so dass $v_1 = v_2$ gilt. Diese Gleichgewichtspunkte können mit Methoden der linearen Optimierung berechnet werden.

Satz 9.1 (Min-Max-Theorem)

Für ein Zwei-Personen-Nullsummenspiel mit der Matrix $\mathbf{A} \in \mathbb{R}^{m \times n}$ gilt

$$\max_{\mathbf{p} \in P} \{ \min_{\mathbf{q} \in Q} \mathbf{p}^T \mathbf{A} \mathbf{q} \} = \min_{\mathbf{q} \in Q} \{ \max_{\mathbf{p} \in P} \mathbf{p}^T \mathbf{A} \mathbf{q} \}.$$

Beweis Wir setzen o. B. d. A. voraus, dass

$$a_{ij} > 0 \quad \forall i \in \{1, \cdots, m\} \quad \forall j \in \{1, \cdots, n\},$$

ansonsten addieren wir eine genügend große Konstante auf alle Elemente der Matrix $\mathbf{A}$. Für $\mathbf{p} \in P$ sei

$$v_1(\mathbf{p}) = \min_{\mathbf{q} \in Q} \mathbf{p}^T \mathbf{A} \mathbf{q} = \min_{\mathbf{q} \in Q} \left\{ \sum_{i=1}^{m} \sum_{j=1}^{n} a_{ij} p_i q_j \right\}.$$

Mit $c_j = \sum_{i=1}^{m} a_{ij} p_i$ folgt

$$v_1(\mathbf{p}) = \min_{\mathbf{q} \in Q} \left\{ \sum_{j=1}^{n} c_j q_j \right\}.$$

Dies entspricht dem linearen Optimierungsproblem

$$z = \sum_{j=1}^{n} c_j q_j \to \text{Min!}$$

unter den Nebenbedingungen:

$$\sum_{j=1}^{n} q_j = 1 \quad \text{und} \quad q_j \geq 0.$$

Nach Satz 3.4 werden die Extrema eines LPs über einem konvexen Polyeder, in unserem Fall dem Einheitssimplex, in einem Eckpunkt angenommen. Daher gilt:

$$v_1(\mathbf{p}) = \min_{\mathbf{q} \in Q} \mathbf{p}^T \mathbf{A} \mathbf{q} = \min\{\mathbf{p}^T \mathbf{A} \mathbf{e}_1, \dots, \mathbf{p}^T \mathbf{A} \mathbf{e}_n\} = \min_{j \in \{1, \dots, n\}} \sum_{i=1}^{m} a_{ij} p_i.$$

Diese Abbildung ist stetig und P ist kompakt, also existiert $\mathbf{p}^* \in P$ mit

$$v_1(\mathbf{p}^*) = \max_{\mathbf{p} \in P} v_1(\mathbf{p}).$$

Setzt man $z = \min_j \sum_{i=1}^{m} a_{ij} p_i$, so entspricht

$$\max_{\mathbf{p} \in P} \{\min_{\mathbf{q} \in Q} \mathbf{p}^T \mathbf{A} \mathbf{q}\}$$

der optimalen Lösung des folgenden linearen Optimierungsproblems

$$z \to \text{Max!}$$

$$\text{u.d.N.} \quad \sum_{i=1}^{m} p_i a_{ij} \geq z, \quad j = 1, \ldots, n$$

$$\sum_{i=1}^{m} p_i = 1$$

$$p_i \geq 0 \quad i = 1, \ldots, m$$

Man beachte, dass aus $a_{ij} > 0$ folgt $z > 0$. Führen wir nun neue Variablen $u_i = p_i/z$ ein und beachten dass

$$\sum_{i=1}^{m} u_i = \frac{1}{z},$$

so erhalten wir schließlich das lineare Optimierungsproblem

$$\frac{1}{z} = \sum_{i=1}^{m} u_i \longrightarrow \text{Min!}$$

$$\text{u.d.N.} \quad \sum_{i=1}^{m} u_i a_{ij} \geq 1, \quad j = 1, \ldots, n \tag{9.1}$$

$$u_i \geq 0, \quad i = 1, \ldots, m$$

Analog ergibt sich, dass für

$$v_2(\mathbf{q}) = \max_{\mathbf{p} \in P} \mathbf{p}^T \mathbf{A} \mathbf{q} = \max\{\mathbf{e}_1^T \mathbf{A} \mathbf{q}, \ldots, \mathbf{e}_m^T \mathbf{A} \mathbf{q}\} = \max_{i \in \{1, \ldots, m\}} \sum_{j=1}^{n} a_{ij} q_j$$

ein $\mathbf{q}^* \in Q$ existiert mit

$$v_2(\mathbf{q}^*) = \min_{\mathbf{q} \in Q} v_2(\mathbf{q}).$$

Mit $z = \max_i \sum_{j=1}^{n} a_{ij} q_j$ ist

$$\min_{\mathbf{q} \in Q}\{\max_{\mathbf{p} \in P} \mathbf{p}^T \mathbf{A} \mathbf{q}\}$$

die optimale Lösung des folgenden linearen Optimierungsproblems

$$z \to \text{Min!}$$

$$\text{u.d.N.} \quad \sum_{j=1}^{n} q_j a_{ij} \leq z, \quad i = 1, \ldots, m$$

$$\sum_{j=1}^{n} q_j = 1$$

$$q_j \geq 0 \quad j = 1, \ldots, n$$

Mittels Vatiablentransformation $v_j = q_j/z$, wobei

$$\sum_{j=1}^{n} v_j = \frac{1}{z}$$

gilt, ergibt sich das lineare Optimierungsproblem

$$\frac{1}{z} = \sum_{j=1}^{n} v_j \longrightarrow \text{Max!}$$

$$\text{u. d. N.} \quad \sum_{j=1}^{n} v_j a_{ij} \leq 1, \quad i = 1, \dots, m \tag{9.2}$$

$$v_j \geq 0, \quad j = 1, \dots, n$$

(9.1) ist ein spezielles Minimumproblem, das mit dem Dual-Simplex-Verfahren gelöst werden kann. Bei (9.2) handelt es sich um ein spezielles Maximumproblem, dessen Lösung sich mit dem Primal-Simplex-Verfahren berechnen lässt. Darüber hinaus sind die beiden LPs dual zueinander und besitzen zulässige Lösungen. Im Falle (9.1) müssen die u_i nur genügend groß gewählt werden, damit $\sum_{i=1}^{m} u_i a_{ij} \geq 1$ für alle j gilt, um eine zulässige Lösung zu erhalten. Für (9.2) ist durch $v_1 = 1/a_{k1}$ und $v_j = 0$, $j = 2, \dots, n$ mit $a_{k1} = \min_i a_{i1}$ eine zulässige Lösung gegeben. Aus dem Dualitätstheorem 3.8 folgt somit, dass beide LPs optimale Lösungen mit übereinstimmenden optimalen Werten besitzen, was die Behauptung beweist.   □

Der Leser möge sich davon überzeugen, dass man für das oben erwähnte Spiel *Stein-Schere-Papier* $\mathbf{p} = (1/3, 1/3, 1/3)$ und $\mathbf{q} = (1/3, 1/3, 1/3)$ erhält (vgl. Aufg. 9.2). Bei der Berechnung ist zu beachten, dass die Matrix des Spiels negative Einträge hat und deshalb zu modifizieren ist.

9.2.3   Beispiel

Zu lösen ist das folgende Zwei-Personen-Nullsummenspiel:

		Spieler 2		
		T_1	T_2	T_3
	S_1	1	−1	1
Spieler 1	S_2	1	−1	2
	S_3	−1	0	5

Es ist

$$\max_i\{\min_j a_{ij}\} = -1 \quad \text{und} \quad \min_j\{\max_i a_{ij}\} = 0,$$

demnach hat das Spiel keinen Sattelpunkt und sein Wert liegt zwichen -1 und 0. Damit die Auszahlungsmatrix positiv ist, addieren wir $c = 2$ auf alle Elemente und erhalten

		Spieler 2		
		T_1	T_2	T_3
	S_1	3	1	3
Spieler 1	S_2	3	1	4
	S_3	1	2	7

Es seien z der Wert des Spiels und p_i bzw. q_j die Wahrscheinlichkeiten für die Strategien S_i bzw. T_j.

			Spieler 2		
			T_1	T_2	T_3
			q_1	q_2	q_3
	S_1	p_1	3	1	3
Spieler 1	S_2	p_2	3	1	4
	S_3	p_3	1	2	7

Ziel von Spieler 1 ist, den zu erwartenden Gewinn (also z) zu maximieren. Für z muss gelten:

$$3p_1 + 3p_2 + p_3 \geq z$$
$$p_1 + p_2 + 2p_3 \geq z$$
$$3p_1 + 4p_2 + 7p_3 \geq z$$

Die im obigen Beweis angegebene Variablentransformation $u_1 = p_1/z$, $u_2 = p_2/z$, $u_3 = p_3/z$ führt dann zu den folgenden Nebenbedingungen:

$$3u_1 + 3u_2 + u_3 \geq 1$$
$$u_1 + u_2 + 2u_3 \geq 1$$
$$3u_1 + 4u_2 + 7u_3 \geq 1$$

Um z zu maximieren kann Spieler 1 ebensogut $Z_p = 1/z = u_1 + u_2 + u_3$ minimieren. Wir erhalten also das LP

$$Z_p = u_1 + u_2 + u_3 \longrightarrow \text{Min!}$$

$$\text{u.d.N.} \quad 3u_1 + 3u_2 + \ u_3 \geq 1 \tag{9.3}$$

$$u_1 + \ u_2 + 2u_3 \geq 1$$

$$3u_1 + 4u_2 + 7u_3 \geq 1$$

Spieler 2 hat das Ziel, den zu erwartenden Verlust (also z) zu minimieren. Die zu erwartenden Verluste für ihn sind

$$3q_1 + \ q_2 + 3q_3 \leq z$$

$$3q_1 + \ q_2 + 4q_3 \leq z$$

$$q_1 + 2q_2 + 7q_3 \leq z$$

Mit $v_1 = q_1/z$, $v_2 = q_2/z$, $v_3 = q_3/z$ und $z_q = 1/z = v_1 + v_2 + v_3$ erhalten wir so

$$z_q = v_1 + v_2 + v_3 \longrightarrow \text{Max!}$$

$$\text{u.d.N.} \quad 3v_1 + \ v_2 + 3v_3 \leq 1 \tag{9.4}$$

$$3v_1 + \ v_2 + 4v_3 \leq 1$$

$$v_1 + 2v_2 + 7v_3 \leq 1$$

Die LPs (9.3) und (9.4) sind offensichtlich dual zueinander. Wir lösen zunächst (9.3) mit dem Dual-Simplex-Verfahren und führen dazu die Schlupfvariablen u_4, u_5 und u_6 ein. Wir erhalten die folgenden drei Tableaus. Wie immer setzen wir $z_p = -Z_p$.

BV	u_1	u_2	u_3	u_4	u_5	u_6	**b**
u_4	-3	-3	-1	1	0	0	-1
u_5	-1	-1	-2	0	1	0	-1
u_6	-3	-4	-7	0	0	1	-1
z_p	1	1	1	0	0	0	0

BV	u_1	u_2	u_3	u_4	u_5	u_6	**b**
u_1	1	1	1/3	$-1/3$	0	0	1/3
u_5	0	0	-5/3	$-1/3$	1	0	$-2/3$
u_6	0	-1	-6	-1	0	1	0
z_p	0	0	2/3	1/3	0	0	$-1/3$

BV	u_1	u_2	u_3	u_4	u_5	u_6	$\mathbf{b}$
u_1	1	1	0	$-2/5$	$1/5$	0	$1/5$
u_3	0	0	1	$1/5$	$-3/5$	0	$2/5$
u_6	0	-1	0	$1/5$	$-18/5$	1	$12/5$
z_p	0	0	0	$1/5$	$2/5$	0	$-3/5$

Es ist nun $Z_p = -z_p = 3/5, z = 1/Z_p = 5/3$ und somit

$$p_1 = zu_1 = 1/3, \quad p_2 = zu_2 = 0, \quad p_3 = zu_3 = 2/3.$$

Als nächstes lösen wir (9.4) mit dem Primal-Simplex-Verfahren und führen dazu die Schlupf-variablen v_3, v_4 und v_5 ein. Wir erhalten die folgenden Tableaus.

BV	v_1	v_2	v_3	v_4	v_5	v_6	$\mathbf{b}$
v_4	3	1	3	1	0	0	1
v_5	3	1	4	0	1	0	1
v_6	1	2	7	0	0	1	1
z_q	-1	-1	-1	0	0	0	0

BV	v_1	v_2	v_3	v_4	v_5	v_6	$\mathbf{b}$
v_1	1	$1/3$	1	$1/3$	0	0	$1/3$
v_5	0	0	1	-1	1	0	0
v_6	0	$5/3$	6	$-1/3$	0	1	$2/3$
z_q	0	$-2/3$	0	$1/3$	0	0	$1/3$

BV	v_1	v_2	v_3	v_4	v_5	v_6	$\mathbf{b}$
v_1	1	0	$-1/5$	$2/5$	0	$-1/5$	$1/5$
v_5	0	0	1	-1	1	0	0
v_2	0	1	$18/5$	$-1/5$	0	$3/5$	$2/5$
z_q	0	0	$12/5$	$1/5$	0	$2/5$	$3/5$

Es ist also $z_q = 3/5$ und somit $z = 1/z_q = 5/3$. Wir erhalten damit

$$q_1 = zv_1 = 1/3, \quad q_2 = zv_2 = 2/3, \quad q_3 = zv_3 = 0.$$

Aufgaben

Aufgabe 9.1 (Zwei-Personen-Nullsummenspiele)

Untersuchen Sie die folgenden Nullsummenspiele.

a)

		B	
		b_1	b_2
	a_1	1	-1
A	a_2	2	3
	a_3	-2	1

b)

		B	
		b_1	b_2
	a_1	1	-1
A	a_2	2	3
	a_3	-2	1

Aufgabe 9.2 (Zwei-Personen-Nullsummenspiele)

Rechnen Sie nach, dass man für das Spiel Stein-Schere-Papier *mit*

$$\mathbf{A} = \begin{bmatrix} 0 & 1 & -1 \\ -1 & 0 & 1 \\ 1 & -1 & 0 \end{bmatrix}$$

ein Gleichgewicht hat mit $\mathbf{p} = \mathbf{q} = (1/3, 1/3, 1/3)$.

Fallstudien aus der Praxis 10

Inhaltsverzeichnis

10.1 Optimale Ventilsteuerung in Verbrennungsmotoren 227
10.2 Berechnung eines optimalen Beschaffungsplans 238

In den vorangegangenen Kapiteln haben wir aufgezeigt, wie man von einer gegebenen Problemstellung zu einem adäquaten mathematischen Modell gelangt und wie man es mit den vorgestellten Verfahren lösen kann. Zahlreiche Anwendungsbeispiele wurden zur Verdeutlichung und Vertiefung des Stoffes besprochen, sie sollten aber auch darlegen, wo in der Praxis und bei welcher Art von Aufgabenstellung die beschriebenen Methoden zum Tragen kommen. Bei der Auswahl der Beispiele entschieden wir uns bewusst für solche Probleme, die zu kleinen mathematischen Modellen führten und die in der Regel für die Berechnung von Hand geeignet waren. In diesem Kapitel stellen wir jetzt zwei Fallstudien vor, die bezüglich Umfang und Komplexität weit über das bisher Betrachtete hinausgehen, in Kooperation mit industriellen Partnern entwickelt wurden und in der Praxis eingesetzt werden.

10.1 Optimale Ventilsteuerung in Verbrennungsmotoren

Diese Fallstudie basiert auf einem Projekt, das an einer Universität in Zusammenarbeit mit einem Automobilhersteller durchgeführt wurde. Ziel war die Entwicklung eines computergestützten Verfahrens zur Berechnung ruckfreier Nocken (siehe Moock 1986).

Ergänzende Information   Die elektronische Version dieses Kapitels enthält Zusatzmaterial, auf das über folgenden Link zugegriffen werden kann
https://doi.org/10.1007/978-3-662-66387-5_10.

© Springer-Verlag GmbH Deutschland, ein Teil von Springer Nature 2023
A. Koop und H. Moock, *Lineare Optimierung – eine anwendungsorientierte Einführung in Operations Research*, https://doi.org/10.1007/978-3-662-66387-5_10

Für die Leistung, die Laufkultur und den Benzinverbrauch eines Verbrennungsmotors ist der Gaswechselvorgang im Zylinder von großer Bedeutung. Bei diesem Prozess werden die Verbrennungsgase möglichst vollständig aus dem Zylinder gedrückt und durch frisches brennbares Gemisch ersetzt. Der Ladungsaustausch erfolgt über die Ein- und Auslassventile. Je nachdem, ob frischer Brennstoff angesaugt oder das verbrauchte Gemisch ausgestoßen werden soll, müssen Ein- und Auslassventil sich öffnen oder schließen. Die Steuerung erfolgt durch die Nockenwelle, die entweder direkt oder über Kopplungsglieder auf Ein- und Auslassventile wirkt. Abb. 10.1 zeigt eine schematische Darstellung einer Ventilsteuerung. Das Ventil ist so lange geschlossen, wie der Stößel auf dem Grundkreis der Nockenwelle aufliegt. Beim Drehen der Nockenwelle drückt der Nocken das Ventil auf. Das Öffnen und Schließen des Ventils muss mit der Auf- und Abbewegung des Kolbens im Zylinder synchronisiert werden. Dies erfolgt über den Zahnriemen, der Nockenwelle und Kurbelwelle verbindet. Die Ventilfeder hat die Funktionen,

- die Ventile im geschlossenen Zustand auf ihren Sitz zu pressen,
- die auftretenden Beschleunigungskräfte während der Öffnungsphase zu kompensieren.

Die Bewegung eines Ventils lässt sich mithilfe einer Ventilerhebungsfunktion beschreiben. Diese gibt an, wie weit das Ventil in Abhängigkeit vom Nockenwellendrehwinkel geöffnet ist. Die erste Ableitung dieser Funktion nach dem Nockenwellendrehwinkel stellt den Geschwindigkeitskennwert, die zweite Ableitung den Beschleunigungskennwert und die

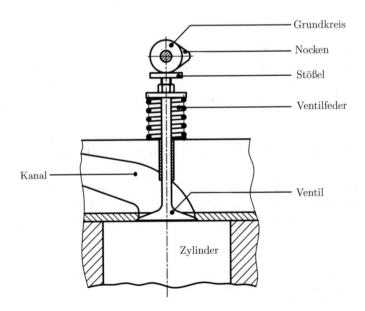

Abb. 10.1 Querschnitt durch eine Ventilsteuerung

dritte Ableitung den Ruck dar. Die drei Größen werden kurz als Geschwindigkeit, Beschleunigung und Ruck bezeichnet (siehe Abb. 10.2). Der maximale Ventilhub, also die größte Öffnungsweite, wird üblicherweise dem Winkel von 0° zugeordnet. Den Bereich links von null bezeichnet man als Öffnungsseite und den rechts von null als Schließseite. Am Anfang der Öffnungsseite befindet sich die Anlauframpe und am Ende der Schließseite die Ablauframpe. Diese werden bei der Konstruktion der Ventilerhebungskurve separat behandelt. Den Bereich zwischen den Rampen nennt man Hauptnocken.

Die Nockenkontur kann mittels geometrischer Betrachtungen aus einer gegebenen Ventilerhebungskurve abgeleitet werden. Für die Berechnung einer optimalen Nockenkontur ist es daher ausreichend, eine optimale Ventilerhebungsfunktion zu bestimmen, die den folgenden technisch bedingten Anforderungskriterien genügt:

- Die Ventilerhebungsfunktion soll im Bereich des Hauptnockens so ausgelegt sein, dass die Fläche unterhalb der Kurve möglichst groß wird.
- Die maximale positive und negative Geschwindigkeit sowie die maximalen Beschleunigungen auf Öffnungs- und Schließseite sollen bei vorgegebenen Drehwinkeln der Nockenwellen erreicht werden. Sie dürfen dabei Grenzwerte nicht überschreiten, die sich aus den technischen Randbedingungen ergeben (vgl. Abb. 10.3).
- Die maximale negative Beschleunigung, die bei 0° erreicht wird, muss oberhalb der Federverzögerung liegen.
- Vorgaben für Hub, Geschwindigkeit und Beschleunigung an den Rampenenden auf Öffnungs- und Schließseite sind einzuhalten, um eine stetige Ankopplung an vorgegebene An- und Ablauframpen zu gewährleisten.
- Um einen ruckfreien Nocken zu erhalten, müssen die Ventilerhebungsfunktion sowie ihre erste, zweite und dritte Ableitung stetig sein.

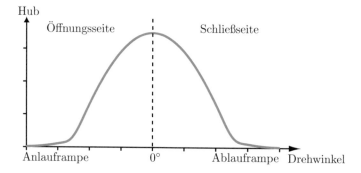

Abb. 10.2 Charakteristischer Verlauf einer Ventilerhebungskurve

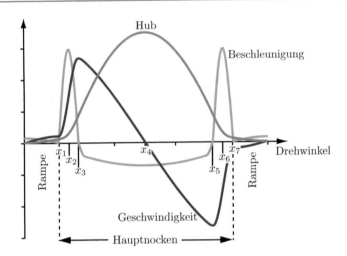

Abb. 10.3 Darstellung einer Ventilerhebungsfunktion mit allen Grenzwerten

Mathematische Modellierung Zur Lösung des oben dargestellten Problems benutzen wir folgenden Ansatz: Die gesuchte Ventilerhebungsfunktion wird repräsentiert durch eine dreimal stetig differenzierbare Splinefunktion fünften Grades $s : [a, b] \to \mathbb{R}$, d. h. eine stückweise aus Polynomen 5. Grades zusammengesetzte Funktion. Diese ist so zu bestimmen, dass sie allen obigen Anforderungskriterien genügt. Eine Einführung in die Berechnung und Darstellung von (kubischen und quintischen) Splinefunktionen findet man z. B. in dem Lehrbuch von Schwarz (1988).

Für die weiteren Betrachtungen verwenden wir folgende Bezeichnungen, wobei der Index „o" bzw. „s" jeweils angibt, ob sich der entsprechende Wert auf die Öffnungs- oder die Schließseite bezieht:

$[a,b]$	Intervall, über dem die Ventilerhebungsfunktion definiert ist
$x_1 = a$	Drehwinkel am Anfang des Hauptnockens
$x_7 = b$	Drehwinkel am Ende des Hauptnockens
x_2	Winkel mit maximaler Beschleunigung auf der Öffnungsseite
x_3	Winkel mit maximaler Geschwindigkeit auf der Öffnungsseite
$x_4 = 0°$	Winkel mit maximalem Hub und minimaler Beschleunigung
x_5	Winkel mit minimaler Geschwindigkeit auf der Schließseite
x_6	Winkel mit maximaler Beschleunigung auf der Schließseite
h_o, h_s	Hub an den Rampenenden
g_o, g_s	Geschwindigkeit an den Rampenenden
$b_o^{\max}, b_s^{\max}$	Grenzwerte für die maximale Beschleunigung
$g_o^{\max}$	Grenzwert für die maximale Geschwindigkeit

$g_s^{\min}$ Grenzwert für die minimale Geschwindigkeit

$v^{\max}$ Grenzwert für die maximale Verzögerung

Die Lage der Punkte $x_1, \ldots, x_7$ können wir als fest vorgegeben annehmen, der erfahrene Ingenieur weiß, wo diese zu platzieren sind. Beim Winkel $x_4 = 0°$ (Nockenspitze) wird der maximale Hub sowie die maximale Verzögerung erreicht. Abb. 10.3 verdeutlicht die Bedeutung der eingeführten Bezeichnungen noch einmal.

Wir sind nun in der Lage, die Anforderungskriterien an die Ventilerhebungsfunktion als mathematisches Optimierungsproblem zu formulieren. Gesucht ist die Ventilerhebungskurve s mit der größtmöglichen Fläche

$$F(s) = \int_a^b s(x)\, dx.$$

Das Funktional F stellt also unsere Zielfunktion dar, und wir fordern

$$F(s) \longrightarrow \text{Max!}$$

Die Randbedingungen für den Hub, die Geschwindigkeit, die Beschleunigung und den Ruck zur Ankopplung an die Rampen lauten an der Öffnungsseite

$$
\begin{aligned}
s(x_1) &= h_o, \\
s'(x_1) &= g_o, \\
s''(x_1) &= 0, \\
s'''(x_1) &= 0
\end{aligned}
$$

bzw. an der Schließseite

$$
\begin{aligned}
s(x_7) &= h_s, \\
s'(x_7) &= g_s, \\
s''(x_7) &= 0, \\
s'''(x_7) &= 0.
\end{aligned}
$$

Bei x_2, x_3, x_4, x_5 und x_6 nehmen Geschwindigkeit, Beschleunigung und Verzögerung ihre Extremwerte an, die vorgegebene Grenzwerte nicht über- bzw. unterschreiten dürfen. Wir fordern daher

$$s'(x_3) \leq g_o^{\max},$$
$$s'(x_5) \geq g_s^{\min},$$
$$s''(x_2) \leq b_o^{\max},$$
$$s''(x_6) \leq b_s^{\max},$$
$$s''(x_4) \geq v^{\max}.$$

Aus der notwendigen Bedingung für das Vorliegen eines Extremwertes erhalten wir für die Geschwindigkeitskurve

$$s''(x_3) = 0 \quad \text{und} \quad s''(x_5) = 0.$$

Für die Beschleunigungskurve ergeben sich

$$s'''(x_2) = 0, \quad s'''(x_6) = 0 \quad \text{und} \quad s'''(x_4) = 0.$$

Dabei hat die Beschleunigungskurve bei x_2 bzw. bei x_6 ein Maximum und bei x_4 ein Minimum. Das Maximum der Erhebungskurve liegt bei x_4, wir fordern also

$$s'(x_4) = 0.$$

Bei den Randbedingungen sind wir der Einfachheit halber davon ausgegangen, dass Beschleunigung und Ruck an den Rampenenden null sind. Das ist keine wesentliche Einschränkung, da typischerweise lineare Rampen verwendet werden.

In der Praxis hat sich gezeigt, dass die Beschleunigungskurve ein charakteristisches Krümmungsverhalten aufweist. Daraus ergeben sich noch folgende Bedingungen an die 4. Ableitung (die 2. Ableitung der Beschleunigungskurve):

$$s^{(4)}(x) \geq 0 \quad \text{für } x \in [x_1, x_3],$$
$$s^{(4)}(x) \leq 0 \quad \text{für } x \in (x_3, x_5),$$
$$s^{(4)}(x) \geq 0 \quad \text{für } x \in [x_5, x_7].$$

Die Beschleunigungskurve soll also *konvex* in den Intervallen $[x_1, x_3]$ und $[x_5, x_7]$ sein und dazwischen, also im Intervall (x_3, x_5), *konkav*. Der Leser veranschauliche sich dies anhand der Abb. 10.3.

Zur Vereinfachung wollen wir annehmen, dass Öffnungs- und Schließseite spiegelsymmetrisch zur vertikalen Achse bei $0°$ sind, was in der Praxis üblicherweise nicht vorkommt. In diesem Fall genügt es, nur die Öffnungsseite zu berechnen. Anschließend kann die Schließseite durch Spiegelung bestimmt werden. Dadurch wird die Komplexität des Problems erheblich reduziert, ohne dass sich an der prinzipiellen Vorgehensweise etwas ändert. Insbesondere werden die Formeln für das mathematische Modell kürzer und vor allem übersichtlicher und können daher leichter nachvollzogen werden.

Da wir uns für die weiteren Betrachtungen nur auf die Öffnungsseite beschränken, können wir den Index „o" im Folgenden weglassen. Zusammengefasst erhalten wir für die gesuchte Ventilerhebungsfunktion das folgende vereinfachte Modell.

$$F(s) = \int_a^0 s(x)\,dx \longrightarrow \text{Max!}$$

unter den Nebenbedingungen

$$
\begin{aligned}
s(x_1) &= h, \\
s'(x_1) &= g, \\
s''(x_1) &= 0, \\
s'''(x_1) &= 0, \\
s''(x_2) &\leq b^{\max}, \\
s'''(x_2) &= 0, \\
s'(x_3) &\leq g^{\max}, \\
s''(x_3) &= 0, \\
s''(x_4) &\geq v^{\max}, \\
s'''(x_4) &= 0.
\end{aligned}
\tag{10.1}
$$

Die Splinefunktion, die die Ventilerhebungsfunktion repräsentieren soll, wird nun über dem Intervall $[a, 0]$ bzgl. der Zerlegung

$$a = x_1 < x_2 < x_3 < x_4 = 0$$

gebildet. Sie wird stückweise zusammengesetzt aus Polynomen 5. Grades über den Teilintervallen $[x_i, x_{i+1}]$ für $i = 1, 2, 3$. Jedes Teilpolynom wird dabei durch sechs Parameter beschrieben, wobei man im Zusammenhang mit Splines meist eine von der üblichen Polynomdarstellung abweichende Form wählt. Wir setzen für die Teilintervalle $[x_i, x_{i+1}]$, $i = 1, 2, 3$

$$s_i(x) = A_i(x - x_i)^5 + B_i(x - x_i)^4 + C_i(x - x_i)^3 + D_i(x - x_i)^2 + E_i(x - x_i) + F_i.$$

Die Koeffizienten $A_i, B_i, C_i, D_i, E_i, F_i$ der Spline-Polynome sind so zu bestimmen, dass die resultierende Funktion die obigen Anforderungskriterien erfüllt. Da die Bedingungen an die gesuchte Funktion nur die Werte an den Stützstellen betreffen, führen wir noch folgende Schreibweise

$$\Delta x_i = x_{i+1} - x_i$$

ein. Für die Werte der Funktion und ihrer Ableitungen an den Stützstellen gilt dann für $i = 1, 2, 3$

$$
\begin{aligned}
s_i(x_{i+1}) &= A_i \Delta x_i^5 + B_i \Delta x_i^4 + C_i \Delta x_i^3 + D_i \Delta x_i^2 + E_i \Delta x_i + F_i, \\
s_i'(x_{i+1}) &= 5 A_i \Delta x_i^4 + 4 B_i \Delta x_i^3 + 3 C_i \Delta x_i^2 + 2 D_i \Delta x_i + E_i, \\
s_i''(x_{i+1}) &= 20 A_i \Delta x_i^3 + 12 B_i \Delta x_i^2 + 6 C_i \Delta x_i + 2 D_i, \\
s_i'''(x_{i+1}) &= 60 A_i \Delta x_i^2 + 24 B_i \Delta x_i + 6 C_i, \\
s_i^{(4)}(x_{i+1}) &= 120 A_i \Delta x_i + 24 B_i.
\end{aligned}
$$

Nach diesen Vorbereitungen können wir uns nun daran machen, das lineare Programm zu erstellen, auf dem basierend wir die numerischen Berechnungen durchführen wollen. Die Koeffizienten A_i, B_i, C_i, D_i, E_i, F_i sollen so bestimmt werden, dass die Fläche unter der Kurve möglichst groß wird. Das bedeutet, dass das Integral

$$
F(s) = \int_a^0 s(x)\, dx
$$

über dem Hauptnockenbereich maximal wird. F(s) ergibt sich als Summe der Integrale $F(s_i) = \int_{x_i}^{x_{i+1}} s_i(x)\, dx$ der Polynome über den Teilintervallen $[x_i, x_{i+1}]$.

$$
F(s) = \sum_{i=1}^{3} \int_{x_i}^{x_{i+1}} s_i(x)\, dx
$$

Wie sich leicht nachrechnen lässt, gilt für $i = 1, 2, 3$

$$
F(s_i) = \frac{1}{6} A_i \Delta x_i^6 + \frac{1}{5} B_i \Delta x_i^5 + \frac{1}{4} C_i \Delta x_i^4 + \frac{1}{3} D_i \Delta x_i^3 + \frac{1}{2} E_i \Delta x_i^2 + F_i \Delta x_i.
$$

Insgesamt ergibt sich für die zu maximierende Zielfunktion

$$
F(s) = \sum_{i=1}^{3} \frac{1}{6} A_i \Delta x_i^6 + \frac{1}{5} B_i \Delta x_i^5 + \frac{1}{4} C_i \Delta x_i^4 + \frac{1}{3} D_i \Delta x_i^3 + \frac{1}{2} E_i \Delta x_i^2 + F_i \Delta x_i. \quad (10.2)
$$

Die oben genannten Nebenbedingungen können nun als Bedingungen an die Koeffizienten der Splinefunktion formuliert werden. Aus den Randbedingungen an den Rampenenden für den Ruck, die Beschleunigung, die Geschwindigkeit bzw. den Hub erhält man zunächst

$$
\begin{aligned}
F_1 &= h, \\
E_1 &= g, \\
D_1 &= 0, \\
C_1 &= 0.
\end{aligned}
\quad (10.3)
$$

Die Einschränkungen für maximale Geschwindigkeit und Beschleunigung führen zu den Ungleichungen

$$
5 A_2 \Delta x_2^4 + 4 B_2 \Delta x_2^3 + 3 C_2 \Delta x_2^2 + 2 D_2 \Delta x_2 + E_2 \ \leq\ g^{\max}, \quad (10.4)
$$

$$20A_1\Delta x_1^3 + 12B_1\Delta x_1^2 + 6C_1\Delta x_1 + 2D_1 \ \leq \ b^{\max}, \tag{10.5}$$

die Obergrenze für die maximale Verzögerung in der Mitte der Erhebungskurve zu der Ungleichung

$$20A_3\Delta x_3^3 + 12B_3\Delta x_3^2 + 6C_3\Delta x_3 + 2D_3 \geq v^{\max}. \tag{10.6}$$

Die notwendigen Bedingungen für die Extrema der Hub-, Geschwindigkeits- und Beschleunigungskurve ergeben die Gleichungen

$$
\begin{aligned}
20A_2\Delta x_2^3 + 12B_2\Delta x_2^2 + 6C_2\Delta x_2 + 2D_2 \qquad &= \ 0, \\
60A_1\Delta x_1^2 + 24B_1\Delta x_1 + 6C_1 \qquad &= \ 0, \\
5A_3\Delta x_3^4 + 4B_3\Delta x_3^3 + 3C_3\Delta x_3^2 + 2D_3\Delta x_3 + E_3 &= \ 0, \\
60A_3\Delta x_3^2 + 24B_3\Delta x_3 + 6C_3 \qquad &= \ 0.
\end{aligned}
\tag{10.7}
$$

Schließlich sind noch die Bedingungen an das Krümmungsverhalten der Beschleunigungskurve als Ungleichungen mit den Koeffizienten der Splinefunktion zu formulieren. Die Krümmung der Beschleunigungskurve wird durch die 4. Ableitung bestimmt. Diese ist auf den einzelnen Teilintervallen durch eine lineare Funktion gegeben. Daher genügen bereits Vorgaben an den Randpunkten, um den Verlauf auf dem gesamten Intervall festzulegen. Dies führt zu

$$
\begin{aligned}
B_1 &\geq \ 0, \\
120A_1\Delta x_1 + 24B_1 &\leq \ 0, \\
B_2 &\leq \ 0, \\
120A_2\Delta x_2 + 24B_2 &\leq \ 0, \\
B_3 &\geq \ 0, \\
120A_3\Delta x_3 + 24B_3 &\geq \ 0.
\end{aligned}
\tag{10.8}
$$

Weitere Nebenbedingungen resultieren aus den Stetigkeitsanforderungen. An den Grenzen der Teilintervalle müssen die Polynome dreimal stetig differenzierbar zusammengefügt werden. An der Verbindungsstelle zwischen dem 1. und 2. Teilintervall gilt:

$$
\begin{aligned}
A_1\Delta x_1^5 + B_1\Delta x_1^4 + C_1\Delta x_1^3 + D_1\Delta x_1^2 + E_1\Delta x_1 + F_1 &= \ F_2, \\
5A_1\Delta x_1^4 + 4B_1\Delta x_1^3 + 3C_1\Delta x_1^2 + 2D_1\Delta x_1 + E_1 &= \ E_2, \\
20A_1\Delta x_1^3 + 12B_1\Delta x_1^2 + 6C_1\Delta x_1 + 2D_1 &= \ 2D_2, \\
60A_1\Delta x_1^2 + 24B_1\Delta x_1 + 6C_1 &= \ 6C_2.
\end{aligned}
\tag{10.9}
$$

Analog erhält man an der Nahtstelle von 2. und 3. Teilintervall die folgenden Gleichungen:

$$
\begin{aligned}
A_2\Delta x_2^5 + B_2\Delta x_2^4 + C_2\Delta x_2^3 + D_2\Delta x_2^2 + E_2\Delta x_2 + F_2 &= \ F_3, \\
5A_2\Delta x_2^4 + 4B_2\Delta x_2^3 + 3C_2\Delta x_2^2 + 2D_2\Delta x_2 + E_2 &= \ E_3, \\
20A_2\Delta x_2^3 + 12B_2\Delta x_2^2 + 6C_2\Delta x_2 + 2D_2 &= \ 2D_3, \\
60A_2\Delta x_2^2 + 24B_2\Delta x_2 + 6C_2 &= \ 6C_3.
\end{aligned}
\tag{10.10}
$$

An der Stelle x_2 bzw. x_3 müssen die 3. bzw. die 2. Ableitung aus den angrenzenden Teilintervallen stetig zusammengeführt werden und gleichzeitig gleich 0 sein, da dort die Beschleunigung bzw. die Geschwindigkeit ihr Maximum annimmt. Für die Koeffizienten C_2 und D_3 folgt damit aus (10.7), (10.9) und (10.10):

$$C_2 = 0 \quad \text{und} \quad D_3 = 0. \tag{10.11}$$

Damit entfallen die 3. bzw. 4. Gleichung aus (10.10) bzw. aus (10.9), da sie bereits in (10.7) enthalten sind. Des Weiteren stehen die Werte für die 6 Koeffizienten aus (10.3) und (10.11) schon fest. Somit bleiben insgesamt 16 Nebenbedingungen sowie 12 zu bestimmende Koeffizienten übrig. Fassen wir unsere Erkenntnisse zusammen, so ergibt sich das folgende lineare Programm zur Berechnung der Ventilerhebungsfunktion.

Zu maximieren ist die Funktion

$$
\begin{aligned}
z &= F(A_1, B_1, A_2, B_2, D_2, E_2, F_2, A_3, B_3, C_3, E_3, F_3) \\
&= \frac{1}{6}A_1\Delta x_1^6 + \frac{1}{5}B_1\Delta x_1^5 + \frac{1}{6}A_2\Delta x_2^6 + \frac{1}{5}B_2\Delta x_2^5 + \frac{1}{3}D_2\Delta x_2^3 + \frac{1}{2}E_2\Delta x_2^2 \\
&\quad + F_2\Delta x_2 + \frac{1}{6}A_3\Delta x_3^6 + \frac{1}{5}B_3\Delta x_3^5 + \frac{1}{4}C_3\Delta x_3^4 + \frac{1}{2}E_3\Delta x_3^3 + F_3\Delta x_3
\end{aligned}
$$

unter den Nebenbedingungen

A_1	B_1	A_2	B_2	D_2	E_2	F_2	A_3	B_3	C_3	E_3	F_3		
Δx_1^5	Δx_1^4					-1						$=$	k
$5\Delta x_1^4$	$4\Delta x_1^3$				-1							$=$	$-g$
$20\Delta x_1^3$	$12\Delta x_1^2$			-2								$=$	0
$20\Delta x_1^3$	$12\Delta x_1^2$											$\leq$	$b^{\max}$
$60\Delta x_1^2$	$24\Delta x_1$											$=$	0
$120\Delta x_1$	24											$\leq$	0
		Δx_2^5	Δx_2^4	Δx_2^2	Δx_2	1					-1	$=$	0
		$5\Delta x_2^4$	$4\Delta x_2^3$	$2\Delta x_2$	1					-1		$=$	0
		$60\Delta x_2^2$	$24\Delta x_2$						-6			$=$	0
		$5\Delta x_2^4$	$4\Delta x_2^3$	$2\Delta x_2$	1							$\leq$	$g^{\max}$
		$20\Delta x_2^3$	$12\Delta x_2^2$	2								$=$	0
		$120\Delta x_2$	24									$\leq$	0
							$5\Delta x_3^4$	$4\Delta x_3^3$	$3\Delta x_3^2$	1		$=$	0
							$20\Delta x_3^3$	$12\Delta x_3^2$	$6\Delta x_3$			$\geq$	$v^{\max}$
							$60\Delta x_3^2$	$24\Delta x_3$	6			$=$	0
							$120\Delta x_3$	24				$\geq$	0

und

$$B_1 \geq 0 \; ; \; B_2 \leq 0 \; ; \; B_3 \geq 0 \quad \text{und} \quad A_1, A_2, D_2, E_2, F_2, A_3, C_3, E_3, F_3 \in \mathbb{R}.$$

In der Zielfunktion sind gegenüber (10.2) alle Summanden weggelassen worden, die aufgrund bereits festgelegter Koeffizienten konstant sind und daher bei der Optimierung keine Rolle spielen. Um die Formeln möglichst übersichtlich zu gestalten, haben wir die Nebenbedingungen in einer Tabelle notiert, die einem Simplextableau entspricht. Darüber hinaus wurde als Abkürzung $k = -g \Delta x_1 - h$ benutzt. Dies ist der Anteil von $s_1(x)$, der sich durch die Vorgaben am Ende der Rampe ergibt. Die vorliegende Form eignet sich dazu, das lineare Programm in einer Excel-Tabelle abzubilden und mithilfe des Excel-Solvers zu lösen, wie in Kap. 11 beschrieben. Diese doch etwas umfangreichere Aufgabe sei dem Leser zur Übung überlassen.

Die Größe des obigen LPs lässt sich noch auf die folgende Art und Weise erheblich reduzieren:

- Man löst eine Gleichung nach einem Koeffizienten auf und ersetzt ihn anschließend in allen anderen Nebenbedingungen durch den gewonnenen Ausdruck. Beispielsweise kann man die 1. Gleichung in der obigen Tabelle folgendermaßen umstellen:

$$F_2 = A_1 \Delta x_1^5 + B_1 \Delta x_1^4 - k.$$

Der Koeffizient F_2 wird also mithilfe der Koeffizienten A_1 und B_1 ausgedrückt und braucht daher bei der Optimierung nicht weiter berücksichtigt zu werden. Auf diese Weise lassen sich die Koeffizienten D_2, E_2, F_2, C_3, E_3 und F_3 eliminieren.

- Die Ungleichungen (10.8), die das Krümmungsverhalten der 2. Ableitung beschreiben, werden durch Addition bzw. Subtraktion von Schlupfvariablen y_i in Gleichungen übergeführt.

$$120 A_i \Delta x_i + 24 B_i \pm y_i = 0 \quad \text{mit} \quad y_i \geq 0$$

Durch Auflösen nach A_i erhält man

$$A_i = \frac{\mp y_i - 24 B_i}{120 \Delta x_i}.$$

Mit diesen Ausdrücken werden die A_i in allen anderen Restriktionen ersetzt und die Ungleichungen für das Krümmungsverhalten der 2. Ableitung aus dem LP entfernt.

Das lineare Programm in reduzierter Form enthält jetzt nur noch die freien Variablen B_i und y_i für $i = 1, 2, 3$, die zudem noch vorzeichenbeschränkt sind.

Diese Verschlankung mag dem Leser auf den ersten Blick als nicht so bedeutsam erscheinen. An dieser Stelle möchten wir aber daran erinnern, dass wir einige vereinfachende Annahmen getroffen hatten, die unser ursprüngliches LP nicht allzu groß werden ließen. Zum einen setzten wir Symmetrie voraus und zum anderen verwendeten wir nur die kleinstmögliche Anzahl von Stützstellen für unsere Spline-Kurve. Normalerweise würde man aber auch die Schließseite in die Betrachtungen mit einbeziehen und noch zahlreiche zusätzliche Zwischenpunkte einführen, um die Variationsmöglichkeiten der Spline-Kurve zu erhöhen. Das hätte dann eine erheblich höhere Zahl an Teilintervallen und aufgrund dessen viele weitere Nebenbedingungen zur Folge, die sich aus den Stetigkeitsanforderungen an den Grenzstellen ergeben.

Bemerkung 10.1

Die Bestimmung einer optimalen Ventilerhebungsfunktion ist eigentlich ein Variationsproblem, bei dem eine Funktion gesucht wird, die die Fläche zwischen Funktionsgraph und x-Achse maximiert, wobei gewisse Stetigkeitsbedingungen (dreimal stetig differenzierbar) eingehalten werden müssen und wobei die Ableitungen der Funktion bestimmten Einschränkungen (z. B. Obergrenzen für Beschleunigung und Geschwindigkeit) unterliegen. Erst durch den Ansatz, die gesuchte Funktion durch eine Spline-Funktion zu approximieren, ist daraus ein lineares Programm entstanden. Unser Optimierungsproblem hat sich damit von der Bestimmung einer optimalen Funktion reduziert auf die Berechnung einer kleinen Anzahl optimaler Koeffizienten einer Spline-Funktion. Man kann zeigen, dass mit wachsender Anzahl von Teilintervallen und folglich mit steigender Anzahl von Spline-Koeffizienten die Spline-Funktion gegen die Lösung des Variationsproblems konvergiert.

Im Vergleich mit anderen Verfahren hatte die oben dargestellte Methode beim Einsatz in der Praxis zum einen den Vorteil, dass man Ventilerhebungskurven mit größeren oder, bei deutlich geringeren Grenzwerten für die maximale Geschwindigkeit und Beschleunigung, mit gleichen Öffnungsflächen erzeugen konnte. Da das mathematische Modell hinsichtlich der Einführung weiterer Stützstellen und neuer Nebenbedingungen sehr flexibel ist, konnten zum anderen die beim Einsatz gewonnenen Erkenntnisse sowie zusätzliche technische Vorgaben durch eine Reihe von Modifikationen und Erweiterungen des Modells realisiert werden. Hierunter fielen z. B.:

- Beschränkungen für die 2. Ableitung, um zu steile Flanken der Beschleunigungskurve zu vermeiden,
- die Anpassung der Beschleunigungskurve an die Verzögerungskurve einer vorgegebenen Ventilfeder,
- die Einführung eines Bereichs mit der Beschleunigung 0, d. h. eines Bereichs mit konstanter maximaler Geschwindigkeit, um bei einem sehr kleinen Öffnungsbereich einen extrem hohen Wert für den maximalen Hub zu erreichen.

10.2   Berechnung eines optimalen Beschaffungsplans

Die vorliegende Fallstudie entstand in Kooperation einer Fachhochschule mit einem mittelständischen Unternehmen, das weltweit an mehreren Standorten Aluminiumprofile produziert. Dazu müssen von verschiedenen Lieferanten Aluminiumbleche unterschiedlicher

Stärke bezogen werden. Die Preise hierfür setzen sich zusammen aus dem Metallpreis, den Umarbeitungskosten sowie den Transportkosten. Da das Rohaluminium über die Börse bezogen wird, ist der Metallpreis bei nahezu allen infrage kommenden Lieferanten gleich. Dagegen hängen die Umarbeitungskosten von der Stärke der Bleche ab und variieren zudem von Lieferant zu Lieferant. Bei den Transportkosten wiederum spielt die Entfernung zwischen Lieferant und Standort, an dem das Material benötigt wird, eine entscheidende Rolle, die Metallstärke ist in diesem Zusammenhang ohne Bedeutung. Der Bedarf an Aluminium einer bestimmten Stärke an den jeweiligen Standorten ist der Einkaufsabteilung bekannt.

Auf der Grundlage dieses Datenmaterials sollte im Rahmen des Projektes ein Softwaresystem entwickelt werden, das einen kostenminimalen Beschaffungsplan berechnet und dabei die folgenden Anforderungen und Restriktionen berücksichtigt:

1. Die Standorte müssen ausreichend mit Metall in den benötigten Stärken versorgt werden, d. h., der geplante Bedarf muss gedeckt werden.
2. Es müssen Untergrenzen für die Gesamtabnahmemenge bei einem Lieferanten eingehalten werden, da sich dies unter Umständen auf die Umarbeitungs- und Transportkosten auswirkt.
3. Um sich nicht von einem Lieferanten zu sehr abhängig zu machen, dürfen festgelegte Obergrenzen für die Liefermengen eines Lieferanten nicht überschritten werden.
4. Durch spezielle Obergrenzen für Lieferungen einer bestimmten Metallstärke von einem Lieferanten an einen Standort soll das Risiko von Lieferschwierigkeiten begrenzt werden. Diese Schranken werden typischerweise als Prozentsatz der benötigten Menge angegeben. Ohne sie käme es z. B. bei Engpässen oder gar Ausfall eines Lieferanten eventuell zu Problemen mit den eigenen Kunden, da Termine nicht eingehalten werden könnten.

Gehen wir zu Darstellungszwecken von vier Lieferanten, drei Standorten und drei Metallstärken aus, hat der Beschaffungsplan in etwa folgenden Aufbau:

				Metallstärke k		
				1	2	3
Lieferant i	1	Standort j	1	0	0	0
			2	0	0	0
			3	0	0	0
	2	Standort j	1	0	0	0
			2	0	0	0
			3	0	0	0
	3	Standort j	1	0	0	0
			2	0	0	0
			3	0	0	0
	4	Standort j	1	0	0	0
			2	0	0	0
			3	0	0	0

In den Zellen dieser Tabelle soll am Ende der Planung stehen, welche Menge an Metall der Stärke k vom Lieferanten i an den Standort j geliefert wird. Der korrespondierende Kostenplan hat den gleichen Aufbau. Er enthält in den einzelnen Zellen die Kosten der gelieferten Menge an Metall der Stärke k vom Lieferanten i an den Standort j.

Mathematische Modellierung Betrachtet man die obige Tabelle, ist es nahe liegend, die Variablen mit drei Indizes zu versehen. Davon bezeichnet der erste den Lieferanten, der zweite den Standort und der dritte die Metallstärke. Der Wert der Variablen x_{ijk} entspricht der Menge an Material der Stärke k, die vom Lieferanten i zum Standort j geliefert wird. Sei n die Anzahl der Lieferanten, m die Anzahl der Standorte und r die Anzahl der verschiedenen Metallstärken, dann sind die Gesamtkosten der Metallbeschaffung gegeben durch

$$K = F(x_{ijk}) = \sum_{i=1}^{n} \sum_{j=1}^{m} \sum_{k=1}^{r} c_{ijk} x_{ijk}. \tag{10.12}$$

Die Koeffizienten c_{ijk} erhält man durch Aufsummieren der Umarbeitungs- und Transportkosten.

Als Nächstes wollen wir die Anforderungen und Restriktionen formelmäßig umsetzen. Die Sicherstellung der Versorgung eines Standortes mit einer bestimmten Metallstärke wird beschrieben durch folgende Gleichungen:

$$\sum_{i=1}^{n} x_{ijk} = B_{jk} \quad \text{mit} \quad j = 1, \ldots, m \, ; \, k = 1, \ldots, r. \tag{10.13}$$

Der Koeffizient B_{jk} steht für die am Standort j benötigte Menge an Aluminium der Stärke k. Die Vorgabe von Untergrenzen für die Abnahmemenge bei einem Lieferanten U_i führt zu den Ungleichungen

$$\sum_{j=1}^{m} \sum_{k=1}^{r} x_{ijk} \geq U_i \quad \text{mit} \quad i = 1, \ldots, n. \tag{10.14}$$

Analog erhält man für die lieferantenspezifischen Obergrenzen O_i

$$\sum_{j=1}^{m} \sum_{k=1}^{r} x_{ijk} \leq O_i \quad \text{mit} \quad i = 1, \ldots, n. \tag{10.15}$$

Die unter Punkt 4 der Anforderungsliste aufgeführten Obergrenzen für die Lieferung einer bestimmten Metallstärke von einem Lieferanten zu einem Standort werden durch die sehr einfachen Ungleichungen

$$x_{ijk} \leq p_{ijk} \cdot B_{jk} \quad \text{mit} \quad i = 1, \ldots, n \, ; \, j = 1, \ldots, m \, ; \, k = 1, \ldots, r \tag{10.16}$$

zum Ausdruck gebracht. Hierbei ist p_{ijk} der Anteil vom Gesamtbedarf B_{jk} des Standortes j an Metall der Stärke k, der höchstens vom Lieferant i bezogen werden soll.

Wir fassen (10.12), (10.13), (10.14), (10.15) und (10.16) zu dem folgenden linearen Programm zusammen:

Zu minimieren ist die Funktion

$$K = F(x_{ijk}) = \sum_{i=1}^{n} \sum_{j=1}^{m} \sum_{k=1}^{r} c_{ijk} x_{ijk}$$

unter den Nebenbedingungen

$$\sum_{i=1}^{n} x_{ijk} = B_{jk} \qquad j = 1, \ldots, m \ \ k = 1, \ldots, r,$$

$$\sum_{j=1}^{m} \sum_{k=1}^{r} x_{ijk} \geq U_i \qquad i = 1, \ldots, n,$$

$$\sum_{j=1}^{m} \sum_{k=1}^{r} x_{ijk} \leq O_i \qquad i = 1, \ldots, n,$$

$$x_{ijk} \leq p_{ijk} \cdot B_{jk} \quad i = 1, \ldots, n \ \ j = 1, \ldots, m \ \ k = 1, \ldots, r.$$

Man beachte, dass die Nebenbedingungen $x_{ijk} \leq p_{ijk} \cdot B_{jk}$ in der Regel sehr begrenzt benutzt werden. Es macht wenig Sinn, diese Beschränkungen generell einzuführen.

Sei n die Anzahl der Lieferanten, m die Anzahl der Standorte und r die Anzahl der verschiedenen Metallstärken, so hat das lineare Programm $n \cdot m \cdot r$ Variablen und setzt sich im Extremfall, d. h., alle möglichen Nebenbedingungen sind enthalten, aus $m \cdot r$ Gleichungen, n „$\geq$"-Ungleichungen sowie $n + n \cdot m \cdot r$ „$\leq$"-Ungleichungen zusammen. Für den oben beispielhaft dargestellten Beschaffungsplan mit vier Lieferanten, drei Standorten und drei Metallstärken würde sich im Extremfall ein lineares Programm ergeben mit 36 Variablen, 9 Gleichungen, 4 „$\geq$"-Ungleichungen und 40 „$\leq$"-Ungleichungen. Man erkennt, dass der Umfang mit steigenden Zahlen für Lieferanten, Standorte und Metallstärken sehr schnell anwachsen kann. Das hängt insbesondere stark davon ab, wieviele Nebenbedingungen der Kategorie (10.16) benötig werden. Es ist darüber hinaus empfehlenswert, beim Aufstellen des linearen Programms Plausibilitätsprüfungen durchzuführen. So muss beispielsweise die Summe der Obergrenzen für die Liefermenge einer bestimmten Metallstärke größer sein als der Bedarf an den Standorten.

Sind die Werte für m, n und r relativ klein, kann dieses Problem ohne allzu großen Aufwand mithilfe des Excel-Solvers gelöst werden. Bei größeren Werten ist ein speziell auf die Problematik zugeschnittenes Computerprogramm von Vorteil. Im Rahmen des Projektes wurde aus gegebenem Anlass ein solches Softwaremodul entwickelt und implementiert. Dieses bietet dem Anwender die Möglichkeit, über eine komfortable Benutzerschnittstelle neue Nebenbedingungen einzugeben und bestehende zu modifizieren, neue Lieferanten,

Standorte sowie Metallstärken einzuführen und eine Datenbasis für die Umarbeitungspreise sowie die Transportkosten zu generieren.

Durch den Einsatz des entwickelten Softwaresystems in der Praxis konnten zum einen die Kosten beim Materialeinkauf gesenkt und zum anderen die für die Einkaufsplanung benötigte Zeit erheblich reduziert werden. Die Zeitersparnis führte insbesondere dazu, dass die Planung in kürzeren Zeitintervallen aktualisiert wurde und man damit sehr flexibel auf Änderungen der Rahmenbedingungen (z. B. neue Angebote, veränderter Bedarf, weitere Lieferanten) reagieren konnte. Darüber hinaus ließ sich der Planungsprozess jetzt auf einer höheren Detaillierungstufe durchführen, indem zum Beispiel eine feinere Unterteilung der Metallstärken zugrunde gelegt wurde.

Verwendung des Excel-Solvers

11

Inhaltsverzeichnis

11.1 Der Excel-Solver für Lineare Programme 244
11.2 Der Excel-Solver für Transportprobleme 250
11.3 Der Excel-Solver für ganzzahlige Probleme 253

In den vorangegangenen Kapiteln haben wir den Umfang der mathematischen Modelle immer so weit eingeschränkt, dass sie noch mit Handrechnung zu lösen waren. Um aber die vorgestellten Algorithmen effizient auf größere Problemstellungen anwenden zu können, ist der Einsatz von Computern unerlässlich. Dass man dabei durchaus auch auf Standardprogramme zurückgreifen kann, zeigt dieses Kapitel.

Ein nützliches Hilfsmittel zur Lösung Linearer Probleme bietet das weitverbreitete Tabellenkalkulationsprogramm *Excel* der Firma *Microsoft* (vgl. www.microsoft.de). Der sogenannte *Solver,* ein Bestandteil des Excel-Programms, enthält alle dazu benötigten Routinen und hat sich als stabil und flexibel erwiesen. Andere Tabellenkalkulationsprogramme mit entsprechenden Optimierungs-Add-Ins funktionieren im Prinzip ähnlich, sind jedoch weniger im Einsatz.

Entwickelt wurde der Solver von der Firma *Frontline Systems* (siehe www.frontsys.com bzw. www.solver.com), die auf ihrer Internetseite weitere Informationen über die technischen Einzelheiten des Programms sowie ein kleines Tutorium in englischer Sprache anbietet. Weitere Beispiele zur Verwendung des *Solvers* liegen dem Excel-Programm mit der Datei SOLVSAMP.XLS bei, die dem Leser zum Selbststudium empfohlen seien. Mit dem

---

Ergänzende Information Die elektronische Version dieses Kapitels enthält Zusatzmaterial, auf das über folgenden Link zugegriffen werden kann
https://doi.org/10.1007/978-3-662-66387-5_11.

Excel-Solver lassen sich nur Probleme bis zu einer gewissen Größe lösen, Details darüber findet man ebenfalls unter den angegebenen Internetadressen.

Wie der *Solver* anzuwenden ist, soll in den folgenden Abschnitten anhand von Beispielen demonstriert werden. Wir setzen dabei einige elementare Grundkenntnisse in Excel voraus, wie z. B. das Anlegen einer Tabelle und die Eingabe von Werten und Funktionen. Wer noch niemals mit Excel gearbeitet hat, der möge sich zunächst mit diesem Basiswissen vertraut machen. Wir verwenden die Version *Excel 2013,* die ein Bestandteil des Programmpakets *Microsoft Office Professional Plus 2013* ist. Der Solver ist jedoch auch in älteren Programmversionen (ab dem Jahr 1990) enthalten.

11.1   Der Excel-Solver für Lineare Programme

In diesem Abschnitt erläutern wir, wie man ein einfaches lineares Optimierungsproblem mithilfe des Excel-Solvers löst. Um die Handhabung des Programms zu demonstrieren, greifen wir auf das Beispiel 3.1 aus Kap. 3 zurück. Zu maximieren ist

$$z = F(x_1, x_2) = 10x_1 + 40x_2$$

unter den Nebenbedingungen

$$40x_1 + 24x_2 \leq 480,$$
$$24x_1 + 48x_2 \leq 480,$$
$$60x_2 \leq 480,$$
$$x_1, x_2 \geq \quad 0.$$

Wir öffnen zunächst ein neues Arbeitsblatt, in das wir die erforderlichen Daten eintragen. Die Gestaltung dieses Arbeitsblatts ist weitgehend frei, eine Möglichkeit zeigt die Abb. 11.1. Wichtig sind in dem Beispiel die Felder C15 und C16 für die Werte der Variablen x_1 und x_2, hier soll später die Lösung des Problems stehen. Wir programmieren die Tabelle nun so, dass eine Veränderung der Werte für x_1 und x_2 ebenfalls eine Veränderung des Zielfunktionswertes z (Zelle C18) und der Werte für die Restriktionsgleichungen

$$N_1 = 40x_1 + 24x_2,$$
$$N_2 = 24x_1 + 48x_2,$$
$$N_3 = 60x_2,$$

also der Zellen C20, C21 und C22, bewirkt. Die verwendeten Formeln sind in Abb. 11.1 angegeben. Zu Testzwecken sollte man nun verschiedene Werte für x_1 und x_2 eingeben und die Veränderungen der davon abhängigen Zellen beobachten.

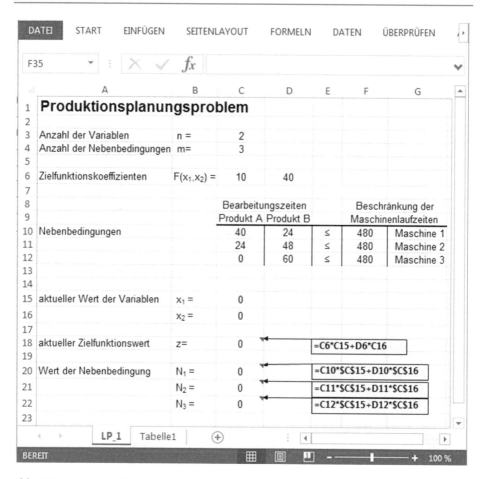

Abb. 11.1 Ausgangstableau für das LP

Ist das Arbeitsblatt aufgebaut, müssen noch die Parameter für den Solver eingestellt werden. Hierzu öffnen wir zunächst über das Menü *Daten* den *Solver* und erhalten dann die Möglichkeit, die nötigen Angaben zu machen (siehe Abb. 11.2). Falls sich der Punkt *Solver* nicht in dem Menü *Daten* befindet, sollte unter dem Menüpunkt *Datei > Optionen > Add-Ins* zunächst überprüft werden, ob die entsprechende Checkbox für den Solver markiert ist. Gegebenenfalls muss der Solver noch nachinstalliert werden. Näheres hierzu findet man in der Dokumentation zu *Excel*.

Durch Anklicken oder durch Tastatureingabe bestimmen wir in dem Fenster *Solver-Parameter* zuerst die Zielzelle, in unserem Beispiel ist dies die Zelle C18. Wir wählen *Max* aus, um den Wert in dieser Zelle zu maximieren. Danach legen wir die veränderbaren Zellen, also C15 und C16, fest. Der Solver „weiß" somit, dass diese Zellen so zu belegen sind, dass der Wert in C18 maximal wird. Im unteren Bereich des Fensters werden nun nacheinander die Nebenbedingungen erfasst, wozu man jeweils auf den Knopf *Hinzufügen* klicken muss. Es können Nebenbedingungen mit <=, = und >= definiert werden (die ange-

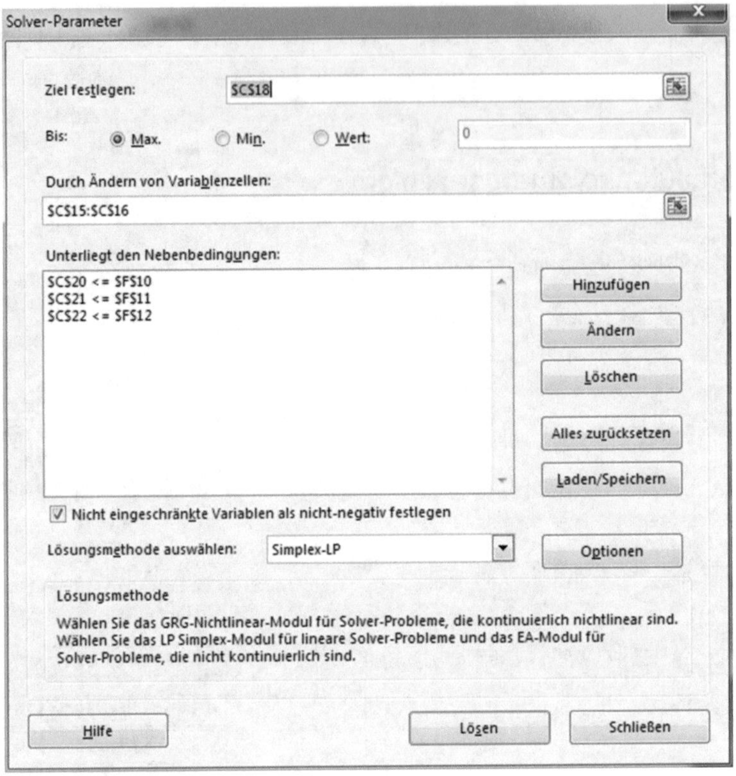

Solver-Parameter

Ziel festlegen:　$CS$18

Bis:　◉ Max.　　○ Min.　　○ Wert:　　0

Durch Ändern von Variablenzellen:

$CS$15:$CS$16

Unterliegt den Nebenbedingungen:

$CS$20 <= $FS$10
$CS$21 <= $FS$11
$CS$22 <= $FS$12

Hinzufügen
Ändern
Löschen
Alles zurücksetzen
Laden/Speichern

☑ Nicht eingeschränkte Variablen als nicht-negativ festlegen

Lösungsmethode auswählen:　Simplex-LP　　　Optionen

Lösungsmethode

Wählen Sie das GRG-Nichtlinear-Modul für Solver-Probleme, die kontinuierlich nichtlinear sind.
Wählen Sie das LP Simplex-Modul für lineare Solver-Probleme und das EA-Modul für
Solver-Probleme, die nicht kontinuierlich sind.

Hilfe　　　　　　　　Lösen　　　　　Schließen

Abb. 11.2 Solver-Parameter für das LP

botenen Möglichkeiten int, bin und dif verwenden wir hier nicht). Bereits eingegebene Nebenbedingungen lassen sich durch die Tasten *Ändern* bzw. *Löschen* bearbeiten. Auf der linken Seite der Ungleichung werden jeweils die berechneten Werte für N_1, N_2 bzw. N_3 (also die Zellen C20, C21 und C22) ausgewiesen, während auf der rechten Seite die Zellen mit den Komponenten des Begrenzungsvektors stehen (also F10, F11 und F12). Bei diesem Beispiel treten ausnahmslos <= Nebenbedingungen auf. Im Feld *Lösungsmethode auswählen* stellen wir *Simplex-LP* ein und markieren die Checkbox *Nicht eingeschränkte Variablen als nicht-negativ festlegen*. Schließlich klicken wir noch auf das Feld *Optionen* und erhalten so die Möglichkeit, gewisse Einstellungen für die Berechnung durch den Solver vorzunehmen (siehe Abb. 11.3). Unter dem Reiter *Alle Methoden* markieren wir den Punkt *Iterationsergebnisse anzeigen,* so können die einzelnen Schritte des Simplex-Verfahrens verfolgt werden. Der Leser möge dies ausprobieren.

Die anderen wählbaren Parameter sind für lineare Optimierungsprobleme nicht relevant und müssen daher nicht verändert werden. Mit *OK* kehren wir in das Fenster *Solver-Parameter* zurück. Haben wir alle Daten eingegeben, reicht ein Klick auf die Taste *Lösen,* um den Solver zu starten. Da wir die Option *Iterationsergebnisse anzeigen* gewählt haben, hält der Solver nach jedem Zwischenergebnis an und fragt in einem separaten Fenster, ob die

Abb. 11.3 Solver-Optionen
für das LP

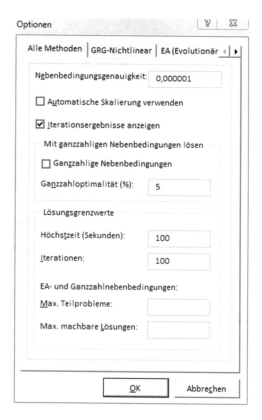

Abb. 11.4 Zwischenergebnisse

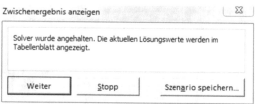

aktuellen Lösungswerte als Szenario gespeichert, die Berechnung gestoppt oder fortgesetzt werden soll (Abb. 11.4). Drücken wir jeweils die Taste *Weiter*, so endet das Verfahren nach endlich vielen Iterationsschritten, und als Resultat erscheint in einem Fenster eine Meldung mit dem Hinweis, ob eine optimale Lösung gefunden wurde oder nicht (Abb. 11.5). Wurde eine Lösung gefunden, so kann diese über die Taste *OK* auf Wunsch in das Arbeitsblatt übernommen werden (Abb. 11.6). Ist man an näheren Informationen interessiert, wählt man unter *Berichte* den Eintrag *Antwort* aus und erhält zusätzlich einen Antwortbericht (Abb. 11.7).

Für das Produktionsplanungsproblem lässt sich daraus ablesen, dass die erste Nebenbedingung für die Lösung nicht einschränkend ist, während die anderen Nebenbedingungen mit Gleichheit erfüllt sind. Man sagt auch, dass die erste Nebenbedingung als einzige *inak-*

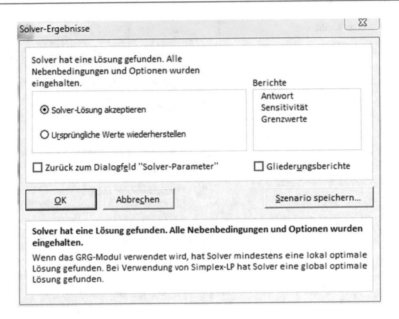

Abb. 11.5 Solver-Ergebnisse

Abb. 11.6 Lösung des LPs

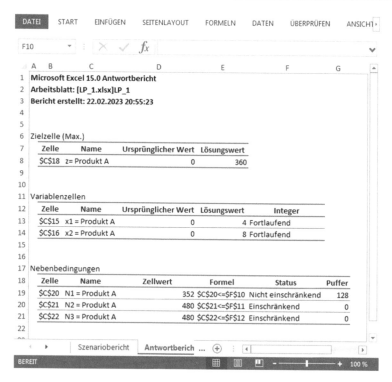

Abb. 11.7 Antwortbericht für das LP

tiv ist. Das bedeutet, dass die Kapazität der ersten Maschine im Gegensatz zu den anderen Maschinen nicht voll ausgenutzt wird.

Da wir uns zu Beginn der Berechnung für die Option *Iterationsergebnisse anzeigen* entschieden haben, können wir auch einen Szenariobericht (Abb. 11.8) erstellen lassen. Dies setzt voraus, dass jeder Iterationsschritt im Fenster *Zwischenergebnis* mit der Taste *Szenario speichern* unter Angabe eines Namens abgelegt wurde. Anhand des Szenarioberichts lässt sich der Rechenweg des Simplex-Verfahrens nachvollziehen. Er enthält Informationen darüber, wie sich das Verfahren vom Ausgangspunkt zur optimalen Lösung vorarbeitet. Zum Erstellen des Szenarioberichts muss man im Menü *Daten* unter der Rubrik *Datentools* die *Was-wäre-wenn-Analyse* und den darunter enthaltenden *Szenario-Manager* aufrufen.

Wir empfehlen dem Leser, mit dem Solver zu experimentieren und auch die anderen Beispiele aus diesem Buch damit zu bearbeiten (siehe Aufgabe 11.1). Der Excel-Solver ist aber keineswegs nur für kleine Beispielprobleme von Nutzen. Auch auf komplexe Problemstellungen lässt sich dieses Tool anwenden, wie wir bereits in Abschn. 10.2 erläutert haben.

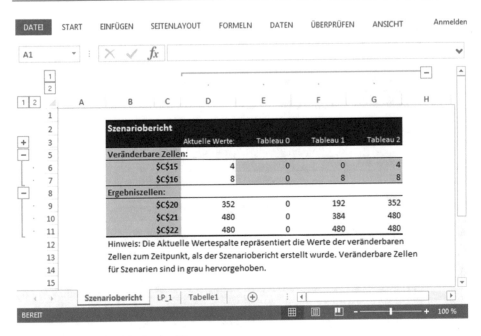

Abb. 11.8 Szenariobericht für das LP

11.2 Der Excel-Solver für Transportprobleme

Im vorigen Abschnitt haben wir gesehen, wie leicht es ist, ein Lineares Programm mithilfe des Excel-Solvers zu lösen. Da es sich bei Transportproblemen auch um Lineare Programme handelt, kann für sie im Prinzip mit dem Simplex-Verfahren und folglich auch mit dem Excel-Solver eine Lösung ermittelt werden. Dies möchten wir anhand des Beispiels 5.1 aus Kap. 5 demonstrieren, wobei wir die spezielle Darstellungsweise für Transportprobleme, die wir in Kap. 5 eingeführt haben, verwenden wollen. Dazu bilden wir zunächst auf einem Excel-Arbeitsblatt (Abb. 11.9) ein entsprechendes Transporttableau ab. Wir haben hier die zahlreichen Gestaltungsmöglichkeiten in Excel genutzt, eine wesentlich einfachere Darstellung wäre jedoch ebenso gut möglich.

Die veränderbaren Zellen in dem Arbeitsblatt sind die Zellen D7, E7 und F7 sowie D9, E9 und F9, in die wir zunächst den Wert null eintragen. Für den Solver definieren wir nun Hilfszellen, in denen wir jeweils die Summen der Zeilen und Spalten des Tableaus berechnen. Wir haben also:

```
D11 = D7 + D9
E11 = E7 + E9
F11 = F7 + F9
H7  = D7 + E7 + F7
H9  = D9 + E9 + F9
```

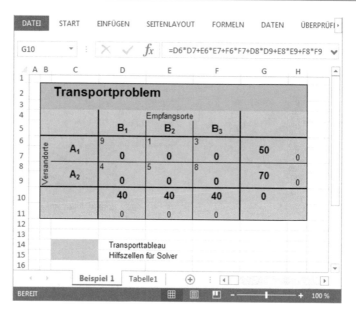

Abb. 11.9 Ausgangstableau für das Transportproblem

In einer weiteren Zelle kalkulieren wir die gesamten Transportkosten

```
G10 = D6*D7 + E6*E7 + F6*F7 + D8*D9 + E8*E9 + F8*F9.
```

Die Zelle G10 ist also unsere Zielzelle.

In Abb. 11.10 sind die Parameter für den Solver abzulesen. Wir haben es hier mit einem Minimumproblem zu tun, bei dem ausschließlich Gleichungen auftreten.

Durch einen Klick auf *Lösen* im Fenster *Solver-Parameter* starten wir den Solver, der nach einigen Iterationsschritten die in Abb. 11.11 angegebene Lösung liefert. Auf Wunsch können wir uns auch hier einen Antwortbericht ausgeben lassen, siehe hierzu die Abb. 11.12. Die optimalen Transportkosten belaufen sich auf 440 Geldeinheiten.

Es sei noch einmal betont, dass wir hier lediglich die Darstellung des Transportproblems in Form des Tableaus gewählt haben. Der Excel-Solver verwendet jedoch nicht den speziellen Transportalgorithmus aus Kap. 5, sondern ein Simplex-Verfahren.

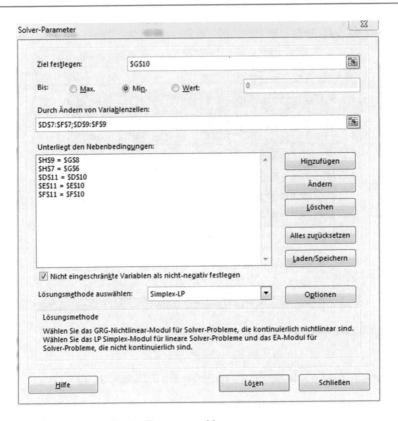

Abb. 11.10 Solver-Parameter für das Transportproblem

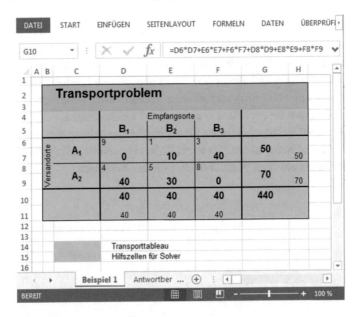

Abb. 11.11 Lösung des Transportproblems

Abb. 11.12 Antwortbericht
für das Transportproblem

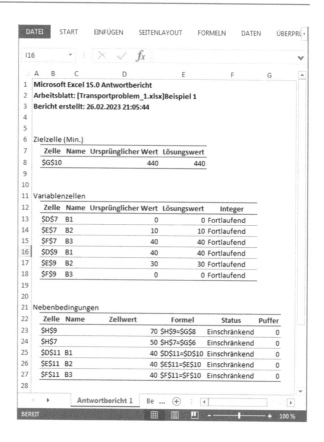

11.3 Der Excel-Solver für ganzzahlige Probleme

Auch Problemstellungen mit ganzzahligen Variablen lassen sich mithilfe des Excel-Solvers lösen. Die Vorgehensweise, die sich nur wenig von der bei der Lösung normaler Linearer Programme unterscheidet, soll wieder anhand eines Beispiels demonstriert werden. Wir betrachten hierzu die folgende Aufgabenstellung für $x_1, x_2, x_3, x_4 \in \mathbb{Z}$:

$$-x_2 + 4x_3 + x_4 \to \text{Min!}$$

$$\text{u. d. N.} \quad -2x_1 + 2x_2 + x_3 + x_4 = 3$$

$$5x_1 - 2x_2 + 3x_3 + x_4 = 8$$

$$x_1, x_2, x_3, x_4 \geq 0$$

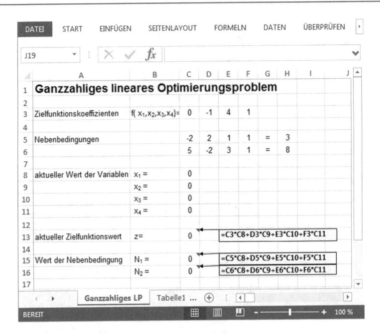

Abb. 11.13 Ausgangstableau für das ganzzahlige Problem

Wie in Abschn. 11.1 wird zunächst ein Arbeitsblatt mit allen erforderlichen Daten angelegt (Abb. 11.13). Im Fenster *Solver-Parameter* müssen wir jetzt aber neben den beiden Gleichheitsrestriktionen noch zusätzlich angeben, dass alle Variablen ganzzahlig sind. Dazu fügen wir mit der Option `int` eine entsprechende Restriktion ein. Wir haben damit die in Abb. 11.14 angezeigten Nebenbedingungen festgelegt, wobei wir diesmal die Nichtnegativitätsbedingungen explizit definiert haben. Drücken wir jetzt den Knopf *Lösen,* so errechnet der Solver die optimale Lösung, die auf Wunsch in das Ausgangstableau übernommen werden kann (Abb. 11.15). Auch hier lassen wir uns wieder einen Antwortbericht ausgeben (Abb. 11.16) und erhalten die Information, welche Nebenbedingungen einschränkend oder nicht einschränkend sind. Wichtig ist natürlich in diesem Fall, dass die Ganzzahligkeitsbedingungen alle mit *Einschränkend* markiert sind.

Außerdem sei noch erwähnt, dass wir bei dem ganzzahligen Problem auf die Verwendung der Solver-Option *Iterationsergebnisse anzeigen* verzichtet haben, da die Berechnung sehr viele Iterationsschritte erfordert. Wir überlassen es dem Leser, dies auszuprobieren und evtl. einen Szenariobericht zu erstellen.

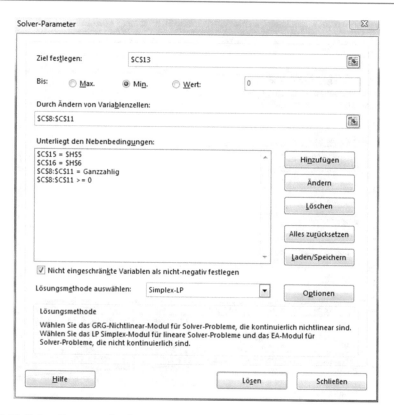

Abb. 11.14 Solver-Parameter für das ganzzahlige Problem

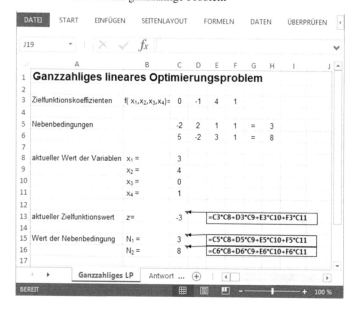

Abb. 11.15 Lösung des ganzzahligen Problems

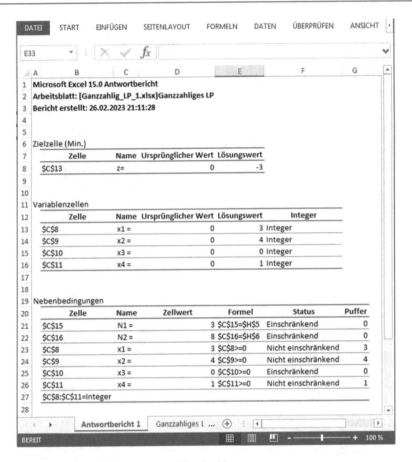

Abb. 11.16 Antwortbericht für das ganzzahlige Problem

Aufgaben

Aufgabe 11.1 (Excel-Solver)
Lösen Sie die Aufgaben 3.1, 3.2, 3.3 und 3.5 mit dem Excel-Solver.

Aufgabe 11.2 (Excel-Solver)
Lösen Sie das folgende Lineare Programm mit dem Excel-Solver:

$$-x_1 - x_2 \rightarrow Min!$$
$$\text{u. d. N.} \quad 2x_1 + 3x_2 \leq 18$$
$$2x_1 + x_2 \geq 4$$
$$2x_1 - 3x_2 = -6$$
$$x_1, x_2 \geq 0$$

Lassen Sie anschließend einen Antwortbericht erstellen.

Aufgabe 11.3 (Excel-Solver)

Lösen Sie die Aufgabe 1.1 mit dem Excel-Solver und beantworten Sie anschließend die folgenden Fragen:
a) *Wie groß ist der maximale Erlös?*
b) *Welches Produkt sollte aus dem Lieferprogramm gestrichen werden?*
c) *Welche Maschine ist am wenigsten ausgelastet?*

Aufgabe 11.4 (Excel-Solver)

Lösen Sie das Transportproblem aus Aufgabe 5.1 mit dem Excel-Solver. Legen Sie dazu in einer Excel-Tabelle ein Transporttableau an, in das Sie mithilfe der Nordwesteckenregel eine zulässige Lösung eintragen.

Python-Programme

12

Inhaltsverzeichnis

12.1 Gauß'scher Algorithmus/Gauß-Jordan-Algorithmus 259
12.2 Simplex-Algorithmus 263
12.3 Transportalgorithmus 266

In diesem Kapitel sollen einige der besprochenen Algorithmen als Fragmente von Python-Programmen dargestellt werden. Wir haben uns bewusst für eine vereinfachte Form entschieden und uns auf wesentliche Funktionen beschränkt, um die Programme für den Leser leichter verwendbar zu machen. Auf die Optimierung hinsichtlich der Geschwindigkeit, der Effizienz und der nummerischen Stabilität wurde zugunsten der Verständlichkeit verzichtet. Ausgefeilte C-Routinen findet man z. B. in Press et al. (1988, 1992, 2002), in der *GNU Scientific Library* unter www.gnu.org/software/gsl/ oder in der *QuantLib* unter www.quantlib.org (mit einem Schwerpunkt für Anwendungen aus dem Finanzbereich).

12.1 Gauß'scher Algorithmus/Gauß-Jordan-Algorithmus

Im Folgenden werden Python-Funktionen aufgelistet, mit deren Hilfe sich lineare Gleichungssysteme $\mathbf{Ax} = \mathbf{b}$ unter Verwendung des Gauß-Jordan-Verfahrens lösen lassen. Es handelt sich dabei um die programmtechnische Umsetzung der Algorithmen 2.1 und 2.2 aus Kap. 2.

Ergänzende Information Die elektronische Version dieses Kapitels enthält Zusatzmaterial, auf das über folgenden Link zugegriffen werden kann
https://doi.org/10.1007/978-3-662-66387-5_12.

Für die Abfrage auf null bei `float`-Variablen wird in den Python-Funktionen ein Wert eps definiert. Um den Aufwand beim Umspeichern von Feldelementen der Matrix **A** und des Variablenvektors **x** auf ein Minimum zu reduzieren, werden für die Durchführung von Zeilen- und Spaltenvertauschungen Indexvektoren p[m] und q[n] verwendet. In ihnen wird insbesondere die Reihenfolge der Variablen im Variablenvektor x[n] abgelegt.

Listing 12.1 enthält die Funktion `gauss`, die ein gegebenes Gleichungssystem entsprechend dem Algorithmus 2.1 auf Trapezgestalt transformiert.

Listing 12.1 Transformation eines Gleichungssystems auf Trapezgestalt

```
#
# Parameter
# Typ        Name       Beschreibung
#
# int         m         Anzahl der Gleichungen
# int         n         Anzahl der Variablen
# float       a         Koeffizientenmatrix
# float       b         Begrenzungsvektor
#
# Rückgabewerte
# int         p         Zeilenindizes
# int         q         Spaltenindizes
# int         k         Rang der Matrix
#
```

```python
def gauss(n, m, a, b):
    eps = 1.0e-10

    # Initialisieren der Vektoren
    # für die Spalten - und Zeilenindizes
    q = []
    for i in range (0,n):
        q.append(i)

    p = []
    for j in range(0,m):
        p.append(j)

    # Pivotsuche (Maximumstrategie)
    k = 0
    pmax = 2.0*eps

    while pmax > eps:
        r = k
        s = k
        pmax = 0.0
        for i in range(k,m):
            for j in range(k,n):
```

```
                if abs(a[p[i]][q[j]]) > pmax:
                    pmax = abs(a[p[i]][q[j]])
                    r = i
                    s = j
        if pmax > eps:
            h = p[r]
            p[r] = p[k]
            p[k] = h
            h = q[s]
            q[s] = q[k]
            q[k] = h
            for i in range(k+1,m):
                d = a[p[i]][q[k]] / a[p[k]][q[k]]
                for j in range(0,k+1):
                    a[p[i]][q[j]] = 0.0
                for j in range(k+1,n):
                    a[p[i]][q[j]] -= d*a[p[k]][q[j]]
                b[p[i]] -= d*b[p[k]]
            k = k+1

    return p, q, k
```

Listing 12.2 beinhaltet die Funktion `jordan`, die mittels Algorithmus 2.2 ein in Trapez-gestalt vorliegendes Gleichungssystem auf Zeilennormalform bringt.

Listing 12.2 Transformation auf Zeilennormalform

```
#─────────────────────────────────────────────────
# Parameter─────────────────────────────────────
# Typ       Name      Beschreibung
#─────────────────────────────────────────────────
# int       m         Anzahl der Gleichungen
# int       n         Anzahl der Variablen
# float     a         Koeffizientenmatrix
# float     b         Begrenzungsvektor
# int       p         Zeilenindizes
# int       q         Spaltenindizes
# int       r         Rang der Matrix
#─────────────────────────────────────────────────

def jordan(n, m, a, b, p, q, r):
    for k in range(r-1,0,-1):
        for i in range(0,k):
            d = a[p[i]][q[k]] / a[p[k]][q[k]]
            for j in range(r,n):
                a[p[i]][q[j]] -= d*a[p[k]][q[j]]
            a[p[i]][q[k]] = 0.0
            b[p[i]] -= d*b[p[k]]
```

```
for i in range(0,r):
    d = a[p[i]][q[i]]
    for j in range(i,n):
        a[p[i]][q[j]] /= d
    b[p[i]] /= d
```

In Listing 12.3 wird die Funktion `solv` dargestellt, mit deren Hilfe man überprüfen kann, ob ein in Trapezgestalt vorliegendes Gleichungssystem eine Lösung besitzt oder nicht. Sie gibt den Wert `false` zurück, wenn es nicht lösbar ist, andernfalls den Wert `true`.

Listing 12.3 Prüfen auf Lösbarkeit

```
#
# Parameter
# Typ        Name        Beschreibung
#
# int          m          Anzahl der Gleichungen
# int          n          Anzahl der Variablen
# float        a          Koeffizientenmatrix
# float        b          Begrenzungsvektor
# int          p          Zeilenindizes
# int          q          Spaltenindizes
# int          k          Rang der Matrix
#
# Rückgabewert
# bool         l          True  = Lösung gefunden
#                         False = System nicht lösbar
#
```

```
def solv(n, m, a, b, p, q, r):
    eps = 1.0e-10
    max = 0.0
    l = False
    for i in range(r,m):
        if abs(b[p[i]]) > max:
            max = abs(b[p[i]])
    l = max < eps
    return l
```

Listing 12.4 bildet die Funktion `back` ab, die zu einem Gleichungssystem in Trapezgestalt durch Rückwärtseinsetzen eine Lösung berechnet. Bei nicht eindeutigen Lösungen werden die frei wählbaren Komponenten des Vektors **x** auf null gesetzt.

Listing 12.4 Bestimmung einer Lösung durch Rückwärtseinsetzen

```
#
# Parameter
# Typ      Name        Beschreibung
#
# int      m           Anzahl der Gleichungen
# int      n           Anzahl der Variablen
# float    a           Koeffizientenmatrix
# float    b           Begrenzungsvektor
# int      p           Zeilenindizes
# int      q           Spaltenindizes
# int      r           Rang der Matrix
#
#
# Rückgabewert:
# float    x           Variablenvektor
#

def back(n, m, a, b, p, q, r):

    # Initialisieren des Lösungsvektors
    x = []
    for i in range (0,n):
        x.append(0.0)

    # Rückwärtseinsetzen
    for i in range (r,n):
        x[q[i]] = 0.0
    for i in range(r-1,-1,-1):
        d = 0.0
        for j in range(i+1,n):
            d += a[p[i]][q[j]] * x[q[j]]
        x[q[i]] = (b[p[i]]-d) / a[p[i]][q[i]]

    return x
```

12.2 Simplex-Algorithmus

In diesem Abschnitt befassen wir uns mit der Programmierung des Simplex-Verfahrens in Python. Dabei beschränken wir uns auf die Darstellung des Primal-Simplex-Verfahrens, das Dual-Simplex-Verfahren lässt sich analog implementieren und sei dem Leser als Übungsaufgabe 12.1 überlassen. Bei der Zwei-Phasen-Methode kann in jeder Phase die Routine für das Primal-Simplex-Verfahren benutzt werden. Wie bei den Programmen zum Lösen linearer Gleichungssysteme benötigen wir auch hier wieder eine Konstante eps für die

Nullabfragen, da sich beim Rechnen mit `float`-Werten in der Regel Rundungsfehler einstellen.

Listing 12.5 enthält die Funktion `basiswechseln`. Sie ist, wie der Name schon sagt, für den Austausch von Basis- und Nichtbasisvariablen entsprechend Algorithmus 3.2 aus Kap. 3 zuständig.

Listing 12.5 Basiswechsel

```
#
# Parameter
# Typ        Name        Beschreibung
#
# int        m           Anzahl der Nebenbedingungen
# int        n           Anzahl der Variablen
# int        zp          Nummer der Pivotzeile
# int        sp          Nummer der Pivotspalte
# float      a           Koeffizientenmatrix
# float      c           Zielfunktionskoeffizienten
# float      b           Rechte Seite
# float      x           Variablenvektor
# int        ibv         Indizes der Basisvariablen
#
# Rückgabewert:
# float      z           Zielfunktionswert
#
def basiswechseln(m, n, a, b, c, x, ibv, z, zp, sp):

    # Variablentausch
    ibv[zp] = sp

    # Pivotzeile
    b[zp] = b[zp]/a[zp][sp]
    for i in range(0,n):
        if i != sp:
            a[zp][i] = a[zp][i]/a[zp][sp]
    a[zp][sp] = 1.0

    # übrige Nebenbedingungen
    for j in range(0,m):
        if j != zp:
            b[j] = b[j]-b[zp]*a[j][sp]
            for i in range(0,n):
                if i != sp:
                    a[j][i] = a[j][i]-a[zp][i]*a[j][sp]
            a[j][sp] = 0.0

    # Zielfunktionszeile
    for i in range(0,n):
```

```
        if  i  != sp:
            c[i] = c[i]−c[sp]*a[zp][i]

    # Zielfunktionswert
    z = z−c[sp]*b[zp]
    c[sp] = 0.0

    # aktuelle Variablenwerte
    for i in range(0,n):
        x[i] = 0.0
    for j in range(0,m):
        x[ibv[j]] = b[j]


    return z
```

Die Funktion `primalsimplex` im Listing 12.6 berechnet mithilfe des Primal-Simplex-Verfahrens gemäß Algorithmus 3.3 die Lösung eines speziellen Maximumproblems. Hierbei wird die Funktion `basiswechseln` aus Listing 12.5 verwendet. Da es durch Zyklen zu Endlosschleifen kommen kann, wird eine Konstante `maxiter` eingeführt, die als obere Schranke für die Anzahl der Iterationen dient. Des Weiteren wird vorausgesetzt, dass die Nebenbedingungen in Gleichungsform vorliegen und daher die entsprechenden Schlupfvariablen bereits eingeführt sind.

Listing 12.6 Primal-Simplex-Verfahren

```
#
# Parameter
# Typ       Name        Beschreibung
#
# int        m          Anzahl der Nebenbedingungen
# int        n          Anzahl der Variablen
# int        zp         Nummer der Pivotzeile
# int        sp         Nummer der Pivotspalte
# float      a          Koeffizientenmatrix
# float      c          Zielfunktionskoeffizienten
# float      b          Rechte Seite
# int        ibv        Indizes der Basisvariablen
#
# Rückgabewert:
# float      x          Variablenvektor
# float      z          Zielfunktionswert
#                       0 = Optimale Lösung gefunden
#                       1 = Keine optimale Lösung gefunden
#                       2 = Zu viele Iterationen, Zyklus?
#
def primalsimplex( m, n, a, b, c, ibv):

    eps = 1.0e−10
```

```
maxiter = 100

# Initialisieren des Lösungsvektors
x = []
for i in range (0,n):
    x.append(0.0)
z = 0.0

# Bestimmung einer optimalem Basislösung

r = 1                            # Nummerierung der Basislösung
while r < maxiter:               # maximal maxiter Iterationen
    sp = -1
    hmin = -eps
    for i in range(0,n):   # Bestimmung der Pivotspalte
        if c[i] < hmin:
            hmin = c[i]
            sp = i
    if sp == -1:
        return 0,z,x         # Optimale Lösung gefunden

    zp = -1
    hmin = -eps
    for j in range(0,m):   # Bestimmung der Pivotzeile
        if a[j][sp]>eps and (zp==-1 or b[j]/a[j][sp]<hmin):
            hmin = b[j]/a[j][sp]
            zp = j
    if zp == -1:
        return 1,z,x        # keine optimale Lösung

    # Berechnung eines neuen Tableaus
    r = r+1

    # Basiswechsel
    z = basiswechseln(m, n, a, b, c, x, ibv, z, zp, sp)

return 2,z,x # Maximale Zahl an Iterationen überschritten
```

12.3   Transportalgorithmus

Im Folgenden werden Python-Routinen vorgestellt, mit deren Hilfe sich Transportprobleme unter Verwendung der u-v-Methode lösen lassen (siehe Algorithmus 5.4 in Kap. 5). Voraussetzung für die u-v-Methode ist das Vorliegen einer zulässigen Ausgangslösung, die man mittels eines Eröffnungsverfahrens bestimmt hat. Listing 12.7 stellt die Funktion

`nordwesteckenregel` dar, die eine erste zulässige Lösung nach der Nordwesteckenregel (Algorithmus 5.1) ermittelt.

Listing 12.7 Nordwesteckenregel

```
#————————————————————————————————————————
# Parameter————————————————————————————————
# Typ      Name         Beschreibung
#————————————————————————————————————————
# int      m            Anzahl der Empfangsorte
# int      n            Anzahl der Versandorte
# int      c_mat        Kostenmatrix
# int      a_vek        Angebotsvektor
# int      b_vek        Bedarfsvektor
# int      cost         Gesamtkosten
#
# Rückgabewert:
# int      x_mat        Anfangslösung
#                       Felder zu Nichtbasisvariablen
#                       mit −1 besetzt
#————————————————————————————————————————
def nordwesteckenregel(m, n, a_vek, b_vek, c_mat):

# Initialisieren der Transportmatrix
    x_mat = []
    for i in range (0,m):
        xz = []
        for j in range (0,n):
            xz.append(−1)
        x_mat.append(xz)

# Bestimmung einer zulässigen Basislösung
    i = 0
    j = 0
    for r in range (1,n+m):    # r Zähler für Basisvariablen
        if a_vek[i] <= b_vek[j]:
            x_mat[i][j] = a_vek[i]
            b_vek[j] −= a_vek[i]
            a_vek[i] = 0
            i += 1
        else:
            x_mat[i][j] = b_vek[j]
            a_vek[i] −= b_vek[j]
            b_vek[j] = 0
            j += 1

    return x_mat
}
```

Für die Entscheidung, ob eine gefundene zulässige Lösung bereits optimal ist, benötigt man die Bewertungen für die Nichtbasisvariablen. Listing 12.8 enthält die Funktion bewertung, die für eine zulässige Lösung eine Bewertungsmatrix gemäß Algorithmus 5.4 berechnet. Des Weiteren ermittelt Sie den kleinsten Wert in der Bewertungsmatrix. Ist dieser größer gleich 0, so ist die optimale Lösung gefunden. Andernfalls liefert die Funktion die Indizes der Nichtbasisvariablen, die als nächstes zur Basisvariablen wird.

Listing 12.8 Bewertung der Nichtbasisvariablen

```
#─────────────────────────────────────────────────
# Parameter─────────────────────────────────────
# Typ      Name      Beschreibung
#─────────────────────────────────────────────────
# int       m         Anzahl der Empfangsorte
# int       n         Anzahl der Versandorte
# int       c_mat     Kostenmatrix
# int       x_mat     Transportmatrix
# int       cost      Gesamtkosten
#
# Rückgabewert:
# int       b_mat     Bewertungsmatrix
#                     Felder zu Basisvariablen = 0
#
# int       ib        Indexvektor für Basisvariablen
#
# int       ibv, jbv  Indizes der Nichtbasisvariablen
#                     mit minimaler Bewertung
#
#
# int       min_bw    Minimale Bewertung
#─────────────────────────────────────────────────
def bewertung(m, n, c_mat, x_mat):

# Initialisieren des Indexvektors für die Basisvariablen
    ib = []
    for i in range (0,2):
        ibz = []
        for j in range (0,n+m−1):
            ibz.append(0)
        ib.append(ibz)

# Initialisieren der Bewertungsmatrix
    b_mat = []
    for i in range (0,m):
        bz = []
        for j in range (0,n):
            bz.append(0)
        b_mat.append(bz)
```

```
# Initialisieren der benötigten Vektoren
    u = []
    u1 = []
    for i in range (0,m):
        u.append(0)
        u1.append(0)

    v = []
    v1 = []
    for j in range (0,n):
        v.append(0)
        v1.append(0)

# Berechnung der Indizes der Basisvariablen
    k = 0
    for i in range (0,m):
        for j in range (0,n):
            if x_mat[i][j] >= 0:
                ib[0][k] = i
                ib[1][k] = j
                k += 1

# Berechnung der Variablen u und v
    u[0] = 0
    u1[0] = 1
    z = 1
    k = 0
    while k < n+m-1:
        if z == 1:
            i = 0
            z = 2
            while i < m:
                if u1[i]==1 and ib[0][k]==i and v1[ib[1][k]]==0:
                    v[ib[1][k]] = c_mat[ib[0][k]][ib[1][k]]-u[i]
                    v1[ib[1][k]] = 1
                    i = m
                    z = 1
                    k = 0
                i += 1
        else:
            i = 0
            while i < n:
                if v1[i]==1 and ib[1][k]==i and u1[ib[0][k]]==0:
                    u[ib[0][k]] = c_mat[ib[0][k]][ib[1][k]]-v[i]
                    u1[ib[0][k]] = 1
                    i = n
                    z = 1
                    k = 0
                i += 1
```

```
        if z == 2:
            k += 1
        z = 1

# Berechnung der Bewertungsmatrix und der minimalen Bewertung
    min_bw = 0
    ibv = 0
    jbv = 0
    for i in range (0,m):
        for j in range (0,n):
            b_mat[i][j] = c_mat[i][j] − u[i] − v[j]
            if min_bw > b_mat[i][j]:
                min_bw = b_mat[i][j]
                ibv = i
                jbv = j


    return min_bw, ibv, jbv, ib, b_mat
```

Mit der in Listing 12.9 dargestellten Funktion `neue_basis_bestimmen` kann unter Berücksichtigung der vorher erzeugten Bewertungsmatrix eine neue Basislösung bestimmt werden. Hierzu wird ausgehend von der mithilfe der Funktion `bewertung` ermittelten Nichtbasisvariablen ein geschlossener Weg über die Basisvariablen berechnet. Danach wird festgelegt, welche Variable die Basis verlässt. Zum Abschluss wird ein neues Transporttableau generiert. Die Vorgehensweise wird in den Algorithmen 5.3 (Stepping-Stone-Methode) und 5.4 (u-v-Methode) beschrieben.

Listing 12.9 Bestimmung einer neuen Basislösung

```
#
# Parameter
# Typ      Name       Beschreibung
#
# int      m          Anzahl der Empfangsorte
# int      n          Anzahl der Versandorte
# int      b_mat      Bewertungsmatrix
# int      ib         Indexvektor für die Basisvariablen
# int      ibv, jbv   Indizes neue Basisvariable
#
# Rückgabewert:
# int      x_mat      Transportmatrix mit Anfangslösung
#                     Felder zu Nichtbasisvariablen
#                     mit −1 besetzt
#
def neue_basis_bestimmen(m, n, b_mat, x_mat, ibv, jbv, ib):

# Bestimmen der Anzahl der Basisvariablen
# in jeder Zeile und Spalte
    komp_spalten = []
```

```
    for i in range (0,n):
        komp_spalten.append(0)

    komp_zeilen = []
    for i in range (0,m):
        komp_zeilen.append(0)

    for i in range(0,n+m−1):
        komp_zeilen[ib[0][i]] += 1
        komp_spalten[ib[1][i]] += 1

    komp_zeilen[ibv]  += 1
    komp_spalten[jbv] += 1

# Initialisieren Datenstruktur für Wegermittlung
    weg = []
    for i in range (0,3):
        wegz = []
        for j in range (0,n+m−1):
            wegz.append(0)
        weg.append(wegz)

# Neuen Weg bestimmen
    fertig = 0
    while fertig != 1:
        fertig = 1
        for i in range(0,n):
            if komp_spalten[i] == 1:
                fertig = 1
                komp_spalten[i] = 0
                for j in range(0,n+m−1):
                    if ib[1][j] == i:
                        komp_zeilen[ib[0][j]] −= 1
                        ib[0][j] = −1
                        ib[1][j] = −1

        for i in range(0,m):
            if komp_zeilen[i] == 1:
                fertig = 0
                komp_zeilen[i] = 0
                for j in range(0,n+m−1):
                    if ib[0][j] == i:
                        komp_spalten[ib[1][j]] −= 1
                        ib[0][j] = −1
                        ib[1][j] = −1

    weg[0][0] = ibv
    weg[1][0] = jbv
    weg[2][0] = 1
```

```
start = ibv
ende  = −1
j = 1
h = 0
while ende != jbv:
    i = 0
    if h == 0:
        while i < n+m−1:
            if ib[0][i] == start:
                ende = ib[1][i]
                ib[1][i] = −1
                weg[0][j] = start
                weg[1][j] = ende
                weg[2][j] = h
                i = n+m
                h = 1
                j += 1
            i += 1
    else:
        while i < n+m−1:
            if ib[1][i] == ende:
                start = ib[0][i]
                ib[0][i] = −1
                weg[0][j] = start
                weg[1][j] = ende
                weg[2][j] = h
                i = n+m
                h = 0
                j += 1
            i += 1

# Festlegen der Basisvariablen, die die Basis verlässt
h = x_mat[weg[0][1]][weg[1][1]]
k = 1
for i in range (3,j,2):
    if x_mat[weg[0][i]][weg[1][i]] < h:
        h = x_mat[weg[0][i]][weg[1][i]]
        k = i
for i in range(1,j):
    if i != k:
        if weg[2][i] == 0:
            x_mat[weg[0][i]][weg[1][i]]−=x_mat[weg[0][k]][weg[1][k]]
        if weg[2][i] == 1:
            x_mat[weg[0][i]][weg[1][i]]+=x_mat[weg[0][k]][weg[1][k]]

x_mat[weg[0][0]][weg[1][0]] = x_mat[weg[0][k]][weg[1][k]]
x_mat[weg[0][k]][weg[1][k]] = −1
```

In einem Programm für die Berechnung der optimalen Lösung eines Transportproblems muss zunächst die Funktion `nordwesteckenregel` aufgerufen werden, um eine zulässige Ausgangslösung zu erzeugen. Danach wird mit der Funktion `bewertung` eine Bewertung für die gefundene Lösung berechnet und überprüft, ob diese bereits optimal ist. Falls ja, wird das Verfahren abgebrochen und die optimale Lösung ausgegeben. Andernfalls wird ein Basiswechsel mithilfe der Funktion `neue_basis_bestimmen` durchgeführt. Durch Aufrufen der Funktionen `bewertung`, und `neue_basis_bestimmen` werden so lange neue zulässige Basislösungen generiert und auf Optimalität überprüft, bis schließlich die optimale Lösung gefunden ist. Das Schreiben eines solchen Python-Programms unter Verwendung der oben vorgestellten Python-Funktionen sei dem Leser überlassen.

Aufgaben

Aufgabe 12.1 (Dual-Simplex-Verfahren)

Schreiben Sie analog zum Listing 12.6 eine Python-Funktion `dualsimplex(...)` *zum Lösen eines speziellen Minimumproblems mithilfe des Dual-Simplex-Verfahrens.*

Lösungen zu den Übungsaufgaben

13

Lösung zu Aufgabe 1.1, S. 15 Mathematische Modellierung

x_A tägliche Produktionsmenge von Produkt A
x_B tägliche Produktionsmenge von Produkt B
x_C tägliche Produktionsmenge von Produkt C

Zu maximieren ist der Gesamterlös

$$z = 2x_A + 3x_B + 5x_C$$

unter den Nebenbedingungen:

$$
\begin{aligned}
2x_A + x_B + 5x_C &\leq 480 \quad \text{(Kapazitätsgrenze Maschine } M_1\text{)}, \\
x_B + 6x_C &\leq 480 \quad \text{(Kapazitätsgrenze Maschine } M_2\text{)}, \\
3x_A + 2x_B + x_C &\leq 480 \quad \text{(Kapazitätsgrenze Maschine } M_3\text{)}, \\
5x_A + 4x_B &\leq 480 \quad \text{(Kapazitätsgrenze Maschine } M_4\text{)}, \\
x_A, x_B, x_C &\geq 0 \quad \text{(Produktion nur nichtnegativer Mengen)}. \quad \square
\end{aligned}
$$

Ergänzende Information Die elektronische Version dieses Kapitels enthält Zusatzmaterial, auf das über folgenden Link zugegriffen werden kann
https://doi.org/10.1007/978-3-662-66387-5_13.

© Springer-Verlag GmbH Deutschland, ein Teil von Springer Nature 2023
A. Koop and H. Moock, *Lineare Optimierung – eine anwendungsorientierte Einführung in Operations Research*, https://doi.org/10.1007/978-3-662-66387-5_13

Lösung zu Aufgabe 1.2, S. 15 Mathematische Modellierung

x_1 zu kaufende Menge Sorte A in kg
x_2 zu kaufende Menge Sorte B in kg

Zu minimieren sind die Kosten

$$Z(x_1, x_2) = 3x_1 + 6x_2$$

unter den Nebenbedingungen:

$$
\begin{aligned}
x_1 &\geq 55, \\
x_1 + x_2 &\geq 120, \\
x_1 - 4x_2 &\leq 0, \\
x_1, x_2 &\geq 0.
\end{aligned}
$$

Die letzte Restriktion ist noch etwas erklärungsbedürftig. Da ein Sack der Mischung genau 4 kg von Sorte A enthält, ist die Anzahl der Säcke gerade durch $0.25x_1$ gegeben. Jeder dieser Säcke muss mindestens 1 kg von Sorte B enthalten, also $x_2 \geq 0.25x_1$, woraus nach Multiplikation mit 4 die letzte Ungleichung folgt. $\qquad\square$

Lösung zu Aufgabe 1.3, S. 15 Mathematische Modellierung

x_j von Produkt j zu fertigende Menge in Mengeneinheiten (ME)

Maximiere

$$F(x_1, \ldots, x_n) = \sum_{j=1}^{n} d_j x_j$$

unter den Nebenbedingungen:

$$
\sum_{j=1}^{n} a_{ij}x_j \leq b_i \quad \text{für } i = 1, \ldots, m,
$$

$$
x_j \geq 0 \quad \text{für } j = 1, \ldots, n. \qquad\square
$$

Lösung zu Aufgabe 2.1, S. 37 Wir führen den Gauß'schen Algorithmus mit der Diagonalstrategie durch, wobei wir die Pivotelemente jeweils kennzeichnen. Ist a_{kk} das Pivotelement, so haben wir neben der i-ten Zeile ($i = k+1, \ldots, m$) jeweils den Quotienten

$$\frac{a_{ik}}{a_{kk}}$$

notiert (vgl. Algorithmus 2.1), was die Arbeit bei der Handrechnung etwas erleichtert. Wir erhalten die folgenden drei Systeme:

$$
\begin{array}{ccc|c}
\underline{-2} & 1 & 1 & 0 \\
1 & -2 & 1 & 0 \\
1 & 1 & -2 & 0
\end{array}
\qquad
\begin{array}{c}
\\ -1/2 \\ -1/2
\end{array}
$$

$$
\begin{array}{ccc|c}
-2 & 1 & 1 & 0 \\
0 & \underline{-3/2} & 3/2 & 0 \\
0 & 3/2 & -3/2 & 0
\end{array}
\qquad
\begin{array}{c}
\\ \\ -1
\end{array}
$$

$$
\begin{array}{ccc|c}
-2 & 1 & 1 & 0 \\
0 & -3/2 & 3/2 & 0 \\
0 & 0 & 0 & 0
\end{array}
$$

Wir sehen, dass $r(\mathbf{A}) = r(\mathbf{A}|\mathbf{b}) = 2$ und bestimmen durch Rückwärtseinsetzen die einparametrische Schar von Lösungen

$$
\mathbf{u} = \begin{bmatrix} \lambda \\ \lambda \\ \lambda \end{bmatrix}, \quad \lambda \in \mathbb{R}.
$$
□

Lösung zu Aufgabe 2.2, S. 37 Wir lösen beide Systeme mit dem Gauß'schen Algorithmus.

a) Wir stellen wieder die erweiterte Systemmatrix auf und pivotieren mit der Diagonalstrategie.

$$
\begin{array}{cc|c}
\underline{2} & -3 & 11 \\
5 & -1 & 8 \\
1 & -5 & 16
\end{array}
\qquad
\begin{array}{c}
\\ 5/2 \\ 1/2
\end{array}
$$

$$
\begin{array}{cc|c}
2 & -3 & 11 \\
0 & \underline{13/2} & -39/2 \\
0 & -7/2 & 21/2
\end{array}
\qquad
\begin{array}{c}
\\ \\ -7/13
\end{array}
$$

$$
\begin{array}{cc|c}
2 & -3 & 11 \\
0 & 13/2 & -39/2 \\
0 & 0 & 0
\end{array}
$$

Die Systemmatrix hat also den maximalen Rang 2, und durch Rückwärtseinsetzen ergibt sich die eindeutige Lösung $x_1 = 1$ und $x_2 = -3$.

b) Der Lösungsweg lautet hier wie folgt:

$$
\begin{array}{cccc|c}
\underline{1} & 1 & 2 & 0 & 1 \\
-3 & 2 & 0 & 1 & 5 \\
8 & -2 & -2 & 2 & 0
\end{array}
\qquad
\begin{array}{c}
\\ -3 \\ 8
\end{array}
$$

$$
\begin{array}{cccc|cc}
1 & 1 & 2 & 0 & 1 & \\
0 & \underline{5} & 6 & 1 & 8 & \\
0 & -10 & -18 & 2 & -8 & -2
\end{array}
$$

$$
\begin{array}{cccc|c}
1 & 1 & 2 & 0 & 1 \\
0 & 5 & 6 & 1 & 8 \\
0 & 0 & -6 & 4 & 8
\end{array}
$$

Die Systemmatrix hat den Rang 3, und wir erhalten die Lösungsschar

$$
\mathbf{x} = \frac{1}{15}
\begin{bmatrix}
7 - 5\lambda \\
48 - 15\lambda \\
-20 + 10\lambda \\
15\lambda
\end{bmatrix}, \quad \lambda \in \mathbb{R}.
$$

□

Lösung zu Aufgabe 2.3, S. 38 Der Gauß'sche Algorithmus liefert die folgenden Systeme:

$$
\begin{array}{ccc|cc}
\underline{1} & 1 & -1 & 2 & \\
-2 & 0 & 1 & -2 & -2 \\
5 & -1 & 2 & 4 & 5 \\
2 & 6 & -3 & 5 & 2
\end{array}
$$

$$
\begin{array}{ccc|cc}
1 & 1 & -1 & 2 & \\
0 & \underline{2} & -1 & 2 & \\
0 & -6 & 7 & -6 & -3 \\
0 & 4 & -1 & 1 & 2
\end{array}
$$

$$
\begin{array}{ccc|cc}
1 & 1 & -1 & 2 & \\
0 & 2 & -1 & 2 & \\
0 & 0 & \underline{4} & 0 & \\
0 & 0 & 1 & -3 & 1/4
\end{array}
$$

$$
\begin{array}{ccc|c}
1 & 1 & -1 & 2 \\
0 & 2 & -1 & 2 \\
0 & 0 & 4 & 0 \\
0 & 0 & 0 & -3
\end{array}
$$

Es ist demnach $r(\mathbf{A}) = 3 \neq r(\mathbf{A}|\mathbf{b}) = 4$, nach Satz 2.3 ist das System also nicht lösbar.   □

Lösung zu Aufgabe 2.4, S. 38 Man kann die Aufgabe mit dem Gauß'schen Algorithmus lösen, wozu man zunächst voraussetzt, dass $\lambda \neq 0$ gilt (für $\lambda = 0$ ist das System offensichtlich eindeutig lösbar). Man erhält so die folgenden Systeme:

$$
\begin{array}{cc|cc}
-\lambda & 1 & 0 & \\
1 & -\lambda & 0 & -1/\lambda
\end{array}
$$

$$
\begin{array}{cc|c}
-\lambda & 1 & 0 \\
0 & -\lambda + 1/\lambda & 0
\end{array}
$$

Das bedeutet: $r(\mathbf{A}) = 1$ genau dann, wenn $\lambda = 1/\lambda$, also für $\lambda = \pm 1$. In diesen Fällen gibt es nicht triviale Lösungen. Eine andere Möglichkeit ist es, die Determinante der Matrix zu betrachten, es gilt nämlich

$$r(\mathbf{A}) < 2 \quad \Leftrightarrow \quad \det(\mathbf{A}) = \lambda^2 - 1 = 0 \quad \Leftrightarrow \quad \lambda = \pm 1. \qquad \square$$

Lösung zu Aufgabe 2.5, S. 38 Wir stellen das Schema $\mathbf{A}|\mathbf{I}$ mit der Einheitsmatrix $\mathbf{I}$ auf und führen den Gauß-Jordan-Algorithmus durch.

$$
\begin{array}{cccc|cccc}
\underline{1} & -1 & -1 & 1 & 1 & 0 & 0 & 0 \\
1 & -2 & -3 & 1 & 0 & 1 & 0 & 0 \\
-2 & 6 & 9 & 0 & 0 & 0 & 1 & 0 \\
4 & -3 & -2 & 5 & 0 & 0 & 0 & 1
\end{array}
\quad
\begin{array}{c}
\\ 1 \\ -2 \\ 4
\end{array}
$$

$$
\begin{array}{cccc|cccc}
1 & -1 & -1 & 1 & 1 & 0 & 0 & 0 \\
0 & \underline{-1} & -2 & 0 & -1 & 1 & 0 & 0 \\
0 & 4 & 7 & 2 & 2 & 0 & 1 & 0 \\
0 & 1 & 2 & 1 & -4 & 0 & 0 & 1
\end{array}
\quad
\begin{array}{c}
\\ \\ -4 \\ -1
\end{array}
$$

$$
\begin{array}{cccc|cccc}
1 & -1 & -1 & 1 & 1 & 0 & 0 & 0 \\
0 & -1 & -2 & 0 & -1 & 1 & 0 & 0 \\
0 & 0 & -1 & 2 & -2 & 4 & 1 & 0 \\
0 & 0 & 0 & \underline{1} & -5 & 1 & 0 & 1
\end{array}
\quad
\begin{array}{c}
1 \\ 0 \\ 2 \\ \\
\end{array}
$$

$$
\begin{array}{cccc|cccc}
1 & -1 & -1 & 0 & 6 & -1 & 0 & -1 \\
0 & -1 & -2 & 0 & -1 & 1 & 0 & 0 \\
0 & 0 & \underline{-1} & 0 & 8 & 2 & 1 & -2 \\
0 & 0 & 0 & 1 & -5 & 1 & 0 & 1
\end{array}
\quad
\begin{array}{c}
1 \\ 2 \\ \\ \\
\end{array}
$$

$$
\begin{array}{cccc|cccc}
1 & -1 & 0 & 0 & -2 & -3 & -1 & 1 \\
0 & \underline{-1} & 0 & 0 & -17 & -3 & -2 & 4 \\
0 & 0 & -1 & 0 & 8 & 2 & 1 & -2 \\
0 & 0 & 0 & 1 & -5 & 1 & 0 & 1
\end{array}
\quad
\begin{array}{c}
1 \\ \\ \\ \\
\end{array}
$$

$$\begin{array}{cccc|cccc}
1 & 0 & 0 & 0 & 15 & 0 & 1 & -3 \\
0 & -1 & 0 & 0 & -17 & -3 & -2 & 4 \\
0 & 0 & -1 & 0 & 8 & 2 & 1 & -2 \\
0 & 0 & 0 & 1 & -5 & 1 & 0 & 1
\end{array}$$

$$\begin{array}{cccc|cccc}
1 & 0 & 0 & 0 & 15 & 0 & 1 & -3 \\
0 & 1 & 0 & 0 & 17 & 3 & 2 & -4 \\
0 & 0 & 1 & 0 & -8 & -2 & -1 & 2 \\
0 & 0 & 0 & 1 & -5 & 1 & 0 & 1
\end{array}$$

Im letzten Schritt wurde nur noch durch die jeweiligen Diagonalelemente dividiert, um auf der linken Seite die Einheitsmatrix zu erzeugen. Damit erhalten wir für die inverse Matrix:

$$\mathbf{A}^{-1} = \begin{bmatrix} 15 & 0 & 1 & -3 \\ 17 & 3 & 2 & -4 \\ -8 & -2 & -1 & 2 \\ -5 & 1 & 0 & 1 \end{bmatrix}.$$

$\square$

Lösung zu Aufgabe 2.6, S. 38 Der Gauß'sche Algorithmus liefert die folgenden Systeme:

$$\begin{array}{ccc|ccc}
1 & 1 & -3 & z-3 \\
0 & -1 & -1 & -1 & & 0 \\
-1 & -1 & z+2 & 2 & & -1
\end{array}$$

$$\begin{array}{ccc|c}
1 & 1 & -3 & z-3 \\
0 & -1 & -1 & -1 \\
0 & 0 & z-1 & z-1
\end{array}$$

Dieses System hat bereits Trapezgestalt, und wir können die Lösungen durch Rückwärtseinsetzen ermitteln. Wir müssen jedoch verschiedene Fälle unterscheiden. Für $z \neq 1$ gibt es die eindeutig bestimmte Lösung

$$\mathbf{x} = \begin{bmatrix} z \\ 0 \\ 1 \end{bmatrix}.$$

Ist $z = 1$, so verschwindet die letzte Zeile des Systems, und wir erhalten unendlich viele Lösungen, nämlich

$$\mathbf{x} = \begin{bmatrix} -3 + 4\lambda \\ 1 - \lambda \\ \lambda \end{bmatrix}, \quad \lambda \in \mathbb{R}.$$

Der Fall, dass *keine* Lösung existiert, tritt in diesem Beispiel nicht auf. $\square$

Lösung zu Aufgabe 2.7, S. 38

a) Zum Bestimmen der darstellenden Matrix der Basis B müssen wir die Inverse der aus den Basisvektoren zusammengesetzten Matrix berechnen. Dazu wird das Gauß-Jordan-Verfahren auf das um die Einheitsmatrix erweiterte System

$$\mathbf{A}|\mathbf{I} = \left[\begin{array}{cccc|cccc} 1 & -1 & 1 & -1 & 1 & 0 & 0 & 0 \\ 1 & 0 & 0 & 1 & 0 & 1 & 0 & 0 \\ 0 & 1 & 1 & 0 & 0 & 0 & 1 & 0 \\ -1 & 1 & -1 & -1 & 0 & 0 & 0 & 1 \end{array}\right]$$

angewendet. Das Durchfühen der einzelnen Schritte überlassen wir dem Leser. Als Ergebnis erhält man zunächst

$$\mathbf{A}_B = \begin{bmatrix} \frac{1}{2} & 1 & 0 & \frac{1}{2} \\ 0 & \frac{1}{2} & \frac{1}{2} & \frac{1}{2} \\ 0 & -\frac{1}{2} & \frac{1}{2} & -\frac{1}{2} \\ -\frac{1}{2} & 0 & 0 & -\frac{1}{2} \end{bmatrix}$$

und durch Multiplizieren die Koordinaten des Vektors $\mathbf{v}$ bzgl. B

$$\mathbf{A_B} \cdot \mathbf{v} = \begin{bmatrix} \frac{1}{2} & 1 & 0 & \frac{1}{2} \\ 0 & \frac{1}{2} & \frac{1}{2} & \frac{1}{2} \\ 0 & -\frac{1}{2} & \frac{1}{2} & -\frac{1}{2} \\ -\frac{1}{2} & 0 & 0 & -\frac{1}{2} \end{bmatrix} \begin{bmatrix} 1 \\ 2 \\ 3 \\ 5 \end{bmatrix} = \begin{bmatrix} 5 \\ 5 \\ -2 \\ -3 \end{bmatrix}.$$

b) Um die Transformationsmatrix zu berechnen, müssen wir die Koordinaten des ausgetauschten Vektors bzgl. der Basis B bestimmen.

$$\mathbf{A_B} \cdot \mathbf{c} = \begin{bmatrix} \frac{1}{2} & 1 & 0 & \frac{1}{2} \\ 0 & \frac{1}{2} & \frac{1}{2} & \frac{1}{2} \\ 0 & -\frac{1}{2} & \frac{1}{2} & -\frac{1}{2} \\ -\frac{1}{2} & 0 & 0 & -\frac{1}{2} \end{bmatrix} \begin{bmatrix} 3 \\ 1 \\ 0 \\ -1 \end{bmatrix} = \begin{bmatrix} 2 \\ 0 \\ 0 \\ -1 \end{bmatrix}.$$

Nach Formel 2.14 hat die Transformationsmatrix dann folgende Gestalt:

$$\mathbf{T}_{BC} = \begin{bmatrix} 1 & 0 & 0 & 2 \\ 0 & 1 & 0 & 0 \\ 0 & -0 & 1 & 0 \\ 0 & 0 & 0 & -1 \end{bmatrix}.$$

□

Lösung zu Aufgabe 3.1, S. 114 Die Abb. 13.1 bzw. 13.2 zeigen die grafischen Lösungen. Bei a) erhält man als optimale Lösung $(3/2, 5/2)$ mit dem Zielfunktionswert 31. Bei b) ist die Lösung $(1, 1)$ mit dem Zielfunktionswert 7. Die Zulässigkeitsbereiche sind jeweils grau unterlegt (Abb. 13.1 und 13.2).   □

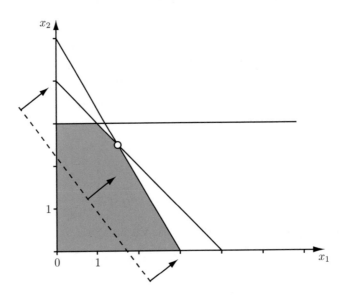

Abb. 13.1 Lösung zu Aufgabe 3.1 a)

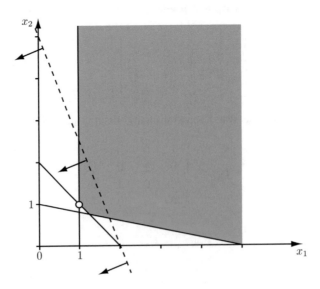

Abb. 13.2 Lösung zu Aufgabe 3.1 b)

Lösung zu Aufgabe 3.2, S. 115 Ähnlich wie in Aufgabe 20 haben wir bei dem Pivotelement a_{ij} jeweils neben dem Tableau die Quotienten a_{lj}/a_{ij} bzw. $-c_j/a_{ij}$ notiert, was die Arbeit bei der Handrechnung etwas erleichtert (vgl. Algorithmus 3.2). Wir erhalten die folgenden Tableaus:

BV	x_1	x_2	x_3	x_4	x_5	b	
x_3	3	4	1	0	0	18	4
x_4	2	1	0	1	0	7	1
x_5	0	$\underline{1}$	0	0	1	4	
z	-5	-6	0	0	0	0	-6

BV	x_1	x_2	x_3	x_4	x_5	b	
x_3	$\underline{3}$	0	1	0	-4	2	
x_4	2	0	0	1	-1	3	2/3
x_2	0	1	0	0	1	4	0
z	-5	0	0	0	6	24	$-5/3$

BV	x_1	x_2	x_3	x_4	x_5	b	
x_1	1	0	1/3	0	$-4/3$	2/3	$-4/5$
x_4	0	0	$-2/3$	1	$\underline{5/3}$	5/3	
x_2	0	1	0	0	1	4	3/5
z	0	0	5/3	0	$-2/3$	82/3	$-2/5$

BV	x_1	x_2	x_3	x_4	x_5	b
x_1	1	0	$-1/5$	4/5	0	2
x_5	0	0	$-2/5$	3/5	1	1
x_2	0	1	2/5	$-3/5$	0	3
z	0	0	7/5	2/5	0	28

Die optimale Lösung ist $x_1 = 2$ und $x_2 = 3$ mit dem Zielfunktionswert $z = 28$. Diese Lösung ist eindeutig, da die Zielfunktionskoeffizienten der Nichtbasisvariablen alle größer 0 sind. Der Leser möge dies durch eine Skizze verifizieren (vgl. Aufgabe 3.1).   □

Lösung zu Aufgabe 3.3, S. 115 Wir stellen das Tableau für das Dual-Simplex-Verfahren auf und maximieren $Z = -z = -2x_1 - 4x_2$. Wir erhalten nacheinander die folgenden Tableaus:

BV	x_1	x_2	x_3	x_4	x_5	x_6	x_7	b	
x_3	-1	0	1	0	0	0	0	-20	1
x_4	0	-1	0	1	0	0	0	-30	0
x_5	-1	-2	0	0	1	0	0	-80	1
x_6	$\underline{-1}$	-1	0	0	0	1	0	-100	
x_7	-3	-4	0	0	0	0	1	-60	3
Z	2	4	0	0	0	0	0	0	-2

BV	x_1	x_2	x_3	x_4	x_5	x_6	x_7	b	
x_3	0	1	1	0	0	-1	0	80	-1
x_4	0	$\underline{-1}$	0	1	0	0	0	-30	
x_5	0	-1	0	0	1	-1	0	20	1
x_1	1	1	0	0	0	-1	0	100	-1
x_7	0	-1	0	0	0	-3	1	240	1
Z	0	2	0	0	0	2	0	-200	-2

BV	x_1	x_2	x_3	x_4	x_5	x_6	x_7	b
x_3	0	0	1	1	0	-1	0	50
x_2	0	1	0	-1	0	0	0	30
x_5	0	0	0	-1	1	-1	0	50
x_1	1	0	0	1	0	-1	0	70
x_7	0	0	0	-1	0	-3	1	270
Z	0	0	0	2	0	2	0	-260

Die Lösung ist somit $x_1 = 70$ und $x_2 = 30$ mit dem minimalen Zielfunktionswert $z = -Z = 260$.   □

Lösung zu Aufgabe 3.4, S. 115 Indem wir die Zielfunktion mit -1 multiplizieren, die Variable x_3 durch die Differenz zweier vorzeichenbeschränkter Variablen x_3' und x_3'' ausdrücken sowie Schlupfvariablen x_4 und x_5 einführen, transformieren wir das lineare Optimierungsproblem auf Normalform.

$$\tilde{z} = -x_1 - 2x_2 - 3x_3' + 3x_3'' \qquad \rightarrow \quad Max!$$

$$\text{u. d. N.} \quad
\begin{aligned}
x_1 - x_2 + 2x_3' - 2x_3'' - x_4 &= 10 \\
x_1 - 2x_2 - x_3' + x_3'' + x_5 &= 15 \\
2x_1 + x_2 - 3x_3' + 3x_3'' &= 20 \\
x_1, x_2, x_3', x_3'', x_4, x_5 &\geq 0.
\end{aligned}$$

Entsprechend der asymmetrischen Form der Dualität (3.19) und (3.20) sieht dann das zugehörige duale Problem folgendermaßen aus:

$$Z = 10\lambda_1 + 15\lambda_2 + 20\lambda_3 \quad \rightarrow \quad Max!$$

$$\text{u. d. N.} \quad \begin{aligned} \lambda_1 + \lambda_2 + 2\lambda_3 &\geq -1, \\ -\lambda_1 - 2\lambda_2 + \lambda_3 &\geq -2, \\ 2\lambda_1 - \lambda_2 - 3\lambda_3 &\geq -3, \\ -2\lambda_1 + \lambda_2 + 3\lambda_3 &\geq 3, \\ -\lambda_1 &\geq 0, \\ \lambda_2 &\geq 0, \\ \lambda_1, \lambda_2, \lambda_3 &\in \mathbb{R}. \end{aligned}$$

Die Ungleichungen 3 und 4 unterscheiden sich nur durch das Vorzeichen, daher kann man sie zu einer Gleichung zusammenfassen. Das duale Problem lässt sich somit auf die folgende Form bringen:

$$Z = 10\lambda_1 + 25\lambda_2 + 20\lambda_3 \quad \rightarrow \quad Max!$$

$$\text{u. d. N.} \quad \begin{aligned} \lambda_1 + \lambda_2 + 2\lambda_3 &\geq -1, \\ -\lambda_1 - 2\lambda_2 + \lambda_3 &\geq -2, \\ 2\lambda_1 - \lambda_2 - 3\lambda_3 &= -3, \\ \lambda_1 \leq 0, \lambda_2 \geq 0 \quad \lambda_3 &\in \mathbb{R}. \end{aligned} \qquad \square$$

Lösung zu Aufgabe 3.5, S. 116 Um diese Aufgabe zu lösen, müssen wir zunächst ein Tableau in kanonischer Form generieren. Dazu durchlaufen wir die Schritte 1 bis 9 aus Abschn. 3.7.7.

1. Die Zielfunktion wird zu $-x_1 - x_3 \rightarrow$ Max!.
2. Dieser Punkt entfällt, da der Begrenzungsvektor nur Komponenten größer 0 hat.
3. Da die Variable x_1 nicht vorzeichenbeschränkt ist, wird sie durch $x_1 = x_1' - x_1''$ mit zwei nichtnegativen Variablen x_1' und x_1'' ersetzt.
4. Die Schlupfvariablen x_4 und x_5 werden zu den $\leq$ Nebenbedingungen addiert.

$$\begin{aligned} x_1' - x_1'' + x_2 + x_3 + x_4 &= 4 \quad \text{(I)} \\ -x_1' + x_1'' + x_2 + x_3 + x_5 &= 4 \quad \text{(II)} \end{aligned}$$

5. Die Schlupfvariable x_6 wird von der $\geq$ Restriktion subtrahiert.

$$x_2 + x_3 - x_6 = 2 \quad \text{(III)}$$

6. Die künstliche Variable y_1 wird zur Gl. (III) addiert.

$$x_2 + x_3 - x_6 + y_1 \ = \ 2 \quad \text{(III)}$$

7. Eine zweite zu minimierende Zielfunktion $Y = y_1$ wird erzeugt.
8. Die 2. Zielfunktion wird mit (-1) multipliziert: $y = -y_1 \rightarrow \text{Max!}$.
9. Gl. (III) wird nach y_1 aufgelöst: $y_1 = 2 - x_2 - x_3 + x_6$. In der 2. Zielfunktion wird y_1 durch diesen Ausdruck ersetzt.

$$y = -2 + x_2 + x_3 - x_6 \quad \Leftrightarrow \quad y - x_2 - x_3 + x_6 = -2$$

Wir können nun das Tableau aufstellen und zunächst bezüglich der zusätzlichen Zielfunktion y maximieren. Wir erhalten nacheinander die beiden folgenden Tableaus.

Phase 1:

BV	x_1'	x_1''	x_2	x_3	x_4	x_5	x_6	y_1	b	
x_4	1	−1	1	1	1	0	0	0	4	1
x_5	−1	1	1	1	0	1	0	0	4	1
w_1	0	0	1	1	0	0	−1	1	2	
z	1	−1	0	1	0	0	0	0	0	0
y	0	0	−1	−1	0	0	1	0	−2	−1

BV	x_1'	x_1''	x_2	x_3	x_4	x_5	x_6	y_1	b
x_4	1	−1	0	0	1	0	1	−1	2
x_5	−1	1	0	0	0	1	1	−1	2
x_2	0	0	1	1	0	0	−1	1	2
z	1	−1	0	1	0	0	0	0	0
y	0	0	0	0	0	0	0	1	0

Dieses Tableau ist bezüglich y optimal. Wir streichen die Spalte für y_1 und die Zeile für y und erhalten das folgende reduzierte Tableau, mit dem wir weiterrechnen.

Phase 2:

BV	x_1'	x_1''	x_2	x_3	x_4	x_5	x_6	b	
x_4	1	−1	0	0	1	0	1	2	−1
x_5	−1	1	0	0	0	1	1	2	
x_2	0	0	1	1	0	0	−1	2	0
z	1	−1	0	1	0	0	0	0	−1

BV	x_1'	x_1''	x_2	x_3	x_4	x_5	x_6	$\mathbf{b}$
x_4	0	0	0	0	1	1	2	4
x_1''	−1	1	0	0	0	1	1	2
x_2	0	0	1	1	0	0	−1	2
z	0	0	0	1	0	1	1	2

Die Lösung ist also $x_1 = x_1' - x_1'' = 0 - 2 = -2$, $x_2 = 2$ und $x_3 = 0$. Der optimale Zielfunktionswert ist $Z = -z = -2$. □

Lösung zu Aufgabe 3.6, S. 116 Es ist

$$\int\limits_0^1 f(t)\, dt = \frac{a}{4} + \frac{b}{3} + \frac{c}{2},$$

wir erhalten also zusammen mit der Einschränkung $a, b, c \in [0, 1]$ die folgenden Tableaus mit den Schlupfvariablen $s_1, \ldots, s_4$. Die Pivotelemente haben wir wieder markiert.

BV	a	b	c	s_1	s_2	s_3	s_4	$\mathbf{b}$
s_1	1	0	0	1	0	0	0	1
s_2	0	1	0	0	1	0	0	1
s_3	0	0	1	0	0	1	0	1
s_4	1/4	1/3	1/2	0	0	0	1	1
z	−1	−1	−1	0	0	0	0	0

BV	a	b	c	s_1	s_2	s_3	s_4	$\mathbf{b}$
a	1	0	0	1	0	0	0	1
s_2	0	1	0	0	1	0	0	1
s_3	0	0	1	0	0	1	0	1
s_4	0	1/3	1/2	−1/4	0	0	1	3/4
z	0	−1	−1	1	0	0	0	1

BV	a	b	c	s_1	s_2	s_3	s_4	b
a	1	0	0	1	0	0	0	1
b	0	1	0	0	1	0	0	1
s_3	0	0	1	0	0	1	0	1
s_4	0	0	1/2	$-1/4$	$-1/3$	0	1	5/12
z	0	0	-1	1	1	0	0	2

BV	a	b	c	s_1	s_2	s_3	s_4	b
a	1	0	0	1	0	0	0	1
b	0	1	0	0	1	0	0	1
s_3	0	0	0	1/2	2/3	1	-2	1/6
c	0	0	1	$-1/2$	$-2/3$	0	2	5/6
z	0	0	0	1/2	1/3	0	2	17/6

Damit $f(1)$ maximal ist, müssen wir also $a = b = 1$ und $c = 5/6$ wählen. Es ergibt sich dann

$$f(1) = z = \frac{17}{6} \approx 2.8333. \qquad \square$$

Lösung zu Aufgabe 3.7, S. 116

BV	x_1	x_2	x_3	x_4	b	
x_3	-1	-1	1	0	1	-1
x_4	0	1	0	1	3	
z	0	-3	0	0	0	-3

BV	x_1	x_2	x_3	x_4	b
x_3	-1	0	1	1	4
x_2	0	1	0	1	3
z	0	0	0	3	9

Die Lösung ist also $x_1 = 0$ und $x_2 = 3$. Es gibt hier nur eine optimale Basislösung, aber unendlich viele optimale Lösungen. Der Grund dafür ist der unbeschränkte Zulässigkeitsbereich (siehe Abb. 13.3). $\qquad \square$

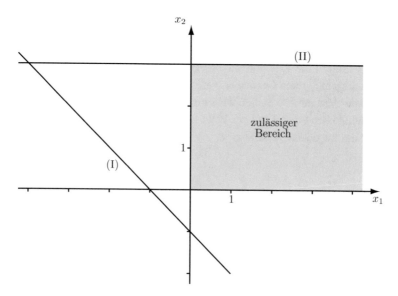

Abb. 13.3 Zulässigkeitsbereich zu Aufgabe 3.7

Lösung zu Aufgabe 3.8, S. 117 Da x_2 nicht vorzeichenbeschränkt ist, führen wir zunächst zwei neue Variablen $x_2' \geq 0$ und $x_2'' \geq 0$ ein und vereinbaren $x_2 = x_2' - x_2''$. Mit den Schlupfvariablen x_3, x_4 und x_5 stellen wir das Simplex-Tableau auf.

BV	x_1	x_2'	x_2''	x_3	x_4	x_5	b	
x_3	-1	1	-1	1	0	0	2	-1
x_4	2	-1	$\underline{1}$	0	1	0	2	
x_5	-1	-1	1	0	0	1	2	1
z	-2	3	-3	0	0	0	0	-3

Bereits nach einem Simplex-Schritt ist das Tableau optimal.

BV	x_1	x_2'	x_2''	x_3	x_4	x_5	b
x_3	1	0	0	1	1	0	4
x_2''	2	-1	1	0	1	0	2
x_5	-3	0	0	0	-1	1	0
z	4	0	0	0	3	0	6

Die Lösung lautet also $x_1 = 0$, $x_2 = -2$ und $z = 6$. Wir stellen fest, dass in dem letzten Tableau der Zielfunktionskoeffizient für die Nichtbasisvariable x_2' verschwindet, was darauf hindeutet, dass die Lösung nicht eindeutig ist, es gibt jedoch keine weiteren Basislösungen. Da im letzten Tableau die Komponente des Begrenzungsvektors für die Basisvariable x_5 verschwindet, liegt außerdem *Entartung* vor.

Zu Beginn des Verfahrens konnten wir zwischen zwei Pivotelementen wählen. Wir wollen die Rechnung noch einmal mit der Wahl des anderen Pivotelements durchführen. Wir erhalten dann die folgenden Tableaus.

BV	x_1	x_2'	x_2''	x_3	x_4	x_5	b	
x_3	-1	1	-1	1	0	0	2	-1
x_4	2	-1	1	0	1	0	2	1
x_5	-1	-1	$\underline{1}$	0	0	1	2	
z	-2	3	-3	0	0	0	0	-3

BV	x_1	x_2'	x_2''	x_3	x_4	x_5	b	
x_3	-2	0	0	1	0	1	4	$-2/3$
x_4	$\underline{3}$	0	0	0	1	-1	0	
x_2''	-1	-1	1	0	0	1	2	$-1/3$
z	-5	0	0	0	0	3	6	$-5/3$

BV	x_1	x_2'	x_2''	x_3	x_4	x_5	b
x_3	0	0	0	1	$2/3$	$1/3$	4
x_1	1	0	0	0	$1/3$	$-1/3$	0
x_2''	0	-1	1	0	$1/3$	$2/3$	2
z	0	0	0	0	$5/3$	$4/3$	6

Auch hier tritt also Entartung auf, und die Lösung ist mehrdeutig. Es gibt jedoch wieder nur eine zulässige optimale Basislösung.

Abb. 13.4 zeigt eine Skizze des Zulässigkeitsbereichs.   □

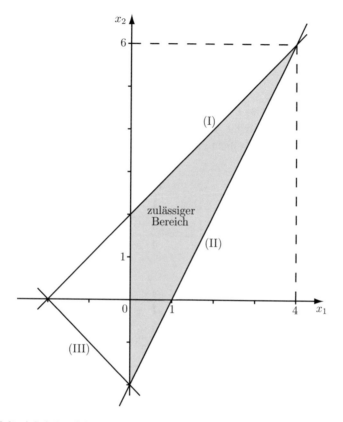

Abb. 13.4 Zulässigkeitsbereich zu Aufgabe 3.8

Lösung zu Aufgabe 3.9, S. 117 Wir untersuchen die Lösbarkeit mithilfe des Simplex-Verfahrens.

a) Das Problem ist nicht lösbar, wie die folgende Rechnung zeigt.

BV	x_1	x_2	x_3	x_4	b	
x_3	-2	$\underline{1}$	1	0	4	
x_4	0	1	0	1	6	1
z	-1	-2	0	0	0	-2

BV	x_1	x_2	x_3	x_4	b	
x_2	-2	1	1	0	4	-1
x_4	$\underline{2}$	0	-1	1	2	
z	-5	0	2	0	8	$-5/2$

BV	x_1	x_2	x_3	x_4	b
x_2	0	1	0	1	6
x_1	1	0	$-1/2$	$1/2$	1
z	0	0	$-1/2$	$5/2$	13

Im letzten Tableau gibt es noch einen negativen Zielfunktionskoeffizienten, es kann jedoch kein Pivotelement mehr gefunden werden.

b) Dieses Problem ist ebenfalls nicht lösbar.

BV	x_1	x_2	x_3	x_4	b	
x_3	-1	1	1	0	1	-1
x_4	$\underline{1}$	-1	0	1	1	
z	-2	-1	0	0	0	-2

BV	x_1	x_2	x_3	x_4	b
x_3	0	0	1	1	2
x_1	1	-1	0	1	1
z	0	-3	0	2	2

c) Diese Aufgabe ist lösbar und besitzt die eindeutige Lösung $x_1 = 3$, $x_2 = 0$.

BV	x_1	x_2	x_3	x_4	b	
x_3	$\underline{1}$	1	1	0	3	
x_4	0	1	0	1	2	0
z	-4	-1	0	0	0	-4

BV	x_1	x_2	x_3	x_4	b
x_1	1	1	1	0	3
x_4	0	1	0	1	2
z	0	3	4	0	12

d) Diese Aufgabe ist lösbar, aber die Lösung ist nicht eindeutig.

BV	x_1	x_2	x_3	x_4	b	
x_3	$\underline{1}$	1	1	0	1	
x_4	-1	-1	0	1	1	-1
z	-1	-1	0	0	0	-1

BV	x_1	x_2	x_3	x_4	$\mathbf{b}$
x_1	1	1	1	0	1
x_4	0	0	1	1	2
z	0	0	1	0	1

Je nach Wahl des ersten Pivotelements erhalten wir entweder $(x_1, x_2) = (1, 0)$, wie in der obigen Rechnung, oder $(x_1, x_2) = (0, 1)$ als optimale Basislösung. Insgesamt ist $(x_1, x_2) = (1 - \alpha, \alpha)$ für alle $\alpha \in [0, 1]$ eine optimale Lösung mit dem maximalen Zielfunktionswert $z = 1$.

Abb. 13.5 illustriert die verschiedenen Situationen. In a) und b) sind die Zulässigkeitsbereiche unbeschränkt. Der Fall, dass der Zulässigkeitsbereich leer ist, kann bei einem speziellen Maximumproblem nicht auftreten, da zumindest der Nullpunkt immer in demselben enthalten ist. □

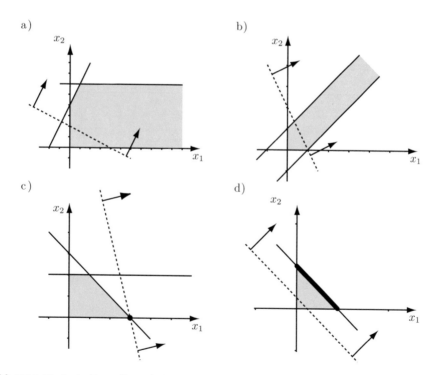

Abb. 13.5 Grafische Darstellung der Lösungen zu Aufgabe 3.9

Lösung zu Aufgabe 3.10, S. 118 Wir bezeichnen mit x_1 bzw. x_2 die Flächen, welche mit Erdbeeren bzw. mit Spargel zu bepflanzen sind. Wir haben dann das folgende Problem zu lösen.

$$
\begin{array}{rrcl}
& 2x_1 + 6x_2 & \rightarrow & Max! \\
\text{u. d. N.} & x_1 + 10x_2 & \leq & 1500 \\
& 2x_1 + 10x_2 & \leq & 5000 \\
& x_2 & \leq & 400 \\
& x_1, x_2 & \geq & 0.
\end{array}
$$

Wir führen die Schlupfvariablen ein und stellen das Simplextableau auf. Die Lösung erfolgt mithilfe des Primal-Simplex-Verfahrens.

Tableau 1:

BV	x_1	x_2	x_3	x_4	x_5	b	
x_3	1	1	1	0	0	1500	1
x_4	2	10	0	1	0	5000	10
x_5	0	$\underline{1}$	0	0	1	400	
z	-2	-6	0	0	0	0	-6

Tableau 2:

BV	x_1	x_2	x_3	x_4	x_5	b	
x_3	1	0	1	0	-1	1100	1/2
x_4	$\underline{2}$	0	0	1	-10	1000	
x_2	0	1	0	0	1	400	0
z	-2	0	0	0	6	2400	-1

Tableau 3:

BV	x_1	x_2	x_3	x_4	x_5	b	
x_3	0	0	1	$-1/2$	$\underline{4}$	600	4
x_1	1	0	0	1/2	-5	500	
x_2	0	1	0	0	1	400	-5
z	0	0	0	1	-4	3400	$-1/4$

Tableau 4:

BV	x_1	x_2	x_3	x_4	x_5	b
x_5	0	0	1/4	−1/8	1	150
x_1	1	0	5/4	−1/8	0	1250
x_2	0	1	−1/4	1/8	0	250
z	0	0	1	1/2	0	4000

Es sind also $1250\,\text{m}^2$ mit Erdbeeren und $250\,\text{m}^2$ mit Spargel zu bepflanzen. Der optimale Deckungsbeitrag beträgt dann 4000 GE.   □

Lösung zu Aufgabe 3.11, S. 118 Zunächst transferieren wir das LP auf Normalform.

$$z = x_1 + x_3 \;\to\; Max!$$

$$\begin{aligned}
\text{u. d. N.} \quad x_1 + x_2 + x_3 + x_4 \phantom{{}+ x_5} &= 4, \\
-x_1 + x_2 + x_3 \phantom{{}+ x_4} + x_5 &= 3, \\
x_2 + x_3 \phantom{{}+ x_4 + x_5} - x_6 + y_1 &= 2, \\
x_1, x_2, x_3, x_4, x_5, x_6, y_1 &\geq 0.
\end{aligned}$$

Mit $M = 10$ wird ein Strafterm in die Zielfunktion eingesetzt.

$$z = x_1 + x_3 - 10y_1 \to Max!$$

Auflösen der dritten Gleichungen nach y_1

$$y_1 = -x_2 - x_3 + x_6 + 2$$

und anschließendes Einsetzen in die Zielfunktion führt zu

$$z = x_1 + 10x_2 + 11x_3 - 10x_6 - 20 \to Max!$$

Damit stellen wir das Ausgangstableau auf und führen das Verfahren durch.

BV	x_1	x_2	x_3	x_4	x_5	x_6	y_1	b
x_4	1	1	1	1	0	0	0	4
x_5	−1	1	1	0	1	0	0	3
y_1	0	1	1	0	0	−1	1	2
z	−1	−10	−11	0	0	10	0	−20

BV	x_1	x_2	x_3	x_4	x_5	x_6	y_1	b
x_4	$\underline{1}$	0	0	1	0	1	-1	2
x_5	-1	0	0	0	1	1	-1	1
x_3	0	1	1	0	0	-1	1	2
z	-1	1	0	0	0	-1	11	2

y_1 ist keine Basisvariable mehr. Somit kann die entsprechende Spalte beim nächsten Basiswechsel weggelassen werden.

BV	x_1	x_2	x_3	x_4	x_5	x_6	b
x_1	1	0	0	1	0	1	2
x_5	0	0	0	1	1	2	3
x_3	0	1	1	0	0	-1	2
z	0	1	0	1	0	0	4

Dieses Tableau ist optimal und die Lösung lautet $x_1 = 2, x_2 = 0$ und $x_3 = 2$ mit dem optimalen Zielfunktionswert $z = 4$. $\Box$

Lösung zu Aufgabe 3.12, S. 118 Durch Multiplizieren der „$\geq$"-Restriktionen mit (-1) und Einführen von Schlupf- und künstlichen Variablen erhalten wir das LP in Normalform.

$$z = x_1 + 2x_2 + 3x_3 \quad \rightarrow \quad Max!$$

$$\text{u. d. N.} \quad
\begin{aligned}
x_1 \quad\quad - x_3 + x_4 \quad\quad\quad\quad &= \quad 10, \\
-x_2 + 2x_3 \quad\quad + x_5 \quad\quad &= \quad -6, \\
x_1 - x_2 \quad\quad\quad\quad\quad + y_1 &= \quad 2, \\
x_1, x_2, x_3, x_4, x_5, y_1 \quad &\geq \quad 0.
\end{aligned}$$

Mit dem Ausgangstableau

BV	x_1	x_2	x_3	x_4	x_5	y_1	b
x_4	1	0	-1	1	0	0	10
x_5	0	-1	2	0	1	0	-6
y_1	$\underline{1}$	-1	0	0	0	1	2
z	-1	-2	-3	0	0	0	0

starten wir die Dreiphasen-Methode und entfernen als erstes y_1 aus der Basis.

BV	x_1	x_2	x_3	x_4	x_5	y_1	b
x_4	0	1	-1	1	0	-1	8
x_5	0	$\underline{-1}$	2	0	1	0	-6
x_1	1	-1	0	0	0	1	2
z	0	-3	-3	0	0	1	2

Nach Streichen der y_1-Spalte fahren wir mit dem Dual-Simplex-Verfahren fort, um ein primal zulässiges Tableau zu erhalten.

BV	x_1	x_2	x_3	x_4	x_5	b
x_4	0	0	$\underline{1}$	1	1	2
x_2	0	1	-2	0	-1	6
x_1	1	0	-2	0	-1	8
z	0	0	-9	0	-3	20

Es geht weiter mit dem Primal-Simplex-Verfahren.

BV	x_1	x_2	x_3	x_4	x_5	b
x_3	0	0	1	1	1	2
x_2	0	1	0	2	1	10
x_1	1	0	0	2	1	12
z	0	0	0	9	6	38

Damit haben wir die optimale Lösung bestimmt: $x_1 = 12$, $x_2 = 10$, $x_3 = 2$ und $z = 38$. □

Lösung zu Aufgabe 3.13, S. 119 Durch Einführen von Schlupfvariablen erhalten wir das das Ausgangstableau in kanonischer Form.

BV	x_1	x_2	x_3	x_4	x_5	x_6	b
x_5	1	2	2	-1	1	0	2
x_6	2	1	-1	1	0	1	2
z	-1	-2	1	-3	0	0	0

Anwenden des revidierten Simplexverfahrens führt zu:

BV	$\mathbf{B}_0^{-1}$		$\mathbf{x}_B$
x_5	1	0	2
x_6	0	1	2

1. $\mathbf{d}_N = -\mathbf{c}_N^T + \mathbf{c}_B^T \mathbf{B}_0^{-1} \mathbf{N} = [-1, -2, 1, -3] \Rightarrow$ Basislösung nicht optimal.

2. x_4 wird Basisvariable und $\mathbf{a}_4 = \begin{bmatrix} -1 \\ 1 \end{bmatrix}$ Basivektor.

3. $\mathbf{v} = \mathbf{B}_0^{-1} \mathbf{a}_4 = \begin{bmatrix} -1 \\ 1 \end{bmatrix}$.

4. $v_2 = 1 \Rightarrow x_6$ verlässt die Basis.

5. $\mathbf{T}_1 = \begin{bmatrix} 1 & -1 \\ 0 & 1 \end{bmatrix}^{-1} = \begin{bmatrix} 1 & 1 \\ 0 & 1 \end{bmatrix} \Rightarrow \mathbf{B}_1^{-1} = \begin{bmatrix} 1 & 1 \\ 0 & 1 \end{bmatrix}$

$\mathbf{x}_B = \begin{bmatrix} 1 & 1 \\ 0 & 1 \end{bmatrix} \begin{bmatrix} 2 \\ 2 \end{bmatrix} = \begin{bmatrix} 4 \\ 2 \end{bmatrix}$

Wir aktualisieren das Tableau und fahren mit Schritt 1 fort.

BV	$\mathbf{B}_1^{-1}$		$\mathbf{x}_B$
x_5	1	1	4
x_4	0	1	2

1. $\mathbf{d}_N = -\mathbf{c}_N^T + \mathbf{c}_B^T \mathbf{B}_1^{-1} \mathbf{N}$

$= [-1, -2, 1, 0] + [0, 3] \begin{bmatrix} 1 & 1 \\ 0 & 1 \end{bmatrix} \begin{bmatrix} 1 & 2 & 2 & 0 \\ 2 & 1 & -1 & 1 \end{bmatrix} = [5, 1, -2, 3]$

$\Rightarrow$ Basislösung nicht optimal.

2. x_3 wird Basisvariable und $\mathbf{a}_3 = \begin{bmatrix} 2 \\ -1 \end{bmatrix}$ Basivektor.

3. $\mathbf{v} = \begin{bmatrix} 1 & 1 \\ 0 & 1 \end{bmatrix} \begin{bmatrix} 2 \\ -1 \end{bmatrix} = \begin{bmatrix} 1 \\ -1 \end{bmatrix}$.

4. $v_1 = 1 \Rightarrow x_5$ verlässt die Basis.

5. $\mathbf{T}_2 = \begin{bmatrix} 1 & 0 \\ -1 & 1 \end{bmatrix}^{-1} = \begin{bmatrix} 1 & 0 \\ 1 & 1 \end{bmatrix} \Rightarrow \mathbf{B}_2^{-1} = \begin{bmatrix} 1 & 1 \\ 1 & 2 \end{bmatrix}$

$\mathbf{x}_B = \begin{bmatrix} 1 & 1 \\ 1 & 2 \end{bmatrix} \begin{bmatrix} 2 \\ 2 \end{bmatrix} = \begin{bmatrix} 4 \\ 6 \end{bmatrix}$

Wir bringen das Tableau auf den aktuellen Stand und machen mit Schritt 1 weiter.

BV	$\mathbf{B}_2^{-1}$		$\mathbf{x}_B$
x_3	1	1	4
x_4	1	2	6

1. $\mathbf{d}_N = -\mathbf{c}_N^T + \mathbf{c}_B^T \mathbf{B}_1^{-1} \mathbf{N}$

$$= [-1, -2, 0, 0] + [-1, 3] \begin{bmatrix} 1 & 1 \\ 1 & 2 \end{bmatrix} \begin{bmatrix} 1 & 2 & 1 & 0 \\ 2 & 1 & 0 & 1 \end{bmatrix} = [11, 7, 2, 5]$$

$\mathbf{d}_N > \mathbf{0} \Rightarrow$ optimale Lösung mit $x_1 = 0, x_2 = 0, x_3 = 4, x_4 = 6$ und $z = 14$ gefunden. $\square$

Lösung zu Aufgabe 4.1, S. 131 Die gesuchten Eigenschaften lassen sich wie folgt nachrechnen.

a) Wir wählen ein $\mathbf{v} \in \mathbb{R}^n$ mit $\mathbf{Av} = \mathbf{0}$. Es gilt dann

$$\begin{aligned} \mathbf{Pv} &= \mathbf{v} - \mathbf{A}^T (\mathbf{AA}^T)^{-1} \mathbf{Av} \\ &= \mathbf{v} - \mathbf{A}^T (\mathbf{AA}^T)^{-1} \mathbf{0} \\ &= \mathbf{v}. \end{aligned}$$

b) Wir erhalten unter Verwendung der binomischen Formel

$$\begin{aligned} \mathbf{P}^2 &= (\mathbf{I} - \mathbf{A}^T (\mathbf{AA}^T)^{-1} \mathbf{A})^2 \\ &= \mathbf{I}^2 - 2\mathbf{A}^T (\mathbf{AA}^T)^{-1} \mathbf{A} + (\mathbf{A}^T (\mathbf{AA}^T)^{-1} \mathbf{A})^2 \\ &= \mathbf{I} - 2\mathbf{A}^T (\mathbf{AA}^T)^{-1} \mathbf{A} + \mathbf{A}^T (\mathbf{AA}^T)^{-1} \mathbf{A} \\ &= \mathbf{I} - \mathbf{A}^T (\mathbf{AA}^T)^{-1} \mathbf{A} \\ &= \mathbf{P}. \end{aligned}$$

c) Auch diese Identität lässt sich leicht nachrechnen. Wir haben

$$\begin{aligned} \mathbf{AP} &= \mathbf{A}(\mathbf{I} - \mathbf{A}^T (\mathbf{AA}^T)^{-1} \mathbf{A}) \\ &= \mathbf{A} - \mathbf{AA}^T (\mathbf{AA}^T)^{-1} \mathbf{A} \\ &= \mathbf{A} - \mathbf{A} \\ &= \mathbf{0}. \end{aligned}$$

Eine weitere Eigenschaft der Matrix $\mathbf{P}$ ist die *Symmetrie*, d. h., es ist $\mathbf{P}^T = \mathbf{P}$, der interessierte Leser möge dies ebenfalls nachprüfen. $\square$

Lösung zu Aufgabe 4.2, S. 131 Wir geben zunächst die Lösung des Problems mit dem Simplex-Algorithmus an, wobei wir die Schlupfvariablen x_3 und x_4 eingeführt haben. Wir erhalten die folgenden Tableaus.

BV	x_1	x_2	x_3	x_4	b	
x_3	0	$\underline{1}$	1	0	3	
x_4	3	2	0	1	9	2
z	−1	−2	0	0	0	−2

BV	x_1	x_2	x_3	x_4	b	
x_2	0	1	1	0	3	0
x_4	$\underline{3}$	0	−2	1	3	
z	−1	0	2	0	6	−1/3

BV	x_1	x_2	x_3	x_4	b
x_2	0	1	1	0	3
x_1	1	0	−2/3	1/3	1
z	0	0	4/3	1/3	7

Die optimale Lösung des Problems ist also $\mathbf{x} = (1, 3, 0, 0)$. Nun wenden wir den Dikin-Algorithmus an. Wir haben zunächst in (4.1)

$$\mathbf{A} = \begin{bmatrix} 0 & 1 & 1 & 0 \\ 3 & 2 & 0 & 1 \end{bmatrix}, \quad \mathbf{b} = \begin{bmatrix} 3 \\ 9 \end{bmatrix}, \quad \mathbf{c} = \begin{bmatrix} 1 \\ 2 \\ 0 \\ 0 \end{bmatrix}.$$

Mit dem Startpunkt

$$\mathbf{x}^{(0)} = \begin{bmatrix} 1 \\ 1 \\ 2 \\ 4 \end{bmatrix}$$

haben wir als Zielfunktionswert $z^{(0)} = 3$. Wir beginnen mit der Iteration und erhalten zunächst die Skalierungsmatrix

$$\mathbf{D} = \begin{bmatrix} 1 & 0 & 0 & 0 \\ 0 & 1 & 0 & 0 \\ 0 & 0 & 2 & 0 \\ 0 & 0 & 0 & 4 \end{bmatrix}$$

und somit

$$\hat{\mathbf{A}} = \mathbf{AD} = \begin{bmatrix} 0 & 1 & 2 & 0 \\ 3 & 2 & 0 & 4 \end{bmatrix}, \quad \hat{\mathbf{c}} = \mathbf{Dc} = \mathbf{c}.$$

Wir berechnen nun die Projektionsmatrix $\hat{\mathbf{P}} = \mathbf{I} - \hat{\mathbf{A}}^T(\hat{\mathbf{A}}\hat{\mathbf{A}}^T)^{-1}\hat{\mathbf{A}}$. Es ist

$$\hat{\mathbf{A}}\hat{\mathbf{A}}^T = \begin{bmatrix} 5 & 2 \\ 2 & 29 \end{bmatrix}$$

und man erhält (z. B. unter Verwendung der *Cramer'schen Regel*) für die Inverse

$$(\hat{\mathbf{A}}\hat{\mathbf{A}}^T)^{-1} = \frac{1}{141} \begin{bmatrix} 29 & -2 \\ -2 & 5 \end{bmatrix}.$$

Damit ergibt sich

$$\hat{\mathbf{P}} = \frac{1}{141} \begin{bmatrix} 96 & -24 & 12 & -60 \\ -24 & 100 & -50 & -32 \\ 12 & -50 & 25 & 16 \\ -60 & -32 & 16 & 61 \end{bmatrix}, \quad \mathbf{r}' = \hat{\mathbf{P}}\hat{\mathbf{c}} = \frac{1}{141} \begin{bmatrix} 48 \\ 176 \\ -88 \\ -124 \end{bmatrix}.$$

Überzeugen Sie sich als Kontrolle davon, dass $\hat{\mathbf{A}}\hat{\mathbf{P}} = \mathbf{0}$ ist, also die Spalten von $\hat{\mathbf{P}}$ orthogonal zu den Zeilen von $\hat{\mathbf{A}}$ sind. Wir berechnen nun α gemäß Schritt 5 von Algorithmus 4.1. Es ist mit $\beta = 1/2$

$$\alpha = \left(-\frac{1}{2}\right) : \left(-\frac{124}{141}\right) = \frac{141}{248}.$$

Wir haben

$$\hat{\mathbf{x}}^{(1)} = \mathbf{e} + \alpha\mathbf{r}' = \begin{bmatrix} 1 \\ 1 \\ 1 \\ 1 \end{bmatrix} + \frac{1}{248} \begin{bmatrix} 48 \\ 176 \\ -88 \\ -124 \end{bmatrix} = \begin{bmatrix} 37/31 \\ 53/31 \\ 20/31 \\ 1/2 \end{bmatrix}.$$

Wir skalieren zurück in das ursprüngliche Koordinatensystem und erhalten schließlich

$$\mathbf{x}^{(1)} = \mathbf{D}\hat{\mathbf{x}}^{(1)} = \begin{bmatrix} 37/31 \\ 53/31 \\ 40/31 \\ 2 \end{bmatrix}.$$

Es ist wieder $\mathbf{x}^{(1)} > \mathbf{0}$ und $\mathbf{Ax}^{(1)} = \mathbf{b}$. Als verbesserter Zielfunktionswert ergibt sich $z^{(1)} = 143/31 \approx 4.6129$. Um eine hinreichend gute Näherung für die exakte Lösung zu erhalten, müssten noch weitere Iterationen durchgeführt werden. □

Lösung zu Aufgabe 4.3, S. 132 Mit der Wahl von $\mathbf{x}^{(0)} = (1, 1, 3, 11)$ ergibt sich zunächst

$$\hat{\mathbf{A}} = \begin{bmatrix} 0 & 1 & 3 & 0 \\ 5 & 4 & 0 & 11 \end{bmatrix}, \quad \hat{\mathbf{A}}\hat{\mathbf{A}}^T = \begin{bmatrix} 10 & 4 \\ 4 & 162 \end{bmatrix},$$

woraus wir

$$(\hat{\mathbf{A}}\hat{\mathbf{A}}^T)^{-1} = \frac{1}{802} \begin{bmatrix} 81 & -2 \\ -2 & 5 \end{bmatrix}$$

folgern. Eine etwas mühsame aber elementare Rechnung führt schließlich zu

$$\hat{\mathbf{P}} = \frac{1}{802} \begin{bmatrix} 677 & -90 & 30 & -275 \\ -90 & 657 & -219 & -198 \\ 30 & -219 & 73 & 66 \\ -275 & -198 & 66 & 197 \end{bmatrix}, \quad \mathbf{r}' = \hat{\mathbf{P}}\hat{\mathbf{c}} = \frac{1}{802} \begin{bmatrix} 587 \\ 567 \\ -189 \\ -473 \end{bmatrix}.$$

Mit der Wahl von $\beta = 1/2$ erhalten wir $\alpha = 401/473$ und somit

$$\hat{\mathbf{x}}^{(1)} = \mathbf{e} + \alpha\mathbf{r}' = \frac{1}{946} \begin{bmatrix} 1533 \\ 1513 \\ 757 \\ 473 \end{bmatrix}, \quad \mathbf{x}^{(1)} = \mathbf{D}\hat{\mathbf{x}}^{(1)} = \frac{1}{946} \begin{bmatrix} 1533 \\ 1513 \\ 2271 \\ 5203 \end{bmatrix}.$$

Der Zielfunktionswert für diesen Punkt ist $z^{(1)} = 1523/473 = 3.2199$. Wir führen die weiteren Iterationen mit dem Computer durch. Die Ergebnisse sind, auf vier Nachkommastellen gerundet, in Tab. 13.1 aufgelistet. Es ist deutlich zu sehen, dass das Verfahren gegen die exakte Lösung $x_1^* = 0.8$, $x_2^* = 4$ und $z^* = 4.8$ konvergiert. Abb. 13.6 zeigt den Zulässigkeitsbereich mit den eingezeichneten Iterierten für $k = 0, \ldots, 7$. □

Lösung zu Aufgabe 4.4, S. 132 Das modifizierte LP ist

$$\begin{array}{rcrcrcrcrclcl} x_1 & + & x_2 & & & & & - & Mx' & \to & \text{Max!} \\ & & x_2 & + & x_3 & & & + & 2x' & = & 4 \\ 5x_1 & + & 4x_2 & & & + & x_4 & + & 10x' & = & 20 \\ & & & & & & & x_1, x_2, x_3, x_4, x' & \geq & 0. \end{array}$$

Tab. 13.1 Die Iterierten zu Aufgabe 4.3

k	$x_1^{(k)}$	$x_2^{(k)}$	$z^{(k)}$
0	1.0000	1.0000	2.0000
1	1.6205	1.5994	3.2199
2	1.8940	1.9450	3.8390
3	1.8835	2.3019	4.1854
4	1.5980	2.8306	4.4286
5	1.1926	3.4153	4.6079
6	0.9876	3.7077	4.6953
7	0.8902	3.8538	4.7440
8	0.8442	3.9269	4.7711
9	0.8220	3.9635	4.7854
10	0.8110	3.9817	4.7927
11	0.8055	3.9909	4.7963
12	0.8027	3.9954	4.7982
13	0.8014	3.9977	4.7991
14	0.8007	3.9989	4.7995
15	0.8003	3.9994	4.7998
16	0.8002	3.9997	4.7999

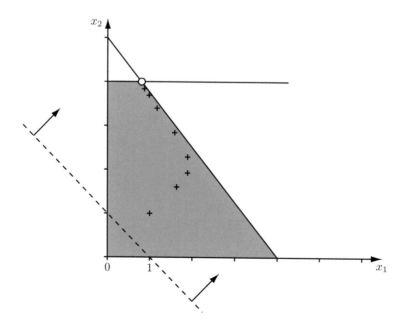

Abb. 13.6 Zulässigkeitsbereich zu Aufgabe 4.3

Man erhält die folgenden Tableaus:

BV	x_1	x_2	x_3	x_4	x'	b	
x_3	0	1	1	0	2	4	0
x_4	$\underline{5}$	4	0	1	10	20	
z	-1	-1	0	0	M	0	$-1/5$

BV	x_1	x_2	x_3	x_4	x'	b	
x_3	0	$\underline{1}$	1	0	2	4	
x_1	1	4/5	0	1/5	2	4	4/5
z	0	$-1/5$	0	1/5	$M+2$	4	$-1/5$

BV	x_1	x_2	x_3	x_4	x'	b
x_2	0	1	1	0	2	4
x_1	1	0	$-4/5$	1/5	2/5	4/5
z	0	0	1/5	1/5	$M+12/5$	24/5

Wir können also z. B. $M = 1$ wählen.   □

Lösung zu Aufgabe 5.1, S. 163 Wir legen eine fiktive Packstation P_5 an, die die bei den Bio-Bauern verbleibende Restmenge aufnimmt. Nach Durchführung der Nordwesteckenregel erhalten wir das folgende Tableau.

	P_1	P_2	P_3	P_4	P_5	
1	4 300	6 100	7	8	0	400
2	5	9 200	4 150	5	0	350
3	6	7	8 50	7 200	0 100	350
	300	300	200	200	100	

Wir führen die Bewertung durch und stellen fest, dass die Lösung noch nicht optimal ist.

	P_1	P_2	P_3	P_4	P_5	
1	4 300	6 100	7 6	8 8	0 7	400
2	5 −2	9 200	4 150	5 2	0 4	350
3	6 −5	7 −6	8 50	7 200	0 100	350
	300	300	200	200	100	

Die kleinste Bewertung liegt für den Transportweg von Bio-Bauer 3 zu Packstation P_2 vor. Die Variable x_{32} wird zur neuen Basisvariablen, das Feld wird mit (+) markiert. Der komplette Zyklus sieht wie folgt aus:

	P_1	P_2	P_3	P_4	P_5	
1	4 300	6 100	7	8	0	400
2	5	9 − 200	4 + 150	5	0	350
3	6	7 +	8 − 50	7 200	0 100	350
	300	300	200	200	100	

Die maximal zu verpackende Menge beträgt 50 ME, was zu dem folgenden Tableau führt:

	P_1	P_2	P_3	P_4	P_5	
1	4 300	6 100	7	8	0	400
2	5	9 150	4 200	5	0	350
3	6	7 50	8	7 200	0 100	350
	300	300	200	200	100	

Eine erneute Bewertung liefert die folgenden Ergebnisse.

	P_1	P_2	P_3	P_4	P_5	
1	4 · 300	6 · 100	7 · 6	8 · 2	0 · 1	400
2	5 · −2	9 · 150	4 · 200	5 · −4	0 · −2	350
3	6 · 1	7 · 50	8 · 6	7 · 200	0 · 100	350
	300	300	200	200	100	

Wir machen x_{24} zur Basisvariablen und zeichnen den Zyklus ein.

	P_1	P_2	P_3	P_4	P_5	
1	4 · 300	6 · 100	7	8	0	400
2	5	9 · − · 150	4 · 200	5 · +	0	350
3	6	7 · + · 50	8	7 · − · 200	0 · 100	350
	300	300	200	200	100	

Das nächste Tableau ist bereits optimal, wie man an den eingetragenen Bewertungen erkennen kann.

	P_1	P_2	P_3	P_4	P_5	
1	4 · 300	6 · 100	7 · 2	8 · 2	0 · 1	400
2	5 · 2	9 · 4	4 · 200	5 · 150	0 · 2	350
3	6 · 1	7 · 200	8 · 2	7 · 50	0 · 100	350
	300	300	200	200	100	

Die minimalen Transportkosten belaufen sich auf 5100 GE. Beim Bio-Bauer 3 bleibt ein Restbestand von 100 ME.   □

Lösung zu Aufgabe 5.2, S. 164 Als Erstes schreiben wir unser Transportproblem mithilfe einer Matrix $\mathbf{D} \in \mathbb{R}^{(m+n)\times(m\cdot n)}$ sowie Vektoren $\mathbf{c}, \mathbf{x} \in \mathbb{R}^{m\cdot n}$ und $\mathbf{d} \in \mathbb{R}^{m+n}$ entsprechend der Formel (5.1) in der kompakten Form

$$F(\mathbf{x}) = \mathbf{c}^T\mathbf{x} \to \text{Min!}$$
$$\text{u. d. N.} \quad \mathbf{Dx} = \mathbf{d}$$
$$\mathbf{x} \geq \mathbf{0}.$$

Indem wir die Zielfunktion mit (-1) multiplizieren, erhalten wir das Maximumproblem

$$z = -\mathbf{c}^T\mathbf{x} \to \text{Max!} \qquad\qquad \tilde{Z} = \mathbf{d}^T\boldsymbol{\lambda} \to \text{Min!}$$
$$\text{u. d. N.} \quad \mathbf{Dx} = \mathbf{d} \quad\text{und das duale Problem}\quad \text{u. d. N.} \quad \mathbf{D}^T\boldsymbol{\lambda} \geq -\mathbf{c} \ .$$
$$\mathbf{x} \geq \mathbf{0} \qquad\qquad\qquad\qquad\qquad \boldsymbol{\lambda} \in \mathbb{R}^{m+n}$$

Setzen wir $\boldsymbol{\mu} = -\boldsymbol{\lambda}$, so geht das duale Problem über in:

$$Z = \mathbf{d}^T\boldsymbol{\mu} \to \text{Max!}$$
$$\text{u. d. N.} \quad \mathbf{D}^T\boldsymbol{\mu} \leq \mathbf{c}$$
$$\boldsymbol{\mu} \in \mathbb{R}^{m+n}.$$

Man beachte, dass dabei sowohl die Zielfunktion als auch die Nebenbedingungen mit (-1) multipliziert wurden. Mit $\boldsymbol{\mu} = (u_1, \ldots, u_m, v_1, \ldots, v_n)$ ergibt sich wegen $\mathbf{d} = (a_1, \ldots, a_m, b_1, \ldots, b_n)$ und unter Berücksichtigung der Struktur der Matrix $\mathbf{D}$ die gesuchte Form für das duale Problem:

$$Z = \sum_{i=1}^{m} a_i u_i + \sum_{j=1}^{n} b_j v_j \to \text{Max!}$$
$$\text{u. d. N.} \quad u_i + v_j \leq c_{ij}$$
$$u_i, v_j \in \mathbb{R} \quad f\ddot{u}r \ i = 1, \ldots, n \ \text{und} \ j = 1, \ldots, m. \qquad \square$$

Lösung zu Aufgabe 5.3, S. 164

a) Zunächst berechnen wir eine Basislösung mit der Minimale-Kosten-Regel.

	B_1	B_2	B_3	B_4	
A_1	100 	100 4	6 12	8 	16
A_2	3 	7 8	9 	5 8	16
A_3	2 8	4 	5 	3 2	10
	8	12	12	10	

Wir bestimmen die Bewertungen für die Nichtbasisvariablen und erhalten das folgende Tableau.

	B_1	B_2	B_3	B_4	
A_1	100 3	100 6 / 4	6 / 12	8 −90	16
A_2	3 −1	7 / 8	9 96	5 / 8	16
A_3	2 / 8	4 −1	5 94	3 / 2	10
	8	12	12	10	

Mit dem Austauschzyklus $W = ((1,4),(2,4),(2,2),(1,2))$ nehmen wir x_{14} in die Basis auf und erhalten das nächste Tableau.

	B_1	B_2	B_3	B_4	
A_1	100 93	100 90	6 / 12	8 / 4	16
A_2	3 −1	7 / 12	9 6	5 / 4	16
A_3	2 / 8	4 −1	5 4	3 / 2	10
	8	12	12	10	

Die nächsten drei Basiswechsel ergeben die nachfolgenden Tableaus.

	B_1	B_2	B_3	B_4	
A_1	100 93	100 89	6 / 12	8 / 4	16
A_2	3 / 4	7 / 12	9 7	5 1	16
A_3	2 / 4	4 −2	5 4	3 / 6	10
	8	12	12	10	

	B_1	B_2	B_3	B_4	
A_1	100 95	100 91	6 12	8 4	16
A_2	3 8	7 8	9 5	5 −1 16	16
A_3	2 2	4 4	5 4	3 6	10
	8	12	12	10	

	B_1	B_2	B_3	B_4	
A_1	100 94	100 90	6 12	8 4	16
A_2	3 8	7 2	9 6	5 6	16
A_3	2 2	4 10	5 5	3 1	10
	8	12	12	10	

Damit sind alle Bewertungen nichtnegativ und wir haben einen optimalen Transportplan unter Berücksichtigung der gesperrten Wege mit den minimalen Kosten von 212 GE gefunden.

b) Die Bewertung der Nichtbasisvariablen ergibt zunächst das folgende Tableau.

	B_1	B_2	B_3	B_4	Z_1	Z_2	
A_1	X	X	X	8 3	4 3	1 16	16
A_2	3 0	X	X	X	2 16	3 1	16
A_3	2 0	4 0	5 3	3 −2	1 10	4 3	10
Z_1	1 8	3 12	5 4	4 6	0 24	X	50
Z_2	6 5	2 −1	1 12	4 4	X	0 14	30
	8	12	12	10	50	30	

Die kleinste Bewertung haben wir für die Nichtbasisvariable x_{34}, wir führen daher einen Basiswechsel mit dem Austauschzyklus $W = ((3,4), (3,5), (4,5), (4,4))$ mit $\Delta = 6$ durch und erhalten das folgende Tableau.

	B_1	B_2	B_3	B_4	Z_1	Z_2	
A_1	X	X	X	8 3	4 1	1 \ 16	16
A_2	3 0	X	X	X	2 \ 16	3 3	16
A_3	2 0	4 0	5 5	3 \ 6	1 \ 4	4 5	10
Z_1	1 \ 8	3 \ 12	5 6	4 2	0 \ 30	X	50
Z_2	6 3	2 −3	1 \ 12	4 \ 4	X	0 \ 14	30
	8	12	12	10	50	30	

In diesem Tableau haben wir die kleinste Bewertung für x_{52}. Basiswechsel mit dem Zyklus $W = ((5,2), (5,4), (3,4), (3,5), (4,5), (4,2))$ und $\Delta = 4$ ergibt das nächste Tableau.

	B_1	B_2	B_3	B_4	Z_1	Z_2	
A_1	X	X	X	8 6	4 4	1 \ 16	16
A_2	3 0	X	X	X	2 \ 16	3 0	16
A_3	2 0	4 0	5 2	3 \ 10	1 \ 0	4 2	10
Z_1	1 \ 8	3 \ 8	5 3	4 2	0 \ 34	X	50
Z_2	6 6	2 \ 4	1 \ 12	4 3	X	0 \ 14	30
	8	12	12	10	50	30	

In dem vorletzten Tableau waren zwei Felder auf dem geschlossenen Weg mit der Zahl 4 belegt. Beim Basiswechsel werden beide Felder auf 0 gesetzt. Da aber nur eine Variable die Basis verlassen darf, müssen wir eine von beiden auswählen. Wir haben uns für x_{54} entschieden. Die Variable x_{35} bleibt in der Basis und erhält den Wert 0. Es liegt also Degeneration vor. Im letzten Tableau sind alle Bewertungen nichtnegativ, somit haben wir einen optimalen Transportplan mit minimalen Kosten von 130 GE gefunden. □

Lösung zu Aufgabe 6.1, S. 177 Wir führen zunächst die Zeilen- und Spaltenreduktion durch.

8	5	3	1	2
1	4	6	7	9
3	3	6	1	5
4	5	7	9	8
1	2	3	5	4

$\rightarrow$

7	3	0	0	0
0	2	3	6	7
2	1	3	0	3
0	0	1	5	3
0	0	0	4	2

Anschließend wird geprüft, ob es für dieses Tableau eine optimale Lösung mit dem Zielfunktionswert 0 gibt. Die einzelnen Nullen in der zweiten und dritten Zeile werden markiert und die Nullen in den dazugehörigen Spalten gestrichen.

7	3	0	X	0
[0]	2	3	6	7
2	1	3	[0]	3
X	0	1	5	3
X	0	0	4	2

Die vierte Zeile und die fünfte Spalte enthalten jetzt nur noch eine Null. Mit diesen setzten wir das Verfahren fort.

7	3	X	X	0
0	2	3	6	7
2	1	3	0	3
X	0	1	5	3
X	X	0	4	2

Es bleibt nur noch, die übrig gebliebene Null in der letzten Zeile zu markieren.

7	3	X	X	0
0	2	3	6	7
2	1	3	0	3
X	0	1	5	3
X	X	0	4	2

Damit ist eine optimale Lösung mit dem Zielfunktionswert 12 gefunden, die in diesem Fall sogar eindeutig ist.   □

Lösung zu Aufgabe 6.2, S. 177 Es handelt sich um ein Maximumproblem, wir multiplizieren also alle Koeffizienten mit -1 und addieren 10.

3	2	6
0	5	1
6	9	0

Das Durchführen der Zeilen- und Spaltenreduktion führt zu dem nächsten Tableau, bei dem die optimale Lösung sofort ablesbar ist.

1	$\boxed{0}$	4
$\boxed{0}$	5	1
6	9	$\boxed{0}$

Die maximale Produktionsmenge für alle Drehteile zusammen beträgt somit 28 pro Minute. $\square$

Lösung zu Aufgabe 6.3, S. 177 Wir betrachten zunächst die Pausenzeiten, die entstehen, wenn ein Fahrer aus dem Wohnort A auf den Fahrten S_i bzw. T_j eingesetzt wird und fassen diese in einer Tabelle zusammen.

	\multicolumn{6}{c}{Stützpunkt A}					
	T_1	T_2	T_3	T_4	T_5	T_6
S_1	21.5	23.5	24.0	5.0	5.5	12.0
S_2	20.5	22.5	23.0	4.0	4.5	11.0
S_3	18.5	20.5	21.0	2.0	2.5	9.0
S_4	14.0	16.0	16.5	21.5	22.0	4.5
S_5	11.0	13.0	13.5	18.5	19.0	25.5
S_6	12.5	14.5	15.0	20.0	20.5	3.0

Analog erstellen wir die entsprechende Tabelle für Fahrer vom Wohnort B.

	\multicolumn{6}{c}{Stützpunkt B}					
	T_1	T_2	T_3	T_4	T_5	T_6
S_1	20.5	17.5	16.5	12.5	10.5	6.0
S_2	21.0	18.0	17.0	13.0	11.0	6.5
S_3	24.0	21.0	20.0	16.0	14.0	9.5
S_4	4.0	25.0	24.0	20.0	18.0	13.5
S_5	5.5	2.5	25.5	21.5	19.5	15.0
S_6	6.0	3.0	2.0	20.0	20.0	15.5

Bei beiden Tabellen haben wir bereits berücksichtigt, dass die Pausenzeit mindestens 2 h betragen muss. Da z. B. Ankunftszeit von S_1 und Abfahrtszeit von T_3 übereinstimmen, müsste ein Fahrer, der von A startend diese Strecken fährt, 24 h Pause dazwischen einlegen. Da sowohl Fahrer aus A als auch B einsetzt werden können, bilden wir das Minimum beider Tabellen. Die Kombinationen, für die es günstiger ist, einen Fahrer mit Stützpunkt A zu wählen, haben wir in der Tabelle fett gedruckt.

Stützpunkt A oder B						
	T_1	T_2	T_3	T_4	T_5	T_6
S_1	20.5	17.5	16.5	**5.0**	**5.5**	6.0
S_2	**20.5**	18.0	17.0	**4.0**	**4.5**	6.5
S_3	**18.5**	**20.5**	20.0	**2.0**	**2.5**	**9.0**
S_4	4.0	**16.0**	**16.5**	20.0	**18.0**	**4.5**
S_5	5.5	2.5	**13.5**	**18.5**	**19.0**	15.0
S_6	6.0	3.0	2.0	**20.0**	20.0	**3.0**

Wir schreiben die Werte in ein Tableau und führen Zeilen- und Spaltenreduktion durch.

20.5	17.5	16.5	5.0	5.5	6.0
20.5	18.0	17.0	4.0	4.5	6.5
18.5	20.5	20.0	2.0	2.5	9.0
4.0	16.0	16.5	20.0	18.0	4.5
5.5	2.5	13.5	18.5	19.0	15.0
6.0	3.0	2.0	20.0	20.0	3.0

$\rightarrow$

15.5	12.5	11.5	0	0	0.5
16.5	14.0	13.0	0	0	2.0
16.5	18.5	18.0	0	0	6.5
0	12.0	12.5	16.0	13.5	0
3.0	0	11.0	16.0	16.0	12.0
4.0	1.0	0	18.0	17.5	0.5

Wir bilden eine minimale Überdeckung der Nullen mit fünf Linien.

15.5	12.5	11.5	0	0	0.5
16.5	14.0	13.0	0	0	2.0
16.5	18.5	18.0	0	0	6.5
0	12.0	12.5	16.0	13.5	0
3.0	0	11.0	16.0	16.0	12.0
4.0	1.0	0	18.0	17.5	0.5

Der kleinste nicht überdeckte Wert im Tableau ist $s = 0.5$. Dieser Wert wird von allen nicht überdeckten Feldern abgezogen und zu den Knotenpunkten addiert.

15.0	12.5	11.5	0	0	0
16.0	14.0	13.0	0	0	1.5
16.0	18.5	18.0	0	0	6.0
0	12.5	13.0	16.5	14.0	0
2.5	0	11.0	16.0	16.0	11.5
3.5	1.0	0	18.0	17.5	0

Für dieses Tableau können wir eine optimale Lösung bestimmen.

15.0	12.5	11.5	0	0	$\boxed{0}$
16.0	14.0	13.0	$\boxed{0}$	0	1.5
16.0	18.5	18.0	0	$\boxed{0}$	6.0
$\boxed{0}$	12.5	13.0	16.5	14.0	0
2.5	$\boxed{0}$	11.0	16.0	16.0	11.5
3.5	1.0	$\boxed{0}$	18.0	17.5	0

Es sind auch andere Lösungen möglich, wie man sich leicht überlegen kann. Eine Lösung besteht also darin, dass wir zwei Fahrer mit Standort A einstellen, die jeweils die Routen $(S_2, T_4), (S_3, T_5)$ bedienen und vier Fahrer vom Standort B mit den Routen $(S_1, T_6), (S_4, T_1),$ (S_5, T_2) und (S_6, T_3). Die minimale Gesamtpausenzeit beträgt 21 h.   □

Lösung zu Aufgabe 6.4, S. 178 Nach der Zeilen- und Spaltenreduktion erhalten wir das folgende Tableau:

0	0	0	0	0
0	0	0	0	0
0	1	2	3	4
0	5	6	7	8
0	9	10	11	12

Eine optimale Lösung können wir noch nicht finden. Wir bilden daher die minimale Überdeckung der Nullen, die in diesem Fall mit drei Linien möglich ist. Mit dem kleinsten nicht überdeckten Wert $s = 1$ bestimmen wir das nächste Tableau.

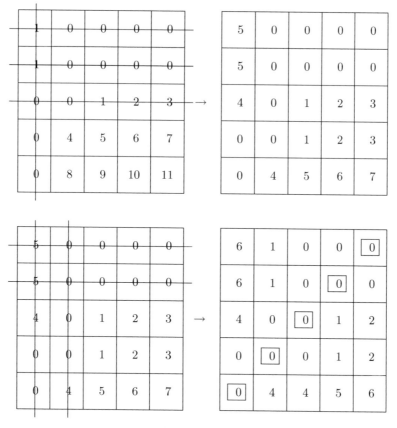

Die weitere Berechnung ergibt schließlich die nachfolgenden Tableaus.

In das letzte Tableau haben wir bereits eine optimale Lösung mit minimalem Zielfunktionswert 19 eingetragen.   □

Lösung zu Aufgabe 7.1, S. 190 Das Optimierungsproblem führt auf das folgende Tableau.

Tableau 1:

BV	x_1	x_2	x_3	x_4	x_5	b
x_3	1	2	1	0	0	8
x_4	1	1	0	1	0	4
x_5	0	1	0	0	1	2
z	−1	−3	0	0	0	0
	$-t$	t	0	0	0	0

Dieses Tableau ist für kein t optimal, da die Bedingungen

$$-1 - t \geq 0 \iff t \leq -1,$$
$$-3 + t \geq 0 \iff t \geq 3$$

für kein $-3 \leq t \leq 3$ gleichzeitig erfüllt sind.

Wir starten mit $t = 3$ und berechnen das nächste Tableau mithilfe des Primal-Simplex-Verfahrens. Das Pivotelement wurde in dem Tableau 1 markiert.

Tableau 2:

BV	x_1	x_2	x_3	x_4	x_5	b
x_3	0	1	1	−1	0	4
x_1	1	1	0	1	0	4
x_5	0	1	0	0	1	2
z	0	−2	0	1	0	4
	0	$2t$	0	t	0	$4t$

Damit dieses Tableu optimal ist, muss gelten:

$$-2 + 2t \geq 0 \iff t \geq 1,$$
$$1 + t \geq 0 \iff t \geq -1.$$

Dies ist für $1 \leq t \leq 3$ der Fall, und wir erhalten die optimalen Zielfunktionswerte $z = 4 + 4t$. Für $t = 1$ existieren mehrere Lösungen, da der Zielfunktionskoeffizient für die Nichtbasisvariable x_2 dann gleich null wird. Wir machen mit $t < 1$ weiter.

Tableau 3:

BV	x_1	x_2	x_3	x_4	x_5	b
x_3	0	0	1	-1	-1	2
x_1	1	0	0	$\underline{1}$	-1	2
x_2	0	1	0	0	1	2
z	0	0	0	1	2	8
	0	0	0	t	$-2t$	0

Für

$$1 + t \geq 0 \iff t \geq -1,$$
$$2 - 2t \geq 0 \iff t \leq 1$$

ist dieses Tableau optimal, also für $-1 \leq t \leq 1$. Die optimalen Zielfunktionswerte für diesen Bereich sind $z = 8$. Für $t = -1$ und $t = 1$ existieren Mehrfachlösungen. Wir fahren mit $t < -1$ und dem Pivotelement $a_{24} = 1$ fort.

Tableau 4:

BV	x_1	x_2	x_3	x_4	x_5	b
x_3	1	0	1	0	-2	4
x_4	1	0	0	1	-1	2
x_2	0	1	0	0	1	2
z	-1	0	0	0	3	6
	$-t$	0	0	0	$-t$	$-2t$

Dieses Tableau ist optimal, wenn $-3 \leq t \leq -1$ mit dem Zielfunktionswert $z = 6 - 2t$. Damit sind für alle $t \in [-3, 3]$ die optimalen Lösungsrelationen sowie die optimale Lösungsfunktion bestimmt. Das Ergebnis ist in der folgenden Tab. 13.2 zusammengefasst.

Abb. 13.7 veranschaulicht die optimale Lösungsfunktion im Intervall $[-3, 3]$ und stellt die optimalen Werte der Entscheidungsvariablen x_1, x_2 dar.   □

Tab. 13.2 Optimale Lösungsrelationen und Lösungsfunktion zu Aufgabe 7.1

t	$x_1(t)$	$x_2(t)$	$z(t)$
$-3 \leq t < -1$	0	2	$6 - 2t$
$t = -1$	$0\alpha + 2(1 - \alpha)$	2	8
$-1 < t < 1$	2	2	8
$t = 1$	$2\alpha + 4(1 - \alpha)$	$2\alpha + 0(1 - \alpha)$	8
$1 < t < 3$	4	0	$4 + 4t$

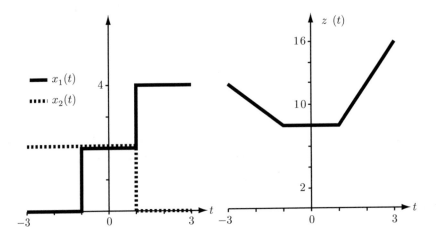

Abb. 13.7 Entscheidungsvariablen und Lösungsfunktion zu Aufgabe 7.1

Lösung zu Aufgabe 7.2, S. 190 Die Variablen x_1 bzw. x_2 geben die in der Planungsperiode herzustellenden Mengen der Erzeugnisart I bzw. II an. Mit t bezeichnen wir die Planungsperiode, wobei $0 \leq t \leq 8$. Obwohl die Aufgabenstellung nahelegt, dass t ein ganzzahliger Parameter ist, können wir zur Vereinfachung dennoch $t \in \mathbb{R}$ annehmen. Wir haben zunächst die Restriktionen für die Produktionskapazität in KE bzw. den Absatz in ME

$$3x_1 + 2x_2 \leq 36,$$
$$3x_1 + 2x_2 \leq 14 + 2t$$

und die Nichtnegativitätsbedingungen

$$x_1, x_2 \geq 0.$$

Die Zielfunktion in GE ist

$$z = 9x_1 + (11 - t)x_2 \rightarrow \text{Max!}$$

Es handelt sich also hier um ein Problem mit einem Parameter, der sowohl in der Zielfunktion als auch im Begrenzungsvektor auftaucht. Die Lösungsstrategie ist jedoch die gleiche wie vorher. Wir stellen nun analog zum Beispiel 7.1 das Simplextableau auf und beginnen die Rechnung. Die Pivotelemente wurden in den Tableaus wieder markiert.

Tableau 1:

BV	x_1	x_2	x_3	x_4	b
x_3	3	2	1	0	36
x_4	1	1	0	1	$14 + 2t$
z	-9	-11	0	0	0
	0	t	0	0	0

Dieses Tableau ist für kein t optimal, da die Bedingungen

$$-11 + 2t \geq 0 \iff t \geq 11,$$
$$14 + 2t \geq 0 \iff t \geq -7$$

für kein t mit $0 \leq t \leq 8$ gleichzeitig erfüllt sind. Die Bedingungen drücken aus, dass das Tableau primal *und* dual zulässig sein muss (vgl. Kap. 3).

Wir starten mit $t = 8$ und berechnen das nächste Tableau mithilfe des Primal-Simplex-Verfahrens.

Tableau 2:

BV	x_1	x_2	x_3	x_4	b
x_1	1	2/3	1/3	0	12
x_4	0	1/3	$-1/3$	1	$2 + 2t$
z	0	-5	3	0	108
	0	t	0	0	0

Für die Optimalität dieses Tableaus müssen die Bedingungen

$$-5 + 2t \geq 0 \iff t \geq -5,$$
$$2 + 2t \geq 0 \iff t \geq -1$$

erfüllt sein, wir erhalten also für $t \geq 5$ den optimalen Zielfunktionswert $z = 108$. Für $t < 5$ bestimmen wir das nächste Pivotelement und erhalten nach einem Primal-Simplex-Schritt das neue Tableau 3.

Tableau 3:

BV	x_1	x_2	x_3	x_4	$\mathbf{b}$
x_1	1	0	$\underline{1}$	$\underline{-2}$	$8 - 4t$
x_2	0	1	-1	3	$6 + 6t$
z	0	0	-2	15	138
	0	0	t	$-3t$	$24t - 6t^2$

Tableau 3 ist optimal, falls

$$-2 + 2t \geq 0 \iff t \geq -2,$$
$$15 - 3t \geq 0 \iff t \leq -5,$$
$$8 - 4t \geq 0 \iff t \leq -2,$$
$$6 + 6t \geq 0 \iff t \geq -1.$$

Nur für $t = 2$ ist das Tableau sowohl primal als auch dual zulässig und damit der Zielfunktionswert $z = 138 + 24t - 6t^2 = 162$ optimal.

Wir machen mit $t < 2$ weiter und berechnen das nächste Tableau.

Tableau 4:

BV	x_1	x_2	x_3	x_4	$\mathbf{b}$
x_3	1	0	1	-2	$8 - 4t$
x_2	1	1	0	1	$14 + 2t$
z	2	0	0	11	154
	$-t$	0	0	$-t$	$8t - 2t^2$

Für Tableau 4 müssen die Bedingungen

$$2 - 2t \geq 0 \iff t \leq -2,$$
$$11 - 2t \geq 0 \iff t \leq 11,$$
$$8 - 4t \geq 0 \iff t \leq -2,$$
$$14 + 2t \geq 0 \iff t \geq -7$$

gelten, aus denen wir $0 \leq t \leq 2$ folgern. Für diese Werte von t haben wir die Zielfunktion $z = 154 + 8t - 2t^2$.

Wir kehren zurück zu Tableau 3 und betrachten diesmal den Fall $t \in [2, 5]$. Für diese Werte von t ist das Tableau dual, aber nicht primal zulässig. Daher wenden wir nun das Dual-Simplex-Verfahren an.

Tableau 5:

BV	x_1	x_2	x_3	x_4	b
x_4	$-1/2$	0	$-1/2$	1	$-4 + 2t$
x_2	$3/2$	1	$1/2$	0	18
z	$15/2$	0	$11/2$	0	198
	$-3t/2$	0	$-t/2$	0	$-18t$

Tableau 5 liefert uns schließlich

$$15/2 - 3t/2 \geq 0 \iff t \leq 15,$$
$$11/2 - 3t/2 \geq 0 \iff t \leq 11,$$
$$-4 + 2t \geq 0 \iff t \geq 12$$

und damit die optimalen Zielfunktionswerte $z = 198 - 18t$ für $2 \leq t \leq 5$. Die folgende Tab. 13.3 gibt noch einmal einen Überblick über die optimalen Lösungsrelationen und die Lösungsfunktion. Dabei ist $0 \leq \alpha \leq 1$. Abb. 13.8 zeigt den maximalen Zielfunktionswert in Abhängigkeit von t. In Abb. 13.9 sind die Entscheidungsvariablen dargestellt, eine senkrechte Linie (z. B. bei $t = 5$) deutet an, dass die Lösung an dieser Stelle nicht eindeutig ist. Der Verlauf des Lösungswegs ist schematisch in Abb. 13.10 skizziert.

Wichtig ist nun die ökonomische Interpretation der Ergebnisse. In den Perioden 1 und 2 können die steigenden Kosten für Erzeugnisart II zunächst durch eine Ausweitung des Absatzes kompensiert werden. Ab Periode 3 wirkt sich dann jedoch die Beschränkung der Fertigungskapazität aus. Es kann nicht mehr genug produziert werden, um die Kostensteigerung aufzufangen, und der maximale Deckungsbeitrag sinkt. Ab Periode 5 schließlich ist es günstiger, ausschließlich Erzeugnisart I zu fertigen, eine Steigerung des Deckungsbei-

Tab. 13.3 Optimale Lösungsrelationen und Lösungsfunktion zu Aufgabe 7.2

t	$x_1(t)$	$x_2(t)$	$z(t)$
$0 \leq t \leq 2$	0	$14 + 2t$	$154 + 8t - 2t^2$
$t = 2$	$8 - 4t = 0$	$6 + 6t = 18$	$138 + 24t - 6t^2 = 162$
$2 \leq t \leq 5$	0	18	$198 - 18t$
$t = 5$	$12(1 - \alpha)$	18α	108
$5 \leq t \leq 8$	12	0	108

Abb. 13.8 Maximale
Zielfunktionswerte zu Aufgabe
7.2

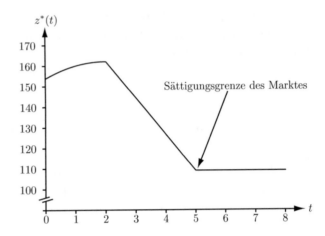

Abb. 13.9 Optimale Werte der
Entscheidungsvariablen zu
Aufgabe 7.2

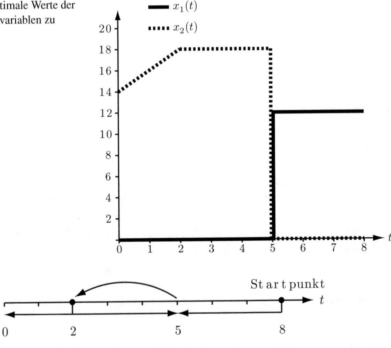

Abb. 13.10 Verlauf des Lösungswegs zu Aufgabe 7.2

trags ist dann nicht mehr möglich. Man sagt auch, dass für $t = 5$ die Sättigungsgrenze des Marktes erreicht sei. Näheres zu diesem Beispiel findet man in dem Artikel von Dinkelbach in Grochla und Wittmann (1976).   □

Lösung zu Aufgabe 8.1, S. 210 Die Lösung des relaxierten Problems geschieht genau wie in Abschn. 8.2. Wir fügen nun nach dem zweiten Auswahlkriterium die Restriktion

$$\frac{15}{17}x_3 + \frac{3}{17}x_4 \geq \frac{14}{17}$$

hinzu und führen einen dualen Austauschschritt mit dem Pivotelement $-15/17$ durch. Wir erhalten also die folgenden Tableaus.

BV	x_1	x_2	x_3	x_4	x_5	**b**	
x_1	1	0	9/34	−5/34	0	45/17	−3/10
x_2	0	1	−2/17	3/17	0	48/17	2/15
x_5	0	0	−15/17	−3/17	1	−14/17	
z	0	0	1/34	7/34	0	141/17	−1/30

BV	x_1	x_2	x_3	x_4	x_5	**b**
x_1	1	0	0	−1/5	3/10	12/5
x_2	0	1	0	1/5	−2/15	44/15
x_3	0	0	1	1/5	−17/15	14/15
z	0	0	0	1/5	1/30	124/15

Hier hat man die Wahl zwischen der zweiten und der dritten Zeile, beide führen jedoch zu derselben Schnittrestriktion, nämlich

$$\frac{1}{5}x_4 + \frac{13}{15}x_5 \geq \frac{14}{15}.$$

Das Pivotelement für den dualen Austauschschritt haben wir wieder in dem Tableau markiert.

BV	x_1	x_2	x_3	x_4	x_5	x_6	**b**
x_1	1	0	0	−1/5	3/10	0	12/5
x_2	0	1	0	1/5	−2/15	0	44/15
x_3	0	0	1	1/5	−17/15	0	14/15
x_6	0	0	0	−1/5	−13/15	1	−14/15
z	0	0	0	1/5	1/30	0	124/15

BV	x_1	x_2	x_3	x_4	x_5	x_6	**b**
x_1	1	0	0	$-7/26$	0	$9/26$	$27/13$
x_2	0	1	0	$3/13$	0	$-2/13$	$40/13$
x_3	0	0	1	$6/13$	0	$-17/13$	$28/13$
x_5	0	0	0	$3/13$	1	$-15/13$	$14/13$
z	0	0	0	$5/26$	0	$1/26$	$107/13$

Da die Lösung noch nicht ganzzahlig ist, müssen wir eine weitere Zeile hinzufügen. Nach dem zweiten Auswahlkriterium erhalten wir

$$\frac{6}{13}x_4 + \frac{9}{13}x_6 \geq \frac{2}{13}$$

als neue Nebenbedingung. Wir setzen die Rechnung fort.

BV	x_1	x_2	x_3	x_4	x_5	x_6	x_7	**b**
x_1	1	0	0	$-7/26$	0	$9/26$	0	$27/13$
x_2	0	1	0	$3/13$	0	$-2/13$	0	$40/13$
x_3	0	0	1	$6/13$	0	$-17/13$	0	$28/13$
x_5	0	0	0	$3/13$	1	$-15/13$	0	$14/13$
x_7	0	0	0	$-6/13$	0	$\underline{-9/13}$	1	$-2/13$
z	0	0	0	$5/26$	0	$1/26$	0	$107/13$

BV	x_1	x_2	x_3	x_4	x_5	x_6	x_7	**b**
x_1	1	0	0	$-1/2$	0	0	$1/2$	2
x_2	0	1	0	$1/3$	0	0	$-2/9$	$28/9$
x_3	0	0	1	$4/3$	0	0	$-17/9$	$22/9$
x_5	0	0	0	1	1	0	$-5/3$	$4/3$
x_6	0	0	0	$2/3$	0	1	$-13/9$	$2/9$
z	0	0	0	$1/6$	0	0	$1/18$	$74/9$

Als Nächstes nehmen wir die Nebenbedingung

$$\frac{1}{3}x_4 + \frac{1}{9}x_7 \geq \frac{4}{9}$$

hinzu.

BV	x_1	x_2	x_3	x_4	x_5	x_6	x_7	x_8	$\mathbf{b}$
x_1	1	0	0	$-1/2$	0	0	$1/2$	0	2
x_2	0	1	0	$1/3$	0	0	$-2/9$	0	$28/9$
x_3	0	0	1	$4/3$	0	0	$-17/9$	0	$22/9$
x_5	0	0	0	1	1	0	$-5/3$	0	$4/3$
x_6	0	0	0	$2/3$	0	1	$-13/9$	0	$2/9$
x_8	0	0	0	$-1/3$	0	0	$\underline{-1/9}$	1	$-4/9$
z	0	0	0	$1/6$	0	0	$1/18$	0	$74/9$

BV	x_1	x_2	x_3	x_4	x_5	x_6	x_7	x_8	$\mathbf{b}$
x_1	1	0	0	-2	0	0	0	$9/2$	0
x_2	0	1	0	1	0	0	0	-2	4
x_3	0	0	1	7	0	0	0	-17	10
x_5	0	0	0	6	1	0	0	-15	8
x_6	0	0	0	5	0	1	0	-13	6
x_7	0	0	0	3	0	0	1	-9	4
z	0	0	0	0	0	0	0	$1/2$	8

Damit ist die Ganzzahligkeit erreicht, und wir haben die Lösung $x_1 = 0$, $x_2 = 4$ mit dem Zielfunktionswert $z = 8$. Der optimale Zielfunktionswert beim relaxierten Problem war $141/17 \approx 8.29$, also nicht sehr weit von dem Zielfunktionswert für das ganzzahlige Problem entfernt. $\qquad\qquad\qquad\qquad\qquad\qquad\qquad\qquad\qquad\qquad\qquad\qquad$ □

Lösung zu Aufgabe 8.2, S. 210 Wir suchen eine *ganzzahlige* Lösung des folgenden Problems.

$$x_1 + 2x_2 \;\rightarrow\; Max!$$
$$\text{u. d. N.} \quad\;\; 2x_2 \;\leq\; 5$$
$$2x_1 + 3x_2 \;\leq\; 12$$
$$x_1, x_2 \;\geq\; 0.$$

Wir lösen zunächst das relaxierte Problem.

BV	x_1	x_2	x_3	x_4	$\mathbf{b}$	
x_3	0	$\underline{2}$	1	0	5	
x_4	2	3	0	1	12	3/2
z	-1	-2	0	0	0	-1

BV	x_1	x_2	x_3	x_4	$\mathbf{b}$	
x_2	0	1	$1/2$	0	$5/2$	0
x_4	$\underline{2}$	0	$-3/2$	1	$9/2$	
z	-1	0	1	0	5	$-1/2$

BV	x_1	x_2	x_3	x_4	$\mathbf{b}$
x_2	0	1	$1/2$	0	$5/2$
x_1	1	0	$-3/4$	$1/2$	$9/4$
z	0	0	$1/4$	$1/2$	$29/4$

Wir müssen nun eine Schnittrestriktion hinzufügen, da die Lösung des relaxierten Problems nicht ganzzahlig ist. Die erste Zeile des Tableaus liefert uns die Ungleichung

$$\frac{1}{2}x_3 \geq \frac{1}{2},$$

was in primalen Variablen ausgedrückt $x_2 \leq 2$ bedeutet. Die zweite Zeile und die Ergebniszeile führen beide zu

$$\frac{1}{4}x_3 + \frac{1}{2}x_4 \geq \frac{1}{4}.$$

Das Umrechnen in die primalen Variablen führt zu $2x_2 + x_1 \leq 7$. Wir bestimmen die Abstände und erhalten

$$d_1 = \frac{\frac{1}{2}}{\sqrt{\left(\frac{1}{2}\right)^2}} = 1, \qquad d_2 = d_3 = \frac{\frac{1}{4}}{\sqrt{\left(\frac{1}{4}\right)^2 + \left(\frac{1}{2}\right)^2}} = \frac{1}{\sqrt{5}} \approx 0.4472.$$

Der Leser möge sich die Abstände anhand der Abb. 13.11 und 13.12 verdeutlichen, wo die Schnittrestriktionen jeweils als gestrichelte Linien eingezeichnet sind. Wir fügen also die erste Schnittrestriktion und eine weitere Schlupfvariable hinzu.

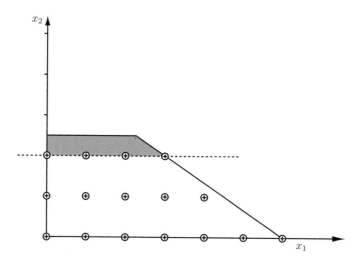

Abb. 13.11 Erste Schnittrestriktion zu Aufgabe 8.2

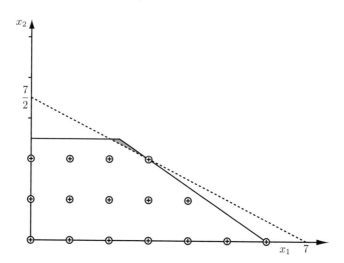

Abb. 13.12 Zweite und dritte Schnittrestriktion zu Aufgabe 8.2

BV	x_1	x_2	x_3	x_4	x_5	b	
x_2	0	1	1/2	0	0	5/2	-1
x_1	1	0	$-3/4$	1/2	0	9/4	3/2
x_5	0	0	$\underline{-1/2}$	0	1	$-1/2$	
z	0	0	1/4	1/2	0	29/4	$-1/2$

BV	x_1	x_2	x_3	x_4	x_5	b
x_2	0	1	0	0	1	2
x_1	1	0	0	1/2	−3/2	3
x_5	0	0	1	0	−2	1
z	0	0	0	1/2	1/2	7

Dieses Tableau ist optimal, und wir erhalten die ganzzahlige Lösung $x_1 = 3$, $x_2 = 2$ und $z = 7$. Wie wir in Abschn. 8.1 gesehen haben, ist dies nicht die einzige Lösung des Problems. □

Lösung zu Aufgabe 8.3, S. 210 Wir suchen $x_1, \ldots, x_4 \in \{0, 1\}$, so dass

$$z = x_1 + 3x_2 + 2x_3 + x_4 \to \text{Max!}$$

unter der Nebenbedingung

$$2x_1 + 3x_2 + 5x_3 + 4x_4 \leq 9.$$

Wir führen die Schlupfvariablen $x_5, \ldots, x_9$ ein und stellen das folgende Simplextableau auf. Wir lösen zunächst das relaxierte Problem.

BV	x_1	x_2	x_3	x_4	x_5	x_6	x_7	x_8	x_9	b
x_5	1	0	0	0	1	0	0	0	0	1
x_6	0	1	0	0	0	1	0	0	0	1
x_7	0	0	1	0	0	0	1	0	0	1
x_8	0	0	0	1	0	0	0	1	0	1
x_9	2	3	5	4	0	0	0	0	1	9
z	−1	−3	−2	−1	0	0	0	0	0	0

BV	x_1	x_2	x_3	x_4	x_5	x_6	x_7	x_8	x_9	b
x_5	1	0	0	0	1	0	0	0	0	1
x_2	0	1	0	0	0	1	0	0	0	1
x_7	0	0	1	0	0	0	1	0	0	1
x_8	0	0	0	1	0	0	0	1	0	1
x_9	2	0	5	4	0	−3	0	0	1	6
z	−1	0	−2	−1	0	3	0	0	0	3

BV	x_1	x_2	x_3	x_4	x_5	x_6	x_7	x_8	x_9	b
x_5	1	0	0	0	1	0	0	0	0	1
x_2	0	1	0	0	0	1	0	0	0	1
x_3	0	0	1	0	0	0	1	0	0	1
x_8	0	0	0	1	0	0	0	1	0	1
x_9	2	0	0	4	0	-3	-5	0	1	1
z	-1	0	0	-1	0	3	2	0	0	5

BV	x_1	x_2	x_3	x_4	x_5	x_6	x_7	x_8	x_9	b
x_5	0	0	0	-2	1	$3/2$	$5/2$	0	$-1/2$	$1/2$
x_2	0	1	0	0	0	1	0	0	0	1
x_3	0	0	1	0	0	0	1	0	0	1
x_8	0	0	0	1	0	0	0	1	0	1
x_1	1	0	0	2	0	$-3/2$	$-5/2$	0	$1/2$	$1/2$
z	0	0	0	1	0	$3/2$	$-1/2$	0	$1/2$	$11/2$

BV	x_1	x_2	x_3	x_4	x_5	x_6	x_7	x_8	x_9	b
x_7	0	0	0	$-4/5$	$2/5$	$3/5$	1	0	$-1/5$	$1/5$
x_2	0	1	0	0	0	1	0	0	0	1
x_3	0	0	1	$4/5$	$-2/5$	$-3/5$	0	0	$1/5$	$4/5$
x_8	0	0	0	1	0	0	0	1	0	1
x_1	1	0	0	0	1	0	0	0	0	1
z	0	0	0	$3/5$	$1/5$	$9/5$	0	0	$2/5$	$28/5$

Dieses Tableau ist optimal, die Lösung ist jedoch nicht ganzzahlig. Die dritte Zeile des Tableaus liefert uns die Schnittrestriktion

$$\frac{4}{5}x_4 + \frac{3}{5}x_5 + \frac{2}{5}x_6 + \frac{1}{5}x_9 \geq \frac{4}{5},$$

die wir dem Tableau zusammen mit der neuen Schlupfvariablen x_{10} hinzufügen. Zur Optimierung des Tableaus müssen wir zwei duale Austauschschritte durchführen.

BV	x_1	x_2	x_3	x_4	x_5	x_6	x_7	x_8	x_9	x_{10}	$\mathbf{b}$
x_7	0	0	0	$-4/5$	$2/5$	$3/5$	1	0	$-1/5$	0	$1/5$
x_2	0	1	0	0	0	1	0	0	0	0	1
x_3	0	0	1	$4/5$	$-2/5$	$-3/5$	0	0	$1/5$	0	$4/5$
x_8	0	0	0	1	0	0	0	1	0	0	1
x_1	1	0	0	0	1	0	0	0	0	0	1
x_{10}	0	0	0	$-4/5$	$\underline{-3/5}$	$-2/5$	0	0	$-1/5$	1	$-4/5$
z	0	0	0	$3/5$	$1/5$	$9/5$	0	0	$2/5$	0	$28/5$

BV	x_1	x_2	x_3	x_4	x_5	x_6	x_7	x_8	x_9	x_{10}	$\mathbf{b}$
x_7	0	0	0	$-4/3$	0	$1/3$	1	0	$-1/3$	$2/3$	$-1/3$
x_2	0	1	0	0	0	1	0	0	0	0	1
x_3	0	0	1	$4/3$	0	$-1/3$	0	0	$1/3$	$-2/3$	$4/3$
x_8	0	0	0	1	0	0	0	1	0	0	1
x_1	1	0	0	$\underline{-4/3}$	0	$-2/3$	0	0	$-1/3$	$5/3$	$-1/3$
x_5	0	0	0	$4/3$	1	$2/3$	0	0	$1/3$	$-5/3$	$4/3$
z	0	0	0	$1/3$	0	$5/3$	0	0	$1/3$	$1/3$	$16/3$

BV	x_1	x_2	x_3	x_4	x_5	x_6	x_7	x_8	x_9	x_{10}	$\mathbf{b}$
x_7	-1	0	0	0	0	1	1	0	0	-1	0
x_2	0	1	0	0	0	1	0	0	0	0	1
x_3	1	0	1	0	0	-1	0	0	0	1	1
x_8	$3/4$	0	0	0	0	$-1/2$	0	1	$-1/4$	$5/4$	$3/4$
x_4	$-3/4$	0	0	1	0	$1/2$	0	0	$1/4$	$-5/4$	$1/4$
x_5	1	0	0	0	1	0	0	0	0	0	1
z	$1/4$	0	0	0	0	$3/2$	0	0	$1/4$	$3/4$	$21/4$

Wir fügen nochmals eine Schnittrestriktion hinzu, nämlich

$$\frac{3}{4}x_1 + \frac{1}{2}x_6 + \frac{3}{4}x_9 + \frac{1}{4}x_{10} \geq \frac{3}{4}.$$

BV	x_1	x_2	x_3	x_4	x_5	x_6	x_7	x_8	x_9	x_{10}	x_{11}	b
x_7	-1	0	0	0	0	1	1	0	0	-1	0	0
x_2	0	1	0	0	0	1	0	0	0	0	0	1
x_3	1	0	1	0	0	-1	0	0	0	1	0	1
x_8	$3/4$	0	0	0	0	$-1/2$	0	1	$-1/4$	$5/4$	0	$3/4$
x_4	$-3/4$	0	0	1	0	$1/2$	0	0	$1/4$	$-5/4$	0	$1/4$
x_5	1	0	0	0	1	0	0	0	0	0	0	1
x_{11}	$-3/4$	0	0	0	0	$-1/2$	0	0	$\underline{-3/4}$	$-1/4$	1	$-3/4$
z	$1/4$	0	0	0	0	$3/2$	0	0	$1/4$	$3/4$	0	$21/4$

BV	x_1	x_2	x_3	x_4	x_5	x_6	x_7	x_8	x_9	x_{10}	x_{11}	b
x_7	-1	0	0	0	0	1	1	0	0	-1	0	0
x_2	0	1	0	0	0	1	0	0	0	0	0	1
x_3	1	0	1	0	0	-1	0	0	0	1	0	1
x_8	1	0	0	0	0	$-1/3$	0	1	0	$4/3$	$-1/3$	1
x_4	-1	0	0	1	0	$1/3$	0	0	0	$-4/3$	$1/3$	0
x_5	1	0	0	0	1	0	0	0	0	0	0	1
x_9	1	0	0	0	0	$2/3$	0	0	1	$1/3$	$-4/3$	1
z	0	0	0	0	0	$4/3$	0	0	0	$2/3$	$1/3$	5

Damit haben wir eine ganzzahlige Lösung $x_1 = 0$, $x_2 = 1$, $x_3 = 1$ und $x_4 = 0$ mit $z = 5$ erreicht. Der Wanderer sollte also nur den zweiten und den dritten Gegenstand mitnehmen.

Zugegeben, das Beispiel ist für eine Handrechnung fast schon zu lang. Wir haben es trotzdem in das Buch aufgenommen, da es zeigt, dass das Verfahren auch für höherdimensionale Probleme funktioniert. Es demonstriert außerdem, dass manchmal mehr als ein dualer Austauschschritt nötig ist, um das erweiterte Tableau zu optimieren. □

Lösung zu Aufgabe 8.4, S. 210 Zu Beginn setzen wir $\underline{z} = -\infty$. Wir starten mit dem relaxierten Problem $\mathbf{P}_0$, das die optimale Lösung $x_1 = 3$, $x_2 = 7/2$ und $z = 13/2$ besitzt. Da x_2 nicht ganzzahlig ist, generieren wir durch Hinzufügen der Nebenbedingungen $x_2 \leq 3$ bzw. $x_2 \geq 4$ zwei neue Probleme $\mathbf{P}_1$ und $\mathbf{P}_2$. $\mathbf{P}_1$ hat die optimale Lösung $x_1 = 24/7$ und $x_2 = 3$ mit dem optimalen Zielfunktionswert $z = 45/7$. $\mathbf{P}_2$ mit der ganzzahligen Lösung $x_1 = 2$, $x_2 = 4$ und $z = 6$ ist ausgelotet nach b). Die neue untere Schrsnke ist somit $\underline{z} = 6$. Da $\mathbf{P}_1$ noch nicht ausgelotet ist, bilden wir $\mathbf{P}_3$ und $\mathbf{P}_4$ mit den zusätzlichen Bedingungen $x_1 \leq 3$ bzw. $x_1 \geq 4$. $\mathbf{P}_3$ besitzt die Lösung $x_1 = x_2 = 3$ mit $z = 6$ und ist damit ausgelotet nach b). Für $\mathbf{P}_4$ ist der Zulässigkeitsbereich leer, das Problem ist also ausgelotet nach c). Alle Teilprobleme sind ausgelotet und damit zwei Lösungen unseres ursprünglichen Problems mit dem optimalen Zielfunktionswert $\underline{z} = 6$ gefunden. Abb. 13.13 zeigt noch einmal den

Abb. 13.13 Lösungsverlauf zu
Aufgabe 8.4

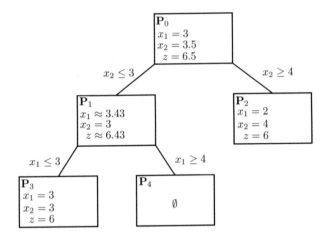

Abb. 13.14 Grafische
Darstellung des
Optimierungsproblems zu
Aufgabe 8.4

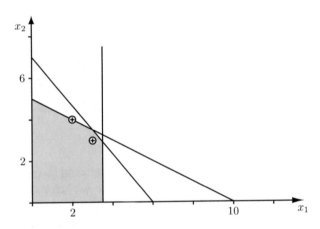

Verlauf der Berechnung. In Abb. 13.14 ist der Zulässigkeitsbereich des relaxierten Problems P_0 inklusive der beiden optimalen Lösungen des ganzzahligen Problems dargestellt.   □

Lösung zu Aufgabe 8.5, S. 211 Wir haben hier sowohl $\geq$– als auch $\leq$– Nebenbedingungen. Abb. 13.15 zeigt einen möglichen Lösungsverlauf. P_1 und P_5 sind ausgelotet nach b), P_4 und P_8 nach a). P_7 schließlich ist ausgelotet nach c). Der optimale Zielfunktionswert ist kleiner als die bei der Lösung von P_5 bereits gefundene untere Schranke $\underline{z} = 9$. Wir haben also eine eindeutige optimale Lösung $x_1 = 3$, $x_2 = 2$ mit $\underline{z} = 9$. Abb. 13.16 zeigt den Zulässigkeitsbereich des relaxierten und die Lösung des ganzzahligen Problems.   □

Abb. 13.15 Lösungsverlauf zu
Aufgabe 8.5

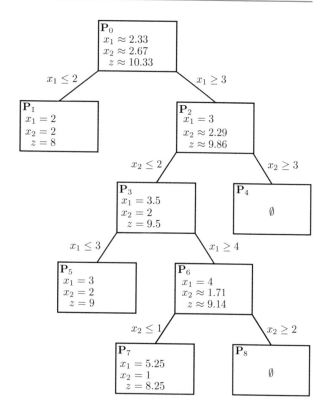

Abb. 13.16 Grafische
Darstellung des
Optimierungsproblems zu
Aufgabe 8.5

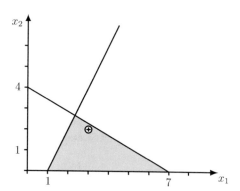

Lösung zu Aufgabe 8.6, S. 211 Dieses Problem hat die eindeutige ganzzahlige Lösung
$x_1 = 3$, $x_2 = 2$, $x_3 = 0$ mit dem optimalen Zielfunktionswert $z = 7$. Eine möglicher
Lösungsverlauf ist in Abb. 13.17 dargestellt.   □

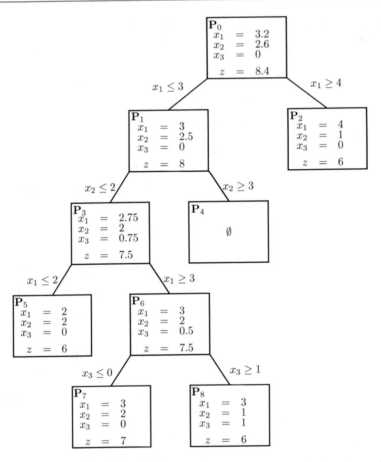

Abb. 13.17 Lösungsverlauf zu Aufgabe 8.6

Lösung zu Aufgabe 9.1, S. 226

a) Das Spiel hat einen Sattelpunkt bei a_{21} und der Wert des Spiels ist $z = 2$.

b) Das Spiel ist in reinen Strategien nicht lösbar. Es ist

$$\max_i \{\min_j u_{ij}\} = -1, \qquad \min_j \{\max_i u_{ij}\} = 1,$$

der Wert des Spiels liegt demnach zwischen -1 und 1. Wir addieren $k = 3$ zu allen Elementen der Auszahlungsmatrix und erhalten so:

Es ergeben sich die beiden folgenden Optimierungsaufgaben:

		B	
		b_1	b_2
	a_1	2	6
A	a_2	4	2
	a_3	2	1

$$Z_p = u_1 + u_2 + u_3 \longrightarrow \text{Min!}$$

$$\text{u. d. N.} \quad 2u_1 + 4u_2 + 2u_3 \geq 1 \tag{13.1}$$
$$6u_1 + 2u_2 + u_3 \geq 1$$

$$z_q = v_1 + v_2 \longrightarrow \text{Max!}$$

$$\text{u. d. N.} \quad 2v_1 + 6v_2 \leq 1$$
$$4v_1 + 2v_2 \leq 1 \tag{13.2}$$
$$2v_1 + 1v_2 \leq 1$$

Wir lösen zunächst (13.1), indem wir die Schlupfvariablen u_4 und u_5 einführen und das Dual-Simplex-Verfahren anwenden.

BV	u_1	u_2	u_3	u_4	u_5	$\mathbf{b}$	
u_4	-2	$\underline{-4}$	-2	1	0	-1	
u_5	-6	-2	-1	0	1	-1	$1/2$
z_p	1	1	1	0	0	0	$-1/4$

BV	u_1	u_2	u_3	u_4	u_5	$\mathbf{b}$	
u_2	$1/2$	1	$1/2$	$-1/4$	0	$1/4$	$-1/10$
u_5	$\underline{-5}$	0	0	$-1/2$	1	$-1/2$	
z_p	$1/2$	0	$1/2$	$1/4$	0	$-1/4$	$-1/10$

BV	u_1	u_2	u_3	u_4	u_5	$\mathbf{b}$
u_2	0	1	$1/2$	$-3/10$	$1/10$	$1/5$
u_1	1	0	0	$1/10$	$-1/5$	$1/10$
z_p	0	0	$1/2$	$1/5$	$1/10$	$-3/10$

Es ist also $Z_p = -z_p = 3/10$ und somit $z = 10/3$, $p_1 = zu_1 = 1/3$, $p_2 = zu_2 = 2/3$. Das Problem (13.2) lösen wir mit dem Primal-Simplex-Verfahren. Wir führen dazu die Schlupfvariablen v_3, v_4 und v_5 ein und erhalten die folgenden drei Tableaus.

BV	v_1	v_2	v_3	v_4	v_5	**b**	
v_3	2	6	1	0	0	1	1/2
v_4	$\underline{4}$	2	0	1	0	1	
v_5	2	1	0	0	1	1	1/2
z_q	−1	−1	0	0	0	0	−1/4

BV	v_1	v_2	v_3	v_4	v_5	**b**	
v_3	0	$\underline{5}$	1	−1/2	0	1/2	
v_1	1	1/2	0	1/4	0	1/4	1/10
v_5	0	0	0	−1/2	1	1/2	0
z_q	0	−1/2	0	1/4	0	1/4	−1/10

BV	v_1	v_2	v_3	v_4	v_5	**b**
v_2	0	1	1/5	−1/10	0	1/10
v_1	1	0	−1/10	3/10	0	1/5
v_5	0	0	0	−1/2	1	1/2
z_q	0	0	1/10	1/5	0	3/10

Es ist $z_q = 3/10$, $z = 10/3$ und $q_1 = zv_1 = 2/3$, $q_2 = zv_2 = 1/3$. v_3 ist Nichtbasisvariable, also ist $q_3 = 0$. □

Lösung zu Aufgabe 9.2, S. 226 Addition von 2 zu allen Elementen der Matrix führt zu

$$\mathbf{A} = \begin{bmatrix} 2 & 3 & 1 \\ 1 & 2 & 3 \\ 3 & 1 & 2 \end{bmatrix}.$$

Es ergeben sich die beiden folgenden Optimierungsaufgaben:

$$Z_p = u_1 + u_2 + u_3 \longrightarrow \text{Min!}$$

$$\text{u. d. N.} \quad
\begin{aligned}
2u_1 + 3u_2 + 3u_3 &\geq 1 \\
3u_1 + 2u_2 + 3u_3 &\geq 1 \\
3u_1 + 3u_2 + 2u_3 &\geq 1
\end{aligned}
\tag{13.3}$$

$$z_q = v_1 + v_2 + v_3 \longrightarrow \text{Max!}$$

$$\text{u. d. N.} \quad
\begin{aligned}
2v_1 + 3v_2 + 3v_3 &\leq 1 \\
3v_1 + 2v_2 + 3v_3 &\leq 1 \\
3v_1 + 3v_2 + 2v_3 &\leq 1
\end{aligned}
\tag{13.4}$$

Nach Einführung der Schluipfvariblen u_4, u_5 und u_6 und mit $z_p = -Z_p$ wird (13.3) mit dem Dual-Simplex-Verfahren gelöst:

BV	u_1	u_2	u_3	u_4	u_5	u_6	b	
u_4	−2	−1	−3	1	0	0	−1	
u_5	−3	−2	−1	0	1	0	−1	1/3
u_6	−1	−3	−2	0	0	1	−1	2/3
z_p	1	1	1	0	0	0	0	−1/3

BV	u_1	u_2	u_3	u_4	u_5	u_6	b	
u_3	2/3	1/3	1	−1/3	0	0	1/3	−2/7
u_5	−7/3	−5/3	0	−1/3	1	0	−2/3	
u_6	1/3	−7/3	0	−2/3	0	1	−1/3	−1/7
z_p	1/3	2/3	0	1/3	0	0	−1/3	−1/7

BV	u_1	u_2	u_3	u_4	u_5	u_6	b	
u_3	0	−1/7	1	−3/7	2/7	0	1/7	1/18
u_1	1	5/7	0	1/7	−3/7	0	2/7	−5/18
u_6	0	−18/7	0	−5/7	1/7	1	−3/7	
z_p	0	3/7	0	2/7	1/7	0	−3/7	−1/6

BV	u_1	u_2	u_3	u_4	u_5	u_6	b
u_3	0	0	1	$-7/18$	$5/18$	$-1/18$	$1/6$
u_1	1	0	0	$-1/18$	$-7/18$	$5/18$	$1/6$
u_2	0	1	0	$5/18$	$-1/18$	$-7/18$	$1/6$
z_p	0	0	0	$1/6$	$1/6$	$1/6$	$-1/2$

Wir haben also $Z_p = -z_p = 1/2$, $z = 2$, $p_1 = p_2 = p_3 = 1/3$. Als nächstes lösen wir zur Kontrolle auch noch (13.4) mit dem Primal-Simplex-Verfahren.

BV	v_1	v_2	v_3	v_4	v_5	v_6	b	
v_4	2	3	1	1	0	0	1	$2/3$
v_5	1	2	3	0	1	0	1	$1/3$
v_6	$\underline{3}$	1	2	0	0	1	1	
z_q	-1	-1	-1	0	0	0	0	$-1/3$

BV	v_1	v_2	v_3	v_4	v_5	v_6	b	
v_4	0	$\underline{7/3}$	$-1/3$	1	0	$-2/3$	$1/3$	
v_5	0	$5/3$	$7/3$	0	1	$-1/3$	$2/3$	$5/7$
v_1	1	$1/3$	$2/3$	0	0	$1/3$	$1/3$	$1/7$
z_q	0	$-2/3$	$-1/3$	0	0	$1/3$	$1/3$	$-2/7$

BV	v_1	v_2	v_3	v_4	v_5	v_6	b	
v_2	0	1	$-1/7$	$3/7$	0	$-2/7$	$1/7$	$-1/18$
v_5	0	0	$\underline{18/7}$	$-5/7$	1	$1/7$	$3/7$	
v_1	1	0	$5/7$	$-1/7$	0	$3/7$	$2/7$	$5/18$
z_q	0	0	$-3/7$	$2/7$	0	$1/7$	$3/7$	$-1/6$

BV	v_1	v_2	v_3	v_4	v_5	v_6	b
v_2	0	1	0	$7/18$	$1/18$	$-5/18$	$1/6$
v_3	0	0	1	$-5/18$	$7/18$	$1/18$	$1/6$
v_1	1	0	0	$1/18$	$-5/18$	$7/18$	$1/6$
z_q	0	0	0	$1/6$	$1/6$	$1/6$	$1/2$

Wir haben also insgesamt $\mathbf{p} = \mathbf{q} = (1/3, 1/3, 1/3)$. $\square$

Lösung zu Aufgabe 11.1, S. 256 Siehe Lösungen zu den Aufgaben 3.1, 3.2, 3.3 bzw. 3.5.
□

Lösung zu Aufgabe 11.2, S. 256 Mit dem Excel-Solver erhält man die optimale Lösung $x_1 = 3$ und $x_2 = 4$ mit dem Zielfunktionswert $z = -7$ (siehe Abb. 13.18). Abb. 13.19 zeigt den zugehörigen Antwortbericht. □

Lösung zu Aufgabe 11.3, S. 257 Es stellt sich heraus, dass es günstig ist, *ausschließlich* die Produkte B und C zu fertigen (vgl. Abb. 13.20 und 13.21). Dabei sollten von B 120 Stück und von C 60 Stück produziert werden.

a) Der maximale Erlös beträgt € 660,– pro Tag.
b) Produkt A könnte nach diesen (natürlich vereinfachten) Betrachtungen wohl am ehesten aus dem Lieferprogramm gestrichen werden.
c) Die Maschinen M_2 und M_4 sind voll ausgelastet, M_1 steht eine Stunde, und M_3 steht drei Stunden pro Tag still. M_3 ist also am wenigsten ausgelastet. □

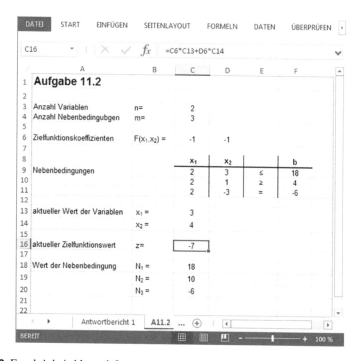

Abb. 13.18 Excel-Arbeitsblatt mit Lösung zu Aufgabe 11.2

Microsoft Excel 15.0 Antwortbericht
Arbeitsblatt: [Aufgabe_11.2.xlsx]A11.2
Bericht erstellt: 26.02.2023 21:19:49

Zielzelle (Min.)

Zelle	Name	Ursprünglicher Wert	Lösungswert
$C$16	z= x1	0	-7

Variablenzellen

Zelle	Name	Ursprünglicher Wert	Lösungswert	Integer
$C$13	x1 = x1	0	3	Fortlaufend
$C$14	x2 = x1	0	4	Fortlaufend

Nebenbedingungen

Zelle	Name	Zellwert	Formel	Status	Puffer
$C$18	N1 = x1	18	$C$18<=$F$9	Einschränkend	0
$C$19	N2 = x1	10	$C$19>=$F$10	Nicht einschränkend	6
$C$20	N3 = x1	-6	$C$20=$F$11	Einschränkend	0

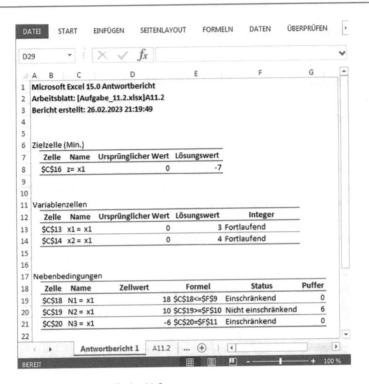

Abb. 13.19 Antwortbericht zu Aufgabe 11.2

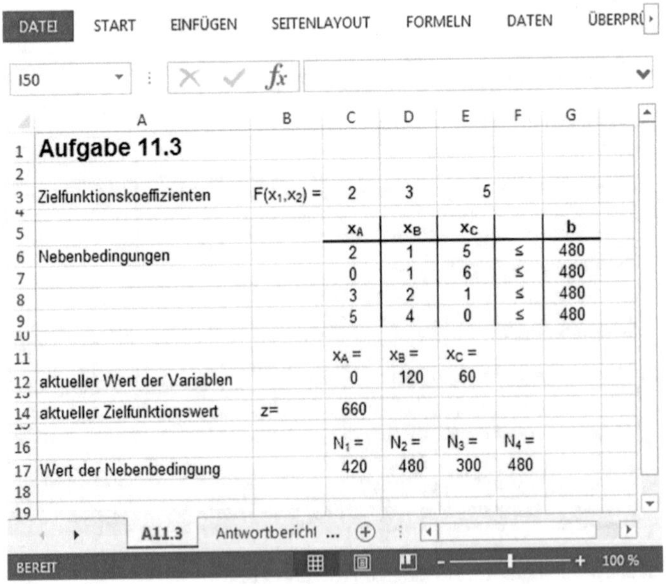

Aufgabe 11.3

Zielfunktionskoeffizienten	F(x1,x2) =	2	3	5		
		x_A	x_B	x_C		b
Nebenbedingungen		2	1	5	≤	480
		0	1	6	≤	480
		3	2	1	≤	480
		5	4	0	≤	480
		x_A =	x_B =	x_C =		
aktueller Wert der Variablen		0	120	60		
aktueller Zielfunktionswert	z=	660				
		N_1 =	N_2 =	N_3 =	N_4 =	
Wert der Nebenbedingung		420	480	300	480	

Abb. 13.20 Excel-Arbeitsblatt zu Aufgabe 11.3

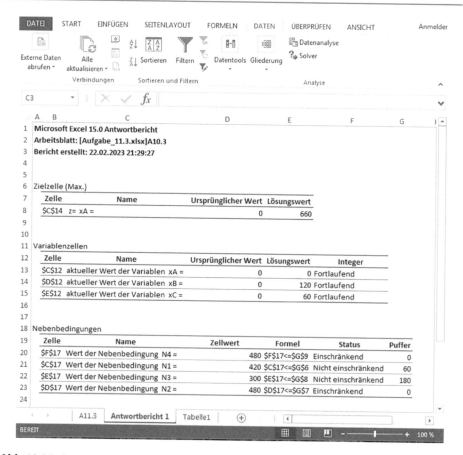

Abb. 13.21 Antwortbericht zu Aufgabe 11.3

Lösung zu Aufgabe 11.4, S. 257 Ausgehend von dem Starttableau (siehe Abb. 13.22), das mit einer zulässigen Lösung nach der Nordwesteckenregel vorbesetzt ist, liefert der Excel-Solver die erwartete Lösung (siehe Abb. 13.23). □

Lösung zu Aufgabe 12.1, S. 273 Die Python-Funktion `dualsimplex` im Listing 13.1 berechnet mithilfe des Dual-Simplex-Verfahrens gemäß Algorithmus 3.3 die Lösung eines speziellen Minimumproblems. Hierbei wird die Funktion `basiswechseln` aus Listing 12.5 verwendet. Da es durch Zyklen zu Endlosschleifen kommen kann, wird eine Konstante `maxiter` eingeführt, die als obere Schranke für die Anzahl der Iterationen dient.

Transportproblem

Versandorte	P1	P2	P3	P4	P5	
A_1	4 / 300	6 / 100	7 / 0	8 / 0	0 / 0	400 / 400
A_2	5 / 0	9 / 200	4 / 150	5 / 0	0 / 0	350 / 350
A_3	6 / 0	7 / 0	8 / 50	7 / 200	0 / 100	350 / 350
	300 / 300	300 / 300	200 / 200	200 / 200	100 / 100	6000

(Empfangsorte: P_1–P_5)

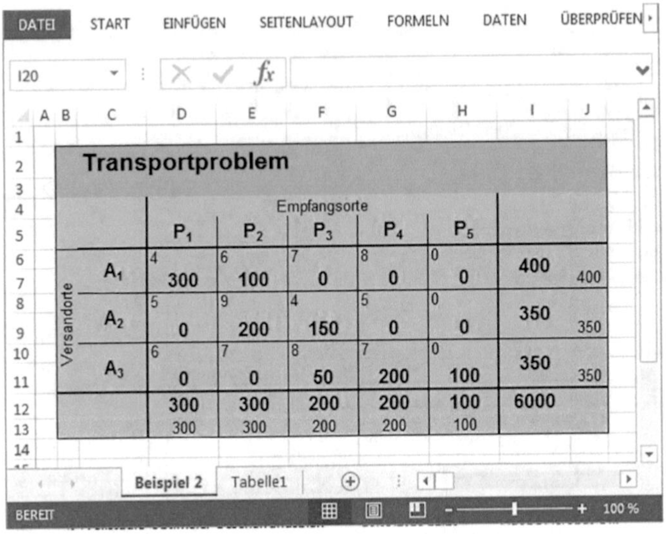

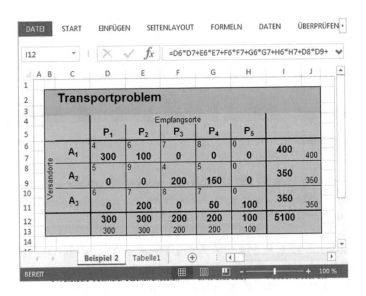

Abb. 13.22 Starttableau zu Aufgabe 11.4

=D6*D7+E6*E7+F6*F7+G6*G7+H6*H7+D8*D9+

Transportproblem

Versandorte	P1	P2	P3	P4	P5	
A_1	4 / 300	6 / 100	7 / 0	8 / 0	0 / 0	400 / 400
A_2	5 / 0	9 / 0	4 / 200	5 / 150	0 / 0	350 / 350
A_3	6 / 0	7 / 200	8 / 0	7 / 50	0 / 100	350 / 350
	300 / 300	300 / 300	200 / 200	200 / 200	100 / 100	5100

(Empfangsorte: P_1–P_5)

Abb. 13.23 Lösung zu Aufgabe 11.4

Listing 13.1 Dual-Simplex-Verfahren

```
#
# Parameter
# Typ        Name      Beschreibung
#
# int         m        Anzahl der Nebenbedingungen
# int         n        Anzahl der Variablen
# int         zp       Nummer der Pivotzeile
# int         sp       Nummer der Pivotspalte
# float       a        Koeffizientenmatrix
# float       c        Zielfunktionskoeffizienten
# float       b        Rechte Seite
# int         ibv      Indizes der Basisvariablen
#
# Rückgabewert:
# float       x        Variablenvektor
# float       z        Zielfunktionswert
#                      0 = Optimale Lösung gefunden
#                      1 = Keine optimale Lösung gefunden
#                      2 = Zu viele Iterationen, Zyklus?
#
def dual_simplex(m, n, a, b, c, ibv):

    eps = 1.0e-10
    maxiter = 100

    # Initialisierung des Lösungsvektors
    x = []
    for i in range (0,n):
        x.append(0.0)
    z = 0.0

    # Bestimmung einer optimalem Basislösung

    r = 1                     # Nummerierung der Basislösung
    while r < maxiter:        # maximal maxiter Iterationen
        zp = -1
        hmin = -eps
        for j in range(0,m):  # Pivotzeile bestimmen
            if b[j] < hmin:
```

```
                hmin = b[j]
                zp = j
        if zp == -1:
            return 0,z,x    # Optimale Lösung gefunden


    sp = -1
    hmin = -eps
    for i in range(0,n):  # Pivotspalte bestimmen
        if a[zp][i]<-eps and (sp==-1 or -c[i]/a[zp][i]<hmin):
            hmin = -c[i]/a[zp][i]
            sp = i
    if sp == -1:
        return 1,z,x     # Es existiert keine optimale Lösung


    # Berechnung eines neuen Tableaus
    r = r+1


    # Basiswechsel
    z = basis_wechseln(m, n, a, b, c, x, ibv, z, zp, sp)


return 2,z,x  # Maximale Zahl an Iterationen überschritten                      □
```

Literatur

Arens T. et.al. (2018) Mathematik. 4. Auflage, Springer Spektrum.

Borgwardt, K. H. (2000) Optimierung, Operations Research, Spieltheorie. Birkhäuser Verlag, Basel.

Burkard R. E. und Çela E. (1999) Linear Assignment Problems and Extensions. In: D.-Z. Du, P. M. Paradalos (Eds.) Handbook of Combinatorial Optimization, Vol. 4, Kluwer Academic Publishers, Dordrecht.

Dakin R. J. (1965) A tree-search algorithm for mixed integer programming problems. Comput J (1965) 8 (3): 250–255.

Dantzig G. B. (1974) Linear Programming and Extensions. 6. Auflage, Princeton University Press, Princeton, N.J.

Dantzig G. B. und Thalpa M. N. (1997) Linear Programming, 1: Introduction. Springer Verlag, Berlin.

Dantzig G. B. und Thalpa M. N. (2003) Linear Programming, 2: Theory and Extensions. Springer Verlag, Berlin.

Dinkelbach W. (1969) Sensitivitätsanalysen und Parametrische Programmierung. Springer Verlag, Berlin.

Dinkelbach W. (1992) Operations Research. Ein Kurzlehr- und Übungsbuch. Heidelberger Lehrtexte Wirtschaftswissenschaften. Springer Verlag, Berlin.

Domschke W. und Drexl A. (2004) Einführung in Operations Research. 6. Auflage, Springer Verlag, Berlin.

Domschke W., Drexl A., Klein R., Scholl A. und Voß S. (2004) Übungen und Fallbeispiele zum Operations Research. 5. Auflage, Springer Verlag, Berlin.

Dürr W. und Kleibohm K. (1992) Operations Research. 3. Auflage, Carl Hanser, München.

Ellinger T., Beuermann G. und Leisten R. (2003) Operations Research. 6. Auflage, Springer Verlag, Berlin.

Fischer G. (2005) Lineare Algebra. Eine Einführung für Studienanfänger. 15. Auflage, Vieweg Verlag, Braunschweig/Wiesbaden.

Gohout W. (2004) Operations Research. 2. Auflage, Oldenbourg Wissenschaftsverlag, München.

Gomory R. E. (1958) Outline of an Algorithm for Integer Solutions to Linear Programs. Bull. Amer. Math. Soc. 64, 275–278.

Grochla E. und Wittmann W. (Hrsg.) (1976) Enzyklopädie der Betriebswirtschaftslehre I/3. Handwörterbuch der Betriebswirtschaft (HWB). 4. Auflage, C. E. Poeschel, Stuttgart.

© Springer-Verlag GmbH Deutschland, ein Teil von Springer Nature 2023
A. Koop and H. Moock, *Lineare Optimierung – eine anwendungsorientierte Einführung in Operations Research*, https://doi.org/10.1007/978-3-662-66387-5

Hall J.A.J. und McKinnon K.I.M. (2000) The simplest examples where the simplex method cycles and conditions where EXPAND fails to prevent cycling. arXiv:math/0012242.

Jarre F. und Stoer J. (2004) Optimierung. Springer Verlag, Berlin Heidelberg.

Kall P. (1976) Mathematische Methoden des Operations Research. B. G. Teubner, Stuttgart.

Kasana H. S. und Kumar K. D. (2004) Introductory Operations Research, Theory and Applications. Springer Verlag, Berlin.

Kuhn H. W. (1955) The Hungarian method for the assignment problem. Naval Research Logistics Quarterly 2, S. 83–97.

Künzi, H.-P. und Tan S. T. (1966) Lineare Optimierung großer Systeme. Springer Verlag, Berlin.

Lemke C. E. (1954) The Dual Method of Solving the Linear Programming Problem. Naval Research Logistics Quarterly, 1, S. 787–823.

Luenberger D. G. (2004) Linear and Nonlinear Programming. 2. Auflage, Kluwer Academic Publishers, Dordrecht.

Lutz M. (1998) Operations Research Verfahren – verstehen und anwenden. Fortis-Verlag FH, Köln.

Moock H. (1986) Ein mathematisches Verfahren zur Optimierung von Nocken. Bericht Nr. 14 der Arbeitsgruppe Technomathematik der Universität Kaiserslautern.

Müller-Merbach H. (1973) Operations Research. 3. Auflage, Franz Vahlen, München.

Neumann K. (1975) Operations Research Verfahren, Band I. Carl Hanser, München.

von Neumann, J. (1928) Zur Theorie der Gesellschaftsspiele. Mathematische Annalen Nr. 100, S. 295–320.

Neunzert H. und Rosenberger B. (1997) Oh Gott, Mathematik!? 2. überarb. Auflage, B. G. Teubner, Stuttgart/Leipzig.

Piehler J. (1962) Einführung in die lineare Optimierung. Verlag Harri Deutsch, Zürich und Frankfurt/Main.

Press W. H., Teukolsky S. A., Vetterling W. T. und Flannery B. P. (1988) Numerical Recipes, Example Book (C). Cambridge University Press, Cambridge.

Press W. H., Teukolsky S. A., Vetterling W. T. und Flannery B. P. (1992) Numerical Recipes in C, The Art of Scientific Computing. Cambridge University Press, Second Edition, Cambridge.

Press W. H., Teukolsky S. A., Vetterling W. T. und Flannery B. P. (2002) Numerical Recipes in C/C++, The Art of Scientific Computing. Code CDROM v 2.11, Cambridge University Press, Cambridge.

Riechmann, T. (2013) Spieltheorie. 4. Auflage, Verlag Franz Vahlen, München.

Schwarz H. R. (1988) Numerische Mathematik. 2. Auflage, B. G. Teubner, Stuttgart.

Scherfner M. und Volland T. (2012) Mathematik für das erste Semester. Spektrum Akademischer Verlag, Heidelberg.

Schwarze J. (1998) Aufgabensammlung zur Mathematik für Wirtschaftswissenschaftler. Verlag Neue Wirtschafts-Briefe, Herne.

Seiffart E. und Manteuffel K. (1974) Mathematik für Ingenieure, Naturwissenschaftler, Ökonomen und Landwirte. Band 14: Lineare Optimierung. B. G. Teubner, Leipzig.

Simonnard M. (1966) Linear Programming. Prentice Hall, Englewood Cliffs, N.J.

Stingl P. (2002) Operations Research. Fachbuchverlag Leipzig im Carl Hanser Verlag, München.

Stichwortverzeichnis

A

Abhängigkeit, lineare, 20
Algorithmus
    Basiswechsel, 65
    Branch-and-Bound-Verfahren, 208
    Cutting-Plane-Verfahren, 199
    Dual-Simplex-Verfahren, 82
    Gauß, 25
    Gauß-Jordan, 29
    Minimale-Kosten-Regel, 143
    Nordwesteckenregel, 142
    Primal-Simplex-Verfahren, 70
    revidiertes Simplex-Verfahren, 110
    Stepping-Stone-Methode, 149
    Suche einer Lösung, 53
    u-v-Methode, 153
    Ungarische Methode, 175
    Verfahren von Dikin, 125
    Zwei-Phasen-Simplex-Verfahren, 97
Anteil
    ganzzahliger, 196
    gebrochener, 196
Anwendungsgebiet des OR, 4
Aufwand
    exponentieller, 121, 191
    polynomialer, 131
Ausgleichsproblem, lineares, 13
Ausgleichsrechnung, 23
Auslotung, 206
Austauschschritt
    dualer, 83
    primaler, 70

Austauschzyklus, 148

B

Basis, 21, 139
Basislösung, 52
    degenerierte, 52
    entartete, 52
    optimale, 139
    zulässige, 52, 60, 139
Basisvariable, 52
Basisvektor, 52
Basiswechsel, 65
Begrenzungsvektor, 63
Bereich, kritischer, 182
Bereich, zulässiger, 43
    beschränkter, 45
    leerer, 45
    unbeschränkter, 45
Beschaffungsplan, optimaler, 238
Beschränkung, 206
Bewertung, 148
Big-M-Methode, 102
Bounding, 206
Branch-and-Bound-Verfahren, 193, 202, 208
Branching, 206
Bruchanteil, 196
BV. *siehe* Basisvariable

C

Cutting-Plane-Verfahren, 193

© Springer-Verlag GmbH Deutschland, ein Teil von Springer Nature 2023
A. Koop and H. Moock, *Lineare Optimierung – eine anwendungsorientierte Einführung
in Operations Research*, https://doi.org/10.1007/978-3-662-66387-5

D

Dantzig, G. B., 2, 62
Degeneration, 75, 142, 143
Diagonalmatrix, 124
Diagonalstrategie, 27
Dikin, I. I., 121
Dimension, 21
Dreiphasen-Methode, 106
dual zulässig, 81
Dual-Simplex-Verfahren, 80
Dualität, 84
    ökonomische Deutung, 93
    asymmetrische Form, 87
    symmetrische Form, 85
Dualitätstheorem, 89

E

Ebene, 58
Eckpunkt, 56
Einheitsvektor, 20
Ellipsoidmethode, 131
Empfangsort, 133
Engpass, 74
Engpasskapazität, 74
Entartung, 75
Entscheidung, 213
Ergebniszeile, 63
Erwartungswert-Regel, 215
Eröffnungsverfahren, 97, 141
Excel-Solver, 243
    Antwortbericht, 247
    Arbeitsblatt, 245
    Iterationsergebnisse, 249
    Optionen, 246
    Parameter, 245
    Szenariobericht, 249
    Zwischenergebnisse, 246

F

Fundamentalsatz der Linearen Optimierung, 52

G

Gauß'scher Algorithmus, 23
Gauß-Jordan-Algorithmus, 28
Gerade, 44, 58
Gesamtangebot, 134

Gesamtnachfrage, 134
Gewinnsockel, 219
Gleichheitsrestriktion, 47
Gleichungssystem
    überbestimmtes, 22
    homogenes, 22
    Lösbarkeit, 22
    lineares, 18
    unterbestimmtes, 22
Gnu Scientific Library (GSL), 259
Gradient, 123
Gradientenverfahren, 122
GSL. *siehe* Gnu Scientific Library

H

Halbebene, 44
Halbraum
    negativer, 57
    positiver, 57
Hülle, konvexe, 56
Hyperebene, 57

I

idempotent, 131
Innere-Punkt-Verfahren, 121
Investitionsplanungsproblem, 6

K

Knapsack-Problem, 11, 191
Koeffizient, 18
Konvexkombination, 57
KTP. *siehe* Transportproblem, klassisches

L

Leerlaufvariable, 49
LIFO-Regel, 207
Lineare Optimierung, 2
    parametrische, 179
Linearkombination, 19
    konvexe. *siehe* Konvexkombination
Lösungsfunktion, optimale, 180
Lösungsrelation, optimale, 181
LP. *siehe* Programm, lineares
LP-Relaxation, 191
LR-Zerlegung, 27
Lösung

ganzzahlige, 195
optimale, 43, 137
zulässige, 43, 137
Lösungsschar, 23

M
Matrix, 18
inverse, 29
Linksdreiecks-, 27
Rechtsdreiecks-, 27
reguläre, 23
transponierte, 18
Maximax-Regel, 215
Maximin-Regel, 215
Maximum-Upper-Bound-Regel, 207
Maximumproblem, 48
spezielles, 68
Mehrdeutigkeit, 78
Menge, konvexe, 56
Methode
der kleinsten Quadrate, 13
des steilsten Abstiegs, 122
projektive, 121
von Dikin, 121
Minimale-Kosten-Regel, 141
Minimumproblem, 48
spezielles, 80
Mischproblem, 5
Modell
lineares, 41
mathematisches, 2
Modellierung, mathematische, 2

N
NBV. *siehe* Nichtbasisvariable
Nebenbedingung, 14, 42
aktive, 45
inaktive, 249
redundante, 51
widersprüchlich, 51
Nichtbasisvariable, 52
Nichtbasisvektor, 52
Nichtnegativitätsbedingung, 14, 42
Nordwesteckenregel, 141
Nullmatrix, 18
Nullvektor, 18

O
Operations Research, 1
Opportunitätskosten, 74
Optimierungsmodell
allgemeines, 13
Beispiele, 4
Optimierungsproblem
allgemeines, 13
grafische Lösung, 44
lineares, 14, 41
Optimierungsverfahren, 97, 144
OR. *siehe* Operations Research

P
Parameter, 179
freier, 22
im Begrenzungsvektor, 180, 186
in der Zielfunktion, 180, 182
Penalty-Verfahren, 129, 161
Permutationsmatrix, 28
Pivotelement, 25, 65
Pivotspalte, 65
Pivotzeile, 65
Planungsprozess, OR-gestützter, 2
Planungsrechnung, lineare, 2
Polyeder, konvexes, 58
Polytop, konvexes, 58
primal zulässig, 64
Primal-Simplex-Verfahren, 68
Problem
duales, 85
ganzzahliges, 191
primales, 85
relaxiertes, 192, 202
Produktionsplanungsproblem, 5, 42
Programm, lineares, 41
duales, 85
geometrische Deutung, 56
grafische Lösung, 44
mit Parameter, 179
Normalform, 47
primales, 85
Programmierung, lineare. *siehe* Lineare
Optimierung
Projektion, 59, 123
Projektionsmatrix, 123
Punkt
extremer, 56

ganzzahliger, 193
innerer, 122
optimaler, 51
zulässiger, 51
Python-Funktion
    Basiswechsel, 264
    Bewertung der Nichtbasisvariablen, 268
    Dual-Simplex-Verfahren Iterationen dient., 343
    Gauß, 260
    Jordan, 261
    Nordwesteckenregel, 267
    Primal-Simplex-Verfahren, 265
    Prüfung auf Lösbarkeit, 262
    Rückwärtseinsetzen, 262
    u-v-Methode, 270
Python-Programm, 259

Q
QuantLib, 259

R
Rückwärtseinsetzen, 24
Rang, 21
rechte Seite, 14
Reduktion, 167
Regressionsgerade, 12
Restriktion. *siehe* Nebenbedingung
Richtung, 123

S
Sattelpunkt, 217
Sattelpunktspiel, 218
Sattelpunktstrategie, 218
Schattenpreis, 74
Schlupf, komplementärer, 91
Schlupfvariable, 48
Schnittrestriktion, 193
    Auswahlkriterium, 200
Schrittweite, 123
Sensitivitätsanalyse, parametrische, 181
Simplex-Verfahren, 2, 62
    ökonomische Deutung, 72
    duales, 80
    primales, 68
    revidiertes, 108

Spezialfälle, 74
Varianten, 102
Zweiphasen-, 94
Simplexkriterium, 69
Simplextableau, 63
    kanonische Form, 63
Skalar, 17
Skalarprodukt, 18
Skalierung, 124
Spaltenreduktion, 167
Spaltenvektor, 17
Spaltenvertauschung, 24
Spieltheorie, 213
Splinefunktion, 230
Startpunkt, 122
Startvektor, 122
Steigung, 44
Stepping-Stone-Methode, 150
Strategie
    gemischte, 218
    reine, 218
Strukturvariable, 48
Systemmatrix, 19
    erweiterte, 22

T
Tableau, 23
Transportkosten, 133
Transportmenge, 134
Transportplan, kostenminimaler, 133
Transportproblem, 8, 133
    klassisches, 133, 135
Transporttableau, 141
    in Excel, 250
Transportweg, 133
    Mengenfestlegung, 160
    Sperrung, 160
Trapezgestalt, 24
Tupel, 18

U
u-v-Methode, 152
    ökonomische Interpretation, 155
Überdeckung, minimale, 173
UFO. *siehe* Unternehmensforschung
Unabhängigkeit, lineare, 20
Ungarische Methode, 165, 175

Unternehmensforschung, 1

V

Variable, 14
    binäre, 14
    freie, 49
    ganzzahlige, 14
    kontinuierliche, 14
    künstliche, 129
    künstliche, 96
    vorzeichenbeschränkte, 49
Vektor, 17
    linear abhängig, 20
    linear unabhängig, 20
Vektorraum, reeller, 17
Ventilerhebungsfunktion, 228
Ventilsteuerung, 227
Verlustdeckel, 219
Versandort, 133
Verzweigung, 206
Vorgehensweise
    methodenorientierte, 4
    problemorientierte, 4

W

Weg, 144
    geschlossener, 144
Wert, 218

Z

Zeilennormalform, 28
Zeilenreduktion, 167
Zeilenvertauschung, 24
Zentrierung, 125
Zielfunktion, 14, 41
    zusätzliche, 96
Zulässigkeitsbereich
    leerer, 100
    unbeschränkter, 77
Zuordnung, 144
Zuordnungsproblem, 9, 165
Zuschnittproblem, 10
Zwei-Personen-Nullsummenspiel, 216
Zweiphasen-Simplex, 94
Zyklus, 70, 144

Printed in the United States
by Baker & Taylor Publisher Services